中国城市科学研究系列报告 中国工程院咨询项目

中国城市科学研究会　主编 世界自然基金会资助

中国建筑节能年度发展研究报告2009

2009 Annual Report on China Building Energy Efficiency

清华大学建筑节能研究中心　著

THUBERC

中国建筑工业出版社

图书在版编目（CIP）数据

中国建筑节能年度发展研究报告 2009/清华大学建筑
节能研究中心著. —北京：中国建筑工业出版社，2009
中国城市科学研究系列报告
ISBN 978-7-112-10760-5

Ⅰ. 中…　Ⅱ. 清…　Ⅲ. 建筑-节能-研究报告-中国-
2009　Ⅳ. TU111.4

中国版本图书馆 CIP 数据核字（2009）第 021154 号

责任编辑：齐庆梅
责任设计：郑秋菊
责任校对：兰曼利　梁珊珊

中国城市科学研究系列报告　中国工程院咨询项目
中国城市科学研究会　主编　世界自然基金会资助
中国建筑节能年度发展研究报告 2009
2009 Annual Report on China Building Energy Efficiency
清华大学建筑节能研究中心　著

*

中国建筑工业出版社出版、发行（北京西郊百万庄）
各地新华书店、建筑书店经销
北京红光制版公司制版
北京七彩京通数码快印有限公司印刷

*

开本：787×1092 毫米　1/16　印张：23½　字数：520 千字
2009 年 3 月第一版　2016 年 4 月第二次印刷
定价：**58.00** 元
ISBN 978-7-112-10760-5
（18006）

《中国建筑节能年度发展研究报告 2009》
顾问委员会

主任：仇保兴

委员：（以拼音排序）

陈宜明　韩爱兴　何建坤　胡静林

赖　明　倪维斗　王庆一　吴德绳

武　涌　徐锭明　寻寰中　赵家荣

周大地

本 书 作 者

江　亿（1.2，2.2，2.4，2.5，2.6，3.8，4.1）

张声远（1.1，1.3，1.7，2.1，附录一）

杨　秀（1.1，1.6，附录二）

魏庆芃（1.4，2.1，3.4）　　　　刘晓华（4.1，4.4）

杨旭东（1.5，4.8）　　　　　　谢晓云（4.5）

赵　辉（1.7）　　　　　　　　李晓锋（4.6）

朱颖心（2.3，3.2，3.3，3.6）　　王　鑫（4.7，附录七）

刘　烨（2.4，附录四）　　　　张寅平（4.9）

林波荣（3.1，3.5）　　　　　　王　馨（4.9）

付　林（3.7，4.3）　　　　　　欧阳沁（附录五）

石文星（3.8）　　　　　　　　曹　彬（附录五）

李先庭（3.8）　　　　　　　　周　翔（附录六）

玉宝龙（3.8，4.1）

刘兰斌（4.2）

总　序

　　建设资源节约型社会，是中央根据我国的社会、经济发展状况，在对国内外政治经济和社会发展历史进行深入研究之后做出的战略决策，是为中国今后的社会发展模式提出的科学规划。节约能源是资源节约型社会的重要组成部分，建筑的运行能耗大约为全社会商品用能的三分之一，并且是节能潜力最大的用能领域，因此应将其作为节能工作的重点。

　　不同于"嫦娥探月"或三峡工程这样的单项重大工程，建筑节能是一项涉及全社会方方面面，与工程技术、文化理念、生活方式、社会公平等多方面问题密切相关的全社会行动。其对全社会介入的的程度很类似于一场新的人民战争。而这场战争的胜利，首先要"知己知彼"，对我国和国外的建筑能源消耗状况有清晰的了解和认识；要"运筹帷幄"，对建筑节能的各个渠道、各项任务做出科学的规划。在此基础上才能得到合理的政策策略去推动各项具体任务的实现，也才能充分利用全社会当前对建筑节能事业的高度热情，使其转换成为建筑节能工作的真正成果。

　　从上述认识出发，我们发现目前我国建筑节能工作尚处在多少有些"情况不明，任务不清"的状态。这将影响我国建筑节能工作的顺利进行。出于这一认识，我们开展了一些相关研究，并陆续发表了一些研究成果，受到有关部门的重视。随着研究的不断深入，我们逐渐意识到这种建筑节能状况的国情研究不是一个课题通过一项研究工作就可以完成的，而应该是一项长期的不间断的工作，需要时刻研究最新的状况，不断对变化了的情况做出新的分析和判断，进而修订和确定新的战略目标。这真像一场持久的人民战争。基于这一认识，在国家能源办、建设部、发改委的有关领导和学术界许多专家的倡议和支持下，我们准备与社会各界合作，持久进行这样的国情研究。作为中国工程院"建筑节能战略研究"咨询项目的部分内容，从 2007 年起，把每年在建筑节能领域国情研究的最新成果编撰成书，作为《中国建筑节能年度发展研究报告》，以这种形式向社会及时汇报。

清华大学建筑节能研究中心

前　　言

　　今年这本建筑节能年度发展研究报告终于交稿了，我的感觉还是像一个小学生一样战战兢兢地向老师呈上考卷。面对日益深入人心的建筑节能大好形势，我们向全社会交出了这一年来最新的认识和思考。真切地盼望着在建筑节能第一线工作的同志们、各级组织和管理建筑节能工作的政府工作人员们，还有一切关心建筑节能事业的社会各界朋友们能够看到我们的思考，反馈回您的想法，共同规划设计好我国建筑节能大计，实现我国节能减排和可持续发展大业。

　　这是继 2007 年开始的第三本年度报告。前两本出版后，我们得到全社会的热烈反响和热情支持。这些反响与支持激励我们必须把这本书写下去，写好它。这就逼着我们更深入地考察中国和全世界建筑能源消耗的现状与特点，并进一步剖析其背后的原因。认识事物的现象和本质是找到解决其问题方法的最有效途径。尤其是通过横向的大量比较，剖析各类中外建筑能耗的差异，追究导致各种差异的深层次原因，我们越发觉得建筑节能工作不仅仅是研究和推广某些技术产品与措施，其后面更有深刻的文化背景。只有从工程学与社会学两个角度对其进行综合考察，才能更深刻地理解其原因，找到其本质，也才能悟出实现建筑节能宏大目标的有效途径。为此我们邀请了社会学领域的专家一起开展研究，并开始一些相关的社会学调查与分析。本年度的这本建筑节能研究报告尝试着给出我们在这方面的初步认识和思考。

　　与前两本报告不同，本年度报告扩充为四章和一组附录。第 1 章全面介绍我国建筑能耗状况。尽管其编排很类似于 2008 年版，但其内容要更深入和充实。第 2章是我们从中外能耗对比及其历史演变过程的分析出发，对建筑节能的思考和认识。这是我们结合工程学与社会学研究的初步结果，是第一次向全社会展示。请求读者能抽出一些时间通读这一章，对我们的这些考虑和认识提出您的看法。目前建筑节能领域在以不同形式推广许多技术和产品，很多情况下由于超出了其适用范围而使这些技术与产品不仅不能起到节能效果，有时还增加了实际的运行能耗。为此专门辟出第 3 章对当前广泛流行的一些产品、技术和理念进行评价。其中的多数观点可能与当前社会上流行的认识有所不同。我们希望这些不同认识能够引起社会各界的关注，也希望就不同观点展开讨论。各种认识的碰撞与交锋可有助于找到真理，纠正偏差，更好地搞好建筑节能工作。第4章是对一些建筑节能新技术、新措施的介绍，希望这些技术措施能及时地帮助解决各地建筑节能工作中面临的一些关键技术问题。

感谢社会各界对本书的关注、帮助、扶植、批评和建议。本书作为中国工程院咨询项目，得到经济和道义上的持续支持，这是本书能坚持到第三本的重要原因。除此之外，还要特别感谢为本书的编写提供资金支持的世界自然基金会（WWF）。作为一个国际环保组织，WWF认同建筑节能会对中国节能减排做出巨大贡献，并愿同清华大学一道共同推动社会各界对建筑节能的认识。除前页列出的主要作者外，还要感谢秦蓉、单明、肖贺、常晟、赵玺灵、韩林俊、李岩、戴自祝等人对本书作出的贡献，包括提供的观点、文稿、数据和建议。我们希望在大家的支持下，把这本报告持续地写下去，使其为我国的建筑节能事业作出更大的贡献。

江亿

于清华大学节能楼

目　　录

第 1 章　中国建筑能耗现状

第4章　建筑节能新技术与措施

附录一 建筑能耗相关数据汇总

附录二 中国建筑能耗模型

附录三 民用建筑节能条例

附录四 大型公共建筑基于用能定额的全过程节能管理体系

附录五 空调环境对人体长期健康状况的影响

附录六　国内外热舒适的研究进展

附录七　分　项　能　耗　模　型

第1章 中国建筑能耗现状

1.1 中国建筑能耗总体状况

1.1.1 中国建筑能耗特点与分类

建筑可分为生产用建筑（工业建筑）和非生产用建筑（民用建筑）。由于工业建筑的能耗在很大程度上与生产要求有关，并且一般都统计在生产用能中，本书只讨论民用建筑的能耗。

我国目前处于城市建设高峰期，城市建设的飞速发展促使建材业、建筑业飞速发展，由此造成的能源消耗，包括建筑材料生产用能、建筑材料运输用能、房屋建造、维修和拆毁过程中的用能，已占到我国总的商品能耗的 20%～30%。而人们在使用建筑过程中，比如建筑物照明、采暖、空调和各类建筑内使用电器等，消耗的能源总量更大。这类能耗称为建筑运行能耗，它将一直伴随建筑物的使用过程而发生。总体来看，在建筑 50～70 年的生命周期中，建筑材料和建造过程所消耗的能源一般只占建筑全生命周期能源消耗的 20%左右，大部分能源消耗发生在建筑物运行过程中。而且，建材和建造能耗伴生于工业生产过程，其节能主要依靠技术水平的更新和发展；而建筑运行消耗能源的目的是为居住者或使用者提供服务，由人直接控制和管理，除技术水平和能源使用效率外，人的行为对能源消耗高低具有很大影响。因此，建筑运行能耗应是建筑节能任务中最主要的关注对象，也是我国当前建筑节能的主要任务所在。

本书仅讨论建筑运行能耗，书中提及的建筑能耗均为民用建筑运行能耗。

建筑能耗数据是建筑节能工作的基础，这必然要求开展建筑能耗数据统计工作；而根据建筑能耗特点对建筑进行分类，又是能耗统计工作的基础。发达国家在进行建筑能耗统计时，往往将民用建筑分为居住建筑与非居住建筑（公共建筑）；而对于中国，由于地域辽阔、气候复杂、地区经济水平差异大等原因，有必要根据我国建筑能源实际消耗的特点，对我国建筑进行合理分类。这样有利于清楚地认识中国各类建筑能耗的特点与发展趋势，从而有针对性地开展节能工作。

我国建筑能耗的总体特点为：

（1）南方和北方地区❶气候差异大，仅北方地区采用全面的冬季采暖，南北采暖能耗差别巨大。

我国处于北半球的中低纬度地区，地域辽阔，从南到北分别跨越严寒、寒冷、夏热冬冷、温和以及夏热冬暖等多个气候带。在夏季，大部分地区最热月份的室外平均温度超过26℃，需要空调制冷。而在冬季，各地区气候差异很大：夏热冬暖地区冬季室外平均气温高于10℃，室内外温差不大；而严寒地区冬季室内外温差可高达50℃，全年5个月需要采暖。

比较我国南、北方建筑的能耗，发现如果去掉冬季采暖，则从北方到南方同类型建筑的能耗水平没有大的差异。因此，在统计我国建筑能耗时，把采暖能耗单独统计，这样其他类型的建筑用能就没有明显的地域特点，可以全国统一分析。

（2）城乡住宅能耗用量差异大。

一方面，我国城乡住宅使用的能源种类不同：城市以煤、电、燃气等商品能源为主；而在农村，除部分煤、电等商品能源外，秸秆、薪柴等生物质能仍为很多地区农村用户的主要能源。

另一方面，目前我国城乡生活差异较大，城乡居民平均每年消费性支出差异大于3倍，城乡居民各类电器保有量和使用方式也存在较大差异。

因此，在统计我国建筑能耗时，将农村建筑用能分开单独统计。

（3）公共建筑除采暖外的单位建筑面积能耗，随规模和服务标准不同有很大差别。

民用建筑中的非住宅建筑可称为公共建筑。大量调查研究表明，与采暖能耗不同，公共建筑除采暖外的单位面积能耗随地域的变化不大，而与公共建筑的体量和

---

❶ 为方便研究，本书中的"北方地区"指采取集中供热方式的省、自治区和直辖市，包括：北京市、天津市、河北省、山西省、内蒙古自治区、辽宁省、吉林省、黑龙江省、山东省、河南省、陕西省、甘肃省、青海省、宁夏回族自治区、新疆维吾尔自治区。

规模成正比。当单栋面积超过 2 万 m²，并且采用中央空调时，其单位建筑面积能耗是普通规模的不采用中央空调的公共建筑能耗的 3～8 倍，并且其用能的特点和存在的主要问题也与普通规模的公共建筑不同。

因此，本书把公共建筑分为大型公共建筑和一般公共建筑两类。对大型公共建筑单独统计能耗，进而分析其用能特点和节能对策。

依据上述特点，对目前我国民用建筑运行能耗，可按如下分类，具体如图 1-1 所示。

(1) 北方城镇建筑采暖能耗，指我国黄河流域及其以北地区的城镇建筑冬季采暖能耗。在历史上，这一地区属于"法定"的"采暖区域"，基本全部的城镇建筑都采取了各种方式的冬季采暖。目前，我国北方地区约 70％的城镇建筑面积在冬季采用了集中采暖，剩余约 30％城镇建筑面积采用各种分散分户式局部采暖。这部分能耗与建筑物的性能（包括保温水平、建筑物气密性等）、供热系统运行状况和采暖用户的采暖方式有关，但与建筑物的功能关系不大。

(2) 夏热冬冷地区城镇建筑采暖能耗，指黄河流域以南地区，主要是长江流域地区的住宅建筑冬季采暖能耗。该地区的最冷月（一月）平均气温为 0～5℃，室外温度偶尔也会降到 0℃ 以下，大部分地区在冬季需要一定的热量来维持合适的室内温度。但由于该地区在历史上不属于法定"采暖区域"，因此目前该地区建筑物中，基本上采用的是与北方地区完全不同的局部采暖方式，主要形式包括热泵、直接电热、煤炉、炭炉等，一部分建筑冬季甚至无采暖，由此导致采暖能耗的特点也与北方地区完全不同。

(3) 北方农村采暖能耗。农村住宅的采暖方式为分散采暖，主要能源为原煤和生物质能。根据气候的不同，进一步划分为北方农村采暖能耗和夏热冬冷地区农村采暖能耗。

(4) 夏热冬冷地区农村采暖能耗。

(5) 农村建筑除采暖外能耗，包括采暖、炊事、照明、家电等生活能耗。农村建筑（基本上全部为住宅建筑）能耗随着地域经济发展水平的不同有着很大的差异。此外，目前农村秸秆、薪柴等非商品能源消耗量很大，但是数量和种类都很难统计清楚，本节主要统计农村建筑的煤炭、电力等商品能源消耗；而本书提及的农村生物质能消费数据是根据大规模的个体调查获得。

(6) 城镇住宅除采暖外能耗，包括炊事、照明、家电、空调等城镇居民生活能耗。除空调能耗因气候差异而随地区变化外，其他能耗主要与当地居民的生活方式有关。

(7) 一般公共建筑除采暖外能耗。一般公共建筑，指单体建筑面积在 2 万 m^2 以下的公共建筑，或单体建筑面积超过 2 万 m^2，但没有配备中央空调系统的公共建筑，其能耗包括空调系统、照明、办公用电设备、饮水设备、电梯、其他辅助设备等。

(8) 大型公共建筑除采暖外能耗。大型公共建筑，指单体面积在 2 万 m^2 以上且全面配备中央空调系统的高档办公楼、宾馆、大型购物中心、综合商厦、交通枢纽等建筑。其能耗主要包括空调系统、照明、办公用电设备、饮水设备、电梯、其他辅助设备等。

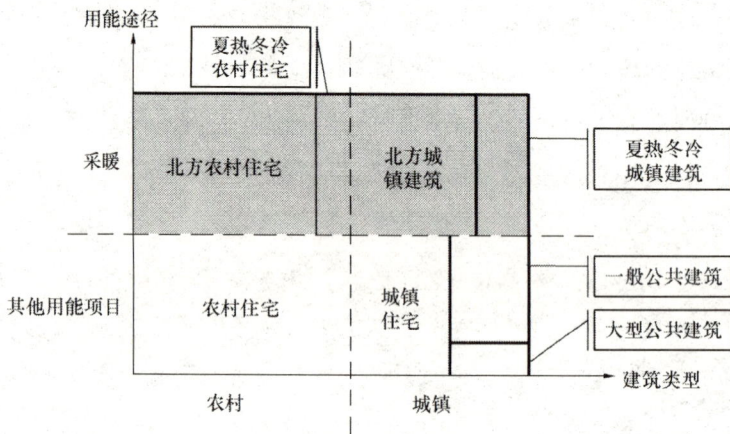

图 1-1 我国建筑能耗分类情况

1.1.2 2006 年我国建筑能源消耗情况

2006 年我国建筑总面积为 395 亿 m^2（数据来源：中国统计年鉴 2007[1]），总商品能源消耗约 5.63 亿 tce（吨标煤），占当年社会总能耗的 23.1%，见表 1-1，各

---

[1] 城镇建筑面积直接由中国统计年鉴 2007 表 11-6 各地区城市建设情况获得；农村住宅面积，由于缺乏直接的统计数据，通过统计年鉴表 10-37 各地区农村居民家庭住房情况，与表 4-4 各地区人口的城乡构成中的农村人口数计算获得。

类建筑的能耗情况如下：

我国的建筑能源消耗分类和现状（2006 年）　　　　　　表 1-1

		总面积 （亿 m²）	总商品能耗 （万 tce）	总电耗 （亿 kWh）	总非电 商品能耗 （万 tce）	生物质能❶ （万 tce）	总能耗 （含生物质能） （万 tce）
采暖部分	北方城镇采暖	75	14280	54	14090	—	14280
	夏热冬冷地区 城镇采暖	70	1280	260	390	—	1280
	北方农村采暖	80	6640	—	6640	6940	13580
	夏热冬冷地区 农村采暖	107	420		420	1700	2120
除采暖外	城镇住宅	113	9980	1970	3280	—	9980
	农村住宅	221	12790	1160	8820	3890	16680
	一般公共建筑	58	10950	2270	1600	—	10950
	大型公共建筑	3		470		—	
总计		395	56350	6190	35230	12530	68870

　　数据来源：根据自下而上的建筑能耗模型计算，并由宏观统计数据验证，详见附录二。

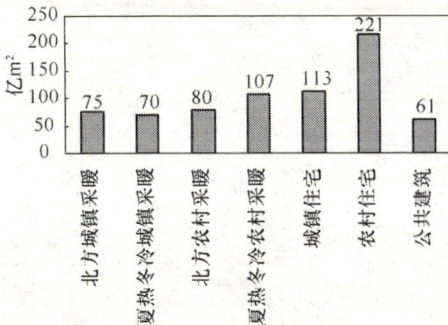

图 1-2　2006 年我国各类建筑的面积
（不考虑工业厂房）

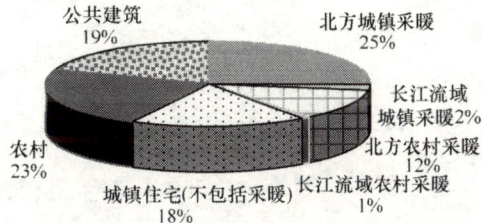

图 1-3　2006 年我国各类建筑的能源消耗比例

　　表 1-1 中，根据我国的能源统计惯例，各类建筑的总商品能耗用 tce 表示。为避免能源转换方法带来的误解，本书将建筑总商品能耗中的电力单独统计；而在建筑内直接消耗的燃煤、燃气、燃油，以及集中供热系统消耗的燃煤和燃气等，则统一归入非电商品能耗。

---

❶　生物质能源为估计值，没有确切的统计数据。

在考察建筑总能耗时，电力消耗按发电煤耗法折合为标准煤，折合系数参考 2006 年全国平均火力发电煤耗，即 1kWh 电力折合为 341g 标准煤；燃煤、燃气、燃油等燃料，以及生物质能，按其各自的低位发热量折合为标准煤，详细的换算系数见附表 1-32，下文同。

1.1.3 近年来我国建筑能耗发展变化情况

近年来，我国的建筑能耗随着城市化率的提高、经济发展、人民收入和生活水平的不断改善而持续增长，如图 1-4 所示，从 1996～2006 年，建筑总商品能源消耗从 2.43 亿 tce～5.63 亿 tce，增加了 1.3 倍。

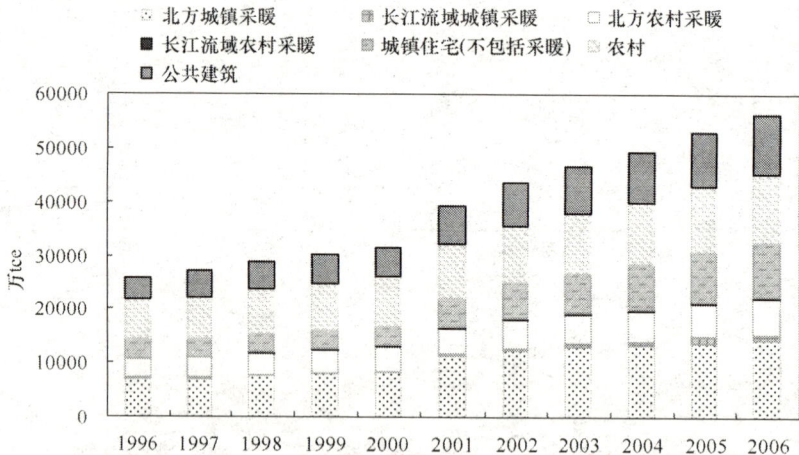

图 1-4 1996～2006 年我国各类建筑能耗发展变化情况

建筑能耗的增长，一方面是由于室内温度环境的改善，建筑服务水平的提高，以及建筑内用能设备的增加造成单位面积能耗的攀升，如图 1-5 所示，除北方城镇采暖的单位面积能耗随节能工作的推进有显著下降外，其他各类建筑能耗均有所增长；另一方面，是由于人均建筑面积的增长：人口增加，特别是随着城市化进程的推进，城市人口的增加，造成我国城镇建筑总面积在 10 年内从 62 亿 m^2 猛增到 175 亿 m^2，如图 1-6、图 1-7 所示。

从各类建筑的总能耗来看，公共建筑和城镇住宅的非采暖能耗增长幅度最快，各自的商品能源消耗（折合为亿 tce），分别从 0.41、0.34 增加到 1.10、1.00；这是单位面积能耗和总建筑面积同步增长的结果。北方城镇采暖则由 0.72 亿 tce 增

各类建筑单位面积总能耗变化

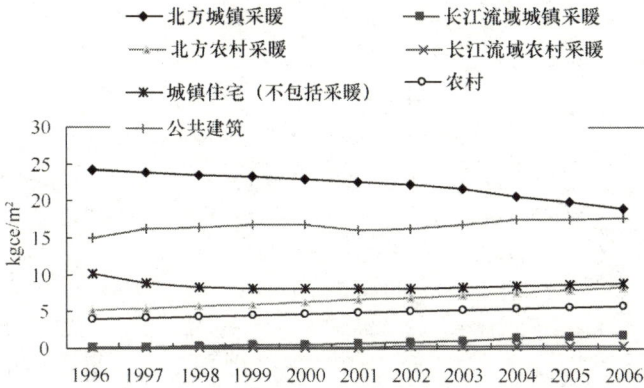

图1-5 1996～2006年我国各类建筑单位面积能耗发展变化情况

图1-6 1996～2006年我国各类建筑面积变化

长至1.43亿tce，增加了一倍，这主要是由城镇建筑面积的增加造成的。而长江流域地区的城镇采暖能耗，尽管目前的绝对数量不大，但随着居民收入的提高和冬季室内环境改善需求的不断增长，越来越多建筑中冬季采暖的温度与时间都在增加；而原本冬季没有采暖的建筑也逐渐开始广泛地使用各种方式提高冬季室温，采暖建筑占该地区总建筑比例不断提高；因此，造成能耗从1996年的40万tce迅速增长到2006年的1280万tce，并有继续快速增长的趋势。在农村，初级生物质能（秸秆、薪柴）的消耗逐步被商品能源取代，是造成农村采暖商品能耗从约折合3480万tce的增加到6640万tce，农村住宅从7450万tce增加12790万tce的主要因素，

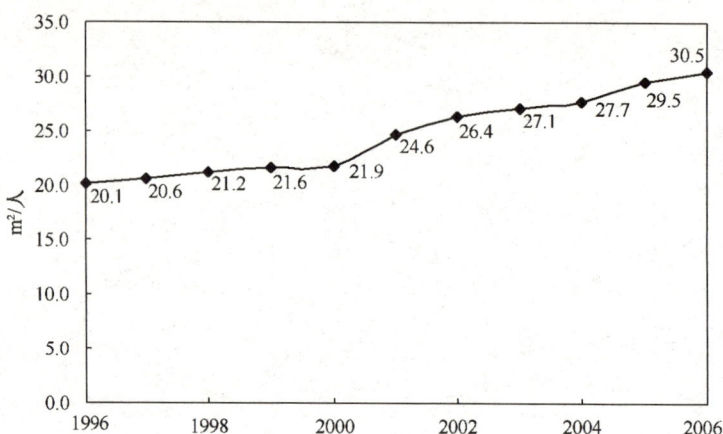

图 1-7 1996～2006 年我国人均总建筑面积变化

然而目前的农村住宅的建筑服务水平仍大大低于城镇，反映在单位面积的建筑商品能耗还不到城镇住宅的 2/3。

从图 1-4 可以看出，随着中国城市化进程的推进、经济的发展，我国建筑能耗总量呈持续增长态势，十年内几乎翻了一番，并且增长速度有越来越快的趋势。如果任由建筑能耗照此速度增长，必然给中国能源供应安全带来极大的压力，建筑节能势在必行。

建筑内部设备系统极为复杂，居民使用习惯也有很大区别，使建筑能耗情况十分复杂。下文将按 1.1.1 节的建筑能耗分类，详细说明中国 2006 年建筑能耗情况，进而有针对性的探讨不同建筑类型的建筑节能重点所在。

1.2 城镇建筑采暖用能

我国北方城市基本上采用集中供热，而长江流域地区则主要是分散采暖方式，在用能特点上这二者有很大区别。2006 年中国北方城镇建筑面积约 75 亿 m^2，目前 70% 以上的民用建筑采用集中供热方式采暖，其余为各类分散方式。集中供热的采暖系统中，约一半的热源为热电联产的低品位余热，另一半热源为不同规模的锅炉；除北京市大规模使用天然气外，北方各城市的供热锅炉基本以燃煤为燃料。另外，我国南方地区冬季室外温度可能出现 5℃ 以下的城镇建筑面积目前约为 70 亿 m^2，主要集中在长江流域地区。由于冬季室外温度与室内要求的舒适温度差别不大，因此采暖多以分散方式为主，不同方式采暖能耗差别非常大，与北方城镇采暖状况完全不同。为此以下对北方城镇和南方城镇的采暖用能状况分别进行讨论。

1.2.1 北方城镇采暖用能状况

图 1-8 为影响北方建筑采暖及其能源消耗的各个环节。由图所示，采暖能耗不仅与建筑保温状况或建筑采暖实际消耗的热量有关，还与采暖方式有关。采暖系统的构成方式、系统中各个环节的技术措施与运行管理方式不同，都会对实际采暖能耗有很大影响。从图 1-8 出发，下面从采暖的各个环节分别对我国北方城镇用能现状进行分析。

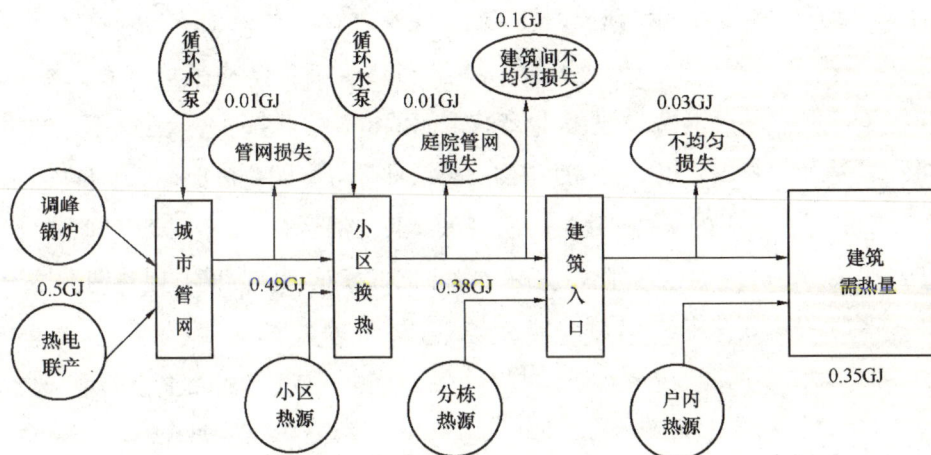

图 1-8 采暖及采暖系统的各个环节

（图中数字为典型的单位面积年采暖能耗）

（1）建筑的采暖需热量

建筑采暖需热量就是为了满足冬季室内温度舒适性要求所需要向室内提供的热量。单位建筑面积的采暖需热量 Q 可近似地由下式描述：

$$Q = （体形系数 \times 围护结构平均传热系数 + 单位体积空气热容 \times 换气次数）$$
$$\times 室内外温差 \times 层高$$

体形系数就是建筑物外表面面积与其体积之比。建筑物的体量越大，体形系数越小；建筑物的进深越大，体形系数越小。表 1-2 给出了不同形状建筑的体形系数范围。表中表明作为我国北方城镇住宅主要形式的大型塔楼或中高层板楼，其体形系数大致在 0.2～0.3m^{-1} 之间，而作为西方住宅主要形式的别墅和联体低层建筑 (Town house) 其体形系数则在 0.4～0.5m^{-1} 之间。

围护结构平均传热系数由外墙保温状况、外窗结构与材料以及窗墙面积比决定。表 1-3 给出了几种典型建筑的围护结构平均传热系数的范围。我国 20 世纪 50～60 年代北方地区的砖混结构的传热系数在 1～1.5W/(m^2·K)；东北民居采用双层木窗，传热系数在 2.5～3.5W/(m^2·K)。20 世纪 60～70 年代和 20 世纪 80 年代部分建筑采用 100mm 混凝土板和单层钢窗，围护结构平均传热系数可超过 2W/(m^2·K)。20 世纪 90 年代开始，全社会开始注重建筑节能。尤其是近年来，北方地区城市新建建筑符合建筑节能标准的比例不断升高，这就使得新建建筑的围护结构平均传热系数大幅度降低，很多新建建筑在 0.6～1W/(m^2·K) 之间。发达国家也经过了与我国类似的过程，一些早期建筑围护结构平均传热系数也在 1.5W/(m^2·K) 以上，从 20 世纪 70 年代能源危机开始，各国开始注重围护结构的保温，写入欧美各国建筑节能标准中的围护结构平均传热系数可低至 0.4W/(m^2·K)。但由于近 30 年内新建的建筑占建筑总量的比例不大，（不同于我国，70% 以上的城市建筑为 20 世纪 90 年代以后兴建），因此发达国家的既有建筑围护结构保温的平均水平仍处在传热系数为 1W/(m^2·K) 左右的水平。

不同形状的住宅建筑的体形系数范围　表 1-2

建筑类型	体形系数
多层住宅	0.3～0.35
塔楼	0.2～0.3
中高层板楼	0.2～0.3
别墅和联体底层建筑	0.4～0.5

几种典型建筑的围护结构平均传热系数　表 1-3

围护结构类型	平均传热系数 (W/(m^2·K))
中国 20 世纪 50～60 年代砖混结构	1～1.5
中国 20 世纪 60～80 年代建筑 (100mm 混凝土板和单层钢窗)	2 以上
中国 20 世纪 90 年代以来的建筑	0.6～1
欧美发达国家建筑	1

换气次数指室内外的通风换气量，以每小时有效换气量与房间体积之比定义。我国 20 世纪 90 年代以前的建筑由于外窗质量不高，房间密闭性不好，门窗关闭后仍撒气漏风，换气次数可达 1～1.5 次/h。近年来新建建筑采用新型门窗，密闭性得到显著改善，门窗关闭时的换气次数可在 0.5 次/h 以下。实际上为了满足室内空气品质，必须要保证一定的室内外通风换气量。对于人均 20m^2 的居室面积 0.5

次/h 的换气次数应是维持室内空气品质的下限。近年来在发达国家越来越关注室内空气质量。对于密闭性较好的建筑都要求采用机械通风的方式保证室内外的通风换气。目前发达国家对住宅建筑机械通风换气的标准是 0.5～1 次/h,这就使我国的通风换气造成的对热量需求的影响与发达国家基本相同。

采暖期间的室内外平均温差与室内外温度有关。我国规定的采暖期间室内温度为 18℃,对于北京,采暖期室外平均温度为 0℃,这样平均室内外温差为 18K。发达国家采暖室内设计温度多为 20～22℃,如果室外采暖期平均温度仍为 0℃,则采暖期室内外平均温差为 20～22K,这样就比北京的情况高 12%～22%。

综合上述各因素,表 1-4 列出一些典型情况下计算出的北京冬季 3000h 采暖的需热量,以及发达国家同样气候条件下的采暖需热量。表中数据表明我国符合建筑节能标准的建筑采暖需热量基本上接近或低于发达国家的一般情况。

北京及发达国家同样气候条件下住宅单位面积采暖需热量　　　　表 1-4

围护结构类型	单位面积采暖需热量 (kWh/ (m² · a))	备　注
20 世纪 50～60 年代砖混结构	96～155	体形系数 0.3～0.35,换气次数 1～1.5 次/h
20 世纪 60～80 年代建筑 (100mm 混凝土板和单层钢窗)	111～167	体形系数 0.2～0.3,换气次数 1～1.5 次/h
20 世纪 90 年代中期以后的 建筑	60～100	体形系数 0.2～0.3,换气次数 0.5 次/h
欧美发达国家建筑	95～154	体形系数 0.4～0.5,换气次数 0.5～1 次/h

图 1-9 为 2005～2006 年采暖季清华大学建筑节能中心在北京市不同建筑热入口实测出的全采暖季建筑实际耗热量。所测建筑室内温度在采暖期都高于 18℃。这些数据包括不同采暖和不同保温水平的建筑。实测的这些耗热量数据基本处于表 1-4 中列出的数据范围。这表明表 1-4 中的数据基本反映出实际的建筑采暖需热量。图 1-10 为欧洲一些国家住宅采暖能耗数据。这些数据与表 1-4 中的估算结果也非常接近。

我国北方城市随地理位置不同,室外气候不同,建筑保温水平与房间密闭状况也不同。表 1-5 列出对北方几个典型城市的初步调研和计算得到的建筑采暖需热量,以及与济南、长春几个城市的一些典型案例的实测结果。初步可以得到,当维持采暖期室温为 18℃时,北方城镇建筑采暖需热量在 60～120kWh/(m² · a) 之间,

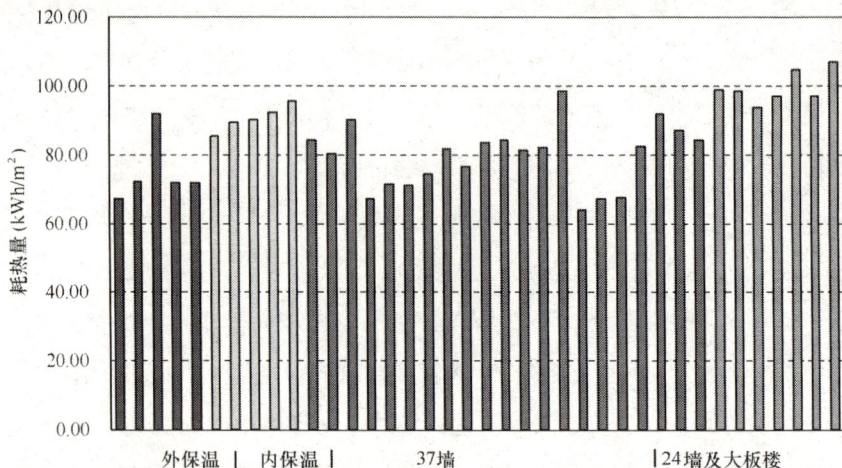

图 1-9 2005～2006 年清华大学在北京市不同建筑热入口
实测全采暖季建筑实际耗热量

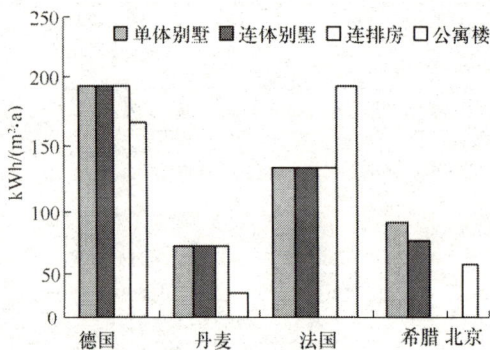

图 1-10 各国住宅建筑物耗热量比较[1]

数据来源：Intelligent Energy of EPBD. Applying the
EPBD to Improve the Energy Performance Requirements
to Existing Buildings-ENPER-EXIST. Europe：Fraun-
hofer Institute for Building Physics，2007.

随地域等条件不同而异。简单估算可
以得到我国北方地区建筑冬季采暖平
均需热量为 90kWh/(m² · a)

北方几个典型城市建筑采暖需热量

表 1-5

城市	建筑采暖耗热量（kWh/ (m² · a)）
北京	60～120
济南	60～110
长春	70～140

（2）实际建筑采暖耗热量

上述采暖需热量并非实际的建筑
采暖能耗。采暖系统实际送入建筑内
的热量不一定等于采暖需热量。当实
际送入建筑的热量小于采暖需热量时，采暖房间室温低于 18℃，不满足采暖要求，

[1] 数据为单位建筑面积采暖能耗，但这里的建筑面积，均指从外墙内表面量起的计算结果。与我国的建
筑面积从外墙外表面测算方法有区别。这样，欧洲国家建筑面积折算为外墙外表面计算的面积，需乘一个
1.01～1.1 的系数，系数大小由建筑物的体形系数决定，体形系数越大，需乘的系数越大。

这是以前我国北方各城市冬季经常出现的情况。随着采暖系统的改进和对人民生活保障重视程度的提高，目前实际出现的大多数情况是由于系统没有有效的调控手段，以及采暖系统运行调节与管理的问题，使得为了保证部分末端偏冷的建筑或某些角落偏冷的房间的温度不低于18℃，而加大供热量，结果造成实际供热量大于采暖需热量，部分室温高于18℃，有时有的室温可高达25℃以上。为了调节室温避免过热，居住者最可行的办法就是开窗降温，这就大幅度加大了室内外空气交换量，从而进一步加大了向外界的散热，增加了采暖能耗。这种过量供热的现象来源于以下几种情况：

1）部分保温良好的建筑没有按照实际的采暖需热量设计采暖散热器容量，安装的散热器面积过大。与其他建筑连接在同一个集中供热管网中运行，对于其他建筑恰好满足正常室温的供热参数就导致这些散热器容量过大的建筑过量供热，造成室温过高。而一个小区内很难保证先后不同时间建造的各座建筑都采用同样的采暖参数进行散热器设计，这种现象普遍存在。

2）集中供热管网的流量调节不均匀，导致部分建筑热水循环量过大，室温高于其他建筑。而为了保证流量偏小、室温偏低的建筑或房间的室温不低于18℃，就要提高供热参数，造成流量高的建筑或房间室温偏高。

3）建筑物朝向不同，不同时间不同朝向房间的需热量不同，当流量分配不变时，为了使温度偏低的房间温度不低于18℃，必然造成对温度偏高的房间过量供热从而导致过热。分析表明，当采用目前常用的单管串联方式的散热器连接时，由于各支路的流量不能随时调整，这种过热将导致供热量增加15%～20%。其他连接方式只要不能随时调节各支路的流量比，这种局部过冷过热的现象总不能避免。

4）当集中供热系统规模过大以后，系统的热惯性加大，在热源处对热量的调节需要一天以上的时间才能反映到末端建筑。这样就很难根据天气的突然变化实现及时的有效调整，这也是造成部分时间，尤其是采暖期初期和末期过量供热的重要原因。

大量的实测数据表明，对于大型城市热网，这种末端不均匀造成的部分建筑过量供热损失可达总供热量的30%，对小规模集中供热，过量供热的损失在15%～25%。对单栋建筑独立热源集中供热的系统，这种不均匀损失有可能控制在15%

以下。图1-11为某大城市城市热网各热力站冬季单位面积的供热量,图1-12为该市中等规模集中锅炉房冬季单位面积的供热量,图1-13是该市部分采用分户燃气壁挂炉采暖,室温维持在18℃的住户冬季单位面积耗热量。尽管这些建筑形式和保温水平各不相同,但从统计数据看,如果认为燃气壁挂炉采暖不存在过量供热,则可从这三个图中比较出不同规模集中供热系统目前由于过量供热造成的热损失。

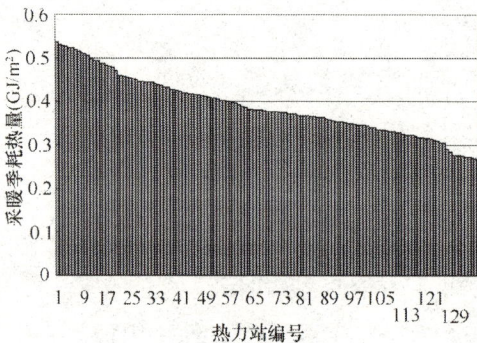

图1-11 某大城市城市热网各热力站
冬季单位面积的供热量

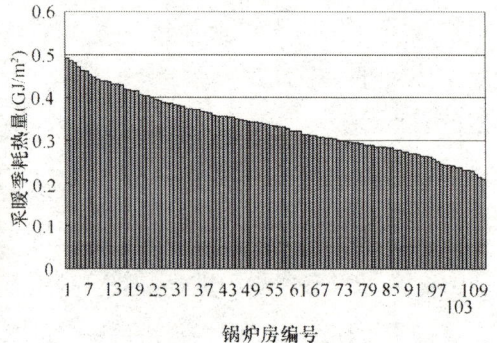

图1-12 某大城市中等规模集中锅炉房
冬季单位面积的供热量

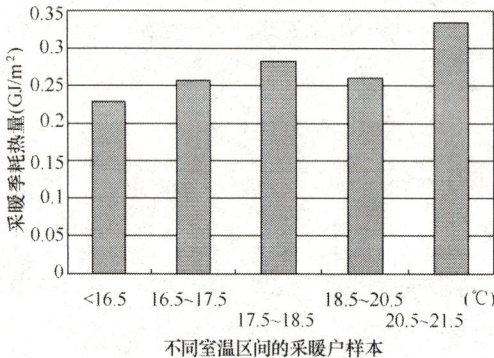

图1-13 某大城市分户燃气壁挂炉供热量

这种过量供热是供热系统缺少末端调节造成不均匀供热的结果。因此独立热源的分散供热方式就可以避免这种损失。这是与集中供热方式相比分散方式供热的一个重要优点。如果在采暖房间安装有效的调节装置,使散热器的散热量能够根据房间温度及时调节,避免房间过热和过量供热,也就能够消除或大幅度减少这种过量供热损失。这就是目前"热改"工作的核心:通过改革采暖收费方式,按照实际得到的热量收费,促进各种房间温度调控措施的使用,从而避免过量供热,降低采暖能耗。因此热改的最终目的是实现分户分室的室温调节,避免过量供热。

图1-14是长春某住宅区利用"通断调控"方式分户调节室温的采暖耗热量与没有采用这一方式的临近相同的住宅建筑采暖耗热量的比较。图1-15是清华大学

某学生宿舍采用"通断调控"方式对各垂直立管进行控制后的采暖耗热量与另一无调控方式的采暖耗热量的比较。

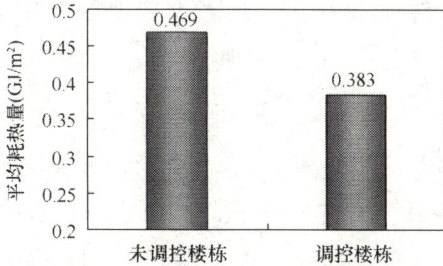

图1-14 长春某住宅小区"通断调控"方式分户调节室温的采暖耗热量比较

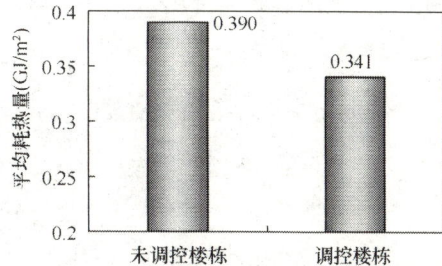

图1-15 某学生宿舍采用"通断调控"对各垂直立管控制采暖耗热量比较

由于各种原因，这些调控实验并不充分，有40%以上的实验房间并没有被实际调控，室温仍然偏高。但即使如此采暖耗热量仍降低15%～20%。这也从一个侧面证实上述估算的目前集中供热采暖普遍存在的过量供热损失。

这样，我国北方地区城镇采暖的70%为各种集中供热方式，平均的过量供热量约为30%，这就使得集中供热的实际供热量平均达到115kWh/(m²·a)。而各种分散方式的采暖基本上不存在过量供热损失。

（3）各种分散式热源的采暖方式

北方城镇目前约有25%左右的建筑采用各类分散热源方式采暖。这主要包括：

1）分户燃煤炉。用蜂窝煤或其他燃煤的小火炉或家庭土暖气采暖。这种采暖方式主要分布在低收入群体居住区、小城镇、大城市的城乡交界区等处。根据炉具和采暖器具的不同，燃煤分散采暖的燃料利用率在15%～60%。其排烟和灰渣造成较严重的空气污染和环境污染。这种采暖方式一般来说效果不佳，使用者的维护管理相当麻烦，同时还存在室内一氧化碳和其他有害气体污染的危害，时有煤气中毒的事故发生。因此为改善人民生活状况，提高住宅室内安全，在大多数场合这种采暖方式应逐渐被其他清洁采暖方式替换。

2）分户燃气采暖。采用分户的小型燃气热水炉为热源，通过散热器或地板辐射方式进行采暖。随着天然气供应量的增加和可以使用天然气的区域的扩大，这种方式近年来增长很快。不仅用于许多新建住区，还成为旧城区改造中替代原有的分散燃煤采暖的一种有效方式。大量实测结果表明由于这种采暖方式水温较低，燃烧温度低，因此大多数合格产品的实际能源转换效率可达90%以上，排放的NO_x浓度也低于一般的中型和大型燃气锅炉。图1-16为在北京某小区实际调查得到的采用燃气壁挂炉冬季燃气用量和室温的分布。当维持室温平均在18℃以上时，整个冬季用气量为8.5m^3/(m^2·a)，也就是86kWh/(m^2·a)。考虑燃气锅炉的平均效率为93%，实际供热量平均为80kWh/(m^2·a)，这与前面讨论的北京市采暖需热量完全一致。因此这种分散供热方式不存在过量供热问题。这是由于每户都要计量燃气量，并按照燃气量缴费。计量缴费方式和燃气炉的分散调节能力就使得这种供热方式几乎不会出现过量供热问题。因此对于需要用燃气采暖的场合，这种方式无疑是最适宜的方式。

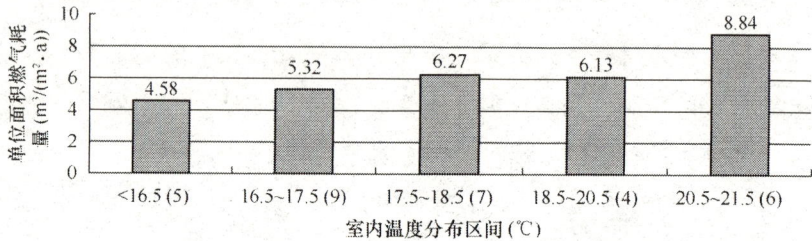

图1-16 北京某小区实测燃气壁挂炉不同室温下的冬季燃气用量

3) 分散的电热采暖。各种直接把电转换为热量满足室内采暖要求的方式。例如电热膜、电热电缆、电暖气，以及各类号称高效电热设备的"红外"、"纳米"等直接电热设备。这些方式实际都可以实现100%的电到热量的转换，并且大多具备很好的调控功能，从而不存在过量供热问题。有些实际上是局部供热，只保证有人活动的区域的温度，从而进一步降低实际供热量。由于这样的精确控制，所以平均在70kWh/(m^2·a)用电量以下，基本上在北京就可以满足供热要求。当享受某种电采暖优惠政策，采暖电价为0.5元/kWh时，采暖费用可控制在35元/(m^2·a)，接近北京市天然气热源集中供热的采暖价格，这就是为什么在一些场合直接电热采暖能够被接受的原因。然而因为我国目前冬季北方地区的电力基本上来源于火力发电，2006年中国火力发电平均效率为341gce/kWh。70kWh的电力需要23.9kgce，高于各种集中供热方式的煤耗。因此在能够使用集中供热采暖或分散燃气采暖的场合，还是不宜用直接电热采暖。如果出于电力削峰填谷的目的，利用某种蓄热手段，在夜间电力采暖并蓄热，以平衡电力负荷的日夜差别，则还可以适当地使用。

除上述这些方式外，还有采用电力驱动的分散空气源热泵等方式，但都只占极小的比例。总体来看，目前我国北方城镇的这些分散采暖方式折合为燃煤的话，平均采暖能耗在 $25\sim30$ kgce/(m^2·a)（因为东北、西北的建筑采暖需热量要高于北京）。

（4）各种分栋或小区的热泵采暖

近年来采用水源、地源热泵方式，对单体建筑或一个住宅小区进行采暖。目前北方地区采用这种方式采暖的建筑总量约在 8000 万 m^2 左右，不到北方城镇采暖建筑总量的 1.5%。本书 3.8 详细讨论了这种采暖方式的特点、能耗和存在问题。由于最终实现的是一座建筑或一群建筑的集中供热，因此当没有有效地解决末端分户调节和计量时，仍存在实际供热量大于采暖需热量的问题。当实际供热量为 100kWh/(m^2·a)时，平均耗电量为 50kWh/(m^2·a)，煤耗为 17.0kgce/(m^2·a)，大约为前面讨论的直接电热采暖的 60%。

（5）热电联产集中供热采暖

2006 年，我国北方城镇目前有 26 亿 m^2 左右的建筑采用热电联产集中供热方式，其中真正热电联产方式提供实际采暖热量的约为 75%，其余 25% 的热量则是燃煤、燃气锅炉以调峰的方式提供。目前热电联产热源主要为两种方式：

1）小规模凝汽为主的热电联产：恶化冷凝器真空度，用汽轮机凝气加热供热热水，用抽汽补充供热量的不足。因为不足一万千瓦发电量到几万千瓦发电量的小型热电联产机组，是 20 世纪 80～90 年代兴建的热电联产电厂的主导形式。这种方式在冬季供热时，发电效率可达 20%，供热效率为 65%，也就是 1kgce 可以发电 1.628kWh，产热 5.29kWh。与我国目前的骨干电厂相比，如果骨干电厂的发电煤耗为 300gce/kWh，则 1.628 度电折合 0.488kgce，这样剩下的 0.512kgce 产生热量 5.29kWh，折合热效率为 127%。我国北方城镇集中供热的平均要求的供热量为 115kWh/(m^2·a)，再加上集中供热热网损失，热源平均需要提供 120kWh/(m^2·a)的热量，采用热电联产时，煤耗为 11.6kgce/(m^2·a)，低于其他各种热源方式。另外 25% 的热量靠调峰锅炉提供，其效率在 85% 左右，120kWh 的热量需要标煤 17.34kg，这样，采用这种方式的热电联产集中供热的平均供热煤耗为 75%×11.6 +25%×17.34＝13kgce/(m^2·a)，低于各类地源热泵、水源热泵方式。然而，在非供热期，由于这些热电机组容量小，锅炉出口蒸汽参数低，因此单纯发电时的发电效率往往不足 30%，发电煤耗在 400gce 以上。由于多种原因，很难在非供热期停止这类热电厂的运行，由此造成全年综合能耗偏高。例如如果非供热期发电 3500h，发电煤耗 450gce/度，与 347gce/度的标准煤耗比，每千瓦发电能力每年多消耗标煤约 350kg，而每千瓦非供热期发电能力的热电机组在冬季的供热能力平均为 13.2kW，可供热面积平均为 330m²，则相当于每平方米供热面积增加约 1.05kgce，这样把这部分损失归入采暖能耗，单位面积采暖煤耗约为 14.1kgce/ (m²·a)。

2）大、中规模抽凝电厂：21 世纪以来兴建的热电联产电厂主要是单机容量为 20 万、30 万千瓦发电量的大型凝气机组。这些电厂在非采暖期可以高效发电，发电煤耗与目前的全国平均发电煤耗接近。在冬季热电联产工况，则完全依靠抽取低压蒸汽加热，但为了维持汽轮机的正常运行，仍有约三分之一的蒸汽要通过低压缸继续发电，然后再放出低温余热。此时的机组发电效率约在 30%，供热效率 40%，约有 20% 的热量从冷却塔排走。此时 1kgce 发电 2.44kWh，产热 3.26kWh。2.44kWh 的发电量在发电煤耗为 300gce 的骨干电厂需要 0.732kgce，因此剩下的 0.268kgce 产生热量 3.26kWh，折合热效率为 149%。提供 120kWh/m² 的热量的煤耗为 9.86kgce。再考虑 25% 的热量是由 85% 的锅炉直接供应，则综合之后的单位面积煤耗为 11.7kgce/(m²·a)。这是目前北方采暖能耗最低的热源方式。本书 4.3 节将说明，通过适当的技术改造，这种机组冬季通过冷却塔排出的热量还可以被用于供热，这样会使热电联产的效率几乎又提高 40%，煤耗降低到 9kgce/(m²·a) 以下。

我国北方地区目前的热电联产电厂装机容量中这两类形式大致相当，因此可以认为热电联产热源的集中供热方式的平均煤耗为 12.7kgce/(m²·a)。2006 年，我国 26 亿 m² 热电联产集中供热，全年采暖煤耗约为 3300 万 tce/a，低于各种分散采暖方式的总煤耗。

（6）区域锅炉房采暖

2006 年，我国北方城镇大约有 26 亿 m² 的建筑目前是靠不同规模的锅炉房作为热源的集中供热系统进行采暖。其中绝大多数为燃煤锅炉，也有很少部分为不同规模的燃气锅炉。燃煤锅炉的效率随锅炉容量不同而异，在 35%～85% 之间。当单台锅炉容量达到 20t/h，效率可以达到 85%。但对于几吨蒸发量的锅炉，有的效率可低至 35%。燃气锅炉基本上燃烧效率在 85% 以上。取锅炉的平均效率为 60%，则锅炉采暖的年平均煤耗为 19.9kgce/(m² · a)。这样，26 亿 m² 的供热面积全年总煤耗约为 5200 万 tce。

（7）我国北方城镇采暖能耗估算和节能潜力预测

2006 年我国北方城镇采暖能耗估算结果 表 1-6

采暖方式	采暖建筑面积（m²）	单位面积采暖煤耗（kgce）	采暖总煤耗（t）
分散采暖	23 亿	24.9	5600 万
热电联产集中供热	26 亿	12.8	3300 万
区域锅炉房	26 亿	19.9	5400 万
总计	75 亿	18.9	1.43 亿

表 1-6 汇总了上述各类采暖方式目前能耗及由此统计出的北方城镇采暖总能耗。根据以上分析，我国北方地区城镇建筑进一步降低采暖能耗的潜力和途径为：

1）对既有建筑进行改善外围护结构为主要内容的节能改造。更换气密性不好的钢窗，把保温性能非常差的单玻外窗改为双玻，对热阻过小的混凝土板墙加外保温。全面进行这种节能改造可以使采暖需热量由目前平均的 90kWh/(m² · a) 降低至 75kWh/(m² · a)。对今后的新建建筑，严格贯彻 50% 或 65% 的建筑节能标准，则可以使采暖需热量降低到 70kWh/(m² · a) 以下。

2）全面落实"热改"，通过各种方式实现集中供热分户室温可调，同时通过按照热量收费，让使用者主动把室温调控在 18~20℃ 间。这样可在很大程度上降低集中供热系统的过量供热。过热供热量可以从目前的平均 25kWh/(m² · a) 降低到 5kWh/(m² · a)。加上集中供热的管网热损失，集中供热系统对既有建筑的平均供热量可以控制在 85kWh/(m² · a)，新建建筑可控制在 80kWh/(m² · a)。

3）通过技术进步进一步提高热电联产系统的能源效率，当集中供热年平均供热量为 85kWh/(m² · a) 时，采用大型供热机组，配之以"吸收式换热循环"（见本书 4.3 节），年平均供热煤耗可降低至 6.35kgce/(m² · a)。

4）充分发挥现有城市集中供热热网的作用，增大热电联产供热范围，替代区域锅炉。在不能实现热电联产供热，只能采用区域锅炉房方式时，坚决砍掉小型燃煤锅炉，即可有效改善大气环境，还可以使锅炉效率提高到 85% 以上。考虑到保温和分户调控的作用，当平均供热量降至 85kWh/(m² · a) 时，供热平均煤耗可降低到 12.3kgce/(m² · a)。

5）对于无法采用热电联产集中供热的建筑，在改善围护结构保温状况的基础上，可推广各类高效节能的分散供热方式。依次为：分户燃气炉方式，分栋的水源热泵或地源热泵方式、带有补充电热的空气源热泵方式。争取使采暖年平均煤耗降低到 12kgce/(m² · a)以下。

假设将来，中国的北方城镇采暖面积仍为目前的 75 亿 m²。那么，当热电联产集中供热面积扩大到 35 亿 m²，分散采暖面积不变时，全面落实上述措施可使年采暖煤耗降低至 0.7 亿 tce/a，不到目前的一半。

如果北方地区城镇建筑面积增加到 100 亿 m²，热电联产供热为 50 亿 m²，分散供热 25 亿 m²，区域锅炉房供热 25 亿 m²，则全面落实上面各条节能措施后，全年采暖煤耗可以控制在 1 亿 tce 以内，低于目前采暖能耗总量。由此可见，我国北方地区采暖具有巨大的节能潜力。

1.2.2 南方建筑采暖状况

所谓南方指长江流域各省和湖南、贵州、云南等地。这些地区冬季室外温度在 10℃以下，有时也会短期出现低于零度的天气，2008 年初的冰雪灾害，南方地区出现大幅度降温，就主要发生在这一地区。图 1-17 标出了这一地区的范围和各地冬季最冷月的月平均温度。这一地区目前拥有城镇民用建筑约 70 亿 m²，是城市建筑量飞速增长的主要地区。按照 20 世纪 80 年代的采暖空调设计规范，这一地区不考虑冬季采暖，因此很少有集中供热采暖系统。传统上这一地区是用炭火盆等烤火方式，目前则主要是在室内配置一些局部采暖设备，如电暖气、空气－空气热泵机组等，以电力为主要能源，实行局部采暖。目前一些高档宾馆、办公楼的中央空调系统在冬季同时供热，有些新建的高档住宅小区也设置了集中锅炉房进行集中供热，合肥市已经建成热电联产集中供热系统，服务于市区建筑。但目前采用了不同规模的集中供热方式进行冬季采暖的在城镇民用建筑总量中还不到 5%，绝大多数建筑目前采用的仍是一天内间歇运行的局部采暖设施。

已有不少研究部门对上海、杭州、苏州、武汉、重庆等地住宅冬季采暖用电状况进行了大规模调查，其结果表明，无论采用电暖气还是空气源热泵，目前大多数住宅冬季采暖用电量在 5～10kWh/(m² · a)之间，不同家庭间差别很大，最大者可

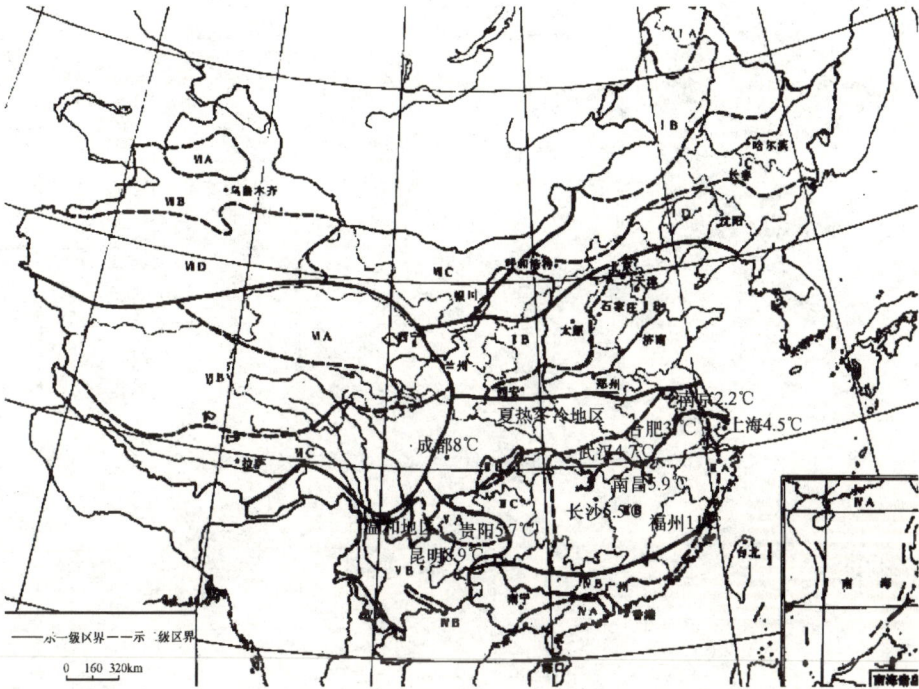

图 1-17 中国南方地区各地主要城市最冷月室外平均温度

超过 20kWh/(m² · a)，最小者不足 1kWh/(m² · a)。大部分家庭目前是间歇式采暖，也就是家中无人时关闭所有的采暖设施，家中有人时也只是开启有人的房间的采暖设施。由于电暖气和空气—空气热泵能很快加热有人活动的局部空间，而且由于这一地区冬季室外温度并不太低，因此这种间歇局部的方式并不需要提前运行几个小时对房间进行预热。在有人使用并运行了局部采暖设施的房间，室温一般只在 14～16℃，而不像北方地区那样维持室温在 20℃ 左右。

为了理解这一地区不同住宅之间采暖能耗为什么会有这样大的差异，下面对如图 1-18 所示的典型住宅建筑，采用 COP＝1.9 的空气源热泵采暖的冬季能耗进行模拟计算。计算条件分为连续采暖和间歇采暖两类。所谓间歇采暖是指白天工作时间（8：00～17：00）关闭采暖设施；17：00～22：00 使用起居室的采暖设施；21：00～24：00 使用卧室的采暖设施。当使用采暖设施时，室温要达到采暖室温设定值，而关闭采暖设施时，则室温处于自然状态。图 1-19 为模拟计算结果。

这一计算结果可以清楚地解释目前这一地区冬季采暖能耗存在这样大的差别的原因。这不是由于围护结构保温水平等因素造成，而主要是由于不同的采暖方式和

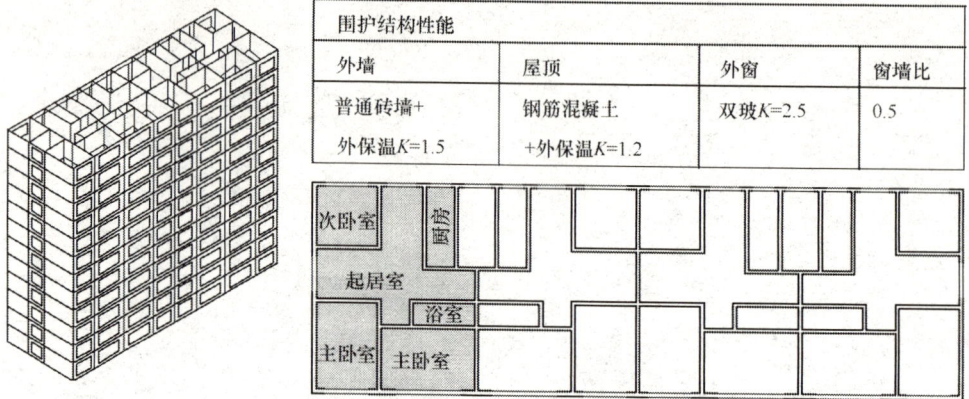

围护结构性能			
外墙	屋顶	外窗	窗墙比
普通砖墙+ 外保温K=1.5	钢筋混凝土 +外保温K=1.2	双玻K=2.5	0.5

图 1-18　模拟计算采用住宅模型及其围护结构参数

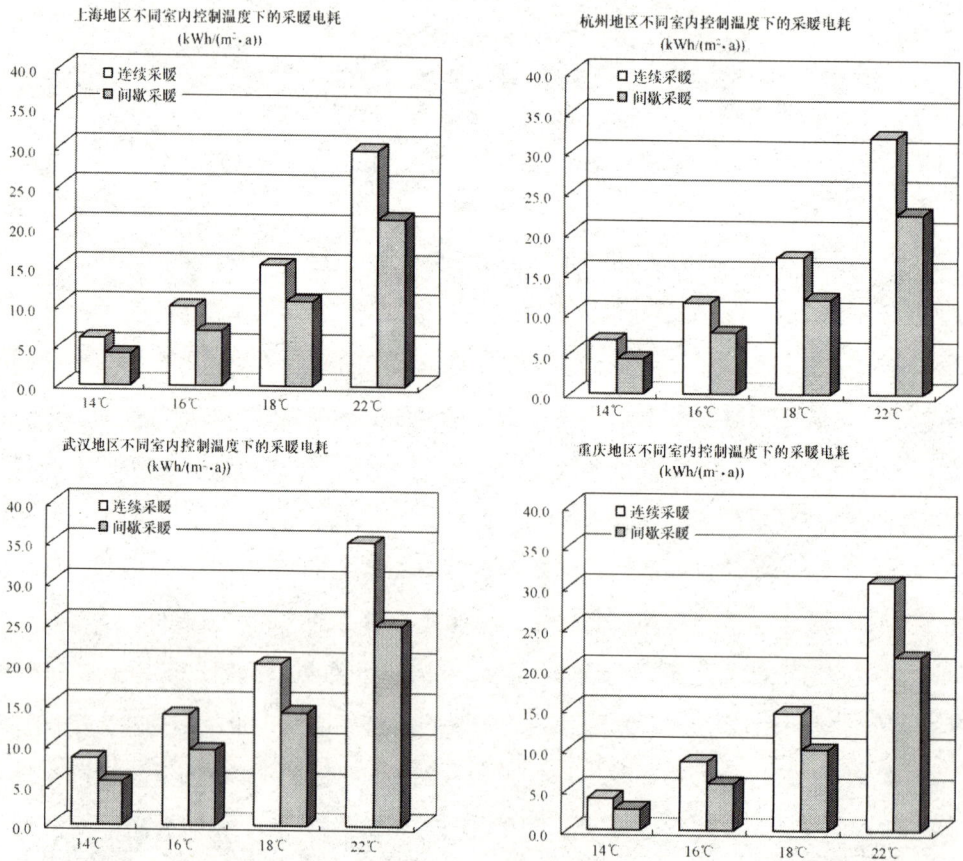

图 1-19　长江流域主要城市冬季采暖电耗模拟计算结果

不同的采暖室温设定值导致的。当冬季室外平均温度为7℃时，室温从14~21℃将使室内外温差增加一倍，再加上太阳辐射与室内人员设备发热的作用，14~21℃需要的采暖能耗的差别就会大于一倍。而较小的室内外温差也使得围护结构的蓄热作用减弱，因此间歇采暖方式的启动时间不会太长，从而使采暖能耗又随采暖设施运行时间减少而下降。这两个原因，就使得这一地区的采暖能耗与室内设定值和是否间歇运行有较大关系。而在北方地区，设定值与间歇运行与否对采暖能耗并无这样大的影响。

根据目前的调查与在此基础上的估算，目前这一地区采暖建筑的平均采暖能耗为1.8kgce/(m²·a)，目前的约70亿m²的采暖能耗为1280万tce/a，不到北方75亿m²建筑目前采暖能耗10%。

但是，这样低的能耗水平是建立在低的采暖温度设定值和间歇采暖方式的基础上的。目前随着经济发展和人民生活水平的不断提高，这一地区普遍呼吁应该改善室内采暖状况，采用集中供热的新建公建和新建住区不断增加。当采用集中供热系统时，采暖方式就会变间歇为连续，室温也很自然的会上升到20℃。而这一地区居民经常开窗通风的生活习惯却很难改变，因此无论建筑围护结构保温如何，室内外由于空气交换造成的热量散失会很大。这样，可以计算出当采用集中供热、连续运行、室温设定值为20℃时，平均采暖需热量为60kWh/(m²·a)。如果像北方地区一样出现集中供热系统的过量供热问题，过量供热损失和集中供热的外网热损失一共为20kWh/(m²·a)的话，集中供热热源就需要供应每个冬季80kWh/(m²·a)热量。如果采用效率为65%的锅炉作为热源，70亿m²建筑采暖能耗将可能达到1亿tce，为目前北方地区采暖煤耗的70%，对我国建筑能耗总量造成很大影响。当30%采用北方目前的热电联产方式，40%采用区域锅炉房，其他为连续运行的分散采暖方式，则冬季采暖能耗仍然需要8200万tce/a。即使30%采用本书4.3节中介绍的高效的热电联产方式，40%采用效率为85%的锅炉热源，其他为连续运行的分散方式，全年采暖能耗还将为6400万tce/a。这一地区城镇建设将持续发展，城镇住宅面积将从目前的约70亿m²增加到120亿m²，这样，即使采用了这些可能的高效措施，采用集中供热方式解决这一地区的冬季采暖问题，仍将需要约1亿tce/a，几乎为目前这一地区采暖能耗的8倍。显然，集中供热不是解决这一地区冬季采暖的适宜方式。

我国长江流域地区的特点是冬季约两个月左右的时间内外温平均值降到 10℃ 以下，偶然出现 0℃。目前的生活习惯是间歇采暖、局部采暖的方式，室内外温差不大，人在室内外着衣量的差别也不是很大。令人感觉不适的是有些房间没有完善的局部采暖设施，不能在需要的时候及时提供足够的热量，某些热风装置吹风感大，噪声严重，舒适性差。同时，这一地区在夏季都会出现炎热、高湿的气候，空调和除湿又是满足室内基本的舒适要求的必要措施。而即使炎热夏季室外温度也大多低于 35℃，并不比北方温度高。这样，冬季室外温度 5℃，室内 16℃，夏季室外温度 35℃，室内温度 25℃，正是空气源热泵最适合的工作状况。如果研制开发出新型的热泵空调系统，可以满足这种局部环境控制、间歇采暖和空调的需求，同时在冬季能以辐射的形式或辐射对流混合形式实现快速的局部采暖，夏季同时解决降温和除湿需求，这将更适宜这一地区室内环境控制的要求。当局部间歇方式采暖时，如果平均采暖的时间与空间为连续全空间采暖的 50%，采暖温度为 16℃，则采暖平均需热量可以控制在 35kWh/($m^2 \cdot a$)。此工况下热泵的 COP 为 3.5 的话，平均冬季采暖电耗可以在 10kWh/($m^2 \cdot a$) 以内。这样，目前 70 亿 m^2 住宅建筑在冬季室内环境得到较好的改善后，采暖能耗不超过 3800 万 tce/a，未来建筑总量增加到 120 亿 m^2 后，冬季采暖能耗不超过 6500 万 tce/a，大约仅为采用高效的集中供热方式煤耗的 65%。

1.3 城镇住宅除采暖外能耗状况

前文详细说明了我国各地区城镇的冬季采暖能耗状况。本节讨论除采暖之外的城镇住宅的其他能耗，主要包括炊事、生活热水、空调、照明、其他家电等。所消耗的能源主要种类为电力、燃煤、天然气、液化石油气和煤气。

1.3.1 城镇住宅除采暖外的能耗状况

根据中国各省市城镇居民各类家电的拥有情况，以及根据调查研究所得的中国居民中不同生活模式人群的分布，可以计算得到不同气候区不同生活模式（能耗水平各有不同）的住宅总能耗与单位面积能耗情况，进而可求得：2006 年我国城镇住宅除采暖外的能源消耗则为 9980 万 tce。具体计算方法参见本书附录二。

从终端用能项目来看，如图 1-20 所示：

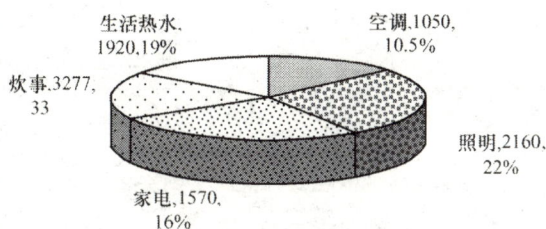

图 1-20 按用能项目计算的 2006 年中国城镇住宅总能耗（单位：万 tce）

1）空调：2006 年我国城镇住宅空调总电耗为 310 亿 kWh，折合 1050 万 tce，占住宅总能耗的 10.5％，全国住宅单位建筑面积平均的空调能耗为 2.7kWh/(m² · a)。

2）照明：2006 年我国城镇住宅照明总电耗为 630 亿 kWh，折合 2160 万 tce，占住宅总能耗的 22％，全国住宅单位建筑面积平均的照明能耗为 5.6kWh/(m² · a)。

3）家电：2006 年我国城镇住宅家电总电耗为 460 亿 kWh，折合 1570 万 tce，占住宅总能耗的 16％，全国住宅单位建筑面积平均的家电能耗为 4.1kWh/(m² · a)。

4）炊事：2006 年我国城镇住宅炊事总能耗折合 3277 万 tce，占住宅除采暖外总能耗的 33％，全国住宅单位建筑面积平均的炊事能耗为 2.9kgce/(m² · a)。

5）生活热水：2006 年我国城镇住宅生活热水总能耗折合 1920 万 tce，占除采暖外住宅总能耗的 19％，全国住宅单位建筑面积平均的生活热水能耗为 1.7kgce/(m² · a)。

1.3.2 典型城市居民其他能耗调研结果

为进一步研究中国城市居民的住宅能源消耗情况，清华大学于 2008 年对北京 1000 户、沈阳 800 户以及苏州 500 户住宅进行了能耗调研，调研样本根据抽样调查原理选取，与中国国家统计局统计抽样样本相符，可以认为样本较好地反映了城市总体情况。具体说来，调研内容包括该住户全年各类能源消费的交费单据（如煤、液化石油气、天然气、电等）、住宅对各类家用设备的拥有情况（如电冰箱的数量、能效标识等级等）以及使用方式（如空调设定温度、开启时段等），得到了各住户的人均能耗与面积平均能耗情况（电力按 2007 年中国发电煤耗 333gce/kWh 折合为标煤），分别如图 1-21～图 1-26 所示。需要说明的是，由于中国北方城镇采用集中供暖，故北京和沈阳的住宅数据中，不包括集中采暖的能耗。电耗指实际用电量，热耗指除采暖外的燃气、煤炭与液化石油气等商品能耗消耗量折合标煤值。两个城市所有样本平均的能耗水平如表 1-7 所示。

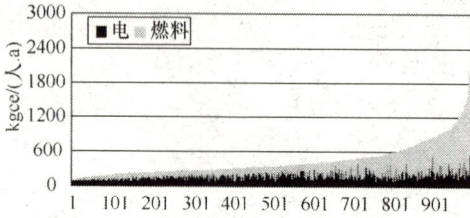

图 1-21 2008 年北京人均住宅除采暖外
能耗调研结果（1000 样本）

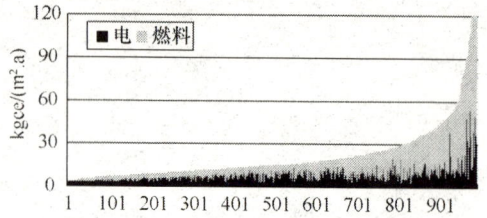

图 1-22 2008 年北京单位面积住宅除采暖
外能耗调研结果（1000 样本）

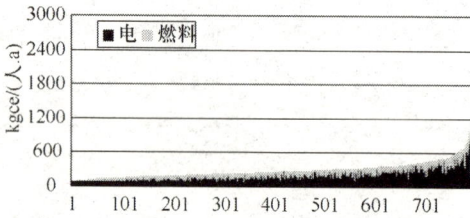

图 1-23 2008 年沈阳人均住宅除采暖
外能耗调研结果（800 样本）

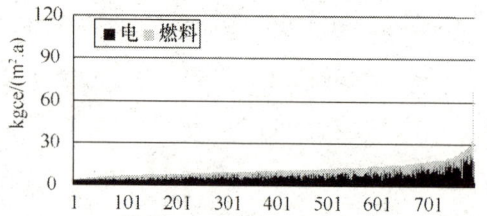

图 1-24 2008 年沈阳单位面积住宅除采暖
外能耗调研结果（800 样本）

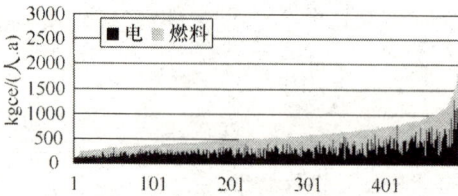

图 1-25 2008 年苏州人均住宅能耗
调研结果（500 样本）

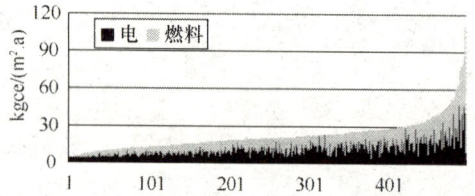

图 1-26 2008 年苏州单位面积住宅
能耗调研结果（500 样本）

调查发现：

1）沈阳住宅除采暖外能耗水平远低于北京与苏州。

2）沈阳住宅电能消耗占除采暖外总能耗的平均比例最高，达 71%；北京与苏州的电能消耗占总能耗的平均比例分别为：49% 和 55%。

3）北京住宅非采暖热耗与苏州的住宅热耗平均水平接近，但苏州平均热耗略高于北京；此外，苏州住宅的电耗水平明显高于北京。这是因为苏州数据包括了冬季采暖能耗。苏州地处长江流域地区，以分散式采暖为主，包括空调、电加热器、电热毯或烧薪炭取暖等，采暖电耗在 5~15kWh/（m² · a）。

2008 年北京、苏州住宅除采暖外能耗调研结果　　　　　表 1-7

项　目		单　位	北　京	沈　阳	苏　州
人均能耗	电耗	kgce/(人·a)	209.4	202.9	307.4
	热耗	kgce/(人·a)	220.9	84.4	250.9
	总能耗	kgce/(人·a)	430.3	287.2	558.3
面积平均能耗	电耗	kgce/(m²·a)	8.4	7.5	10.8
	热耗	kgce/(m²·a)	8.9	3.1	8.8
	总能耗	kgce/(m²·a)	17.3	10.7	19.6
人均住宅面积		m²	24.8	26.9	28.5

注：北京、沈阳的数据不包括集中供热的能耗。

沈阳的住宅能耗差别较小，仅 2% 的调查住户面积平均能耗超过 25kgce/(m²·a)，1% 的调查住户的人均能耗超过 800kgce/(ca·a)。但北京与苏州的城镇住户能耗个体差别十分巨大，能耗高的住户能源消费量可以是低能耗住户的千倍以上！北京 25% 的调查住户、苏州 26% 的调查住户的面积平均能耗超过 25kgce/(m²·a)，北京 12% 的调查住户、苏州 34% 的调查住户的人均能耗超过 800kgce/(ca·a)，远远超过城市平均水平，属于高能耗群体。

取北京与沈阳进行样本分析，得到如图 1-27 与图 1-28 所示的能耗与家庭收入间的相关关系：

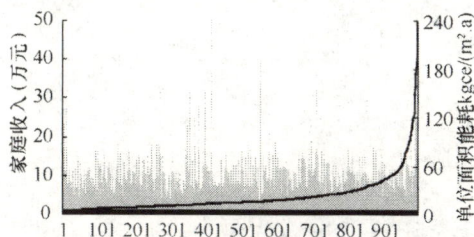

图 1-27　2008 年北京单位面积住宅除采暖外能耗与家庭收入调研结果（1000 样本）
注：黑色粗实线为单位面积能耗
灰色柱为家庭收入

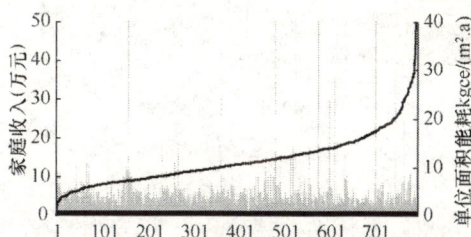

图 1-28　2008 年沈阳单位面积住宅除采暖外能耗与家庭收入调研结果（800 样本）
注：黑色粗实线为单位面积能耗
灰色柱为家庭收入

1) 城市中各户单位面积能耗与各户经济收入之间无明显相关关系。

2) 北京的城市居民收入水平高于沈阳，其城市总体能耗水平会高些；但值得注意的是，其个体能耗差别也更大。经济收入的差别，并不足以解释相同经济水平的居民间巨大的能耗差别。

进一步研究调研样本发现，能耗水平的高低，与城市中居民对不同电器的使用情况十分相关，下面以空调与非通用小家电（如豆浆机、烘鞋器、咖啡壶等共计十类）为例进行说明。

图 1-29 与图 1-30 分别是两个城市空调与非通用小家电的拥有量与使用量的统计结果，发现：

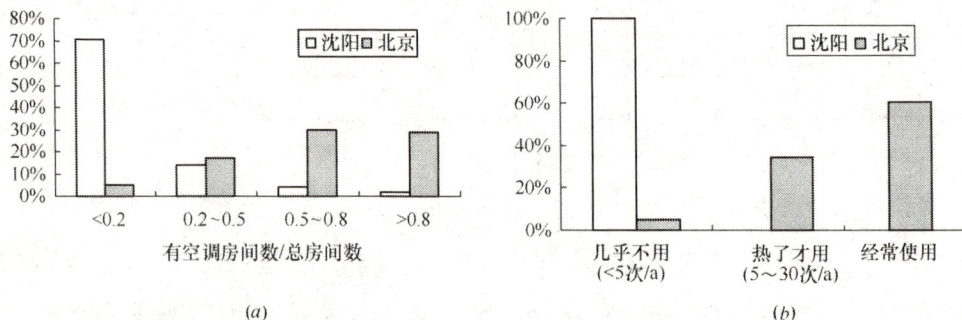

(a)   *(b)*

图 1-29 北京与沈阳居民空调拥有与使用情况比较

（*a*）北京与沈阳居民空调拥有情况；（*b*）北京与沈阳居民空调使用情况

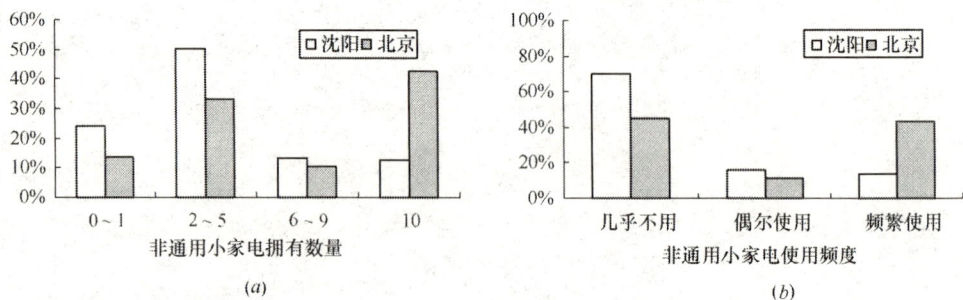

(a)   *(b)*

图 1-30 北京与沈阳居民小家电拥有与使用情况比较

（*a*）北京与沈阳居民小家电拥有情况；（*b*）北京与沈阳居民小家电使用情况

1）北京居民空调拥有量明显高于沈阳居民；并且有空调的居民中，北京居民使用得远比沈阳用户频繁。调查住户中，沈阳居民年空调使用次数没有超过 5 次的，然而北京绝大部分居民经常使用空调。

2）北京居民非通用小家电的拥有量明显高于沈阳居民；并且频繁使用的人群比例远高于沈阳居民。

对家用设备拥有量的追求以及对家用设备不同的使用习惯，这往往是由居民生活习惯决定的。正是上述这些不同的生活习惯，导致了调研城市中个体能耗之间的千差万别。随着经济水平的提高，城市居民之间的个体差别也在不断加剧。因此，不同生活模式对实际能耗量有着决定性的影响。

1.3.3 城镇住宅除采暖外能耗的发展趋势

城镇住宅除采暖外能耗的变化发展，主要受到建筑规模、建筑内使用的设备系统的数量与其能效以及居民生活方式等因素的影响，具体说来：

1) 我国正处在经济持续快速发展期，城镇住宅建筑面积迅速增加（图 1-31），由此形成的城镇住宅能耗也正在持续增长。

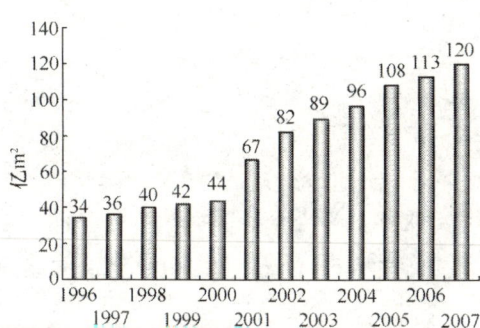

图 1-31 我国城镇住宅总面积变化

数据来源：1997~2008 年《中国统计年鉴》。

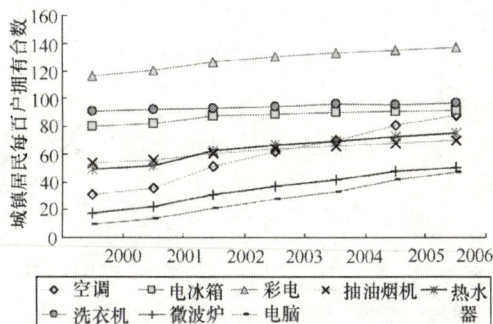

图 1-32 城镇居民主要家电拥有量逐年变化

数据来源：2001~2007 年《中国统计年鉴》。

2) 随着我国经济的发展和居民收入的增加，我国城镇居民的各种家用电器数量正在逐年增长（图 1-32）；而调研也显示，建筑设备形式、室内环境的营造方式和用能模式也正在悄然发生变化，家用耗能设备的使用范围和使用时间正在不断地增长，这将不可避免地带来住宅能耗的增长。

3) 近年来大量"别墅"、"town house"出现，大多为高档豪华住宅，引领着一种所谓"时尚"、"与国际接轨"的生活模式，大量使用中央空调、烘干机等机械手段满足室内服务需求，户均用电水平几倍甚至几十倍于普通住宅。随着我国经济发展和高收入人群的增加，此类高能耗住宅及其拥有人群在城市社会人口中的比例呈飞速增长的趋势，也成为导致我国建筑能耗增长的一个重要因素。

4) 随着科学水平的发展与进步以及用能设备能效的进一步提高，有利于减缓我国建筑能耗增长的步伐。

总体说来，未来中国城镇住宅除采暖外的能耗在现有基础上进一步增长是大势所趋。然而，考虑到住宅非采暖能耗的高低主要取决于住宅建筑总量和未来大多数居民的生活方式，而各类节能技术对降低住宅非采暖能耗的贡献与之相比则显得十分有限，因此，控制未来住宅非采暖能耗，使之少增长、甚至不增长，其可能的途径为：

1）控制建筑规模，防止建筑总量和人均住宅建筑面积拥有量的不合理增长。

2）在全社会继续提倡行为节能，倡导节能的生活方式。

3）通过合理的建筑节能技术的使用，在保证人们生活水平的同时，进一步降低建筑能耗；并严格控制某些所谓"高技术"甚至于"节能技术"的高耗能技术的应用。

1.4　公共建筑能耗

这里公共建筑是指办公楼、学校、商店、旅馆、文化体育设施、交通枢纽、医院等非住宅类民用建筑。我国目前有此类建筑总量约 53 亿 m^2，占城镇建筑总量的 36%（2008 年统计数据）。

公共建筑的规模从几百平方米到几十万平方米不等。调研发现，当不考虑采暖能耗时，可把公共建筑大致分为两大类：单体规模大于 2 万 m^2、且采用中央空调的建筑，称为大型公共建筑，大型公共建筑能耗密度高，除采暖外能耗折合用电量在 $70\sim300kWh/(m^2 \cdot a)$；单体规模小于 2 万 m^2 并且没有采用中央空调的建筑，称为普通公共建筑或一般公共建筑，除采暖外能耗在 $30\sim60kWh/(m^2 \cdot a)$（除餐厅、计算机房等特殊功能建筑）。

公共建筑除采暖之外能耗比较复杂，表现在两方面：一是能耗主要由空调、照明、办公电器设备、电梯等公共服务设备以及特定功能设备等分项构成，各个分项能耗的构成、全年变化规律、不同地区差异以及节能途径、节能相关主体等都不相同，应该"拆开"分别进行分析；二是各类公共建筑中（办公楼、酒店、商场等）各种分项能耗所占比例和重要性也不同，分项能耗的特点、待解决的问题、节能的重点也不相同，应该分别对待。

我国公共建筑的采暖能耗状况在 1.2 节中已有阐述。本节介绍我国主要类型公共建筑除采暖之外能耗现状、分项能耗特点和节能潜力，首先介绍公共建筑能耗的构成。

1.4.1 公共建筑除采暖之外能耗的构成

某典型的政府办公楼和某典型商业写字楼除采暖之外的能耗构成如图 1-33、图 1-34 所示。可以看出，办公建筑除采暖之外的能耗构成主要包括：照明电耗、办公电器设备电耗、电热开水器和电梯等综合服务设备系统电耗、空调系统电耗，以及厨房和信息中心等特定功能设备系统电耗等五个方面。

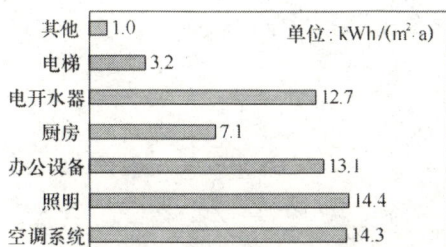

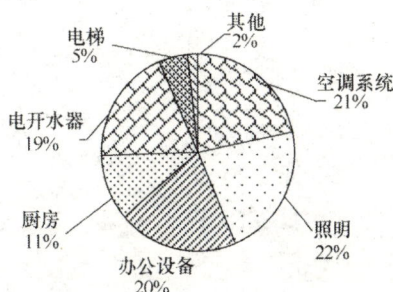

图 1-33 某典型政府办公楼各分项耗电量及比重

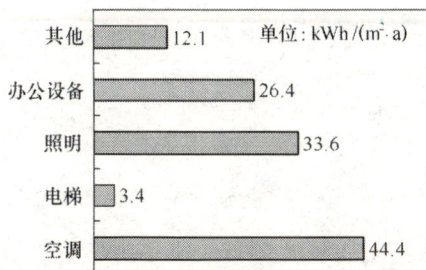

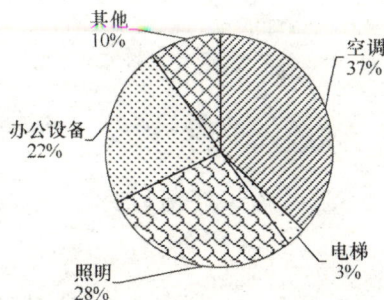

图 1-34 某典型商业写字楼各分项耗电量及比例

某典型商场和某典型星级宾馆的各分项能耗及比例如图 1-35、图 1-36 所示。可以看出，其除采暖之外能耗的构成与办公建筑基本相同，只是能耗绝对数量、比例和重点有所不同。

可以看出，各个分项能耗在不同建筑中的比例不仅与该分项能耗的绝对数值有关，还与总能耗有关，因此，在进行不同建筑物之间的比较时，不应比较某一分项能耗的百分比，而应用单位面积能耗绝对数值进行比较和分析。

以下分别对各类公共建筑做进一步分析。

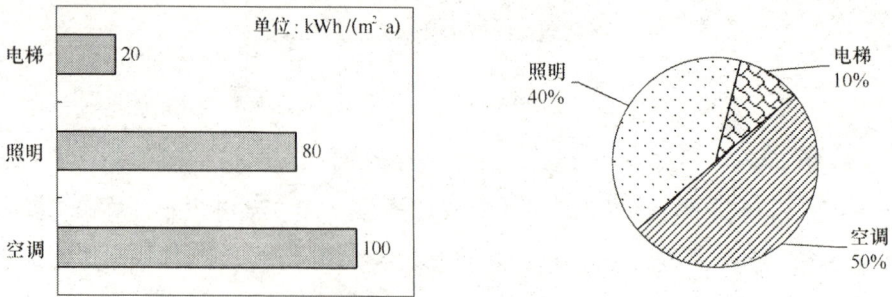

图 1-35   某典型商场各设备分项耗电量及比重

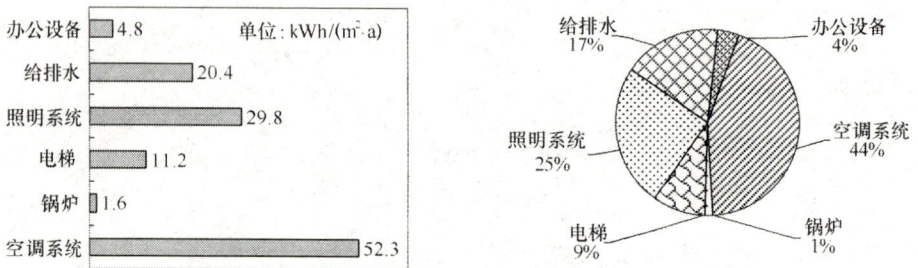

图 1-36   某典型星级酒店各设备分项耗电量及比例

1.4.2   办公建筑能耗现状和特点

图 1-37 给出了清华大学、上海建筑科学研究院、深圳建筑科学研究院等单位对北京、上海、深圳等地部分大型办公楼单位面积能耗调查结果（折合为用电量，北京的公共建筑能耗数据除去了采暖能耗）。平均能耗水平为 111.2 ± 25.7 kWh/$(m^2 \cdot a)$。

办公建筑能耗构成的主要部分能耗现状和特点分别说明如下。

（1）照明电耗

以办公建筑为例，调查得到各大型公共建筑照明电耗为 $5 \sim 25$ kWh/$(m^2 \cdot a)$，如图 1-38 所示。图 1-39 记录某大型公建连续三周逐时照明电耗情况，可看出办公建筑中的照明电耗有很强的规律性。

全年照明电耗可近似地由下式描述：

$$耗电量=运行小时数 \times 单位面积平均照明功率 \times 面积$$

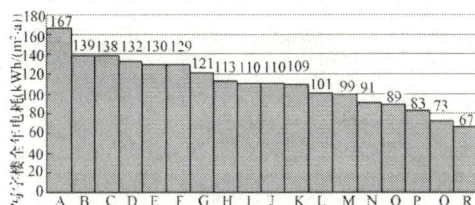

图 1-37　办公楼建筑除采暖外
单位建筑面积电耗调查结果

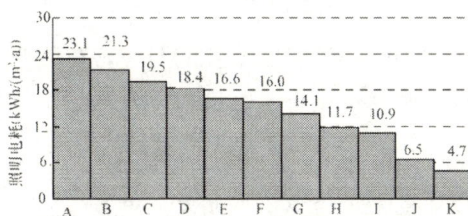

图 1-38　北京一些办公建筑照明
电耗调查结果

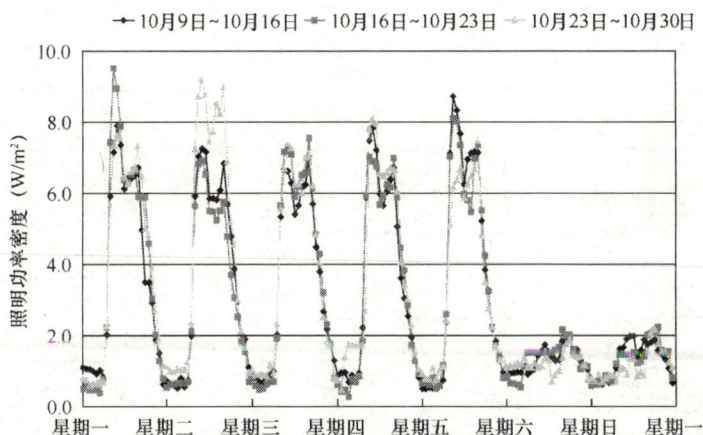

图 1-39　北京某大型办公建筑逐时照明电耗测试结果

其中，1）运行小时数：一方面与是否保持下班或外出时随手关灯的良好习惯有关，另一方面与自然采光有关。一般公建外区多，可自然采光，开灯时间少，照明电耗与天气阴晴相关。而大型公建内区大，或是选用茶色玻璃进行美观，都导致工作时段开灯时间长，与天气基本无关。此外还与加班情况有关。不同的建筑物，这一开灯时间可从 2～10h 不等。

2）单位面积平均照明功率：一方面与照明灯具的装机功率密度有关，将白炽灯等更换为节能灯显然可以降低灯具装机功率密度。另一方面，与建筑物内各种功能区域所占比例有关，对于办公楼中的走廊、卫生间等次要空间适当降低照度，会议室、大厅等在不使用时关灯以降低总平均功率密度。这一平均功率密度一般在 2.5～10W/m² 范围内。

例如，以每日工作时段开灯 10h、照明平均功率 6W/m²、非工作时段全部关灯计算，全年照明电耗为15kWh/(m²·a)，落在图1-38的范围内。从上述分析可以看出，降低照明电耗的关键，在于通过建筑设计充分利用自然采光以减少开灯时间、保持人走灯关的习惯（贯彻部分时间、部分空间控制理念）、选用节能灯具等。表1-8反映这三个措施的节能效果，可以看出，能有效减少人工照明时间的前两项措施，节能效果更加明显，成本也低。

三项节能措施下人工照明的运行情况和用电情况   表1-8

	运行时间 (h)	平均功率 (W/m²)	全年电耗 (kWh/(m²·a))	相对参考建筑	实　例
参考建筑	10	6	15	100%	内区较大的大型办公楼，照明灯具为T5灯管电子镇流器
自然采光	2	6	3	20%	良好自然采光设计的节能楼
	6	6	9	60%	小型板式办公楼
人走灯关	24	6	36	240%	美国办公楼
节能灯具	10	4	10	67%	选用LED
	10	9	22.5	150%	沿用T8荧光灯，电感镇流器
	10	12	30	200%	过分强调照度

（2）办公电器设备电耗

调查得到各座大型公共建筑办公电器能耗在6～45kWh/(m²·a)之间，如图1-40所示。

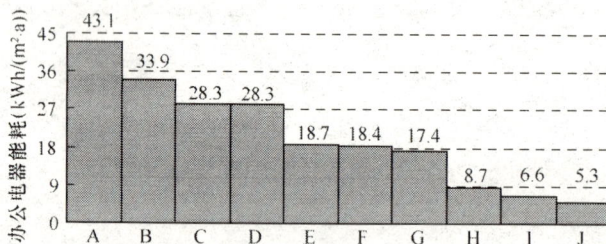

图1-40　北京一些办公建筑的办公设备能耗调查结果

与照明电耗类似，办公电器设备电耗可以用相同形式的公式来描述，例如：

$$耗电量＝运行小时数×单位面积平均设备功率×面积$$

其中，1）运行小时数：与下班后是否关闭密切相关，也与工作性质有关

2）单位面积平均设备功率：除了与办公自动化程度有关，还与人均办公面积

有关。人均办公面积小、平均功率密度就大，例如在香港的写字楼和国内高档商业写字楼中就存在这样的现象；而相反的，人均办公面积大、平均功率密度就小，在国内政府办公楼中比较普遍。设备平均功率密度可以用如下公式描述：

$$单位面积平均设备功率 = \frac{每套电脑设备功率}{人均办公面积}$$

可以看出，造成上述办公设备电耗较大差别的主要原因有：人均办公面积多少、工作时间长短等。其节能潜力在于杜绝非工作时间段的办公电器待机电耗以及选用节能的电脑设备。还应注意的是，并非该项能耗很低就一定合理，因为这一较低能耗可能是由于人均面积过大而导致的，因此用人均办公设备耗电量更合理。

（3）建筑物内综合服务设备电耗

对于电热开水器、电梯、给排水泵等建筑物内综合服务设备，其耗电量在办公建筑中也占5％～10％。这类设备的能耗特点是：往往只有很少一部分时间工作在额定功率下，启停或功率变化频繁，具有较大的随机性。近来，通过对这类设备在建筑物中实际使用状态下耗电量的实时监测，发现其耗电量也随工作日工作时段和非工作时段、休息日的工作时段和非工作时段变化，可以引入一个0到1之间的"负荷系数"，这一"负荷系数"在上述四个时段各不相同，将这四个时间段加权，就得到这类设备的"全年等效满负荷运行小时数"，耗电量用"全年等效满负荷运行小时数×设备额定功率"来描述。表1-9给出电开水器和电梯"负荷系数"的参考值。以工作时段10h为例，比较电开水器连续运行和仅工作时段运行两种模式的"等效满负荷小时数"也在表中列出，可以看出连续运行将导致一倍以上的能源消耗。

电开水器和电梯"负荷系数"的参考值   表1-9

		电开水器		电 梯
		24h运行	仅工作时间段运行	
工作日	工作时段	0.06	0.08	0.2
	非工作时段	0.04	0	0.02
休息日	工作时段	0.05	0	0.1
	非工作时段	0.04	0	0.02
全年等效满负荷小时数		412	200	—

（4）特定功能设备电耗：信息中心、厨房餐厅

对中央国家机关办公建筑能耗调查发现，200m² 左右的信息中心全年耗电量能占到一个两三万 m² 的办公建筑全年电耗的 30%～40%，这一比例可由下面的简单算例说明：20000m² 某政府办公楼中有一个 200m² 的信息中心机房，机房内设备耗电量 300W/m²，全年 8760h 运行，信息中心耗电量折算到整个建筑物面积上为：300×8760/1000×1% ＝26kWh/(m²·a)，而办公楼中其他 99% 面积的耗电量50kWh/(m²·a)，这样信息中心耗电量所占比例就占到三分之一。这一现象在政府办公建筑以及金融、税务、IT 等行业办公建筑中相当普遍。办公建筑中的厨房餐厅也属于面积小、密度高、运行时间长的区域。因此在分析办公建筑耗电量时应当把信息中心、厨房餐厅等特点功能用电部分先剔除，然后再就照明、办公、空调等具有共性的能耗部分进行深入分析和相互对比。1.4.5 小节将专门讨论信息中心和厨房餐厅等公共建筑中特定用能部分的能耗现状和节能潜力。

（5）空调系统能耗

空调系统能耗是办公建筑，往往也是各类公共建筑除采暖之外能耗中比重最大的一部分。调查发现，北京市的办公建筑空调系统能耗在 10～50kWh/(m²·a)，能相差 5 倍以上，如图 1-41 所示。

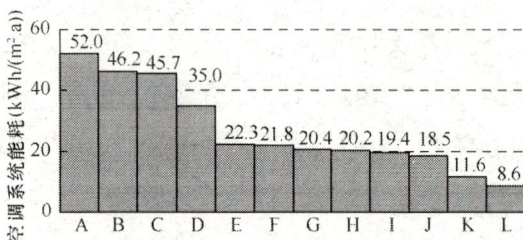

图 1-41　北京一些大型办公建筑空调系统能耗调查结果

能耗数据巨大的差异是否预示着巨大的节能潜力呢？巨大差异背后的原因是什么呢？由于空调系统能耗非常复杂，只有将能耗数据进一步"分拆"，才能逐步认识空调能耗的构成和影响因素。1.4.3 节将详细论述办公建筑中的空调系统能耗现状和构成。

1.4.3　办公建筑空调系统能耗现状和特点

上述分析指出，空调系统能耗往往是公共建筑除采暖之外能耗中最大的一部分，而且空调系统的能耗构成也比较复杂，因此需要进一步分析其构成。图1-42～图1-45给出上述四个典型公共建筑中空调系统能耗的构成。可以看出，都包括冷机电耗、冷冻水泵电耗、空调风机（空调箱循环风机、新风机组风机、风机盘管循环风机等）电耗、冷却水泵和冷却塔风机电耗，只不过能耗绝对数值和比例等有所不同。

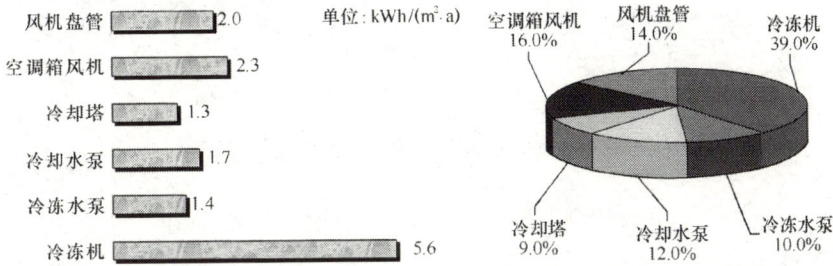

图 1-42　某典型政府办公楼空调系统分项耗电量及比例

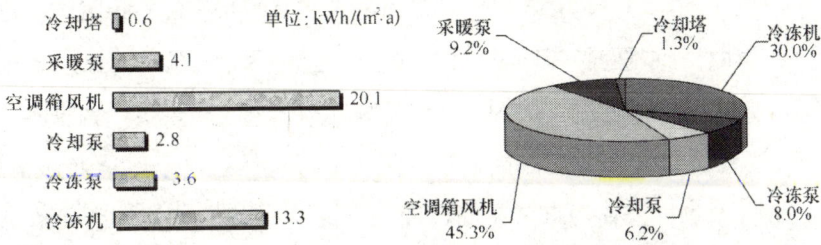

图 1-43　某典型商业写字楼空调系统各设备分项耗电量及比例

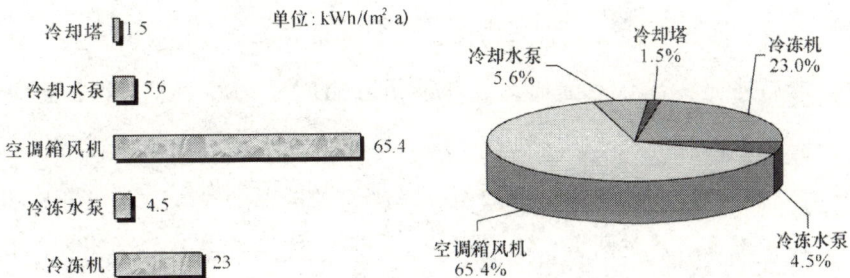

图 1-44　某典型商场空调系统分项耗电量及比例

　　中央空调系统的能耗通常都包括冷机电耗、冷冻水泵电耗、空调末端风机电耗、冷却水泵和冷却塔风机电耗，以及这些设备所制备或输配的冷量。下面以12座大型办公建筑中央空调系统实测供冷期各部分能耗数据为例进行说明。其中：A和J位于深圳市，其他均位于北京；A为商业写字楼，其余均为政府办公楼；H和

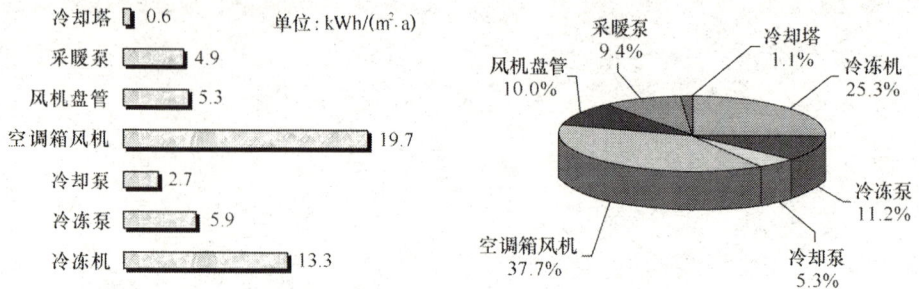

图1-45　某典型星级酒店空调系统各设备分项耗电量及比例

I 为直燃式吸收机，其余均为电制冷。

(1) 耗冷量

由图1-46。可以看出，同为办公建筑，单位面积每年的耗冷量的范围可达到 $20\sim130$ kWh/(m²·a)，相差5倍。耗冷量是供冷时间与单位面积瞬时冷量积分的结果，那么影响供冷时间长短和单位面积瞬时冷量的因素有哪些呢？一般很容易会想到气候、室内发热量密度、围护结构保温性能、遮阳等，但实际调查测试和模拟分析发现，影响耗冷量最重要的因素是：能否充分自然通风以尽量晚开早关空调，以及能否在建筑物部分使用（如夜间或周末少量人加班）情况下空调系统能够实现部分时间、部分空间调节。例如，同样位于深圳的 A 建筑和 J 建筑耗冷量相差一倍，但8月份实测瞬时冷量峰值均在 50 W/m² 左右，进一步调查发现，A 建筑可开启外窗很少，无法有效自然通风，全年冷机开启时间 2500h；而 J 建筑有一定的可开启外窗实现自然通风，每年冷机开启时间 1800h 左右。B 建筑位于北京，但全年冷机开启也达到 2500h，究其原因，在于夜间和周末总有不到 5% 的人员在加班，为保证任何一个办公室、走廊、会议室都要舒适，每年从四月中下旬到九月底的五个月时间里，冷机不论工作日、休息日每天都要开启，平均开启 16h，尽管 B 建筑是 2000 年之后设计建造的公共建筑，采用了非常良好的保温、遮阳、low-e 窗等节能措施，但其耗冷量高出其他同类型、同地区公共建筑 $2\sim3$ 倍。

(2) 冷机电耗

如图 1-47 所示，可以看出，同为办公建筑，冷机耗电折合单位面积可达到 $4\sim28$ kWh/(m²·a)。

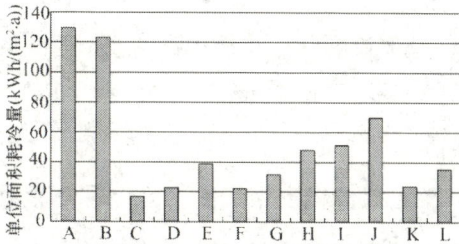

图 1-46　部分办公建筑单位面积
耗冷量调查结果

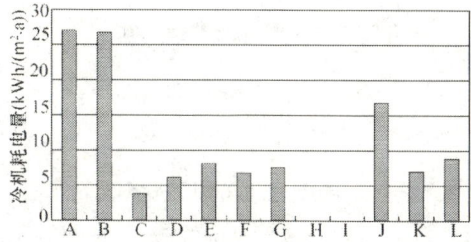

图 1-47　部分办公建筑单位面积
冷机耗电量调查结果

（图注：H、I 楼采用直燃机制冷，故无耗电量）

上述差异与供冷时间长度密切相关，与冷机的类型、额定效率、负荷率等也有一定关系。图 1-48 给出各个建筑电制冷机的供冷期平均 COP（COP：单位压缩机电耗制备的冷量）。

注：关于吸收式制冷机的能耗状况和特点请参见 3.4 节。

可以看出，实际运行 COP 也差别巨大，而且这些电制冷机的额定 COP 都在 5 以上。进一步可通过两个层面的数据来分析：一是瞬时测量的最高 COP，通常出现在夏季尖峰负荷时，瞬时最高 COP 反映冷机的性能；二是 COP 在整个供冷期的变化或分布的频数，反映多台冷机搭配是否合理、冷机在不同负荷率下的性能以及在部分负荷条件下的运行调节情况。图 1-49 给出 A 建筑在整个供冷期中测得到冷机 COP 的分布频数。可以看到，有 35% 以上的时间冷机 COP 在 5 以上，冷机性能很好，但同时也有 30% 的情况下在 4.5 以下。

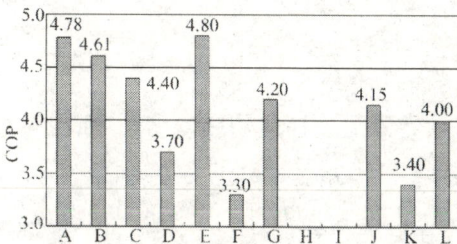

图 1-48　部分办公建筑冷机供冷期
平均 COP 调查结果

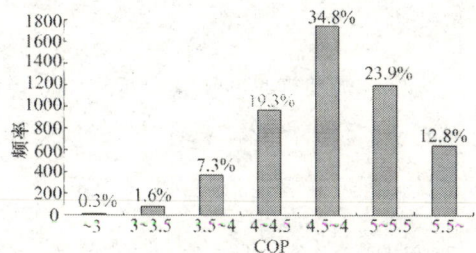

图 1-49　实测 A 建筑在整个供冷期
中冷机 COP 的分布频数

深入调查发现，COP 主要与冷机负荷率（即冷机实际供冷量与额定供冷量之比）有关，大型离心式制冷机的负荷率越高，性能也越好；并且随着负荷率的降低 COP 迅速降低。A 建筑冷机负荷率和 COP 的关系以及负荷率全年分布频率如图 1-50 所示。其他大量工程案例的实测结果也得到如图 1-50（a）类似的规律，即大型电制冷机 COP 随负荷率的降低而迅速下降，蔡宏武等提出用实测热力完善度来进一步衡量冷机在整个供冷期内随天气和负荷率变化的特征，本书不再赘述。值得注意的是，图1-50（b）中冷机负荷率相当高，甚至超过额定供冷量，也导致了较高的 COP。而其他建筑物中由于冷机设计选型过大，常常导致冷机低负荷率运行，效率也低。而根据 A 建筑十多年运行的实际经验，长期高负荷率下冷机仍能保持高效稳定，可见，通过合理的冷机设计选型与搭配、合理的冷机台数调节策略以及精心的运行维护，是提高冷机实际全年运行效率、降低冷机电耗的可行途径。

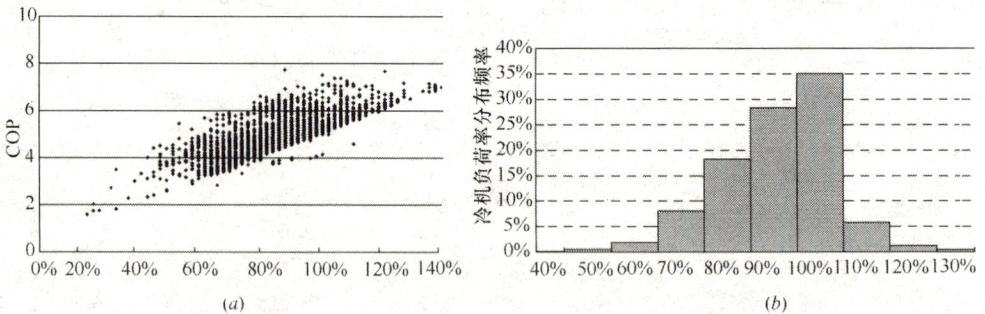

图 1-50 实测：大型电制冷机 COP 随负荷率的降低而迅速下降

（3）冷冻水循环泵电耗

如图 1-51 所示，可以看出，同为办公建筑，冷冻水循环泵耗电折合单位面积可达到 $2\sim5kWh/(m^2 \cdot a)$。

冷冻水循环泵的任务是将冷机制备的冷量以水为媒介，输配到各个空调箱、新风机组、风机盘管等末端用户的换热设备（通常是风水换热的表冷器），所以可以定义输配系数（即单位水泵电耗可以输配的冷量）来衡量其效率。

由图 1-52 可以看出冷冻水的输配系数存在巨大差别。这与供冷时间长度密切相关，与水系统形式、水泵运行策略、水泵效率、空调末端水阀控制方式等有一定关系，最直观的反映就是冷冻水的供回水温差。例如，如果存在不开的冷机旁通冷冻水或者末端不用的表冷器旁通冷冻水都会导致很小的供回水温差以及较低的输配系数，调查发现 50％以上公共建筑空调水系统中都存在着旁通现象，因此必须及时关闭水系统中不工作的冷机和末端的阀门，避免不应有的旁通，这是最简单也是最有效的水系统节能措施。

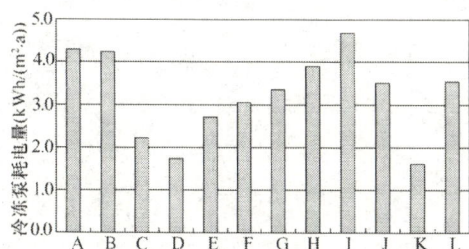

图 1-51　部分办公建筑单位面积

冷冻泵耗电量调查结果

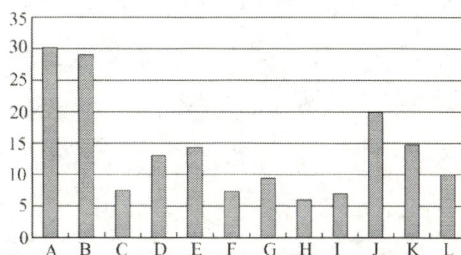

图 1-52　实测各楼冷冻水

循环泵输配系数

另一方面就是在非峰值负荷工况下的水泵调节。图 1-53 反映了某办公建筑冷冻水泵输配系数全年逐月变化规律，调查发现类似现象在公共建筑的空调系统中普遍存在，即冷冻泵输配系数往往在夏季峰值负荷时也达到最大，而在部分负荷工况下输配系数迅速下降，而全年更多的时间段是运行在部分负荷工况下，导致全年总体输配系数不高，水泵电耗大。如果改善部分负荷情况下的水泵调节，使得输配系数全年都能达到夏季峰值负荷工况下的数值，则可取得 30％的节能效果。

（4）空调风机电耗

如图 1-54 所示，可以看出，同为办公建筑，空调风机耗电折合单位面可以在 $1\sim8kWh/(m^2 \cdot a)$ 之间。

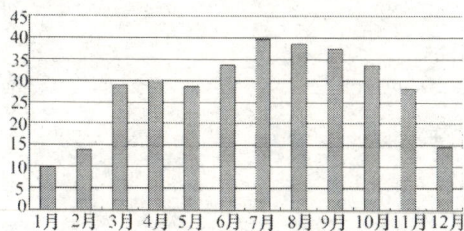

图 1-53　实测某办公建筑冷冻水泵

输配系数全年逐月变化规律

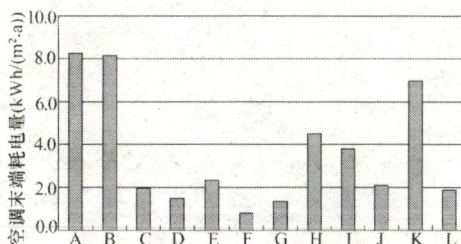

图 1-54　部分办公建筑单位面积

空调风机耗电量调查结果

空调风机主要承担三个任务，一是将冷量以风的形式输配到房间，二是提供新风给使用者以满足卫生要求，三是排出建筑物内（如厕所、厨房）的污染物，并送风以维持建筑物内各个区域的风压合理。最后一项将在1.4.5小节中厨房餐厅耗能中进行详细的说明。风机要承担前两项任务，其耗电量也主要由两方面的因素决定：一是不同空调末端方式所服务的建筑面积，是以全空气系统（包括定风量系统和变风量系统）为主，还是以空气—水系统（风机盘管）为主，以及各自的开启小时数。另一方面则是新风量大小与新风机的开启小时数，或者说与获取新风的途径密切相关。此处用北京三座功能相近的高档写字楼建筑能耗比较来进一步说明。

图1-55所示的三座建筑用电总量中已去掉建筑中用能密度高、属特殊性功能的信息中心的能耗部分，剩下的只是空调、照明、办公和电梯等常规建筑设备。图1-56和图1-57为这三座建筑的建筑分项用电量比较和空调系统各分项用电的比较，可以看出，能耗的主要差异来自空调系统能耗上。

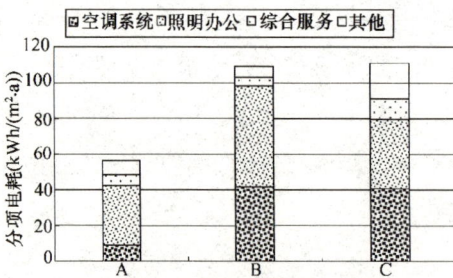

图1-55　北京三座高档写字楼的建筑分项用电量比较

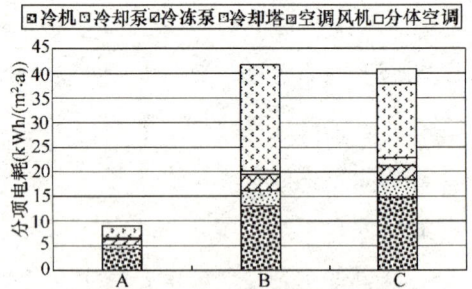

图1-56　北京三座高档写字楼的建筑空调系统分项用电量比较

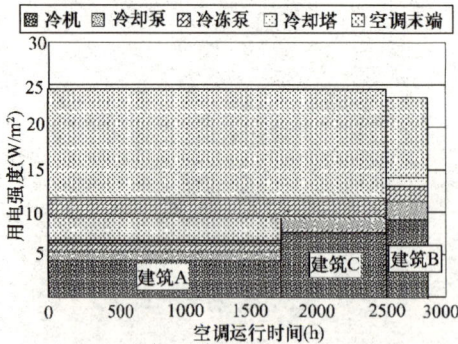

图1-57　三座建筑空调系统能耗中的各个分项用电状况比较（图中，横坐标表示空调系统的开启时间，纵坐标表示各个系统的平均功率，面积表示各个系统的用电量大小）

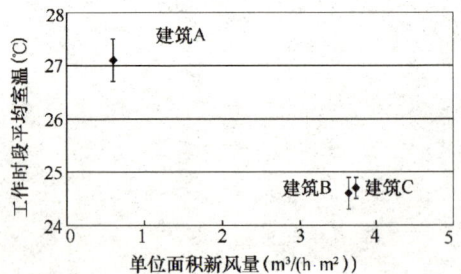

图1-58　三座建筑夏季室温平均值和单位建筑面积机械通风的新风量

从这些数据的比较可得到，空调风机耗电是三座建筑能耗差别巨大的主要原因。其中建筑 B 采用变风量（VAV）方式，单位面积风机功率高（关于 VAV 系统，本书 3.2 节有详细说明）；另一方面 B 建筑空调开启时间长，这是由于该建筑采用高档玻璃幕墙结构，基本无法开窗实现自然通风，且太阳辐射的热量大，室内人员密度也较高，因此尽管夜间和周末从不开启空调，但每年从 3 月中旬甚至到 11 月中旬都要开启空调，空调运行小时数超过 2800h，导致巨大的风机电耗。

C 建筑则是新风量过大，实测人均新风量超过 100m³/(h·人)，而且 C 建筑为了保证服务质量，空调一般运行，不分周末与工作日，而是连续运行，每年空调制冷开启时间超过 2500h。新风机在冬季、过渡季、夜间等时段基本都连续运行，每年开启时间超过 6000h。在 C 建筑中发现这一问题后，通过降低新风机频率减少新风量、除夏季和冬季工作日的工作时段外关闭新风机等无成本节能措施，约 5 万 m² 的 C 建筑每年风机电耗下降近 50 万 kWh，折合约 10kWh/m²，风机电耗节能约 80%。需要说明的是，在供冷期间减少新风量也减少了部分新风负荷，冷机耗电量节省近 7 万 kWh，为风机节电量的 1/7，可见风机节电效果明显。

A 建筑风机能耗比 B、C 低得多，一方面是运行时间较其他两座建筑少，夜间即使有人加班一般也不开空调，周末由于有租户要求所以也需要开启，供冷期运行时间约 1700h。另一方面，该建筑主要是风机盘管加新风系统，风机盘管系统的风机较小，下班后定时全部关闭，杜绝夜间无人时开启现象。而且该建筑内的新风机组基本不开，全空气系统比例很少，仅在必须时才开启，空调风机电耗较低。由于无足够的有组织新风，建筑 A 实际上要通过使用者开窗通风换气自行改善室内环境，外区空气质量较好，但部分内区无外窗，导致室内空气质量较差。因此，如何通过建筑设计、建筑构造等手段，一方面向建筑物送入足够的新风，另一方面又不会导致较大的风机电耗，这是公共建筑节能设计创新的主要任务。

综上所述，风机、水泵等输配系统电耗占公共建筑空调系统能耗的一大部分，也是节能潜力所在，必须引起关注。

（5）冷却水循环泵电耗

如图 1-59 所示，可以看出，同为办公建筑，冷却水循环泵耗电折合单位面积一般在 2~5kWh/(m²·a)，个别空调系统的冷却水循环泵电耗高达 14kWh/(m²·a)。

冷却泵电耗一方面与供冷时间长短密切相关，另一方面与所需排热量有关，还

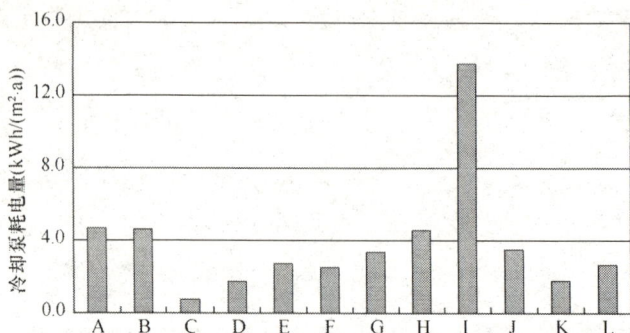

图1-59 部分办公建筑单位面积冷却泵耗电量调查结果

与水泵效率、冷凝器阻力、冷却水管道阻力等有关。但冷却泵电耗并非一味地降低就好，因为可能导致冷却水流量不足、温差加大，从而使得制冷机冷凝温度升高、冷机效率下降。因此，冷却泵的运行调节与冷机的调节、冷却塔的调节以及负荷状况、天气情况等都有关系，需要综合考虑。

（6）冷却塔风机电耗

冷却塔风机电耗本身较小，一般仅占空调系统电耗的1%～3%。但冷却塔风机的功能非常重要，它以大气环境作为冷源，驱动空气流过冷却塔内的换热填料表面，与冷却水进行热质交换，从而将冷冻机冷凝器排出的热量全部带走，维持冷凝温度在合理水平。冷却塔散热效果直接影响冷凝温度，而冷凝温度升高则导致冷机COP下降、冷机电耗增加。可见，冷却塔对于空调系统能耗的影响不在于其自身风机电耗，而在于对冷机效率的影响。因此，冷却塔对空调系统节能的贡献，在于充分利用冷却塔换热面积，根据室外气象条件和所需排走的热量，通过调节冷却塔风机转速而维持离开冷却塔、进入电制冷机的冷却水温度尽量低（只要高于电制冷机允许的冷却水温度即可，但对吸收式制冷机则不能太低，在3.4节中有进一步的阐述），从而使得冷机可以工作在相对较低的冷凝温度下，达到提高冷机COP、降低冷机电耗的目的。

（7）不同形式空调系统能耗分析

以上从耗冷量以及冷机、冷冻泵、空调风机、冷却泵、冷却塔风机等空调系统设备耗电量的角度，通过办公建筑实测数据介绍了其各自能耗现状、特点和节能潜力所在。空调系统的各个设备电耗以及所制备或输配的冷热量之间的相互关系，如图1-60所示。

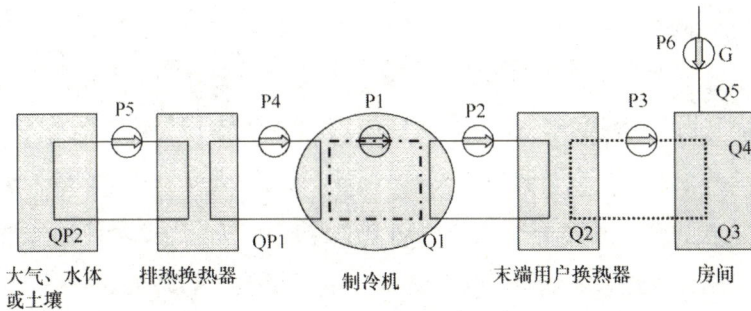

图 1-60 空调系统各个设备电耗及所制备或输配的冷热量之间的相互关系

电耗：P1 制冷机电耗；P2 冷冻水泵电耗；P3 空调循环风机电耗；P4 冷却泵电耗；P5 冷却塔风机电耗或地源、水源换热循环泵；P6 以送新风或排风为目的的风机电耗。空调系统电耗等于上述六项电耗之和。

冷量：Q1 冷机制备的冷量；Q2 通过末端换热设备得到的冷量；Q3 房间获得的冷量；Q4 房间需冷量；Q5 室外新风带入的冷量或热量。Q1~Q4 之间并不严格相等。

风量：G 室外新风量。

排热量：QP1 冷机排热量；QP2 向环境的排热量。

现通过上面的示意图，简要说明对公共建筑空调系统能耗的几点认识。首先是输配系统的重要性。例如，当冷机制备 1kWh 冷量时，不同空调系统形式电耗和各部分冷量，如表 1-10 所示（单位均为 kWh）。

不同空调系统形式电耗和各部分冷量　　　　　　　　　　表 1-10

	P1	P2	P3	P4	P5	ΣP	Q1	Q2	Q3	ΣP/Q3
分体空调	0.3	0	0.02	0	0.04	0.36	1	1	0.98	0.37
风机盘管＋新风	0.2	0.05	0.03	0.06	0.01	0.35	1	0.95	0.92	0.38
变风量	0.2	0.05	0.15	0.06	0.01	0.47	1	0.95	0.8	0.59
区域供冷＋风机盘管	0.18	0.1	0.03	0.05	0.01	0.37	1	0.9	0.87	0.43
区域供冷＋变风量	0.18	0.1	0.15	0.05	0.01	0.49	1	0.9	0.75	0.65

表中 ΣP 一项反映制备出 1kWh 冷量时空调系统耗电量，表中最后一列反映最终向房间提供 1kWh 冷量时空调系统耗电量。可以看出，尽管分体空调的压缩机效

率低于中央空调系统大型制冷机，但其输配环节少，因此向房间提供同样冷量情况下的耗电量并不高。而且当建筑内仅有部分空间、部分时间需要供冷时，分体空调可以方便的开启。只要避免无人使用时空调不关的现象，分体空调是降低办公建筑空调电耗的一个选择。风机盘管＋新风的系统形式的大型制冷机效率虽然比分体空调高50％，但由于增加了冷冻泵、冷却泵等输配环节，因此最终向房间提供相同冷量时的空调耗电量基本与分体空调相同。变风量系统的风机电耗高、区域供冷的长距离冷量输送水泵电耗高，而且风机、水泵耗电量的绝大部分还变成热量抵消了冷机制备的冷量，因此当向房间提供同样冷量时电耗要远高于分体空调或者风机盘管＋新风系统。在香港的高档办公楼 VAV 系统测试中发现，风机全年电耗占到了冷机全年制备冷量的10％，甚至比围护结构在冷量中占的比例还高。在日本的大规模区域供冷系统中，发现长距离管网输送泵耗很高，不仅需要支付水泵电费，而且还减少了向用户的实际供冷量，冷机全年制备冷量的5％～10％都被循环水泵的电耗抵消了。在3.2节和3.6节中将详细论述变风量系统和区域供冷系统的能耗特点。此外，上图也适用于说明各种热泵系统在制热过程中的耗电情况，在3.8节论述水源热泵系统的实际运行能耗时，也采用了和本节相同的分析方法。

二是对于自然通风节能效果的认识。当通过建筑设计、可开启外窗等向公共建筑提供冷量时，不仅冷机电耗为0，其他所有输配电耗也为0。若能充分利用自然通风减少空调系统开启小时数，就能大幅度降低空调系统电耗。因为在利用自然通风的时间段往往也是建筑物需冷量较小的时间，此时开启空调系统的各种设备，若没有足够多的调节手段（设备台数、变频等），总会导致空调系统在最低效率下运行。因此，公共建筑能否开窗、能否获得足够的自然通风，是空调系统电耗的重要影响因素。

三是对于其他利用室外较低温度空气进行"人工免费冷却"的方式，要注意输配能耗，并非完全"免费"。例如用新风机向室内送新风时，就要考虑新风机大量送风时的电耗 P6；用冷却塔喷淋得到冷水经换热后送入楼内的方式，仅节省了冷机电耗 P1，但要考虑考虑冷却水循环泵电耗 P4 的增加，等等。

此外，避免冷热抵消，尽量实现部分空间、部分时间环境可调，可避免空调系统能耗上升。在2.1节中外公共建筑能耗对比中将对此进行详细论述。

1.4.4 其他类型公共建筑能耗现状和特点

（1）商场

商场类建筑的能耗的基本特点，一是客流密度大，各种照明、电器密度高，导致室内发热量大；二是大型商场体量大导致中央空调系统能量传输距离长，并且多采用全空气系统；三是运行时间长，一般每天运行12h以上，不分工作日、休息日。因此，与其他大型公共建筑或中小型商场相比，单位面积耗电密度高、全年总耗电量大，冬季采暖耗热量很小。图1-61给出北京市部分大型商场全年除采暖之外耗电量。

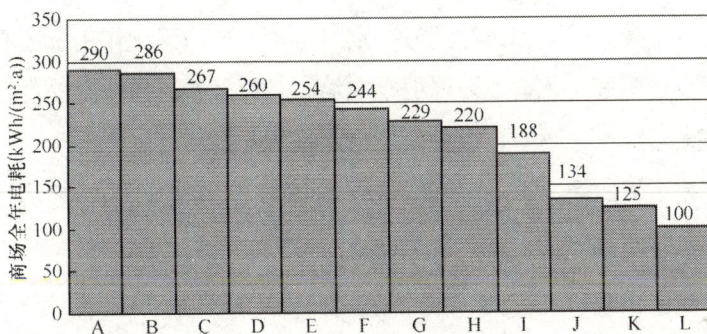

图1-61　商场建筑除采暖外单位建筑面积电耗调查结果

典型商场的能耗构成参见图1-35，商场空调系统的能耗构成参见图1-44。与办公建筑相比，商场建筑在能耗方面有以下的特点：

第一，照明电耗较高，这一方面是由于商场建筑绝大部分是内区需要人工照明，另一方面则是照度普遍偏高，以较高的照度、合适的色温来展示商品，吸引顾客，照明设备单位面积功率较高。另外，商场的照明设备难以实现"部分空间、部分时间"开启，只要是在营业时间，照明基本全部开启，否则可能影响销售，因此照明设备开启时间长。降低商场照明电耗的途径，一是选用更高效的节能灯具，二是在公共走廊等区域可以适当采用自然采光以减少人工照明。

第二，空调风机普遍较大。这主要是由于商场空间开阔，多采用全空气系统，甚至绝大部分全空气系统为定风量系统，风系统输送系数较低，而商场建筑室内发热量大、需冷量也大，因此空调箱风机电耗是商场建筑空调系统中最重要的部分，也是节能潜力最大的部分。最直接的途径就是空调箱风机变频，在部分负荷情况下调低风机转速，风量随频率线性下降，风机功率则随频率的三次方下降，节能效果巨大。此外就是在相对独立分隔的商户区应用风机盘管系统，在共同区域应用全空气系统，这样商户可以自行决定风机盘管的开启，也减少了全空气系统的比例。

第三，商场建筑室内发热量大，理应能充分利用自然通风降温，减少空调箱风机和其他空调系统设备的开启时间。但现在的商场建筑设计，难以实现自然通风；若依靠新风机提供大量新风，则风机电耗巨大。因此，如何通过建筑设计使得商场建筑获得充分的自然通风，对于节能非常重要，因为良好的自然通风可以极大地减少空调系统设备的开启时间。

第四，能耗与围护结构基本无关，但要处理好中庭的采光和气流组织，一方面充分利用自然采光，另一方面利用好中庭对自然对流的强化作用。还有一点要注意的是，对于负责中庭及其周边环境的空调箱，其测量室温的传感器位置应避免受透过中庭顶部太阳辐射的影响，以免误导空调箱的控制调节。

第五，超市类商场建筑的生鲜冷冻设备电耗巨大，应作为特定功能用电设备单独计量，并通过专门的技术降低其电耗。

（2）宾馆饭店

图1-62给出部分宾馆饭店全年除采暖之外的耗电量调查结果。

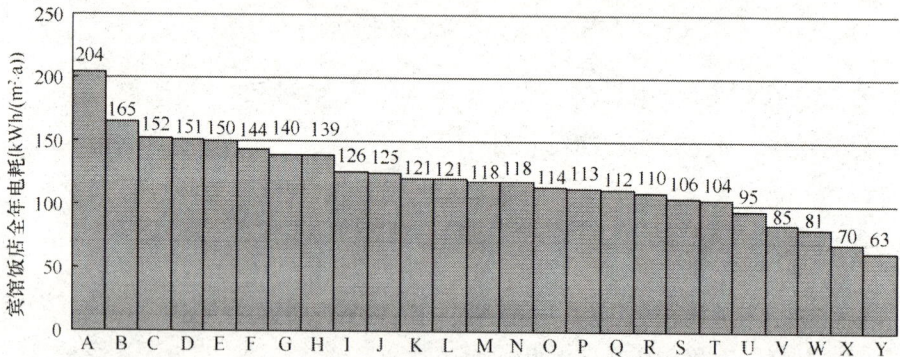

图1-62 宾馆建筑除采暖外单位建筑面积电耗调查结果

典型宾馆饭店能耗构成参见图1-36，其空调系统的能耗构成参见图1-45。与办公建筑相比，宾馆饭店建筑在能耗方面有以下的特点：

一是宾馆饭店的空调系统往往同时有全空气系统和风机盘管＋新风系统，

前者多用于大堂、宴会厅、会议室等空间的环境控制，后者用于客房的环境控制。其中，全空气系统多为定风量。目前宾馆饭店管理水平都较高，空调箱的开启往往是根据这些场所使用状况预约，提前15～20min开启，在结束使用前15～20min关闭。宾馆饭店的空调系统风机电耗取决于全空气系统的风机电耗，与其经营状况密切相关，也与全空气系统所占面积、使用小时数有关，需单独计量其风机电耗。

二是宾馆饭店如需随时供应生活热水，则生活热水循环泵全年24h连续运行，电耗较高。笔者曾经在某宾馆节能诊断中发现，全年从市政热力购买生活热水花费20万元，但两个生活热水循环泵每年耗电54万kWh，循环泵电费是生活热水费用的两倍多。这主要与生活热水循环系统的设置以及水泵的控制有关。对该宾馆的生活热水循环系统进行小的改动，并修改了水泵控制策略，每年节电35万kWh，三个月不到收回改造成本。对生活热水循环泵耗电量应予以充分重视。

三是通过能耗实时监测发现，宾馆饭店单位面积瞬时冷量通常都低于办公建筑，远低于商场建筑，空调系统24h连续运行，昼夜有区别但差别不大。这是由于白天客人外出、客房有一定的空置率，夜间客房全部使用，但室外气温降低，没有太阳辐射，而且会议室、宴会厅等不再营业，冷量远低于设计时的极端情况，空调系统绝大部分时间工作在部分负荷工况下。若能在客房设置一定可开启外窗，实现自然通风，对空调系统在夜间、春秋季、或者入住率较低、只有部分楼层或房间使用等各种部分负荷情况下的运行策略进行优化调节，在可能的情况下采用冷却塔喷淋制备冷水等措施，将有助于降低空调系统能耗。

四是宾馆饭店建筑中若有蒸汽锅炉，生产蒸汽用于餐饮、洗衣、生活热水等，则应特别予以关注，应尽量回收冷凝水，或改为热水锅炉，将需要蒸汽的洗衣等外包给效率更高的专门洗衣场。

五是部分高级酒店采用四管制空调系统，同时供冷和供热，往往在春秋等过渡季节发生冷热抵消，应通过系统调节予以避免。

（3）学校建筑

校园内的公共建筑包括教室建筑、实验室建筑和办公建筑。以清华大学为例，调查部分校园公共建筑除采暖之外的电耗，如图1-63～图1-65所示。

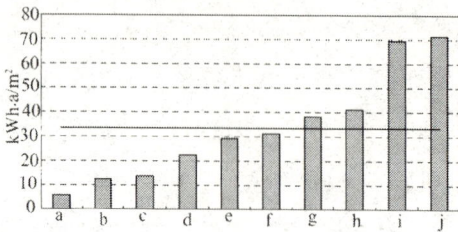

图 1-63   2006 年清华大学 12 栋
教学楼单位面积用电量

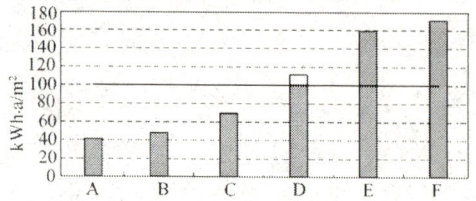

图 1-64   2006 年清华大学 6 栋
实验楼单位面积用电量

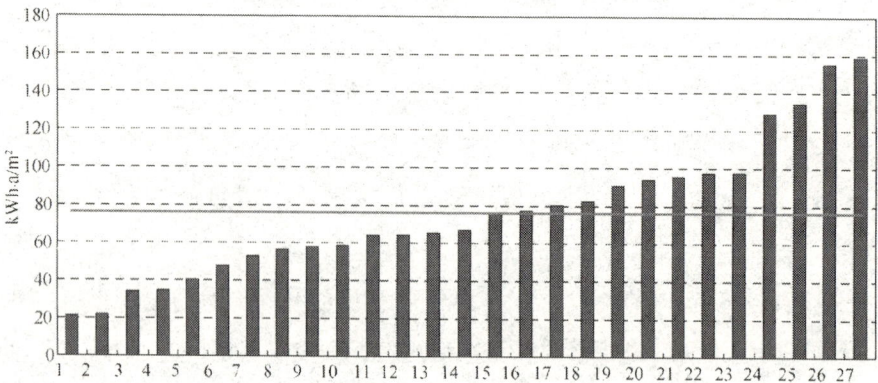

图 1-65   2006 年清华大学 27 栋办公建筑单位面积用电量

学校建筑和商业写字楼、商场、宾馆饭店等相比，除采暖之外的能耗密度低得多。重视学校建筑能耗的一个重要考虑，是要对学生从身边的事情进行节能的教育。然而，一个不容忽视的现象是，近年来新建的校园建筑几乎全部采用中央空调系统，而且在一些高校校园内相继建成了一批"××最大"的大型教学楼和办公楼，不仅能耗高，而且室内环境也未见得比自然通风、自然采光、仅靠电风扇的教室好，也没有任何报道定量研究出这些新建大型学校建筑对学生学习成绩或教师科学研究的促进作用，只是给人以"大学＝大楼"的错觉。学校建筑的一大特点是最炎热的时间段通常学校放假，因此，应在建筑设计中充分考虑依靠自然通风维持室内良好环境，并将学校建筑能耗维持在较低的水平上。

（4）医院

医院能耗的特点是，不仅有较大的耗电量，而且有较大的燃料耗量。例如，表

1-12 给出北京部分医院除采暖外全年单位面积天然气消耗量。注意到，除 C 医院外，各医院天然气消耗量超过北京市住宅冬季采暖耗气量。因此燃料节约是医院节能的一个重要方面。

北京部分医院除采暖之外单位面积天然气消耗量(m³/(m²·a))　　表 1-11

	A 医院	B 医院	C 医院	D 医院	E 医院	F 医院
除采暖之外耗气量	9.7	5.4	1.9	11.6	8.0	10.3

调查发现医院除采暖之外天然气耗量大的主要原因，是由于医院通常采用锅炉制备蒸汽，再将蒸汽用于医用消毒、洗涤被褥、炊事，或换热后提供生活热水。在调查的医院中的用途如表 1-12 所示。

医院蒸汽的用途调查　　表 1-12

	A 医院	B 医院	C 医院	D 医院	E 医院	F 医院
生活热水	√	√	—	√	√	√
消毒	√	√	—	√	√	
制剂	√	√	—		√	
洗衣				√	√	

相比于采暖，上述用途对蒸汽产汽量的要求要小得多。然而医院往往是按采暖配备的锅炉，这样就造成锅炉容量过大，产生的蒸汽往往用不完，只能白白浪费。C 医院注意到这一点，改为小型热水锅炉提供生活热水，消毒采用局部电加热蒸汽方式，避免了蒸汽输送过程中的损耗。

医院建筑的耗电主要包括空调系统耗电、照明耗电、各种医疗设备耗电、电热开水器和电梯等综合服务系统耗电。基本特点与前述办公建筑相似，调查得到平均值在 70kWh/(m²·a)左右。但不同建筑物之间差别很大，若用"人均电耗"可能更能合理评价医院的耗电水平。此外，医疗设备的耗电、特别是一些大型医疗设备耗电量较大，应归为特定功能设备耗电，单独计量和评价。

(5) 其他类型

交通枢纽如机场、火车站等：因为空间高大，难以按单位面积能耗进行分析或衡量；由于大空间，往往采用全空气系统，因此风机电耗是空调系统电耗的主要部分；空调系统设备运行时间长，应通过建筑设计形成良好的自然通风，尽量减少空调系统设备运行时间。

影剧院、体育场馆等短期集会型公共建筑：由于仅部分时间使用，能耗相对较低；大空间采用全空气系统，因此风机电耗是空调系统电耗的主要部分。

1.4.5　特定功能能耗：信息中心耗电和厨房餐厅能耗

（1）信息中心（data center）耗电

随着信息技术的发展和应用，信息中心（或称数据中心）的数量也越来越多。而且，信息中心内电耗密度特别大，可达 $200 \sim 1500 W/m^2$，而且这类设备一般全年 8760h 连续运行，耗电量可达 $2000 \sim 10000 kWh/(m^2 \cdot a)$，十分惊人，是各类公共建筑中能耗密度最高的。另一方面，这些设备耗电，也全部转化为热量，必须及时排出室外，以维持设备正常工作。目前，信息中心机房内多采用恒温恒湿的空调设备，将机房内产热排出室外，并维持室内的湿度稳定，空调电耗巨大。据报道，美国电力消耗总量中约 4％用于各类计算机数据中心和通信基站的耗电，包括设备耗电和空调耗电。

信息中心包括以下三类：一是位于大楼中的计算机服务器数据中心；二是位于大楼中的通信设备中心；三是遍布各处的移动通信基站，可以是独立的小屋，也可以是建筑物中的一个房间。有以下的特点：

一是设备耗电非常稳定，基本与使用率（如话务量、查询量等）无关，可以当作恒定热源；

二是信息中心放置设备的机房一般无人值守，也不需要新风；

三是机房环境对洁净度有要求，对湿度也有要求，特别是防止湿度过低导致静电；

四是设备中芯片正常工作的温度允许值都在 50℃，甚至 60℃，远高于人的舒适度（24～26℃）。

然而，传统的空调方式使得这类特殊环境控制的电耗较高、效率较低。例如，调查发现了以下的一些现象：对于集中放置大量计算机、服务器的 IT 领域机房，全年需要空调制冷，空调能耗约占机房总电耗的 40％。换言之，空调系统 COP 仅为 1.5；移动通信基站全年耗电量的 25％～50％用于空调，换言之，空调 COP 为 1～3；在寒冷的冬季，信息中心恒温恒湿空调一边制冷、除湿，一边蒸汽加湿，导致巨大的冷热抵消。

另一方面，除了夏季极端高温天气外，其余时间大气相对于信息中心机房都是良好的天然冷源。但由于机房环境对清洁度、湿度的要求较高，自然通风不是解决问题的办法。通过风机、过滤网向机房中送新风也不可取，一是湿度难以保证，特别是在冬季；二是过滤网若想起到作用，必须够细密且经常更换或清洗，维护成本高；三是风量大、过滤网阻力大，风机电耗高。因此，机房空调应当是一种保持机房封闭性、但充分排热的装置。4.2节中介绍了一种可以应用上述三类信息中心冷却的热管技术，在广州实际工程中取得了70%以上的节能效果，推广应用将可大幅度降低信息中心空调电耗。

（2）厨房餐厅能耗

在各类公共建筑中，厨房餐厅能耗都属于相对特殊的一部分能耗，厨房能耗普遍较高，其构成包括：炊事用燃料，冷冻冷藏耗电，排风机耗电，空调耗电等。前两者与公共建筑内的其他部分能耗相对独立，属于功能要求的耗电，可以通过使用高效燃烧的灶具、购买节能冰箱等，在一定程度上降低燃料消耗和冷冻冷藏耗电。厨房餐厅的排风则会影响公共建筑的能耗。

通常由于炉灶要求排风量大，故厨房补风量也大。同时为保证厨房和餐厅的气味不外逸到办公区，还需要维持厨房一定的负压，因此厨房的补风量通常为排风量的85%。调查中发现，一部分建筑的厨房未设置单独的新风机组，也未设置补风机，导致厨房排风机工作时，从楼内办公区域抽取大量空气，并通过厨房排风系统排出室外。例如：位于某办公楼地下一层的厨房排风量较大，而厨房新风机从未开启、又无补风机，造成该建筑物地上办公区大量空气通过与地下一层连接的通道流入厨房。风量测试发现，从建筑物地上办公区流向地下一层厨房的风量达到34800m³/h，而建筑物办公区开窗又导致大约同样数量无组织新风渗入，增加的新风降温除湿负荷约占冷机制冷量的12%，白白多消耗冷机制备的冷量。同样在冬季也会造成多余的冷风渗入。因此，与建筑物连通的厨房餐厅的排风和送风平衡，是影响公共建筑耗冷量和耗热量的一个重要因素。

1.4.6 我国公共建筑能耗的总体现状

从对上述办公建筑和各类公共建筑的各分项能耗现状和特点分析，照明电耗、办公电器设备电耗、电热开水器和电梯等综合服务设备电耗、信息中心和厨房餐厅等特定功能电耗等都与气候无关，而空调系统能耗中也仅是部分与气候有关。因此，同一城市、多个同类建筑的某一分项能耗，由于开启时间和单位面积设备功率不同而存在巨大差别，但其平均值随地域却变化不大。对北京、上海、深圳、广州、重庆、长沙等地以及美国、日本、欧洲等地对办公建筑、商场、酒店等公共建筑能耗抽样调查结果分析发现，某类建筑的单位面积总能耗与气候的相关性很小，而和当地的社会经济发展水平、消费观念等有关，第2章中有一定的论述，并有待进一步深入研究。

而一个城市或地区的公共建筑除采暖之外能耗的平均水平，则与该城市或地区不同能耗水平建筑物的数量和比例有关。而这一数量和比例与当地城镇化水平、经济发展水平密切相关。以电耗为例，单位面积耗电量在 $100\sim300\text{kWh}/(\text{m}^2 \cdot \text{a})$ 的大型公共建筑多建于 20 世纪 90 年代后，其面积比例约占公共建筑总量的 5% 左右，而单位面积能耗在 $40\sim80\text{kWh}/(\text{m}^2 \cdot \text{a})$ 和能耗低于 $40\text{kWh}/(\text{m}^2 \cdot \text{a})$ 的一般公共建筑数量相近，因此可将公共建筑区分为高、中、低能耗水平三类，各自约占 5%、45% 和 50% 的比例。表 1-13 给出了各个气候区、各类公共建筑平均单位面积电耗估计值。可以看出，我国公共建筑平均单位面积电耗在 $45\text{kWh}/(\text{m}^2 \cdot \text{a})$ 左右，但随着高、中、低三档能耗水平公共建筑的数量增加和比例变化，特别是如果大量新建高能耗水平的大型公建，中档能耗水平的一般公建改造后成为依靠中央空调、不能开窗通风、不能自然采光的高能耗水平公建，低档能耗水平的一般公建更多的使用空调、人工照明而逐步放弃自然通风、自然采光，也成为中档能耗水平公建，那么我国公共建筑平均单位面积电耗将大幅度增长，这是当前公共建筑节能所面临的严峻挑战。

各地、各类公共建筑单位面积电耗估计值（$\text{kWh}/(\text{m}^2 \cdot \text{a})$）　　　表 1-13

		办公	酒店	商场	学校	医院	其他
严寒	平均	40	41.5	46	37	49.5	37
	高	150	180	180	90	150	90
	中	50	50	60	50	60	50
	低	20	20	20	20	30	20
寒冷	平均	40	41.5	46	32.5	49.5	42
	高	150	180	180	90	150	90
	中	50	50	60	40	60	50
	低	20	20	20	20	30	30
夏热冬冷	平均	49.5	51	56	37.5	54.5	47
	高	150	180	180	90	150	90
	中	60	60	60	40	60	50
	低	30	30	40	30	40	40
夏热冬暖	平均	54.5	61	56	37.5	54.5	47
	高	150	180	180	90	150	90
	中	60	60	60	40	60	50
	低	40	50	40	30	40	40
全国	平均	45.9	48.0	51.6	35.9	52.3	44.1

　　在上述认识的基础上，全国公共建筑能耗可以由"自下而上"的方法进行统计和估算，如附录二 CBEM 模型所示。根据全国统计数据和各省市统计资料，应用 CBEM 模型可以估算各省市的公共建筑电耗总量，如图 1-66 所示。

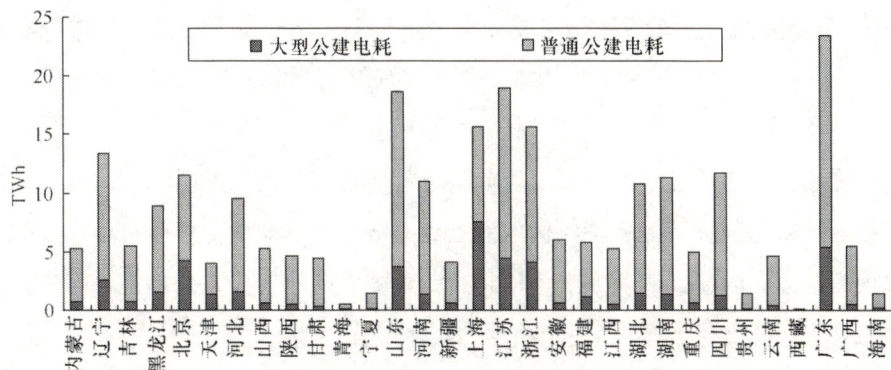

图 1-66　中国各省市公共建筑耗电量

　　总体而言，我国公共建筑能耗的情况是：

　　我国目前大型公共建筑总量约为 1 万座，总面积约为 3.3 亿 m^2，2006 年除采暖外能耗折合为电力 470 亿度。

　　普通公共建筑几十万座，总面积约 58.3 亿 m^2，除采暖外能耗折合为 2270 亿度。

　　此外由于建筑中的炊事、生活热水以及其他用能项目，还一共消耗煤炭、天然气共折合约 1580 万 tce。

　　2006 年中国公共建筑能耗折算一次能源为 1.10 亿 tce。

1.4.7　我国目前公共建筑发展中的严峻问题和节能任务

　　随着我国城市建设的飞速发展和经济水平的提高，前面讨论过的高能耗的大型公共建筑在公建中的比例迅速增加。这主要表现在，一方面新建公建中大型公建比例的不断提高，档次越来越高（如各地政府大楼，高档文化设施，高档交通设施和高档写字楼等）。兴建千奇百怪、能耗巨大的大型公建成为某种体现经济发展水平的"标签"。另一方面，既有公共建筑相继大修改造，由普通公建升级为大型公建，导致能耗大幅度升高。大型公共建筑往往与"三十年不落后"、"与国际接轨"等发展理念相挂钩。这就导致公建能耗的增长速度超过公建面积的增长速度。因此这方面的倾向必须高度重视。

中央多次提出建筑节能的重点之一就是大型公共建筑和政府机构建筑的节能，为此在大型公建的节能领域，当前应着重抓好以下几项任务：

（1）通过调控新建公共建筑的规模和形式，尽可能减缓高能耗的大型公共建筑的增长。控制新增大型公共建筑总量，是有效抑制新增建筑能耗增长量的最有效的途径。从新建公共建筑的规划审批时，就把单位建筑面积用能指标上限作为严格监管的强制性指标，从规划、设计、验收各个环节以能耗指标为导向，力求这类高能耗大型公建在公建总量中的比例由目前的逐年增长变为逐年降低。

（2）严格控制盲目提高能耗标准的大修改造。最有效的方式就是要求任何大修改建项目改建后的建筑能耗标准不得超过改建前。严格实施这一措施，将有效抑制这种盲目提高标准导致能耗大幅度增加的大修改建风潮。

（3）对于既有公建，从用能数据监管抓起。2008年国务院颁布的《民用建筑节能管理条例》对公建能耗的监测、统计和定额管理都有明确说明，全面贯彻落实这些政策和措施，逐渐把公共建筑节能工作从"比节能产品节能技术"转移到看数据、比数据、管数据，形成科学的、良好的建筑节能气氛和环境，真正实现能源消耗量的逐年降低。

（4）通过以数据为基础的节能管理，就会更清楚地揭示节能大型公建中能源消耗的主要问题，从而促进适宜的节能技术与产品的应用推广。

1.5　农村能耗现状

1.5.1　农村建筑能源消费状况

目前我国农村的民用建筑面积为221亿 m^2，占全国总建筑面积的56%。在过去相当长的时期内，由于城乡经济状况和人民生活水平的巨大差异，农村民用建筑商品用能总量和单位面积的商品能耗量都远低于城市建筑。改革开放后特别是近年来随着农民生活水平的提高，农宅建设已进入了更新换代的高峰时期。广大农民在进入或奔向"小康"时代的同时，村镇住宅的能源消费水平也同时发生着前所未有的变化。全面摸清农村生活用能现状，并据此制定切实可行的农村建筑节能措施和鼓励机制，对加快我国整体建筑节能步伐起着举足轻重的作用，也是实施可持续发展战略的重要组成部分。

本节根据清华大学 2006 和 2007 年暑期组织实施的大规模中国农村能源环境综合调研活动所得到的数据，对我国目前农村建筑能源消费状况进行了分析。图1-67给出了我国农村地区单位建筑面积每年生活用能量情况，包括炊事、采暖、空调降温、家用电器和照明的能耗，统计的能源种类包括：煤炭（散装煤、蜂窝煤）、液

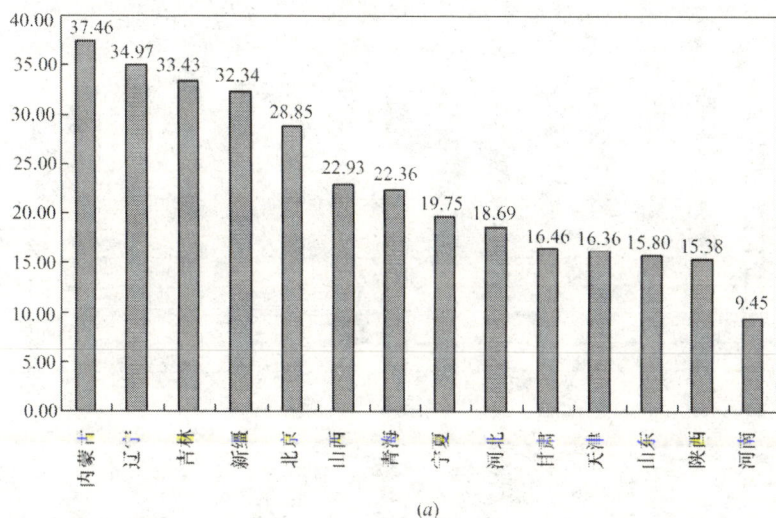

(a)

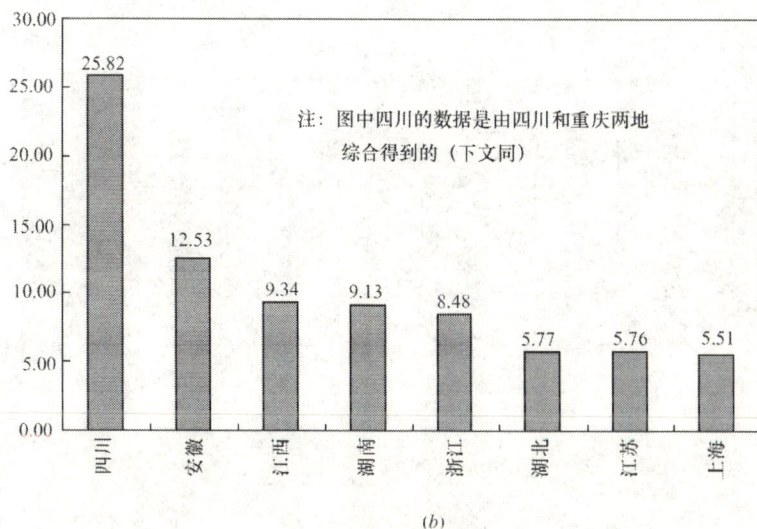

注：图中四川的数据是由四川和重庆两地
综合得到的（下文同）

(b)

图 1-67 我国农村地区单位面积生活用能情况（kgce/（cm² · a））

(a) 北方地区；(b) 南方地区

化石油气、电力、生物质能（木柴、秸秆），其中电力是按照发电煤耗计算法折合为标煤，其他各类能源都根据燃料的平均低位发热量进行折算。

从图中可以看出，北方地区和四川省由于冬季采暖需要，单位面积耗能量普遍较高（由于河南很多地方冬季不采暖，所以能耗较低）。其中内蒙古、辽宁、吉林、新疆四省区由于地处严寒地区，采暖负荷较大，单位面积消耗量超过30kgce/a。

图1-68给出了30个省（市、自治区）农村生活用能的消费结构。从图中可以看出，北方地区各省商品能占生活用能的比例普遍较高。其中北京、天津、山西、

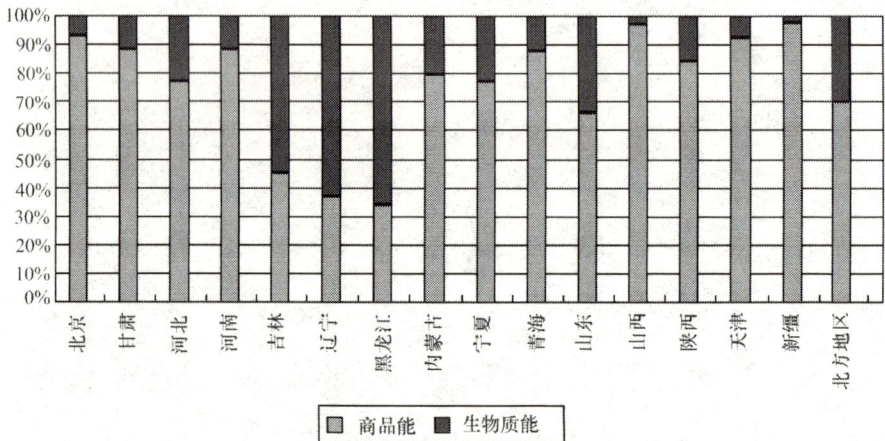

(a)

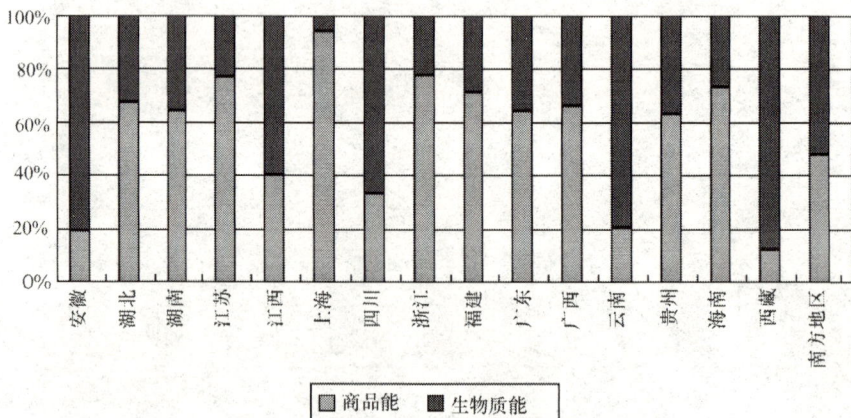

(b)

图1-68 我国农村地区生活用能消费结构情况

(a) 北方地区；*(b)* 南方地区

新疆商品能的比例均已超过了 90%，辽宁、吉林和黑龙江由于薪柴和秸秆资源相对丰富，商品能所占比例要低于其他省份。整个北方地区商品能（包括散煤、蜂窝煤、液化石油气、电能）和生物质能（包括木柴、秸秆）的比例分别为 71.2% 和 28.8%。

南方地区只有上海农村使用商品能的比例超过了 90%，其他各省相对较低，而安徽、四川、云南和西藏只有 20% 左右，是全国比例最低的几个省份。整个南方地区商品能和生物质能的比例分别为 47.8% 和 52.2%。

采用《中国农村统计年鉴 2006》中所提供的各省农村人口数量和人均居住面积进行推算，目前我国 30 个省（市、自治区）每年农村生活用能已经达到 3.2 亿 tce，其中商品能实物消耗煤炭为 1.9 亿 t，液化石油气 597 万 t，电 1324.2 亿 kWh，生物质（包括薪柴和秸秆）总量为 2.2 亿 t。

从所调研的省（市、自治区）综合来看，目前商品能在整个农村地区生活用能中已经占到 60% 的份额，生物质能只占到 40%。

下面对农村民用建筑各类用能情况进行单独分析，包括照明和家电、炊事、建筑室内采暖、夏季室内降温用能。由于农村生活热水目前用量还比较低，且大多通过太阳能热水方式获得，因此不在讨论范围。

（1）照明和家电用电

建筑照明和各类家电是农村建筑用电的主要形式。除个别边远地区采用太阳能发电、风力发电或自办小水电外，农村建筑用电主要依靠我国电网系统，但在大多数地区单位面积的照明和家电用电量远低于城镇平均水平，随着农民生活水平的逐步提高，这部分用电量也将逐步提高。然而，由于各种原因，目前农村建筑照明设施中白炽灯的使用率远高于城市，造成照明效率低，增加了农民的用电负担。因此应该把绿色照明工程适当向农村倾斜，通过多种补贴政策，以接近白炽灯的价格限量向农民供应节能灯，对节约用电、减轻农民用电负担，都非常有效。据调查统计，目前我国农村家庭白炽灯与荧光灯的使用量之比为 9：1 以上，假定平均每个农户的照明功率为 30W，每天平均点灯时间为 3h，则全年照明用电量约为 30W×3h×365＝32.85kWh，则全国农村照明总用电量为 78.8 亿 kWh/a，若将其中一半的白炽灯改成节能灯，则每年可以节约照明用电 35 亿 kWh 左右。

另外，继续鼓励因地制宜的小水电、风电发电，用这些分布式电源替代部分电网用电，对改善农村用电结构也有重要意义。

（2）炊事用能

在一些地区炊事用能和采暖用能是结合在一起的。对大多数省份的农村家庭而言，炊事用能呈现多样化的趋势。目前农民厨房中的普遍现象是"三管齐下"，有烧柴的大灶，有烧煤的炉子，还有液化石油气炉具。液化石油气费用太高，而烧柴灶和燃煤炉的用能效率都很低，并且造成严重的室内外空气污染，部分地区已经严重危害农民健康。不同地区农户的炊事柴灶一年消耗的秸秆和薪柴量有很大差别，少的只有1~2t，多的则达到5~6t，按照低位发热量计算其炊事用能为城市居民户均水平的2倍以上。除城乡居民生活方式的差异外，这也反映出目前柴灶的能源利用效率非常低，低效的同时也造成对室内外环境的严重污染。但是由于生物质在农村是免费能源，尽管能源利用效率低下，仍然是农村尤其是北方地区的主要炊事用能方式。

由调研统计数据看出，商品能在农村炊事用能中的比例与当地的经济水平密切相关。在上海、浙江、江苏等经济较好的地区，液化气已经成为当地主要的炊事燃料（图1-69）。在南方其他省市，如湖南、湖北、四川、江西等生物质资源丰富的省份，生物质能作为农户炊事主要燃料的比例过半；另外从利用方式来看，随着近些年沼气技术在农村的大力推广，以直接秸秆燃烧为主要炊事用能的农户比例下降，而以沼气为主要用能的农户比例明显增大。

（3）冬季采暖用能

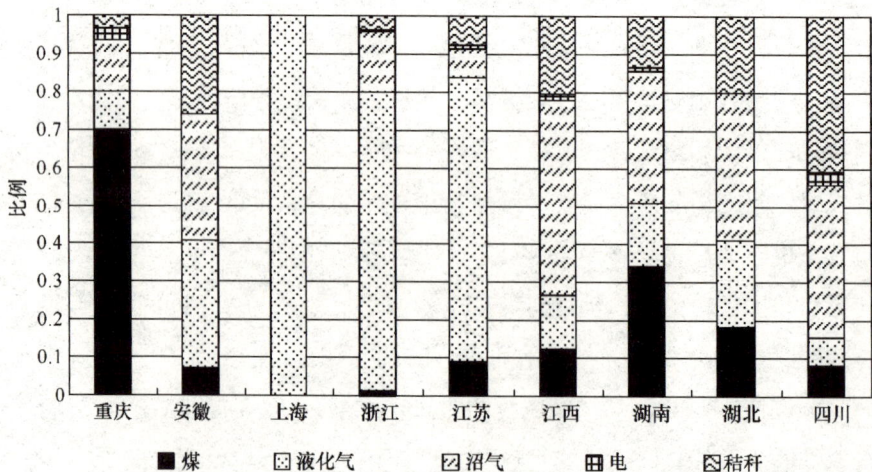

图1-69 南方各省农村主要炊事用能种类的家庭数量比例分布

目前，北方农村建筑用能最突出的问题是冬季采暖用能。除了处于严寒地区和寒冷地区的北方各省都广泛采取各种采暖措施外，处于夏热冬冷地区的长江流域各省农村也大多采用不同的采暖措施（图1-70）。

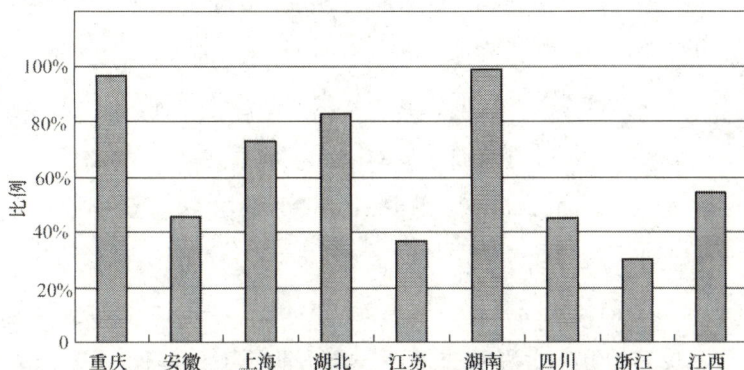

图1-70 长江流域各省冬季采用采暖措施的家庭数量比例

北方寒冷地区各省大多以煤为主要燃料，取暖方式也大多以火炕和自制锅炉为主。总的趋势看，北方因为气候寒冷，采暖需求大，燃料使用量要远远大于南方。其中新疆、北京和山西等地区煤的户均消耗量每户每年超过3tce。一些经济较好的地区也有一些采用空调、电暖气等电器来进行取暖的农村家庭，不过总量不大，最多的省份使用比例也在10%以下。而南方各省则比较有地方特色，取暖形式上也是多种多样。长江流域地区相对使用最广泛的采暖方式就是炭火炉（主要燃料为木炭）。例如湖南，湖北，安徽，江西等地炭火炉使用比例达60%左右。而经济条件比较好的地区如上海和江浙地区则经常采用空调和电热毯进行采暖，但由于采暖时间短，总电耗量不大。

（4）夏季室内降温能耗

目前农村夏季降温方式还是以开窗通风为主，并辅以电扇，农村空调安装数量普遍较少。即使在经济水平较好地区如上海、浙江、江苏等地方的农村，夏季降温估算电耗也在1kWh/(m²·a)或更低(表1-14)。因此，无论南方还是北方农村，夏季降温能耗占生活用能的比例很小。

南方各省市夏季降温估算能耗 表1-14

省份	重庆	安徽	上海	浙江	江苏	江西	湖南	湖北	四川
能耗(kWh/(m²·a))	0.61	0.38	0.68	1.28	0.90	0.94	0.86	0.52	0.47

1.5.2 农村建筑能源消费存在的问题

从上节的分析中可以看出，目前我国农村建筑不仅能源消耗量大而且商品能所占比例也并不低。根据《中国农村能源统计年鉴》的数据显示，20 世纪 80 年代时我国农村使用薪柴和秸秆等生物质能的比例还能占到 80% 以上，商品能只占不到 20% 的比例，随着农村居民居住面积和收入水平的逐年增加，有能力购买一定数量的商品能源，使薪柴和秸秆等非商品能源逐渐被取代，1998 年的统计结果则显示，农村地区商品能消耗比例已经上升到 40.1%，而根据 2006 和 2007 年最新的调研结果统计，农村地区商品能消耗达到了 60%，生物质能只占到 40%，长此下去，到 2020 年农村地区商品能消耗比例很可能增至 80%，那时农民将不再满足于冬季当前室内仅仅 12℃ 的舒适水平，如果还保持当前的围护结构状况，将室内采暖温度提高到 14℃，则商品能消耗总量将比目前增加一倍，而如果将室内采暖温度提高到与城市相同水平的 18℃，则农村地区商品能消耗总量将比目前增加 2 倍，无疑会对我国经济和社会的可持续发展带来沉重的压力，应该引起相关部门和广大科技工作者的足够重视。

然而，农村建筑在消耗大量各类能源的同时，并没有给农户带来舒适的室内环境，一方面，由于我国北方地区农村住宅以独立式单体建筑为主，体形系数大，再加上保温普遍不良以及采暖方式落后，冬季室内空气温度过低成为室内环境的突出问题。图 1-71 为北京市房山区某户农宅实测的温度曲线，2 月底~3 月初的一周内室外温度最低为 −2.5℃，该农户的室内温度最低在 8℃，最高不超过 16℃，其中 2 月底 4 天内的平均温度只有 10℃ 左右，室内热舒适性远低于目前城市住宅水平，但是该户整个冬季采暖耗煤量却达到了 4t。

根据清华大学 2006 年对我国北方地区 2100 户农户的调研结果发现，当时各地每吨煤炭价格为 500 元钱左右，其中有 46.6% 的农户反映采暖花费负担偏重，有 27.9% 的农户反映负担为中等水平，只有 25.6% 的农户反映采暖花费负担相对较轻。如果未来煤炭价格持续上涨，则农户用于采暖的花费将会继续增加，这样势必有更多的农户感觉采暖花费负担偏重。

另一方面，由于农宅存在大量的非清洁燃料的低效燃烧和不良生活卫生习惯情况，如煤炭、秸秆和薪柴的直接燃烧，功能房间布局的不合理，人员在室内吸烟，

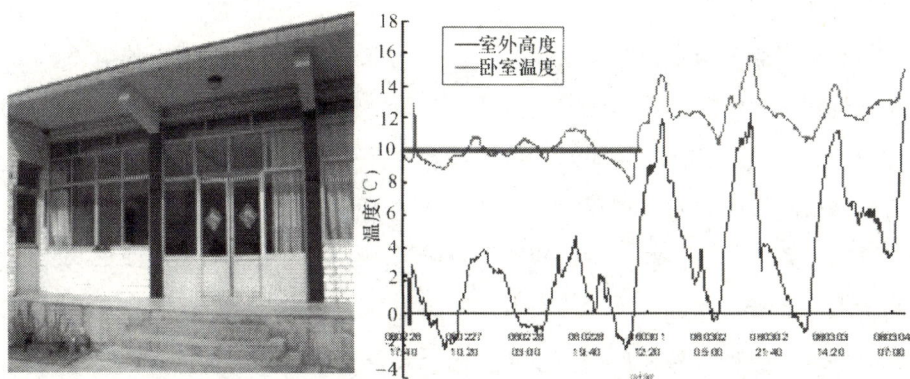

图 1-71　北京市房山区某户卧室冬季温度实测曲线（测试时间 2 月 26 日～3 月 4 日）

通风排烟措施的缺乏及家禽的随便散养等，使农村的室内环境与山清水秀的室外环境形成了鲜明的对比，对农民的身体健康造成了极大的伤害。根据哈佛大学最新的研究结果预测，如果我国农村固体燃料利用方式无任何改进，由此产生的空气污染，加上吸烟等不良生活习惯产生的烟雾，在 2003～2033 年间将造成 6500 万人死于慢性阻塞性肺病（COPD），1800 万人死于肺癌，由该两种病因引起的死亡人数将分别占这 30 年间总死亡人数的 19％和 8％。按照我国现在试行的新型农村合作医疗补贴政策，国家每年仅补贴这两类疾病患者的费用就能达到 332 亿元。这部分补贴如果用在改善农村建筑能耗及燃料清洁高效利用上，将可以从根本上预防影响农民身体健康疾病的发生。不仅如此，大量商品能的消耗还给整个室外环境造成严重影响，如果假设生物质能源在生命周期内的污染物排放量为零，则农村地区每年仅消耗的商品能就可以增加 CO_2 总排放量 7.07 亿 t，增加 SO_2 排放量 388 万 t，增加 NO_x 排放量 211 万 t，使农村地区 CO_2 排放占到了中国总排放量的 14％。

　　因此，必须尽快找到一系列切实可行的解决方案，从根本上改善高化石燃料消耗、环境污染以及人民健康受损的现状。

1.5.3　农村能源发展战略及农村建筑节能策略

　　农村能源由于量多面广且接近自然，有着得天独厚的优势，其生态化发展对改善我国的生态环境有着不可估量的价值和意义，农村能源的生态化是一个系统工程，也是关系到建筑和环境的重要一环，能源使用种类、数量的多少以及效率的高低将会直接影响到建筑的舒适水平和室内外环境的好坏，节能减排已经成为当今世界各国所达成的共识。

几千年农业文明史使中国农民的思想中积淀了对山水自然的无限情怀，在不断的发展过程中与自然有着和谐的共存共生关系。这种朴素的"天人合一"自然观与农村固有的自然因素、文化渊源和地域特色，是进行农村生活和发展的资源优势。然而，越来越多的农村人正在逐渐摒弃这种传统而又独特的生活方式，盲目地追求城市发展模式，逐步放弃使用传统的生物质能而转向使用商品能，使生活环境和条件向着不良的方向蔓延。

实际上，农村生活的进步正应该强调农村自身所具有的富有自然气息的、可以充分实现人类与自然协调发展的生活环境条件和优势，建立人与自然共生、共同发展的生态理念，充分利用这一资源优势，调整人居、生产与自然各因素间的相互协调，维持各因素之间的动态平衡，从而达到改善农村人居条件、人与自然共同发展的最终目的，这才是真正意义上的高品质生活，也正是城市建筑很难实现的目标。

伴随着我国农村经济发展、人民生活水平及对建筑环境品质要求的不断提高，如何营造一个健康、舒适和安全的农村建筑室内环境，而不造成能源消耗的大幅度增长，是我国新农村建设必须面对和解决的战略性问题。与城市相比，我国农村拥有更广阔的空间，相对低廉的劳动力，丰富的生物质能源；反之，由于用能密度低，输送成本高，常规商品能源的成本又比城市高，因此农村能源应当采取与城市完全不同的解决方案。必须基于当地产生的秸秆薪柴等生物质能源的清洁高效利用，配合太阳能、风能和小水电等无污染可再生能源，再辅助少量电能，可以发展出一条可持续发展的农村能源解决途径。

农村能源的可持续发展不仅需要政府在法律、法规及政策等方面给予鼓励，更重要的是需要各种资金的大力支持。由于一直以来农民的收入都很低，投资能力有限，单靠农民自身的力量不可能使农村的能源利用达到很大的规模，而各级政府在初期建设示范工程时可以提供一定的资金，从长远来看，单纯靠政府的投入不能从根本上解决问题，还必须找到一种合适的经济运行长效机制。

与城市建筑相同，农村建筑在开发利用相关能源过程中同样离不开建筑节能事业的发展。根据前述分析，当前我国北方农村建筑能耗指标要远远高于南方地区，其中供暖能耗又占到生活总能耗的80%以上，所以当前农村节能减排的主要任务是解决北方采暖问题。考虑到农村的实际情况，适宜的建筑节能策略应该分两个层次来解决：

首先，主要依靠被动式节能技术，例如加强房屋保温、防风，增加被动式太阳能利用和提倡节俭的行为方式等，这些技术不仅实施起来简单易行，而且效果明显，也是其他节能技术实现的前提。清华大学建筑节能研究中心从 2006 年开始进行了一些农村建筑节能方面的理论研究和实践性尝试，取得了良好的效果；本书 4.8 节介绍了对北京市房山区农宅进行节能改造的技术和实际节能效果。结果表明合理利用被动式技术就可以比现有农宅节能 50%～60%。

其次，在被动式节能基础上，采取部分主动式节能技术，包括发展符合农村实际的采暖方式，提高现有采暖系统效率等，还可以进一步节能 10%～20%。

此外，在有条件的地区应大力推广生物质等可再生能源的高效清洁利用，逐步减少农村对常规商品能源的依赖，这样可以促进我国新农村建设的发展和农民生活水平的进一步提高，并大大缓解农村生活水平和用能水平提高对我国能源供应的压力。

1.6 2030 年我国建筑能耗情景分析

1.6.1 情景分析方法和基本假设

我国建筑能耗未来的发展存在多种影响因素，一方面，我国正处于城市高速发展阶段，随着城市化进程，城镇人口的增加使得城镇建筑面积必然增加；城市经济的发展，人民生活水平的提高，必然带来对各种用能设备数量和服务水平需求的增长。另一方面，近年来我国各级政府十分重视建筑节能工作，各项法律法规、标准规范、政策措施、经济激励机制不断出台。建筑能耗情景分析有助于对未来发展中的各种因素进行综合和系统的分析，研究各类建筑能源消耗的发展趋势，了解不同节能措施的效果和影响，从而找出建筑节能工作的重点和节能潜力，探讨和确定未来的节能战略。

建筑能耗情景预测是基于对我国人口、经济和社会发展的相关预测——到 2030 年，我国总人口为 15 亿，城市化率为 60%；室内环境改善，建筑服务水平有所提高，体现在夏热冬冷地区和农村冬季采暖建筑面积的比例在目前不到一半的基础上有所增加，以及住宅和公建用能设备数量和种类增长。在此基础上，设定我国建筑能耗到 2030 年不同的发展趋势和用能情景，基于附录二介绍的中国建筑能耗计算模型（China Building Energy Modeling，CBEM），对每个情景进行量化假设，自下而上地对可能的建筑能源消耗作定量计算。

建筑能源消耗由建筑总量和能源消耗强度（单位面积能耗）决定，后者受建筑使用者生活方式和建筑内用能设备的效率两方面因素影响。因此，造成建筑能耗变化的主要影响因素可归纳为：

（1）建筑总面积的变化。建筑总面积是计算能源消耗的重要因素，由人口和人均建筑面积决定。图 1-72 显示，除人口增加外，人均面积的增长也是导致我国建筑总面积增长的重要因素。到 2030 年，我国人口将增加至 15 亿，而对人均建筑面积的预测如表 1-15 所示，相关的建筑面积发展趋势如图 1-73 所示（假设人均面积为线性增长）。

2030 建筑能耗情景预测假设 1：人均建筑面积变化（Floor space） 表 1-15

	总体情况	城镇住宅人均面积（m²/人）	农村住宅人均面积（m²/人）	人均公共建筑面积（m²/人）
目前	人均建筑面积为 29m²/人，低于发达国家水平	18	31	9
持续发展（Fs0）	城镇人均建筑面积达到 2004 年日本人均建筑面积水平，45m²/人，农村达到 35m²/人，但仍低于 2004 年欧洲和美国的人均建筑面积	30	35	15
大力控制（Fs1）	人均建筑面积与目前相比略有提高，仍低于 2004 年发达国家水平	20	25	12

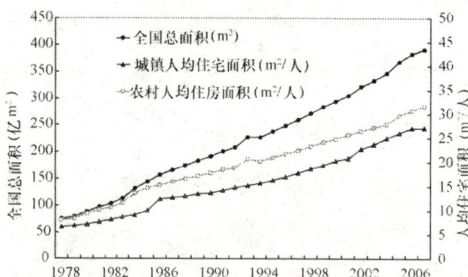

图 1-72　1978～2007 年
我国建筑面积发展变化

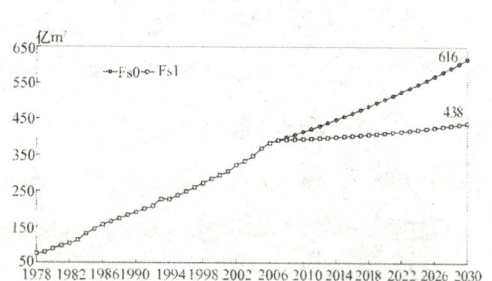

图 1-73　不同情景下建筑
面积的发展趋势

（2）生活方式的变化。随着我国经济发展和人民收入水平的提高，越来越多的人在逐渐改变传统的建筑能源使用方式，一些人的生活方式向西方国家看齐，造成住宅能耗的不断攀升。另一方面，这样的生活模式与消费观念的扩张，也导致新建公共建筑中属于高能耗的大型公共建筑比例不断增加，造成公共建筑整体形式的变化和能耗强度的提高。能耗情景分析中对社会整体生活方式的变化进行设定，体现在量化住宅和公共建筑中不同能耗强度群体的比例变化，即一部分原属于"中耗能"群体的住宅和公共建筑改变生活方式为"高耗能"群体，而"低耗能"群体向"中耗能"转化，如表 1-16 所示。

2030 建筑能耗情景预测假设 2：生活方式变化（Lifestyle）　　　**表 1-16**

	住　宅			公共建筑		
	高	中	低	高（大型公建）	中	低
生活方式转变人群比例大（L0）	30%	50%	20%	15%	60%	25%
大部分仍保持较为节俭的生活方式（L1）	5%	80%	15%	5%	45%	50%

　　（3）技术水平的提高。建筑能耗强度由建筑提供的服务数量和建筑用能效率共同决定。在建筑服务需求增加的过程中，提高技术水平，更有效地利用能源是建筑节能的重要组成部分。技术水平的提高主要落实在：因地制宜的通过建筑围护结构降低采暖空调负荷；高效灯具、空调和各用电设备的使用降低住宅能耗强度；以及高效的集中供热系统和合理的计量方式等使得采暖的单位面积能耗有大幅度下降。在我国建筑"室内环境改善，建筑服务水平有所提高"的情景基础上，表 1-17 给出到 2030 年不同技术水平下对建筑能耗强度的预测，图 1-74 给出两个情景下，城镇住宅各用能途径单位建筑面积能耗和 2004 年各国水平的比较。

2030 建筑能耗情景预测假设 3：技术水平（Technology evolution）　　　**表 1-17**

	城镇住宅	农村住宅	公　建	采　暖
技术水平略有提高（Te0）	空调、家电和生活热水的能耗强度增长为 2006 年的 1.5 倍，照明和炊事能耗强度不变	空调、家电和生活热水的能耗强度增长为 2006 年的 1.5 倍，一半的生物质能耗被煤、电等商品能源替代	"高耗能"和"中耗能"群体中的建筑能耗强度增长为 2006 年的 1.5 倍	在冬季室温提高的基础上，热量需求与 2006 年相同
技术水平大大提高（Te1）	与 2006 年相比空调、家电和生活热水能耗强度不变，照明和炊事能耗强度略有降低	与 2006 年相比能耗强度和生物质能耗比例不变	与 2006 年相比能耗强度不变	在冬季室温提高的基础上，热量需求降低；热电联产集中供热系统效率提高，占采暖的总比例加大；夏热冬冷地区和农村均因地制宜地采取合适的采暖方式

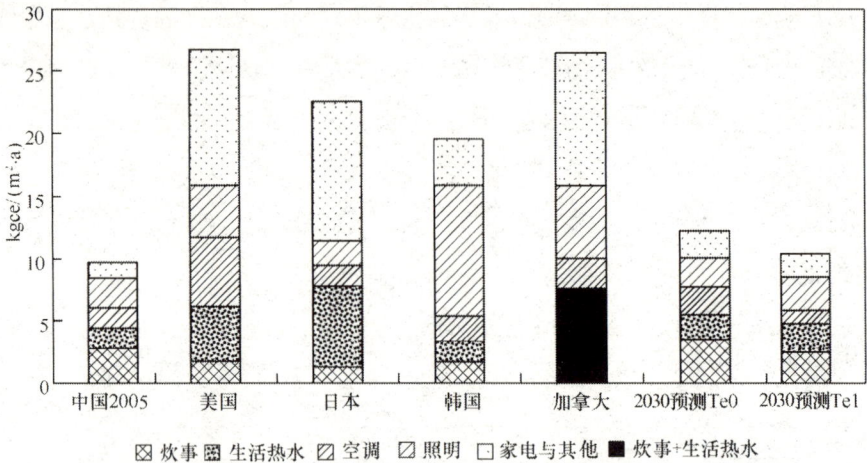

图 1-74 2004 年城镇住宅各用能途径的中外对比和按照两种不同技术模式预测的假设
数据来源：同图 2-4。

　　根据以上三个主要影响因素的假设，对 2030 年建筑能耗进行四个步骤的情景分析。首先按照目前的建筑能耗发展趋势，三项因素皆为不节能情况，得到不节能情景，即 Fs0 L0 Te0。其次，分别考虑三个因素独立的节能情景，即"Fs1 L0 Te0"，"Fs0 L1 Te0"，"Fs0 L0 Te1"；接下来分别考虑三个因素两两作用的情景，即"Fs1 L1 Te0"，"Fs0 L1 Te1"，"Fs1 L0 Te1"；最终考虑建筑节能工作在三个方面均起到较大作用，即节能情景"Fs1 L1 Te1。"情景分析的步骤如图 1-75 所示。

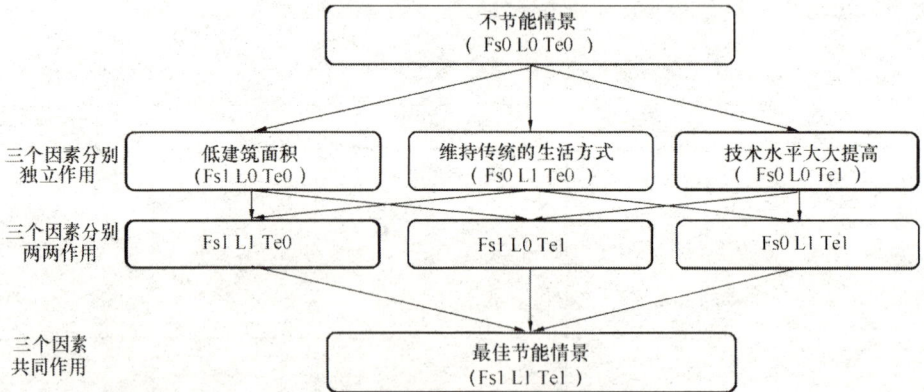

图 1-75 情景预测的分步考虑

1.6.2 情景预测结果及分析

基于 CBEM 模型，对 2030 年各个情景下建筑能耗进行定量分析的结果如图

1-76所示。如果节能措施不力，按当前的发展趋势，我国当前传统节俭的用能方式和生活方式逐渐向发达国家追求完美服务和舒适环境的用能方式转变，人均建筑面积和能耗强度均会出现较大增长，建筑能耗可能达到15.1亿tce（电力换算为标准煤的系数考虑了发电技术的发展，1kWh电折合为0.300kgce；而2006年为0.341kgce/kWh），为2006年的2.7倍，相当于2006年我国全国总能耗的53%。这将对我国的能源供应带来巨大压力，除非届时找到合适的替代能源，否则这么大的建筑能耗需求显然是不太可能满足的。然而，即使是在不节能的情景下，我国城镇人均建筑能耗达到1000kgce，也大大低于发达国家2004年的用能水平（美国人均年能耗4714kgce，OECD欧洲人均1542kgce，日本人均2090kgce）。

相反，当建筑面积得到有效控制，大部分人维持当前与自然和谐的生活方式，且技术水平提高，先进技术得到有效推广，最佳节能情景建筑能耗仅为6.4亿tce，与2006年相比仅增加14%。控制建筑面积、维持传统的生活方式和推广适宜的节能技术的贡献率表示如图1-76所示。

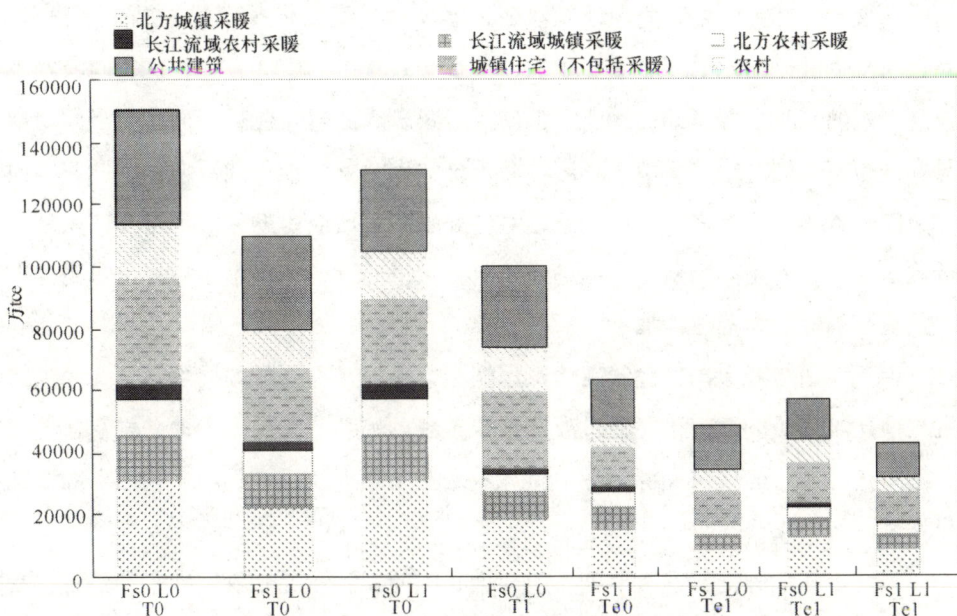

图1-76 各个情景下建筑能耗预测结果

目前发达国家十分重视建筑节能，纷纷提出建筑总能耗降低30%、50%甚至更高的节能目标，除了采取各种政策和经济激励措施鼓励建筑节能设计和应用先进

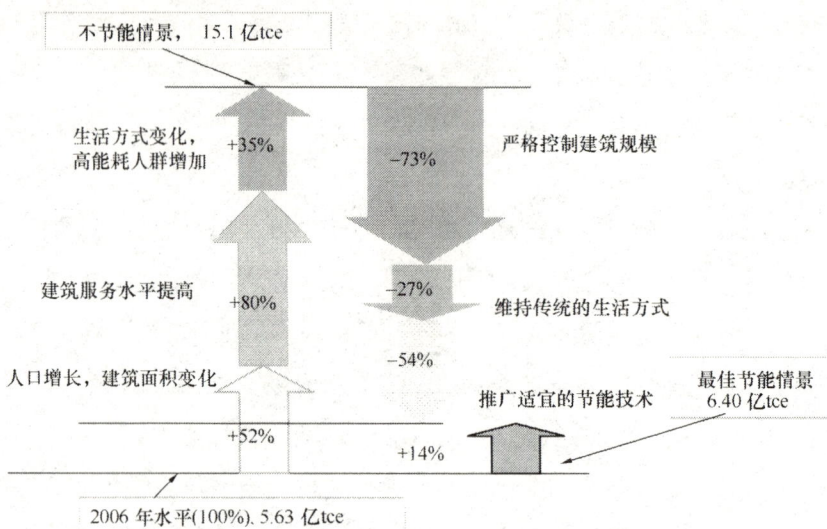

图 1-77　建筑能耗情景预测结果

的节能技术外，开始号召人们转变依赖机械手段维持舒适完美的室内环境和生活，倡导"人走关灯关设备"避免能耗浪费；建议适当降低冬季室温，提高夏季室温，避免或改变已经出现的"冬季穿短袖，夏季穿外套"的生活方式。这些国家希望在提高能效的同时，通过缩短用能设备使用时间来降低建筑能耗。而我国当前的情况与发达国家不同，绝大多数人还遵循着传统的生活方式和用能习惯，因此我国面临的节能任务不是考虑在"十分舒适的室内环境和全面满足的生活需求"的基础上降低建筑能耗，而是如何避免在提高建筑服务水平的过程中，由于盲目追求高标准带来的能源消耗的大幅度增加。

　　由于我国与发达国家建筑在建筑用能方式上处在不同的发展阶段，在我国除北方城镇建筑采暖能耗有可能通过成套技术实现大幅度节能外，无论是城镇住宅、公共建筑还是农村的建筑能源消耗，整体看来在未来十几年内将随建筑需求的增加而呈增长趋势。

　　因此，在我国推行建筑节能，应根据我国的实际情况，确定未来的建筑生活模式和用能情景，从总量上制定建筑能耗应控制达到的具体指标；继而从各类建筑能耗的特点和发展趋势出发，控制建筑规模、维持节能的生活方式，采用适宜的节能技术，挖掘各类建筑节能潜力，避免建筑能耗随着生活水平的提高有过大的增长。

　　要真正实现最佳节能情景，最重要的工作为：

(1) 严格控制我国城市建设的总量，要在 2030 年前城市新增建筑总量与 2006 年（174 亿 m²）相比不超过 120 亿 m²，这意味着目前城市每年新增开工面积不能超过 7 亿 m²。目前每年实际的城市新建建筑开工面积都在 10 亿 m² 以上，因此严格控制新开工建筑项目应是目前实现建筑节能目标的最重要的措施。

(2) 严格控制大型公共建筑的建设量，要使大型公共建筑（按照能耗衡量与定义）占城市非住宅建筑总量的比例小于 10%。这样，一方面要严格控制新建大型公共建筑总量，同时坚决反对既有建筑大修改造中提高标准，使其"升级"为大型公共建筑。目前新建的城市非住宅建筑中，属大型公共建筑类型的在一些城市的公共建筑中已经超过 30%，怎样在目前的状况下迅速实现这一转变，也是一项严峻的任务。

(3) 倡导自然和谐的生活方式，倡导行为节能。

(4) 加速实现以计量收费制度改革为核心的北方城市采暖的"热改"任务。只有体制和机制的改革，并配合推广适宜技术，才能彻底改变我国北方采暖目前的相对高能耗状况。节能情景中计划的单位建筑面积采暖能耗要比目前降低 40%，实现平均采暖能耗为 12kgce/(m² · a)。只有在末端全面实现有效的调控，克服目前普遍存在的过度供热现象，并且全面规划和改造集中供热热源，提高热电联产在热源中的比例，提高各种热源的能源利用效率，才有可能全面实现这一目标。目前在这两点上看来还相差甚远。

(5) 开发以生物质能源和其他可再生能源为主的新的农村能源系统，同时大幅度改进北方农村建筑的保温性能和采暖方式，实现满足可持续发展要求的社会主义新农村建设。这需要大量的技术创新和各级政府的政策、机制及经费支持，更需要从科学发展观出发的全面的科学的规划。然而目前随着各种模式新农村建设的展开，以燃煤为主的商品能消耗量急剧增长，迅速接近不节能情景中设定的 2030 年数值。农村商品能消耗量是很难逆转的。因此，新农村建设的能源问题可能是目前建筑节能任务中最紧迫的任务。

(6) 探讨长江流域住宅和普通办公建筑的室内热环境控制解决方案。通过技术创新，以平均 3kgce/(m² · a) 的能耗水平解决这一地区住宅建筑冬季采暖需求，这在世界上同样气候条件下的发达国家没有先例。这一地区经济的飞速发展和生活水平的提高又使改善冬季室内环境的压力越来越高，许多远高于这一能耗标准的新建项目都在陆续兴建。通过技术创新和政策引导，迅速发展出百姓可接受的、符合舒适性要求的环境控制新方式，在典型工程科学示范的基础上全面推广这些新方式，对实现节能情景的目标至关重要。

(7) 大型公共建筑的节能运行和节能改造。在实际的运行能耗数据的指导下，通过各种科学有效的措施，使实际的能源消耗量真正降下来，并能长期坚持下去，通过具体的管理措施、管理体制使其落实，这将是一项重要的、长期的工作。

如果通过各项努力，实现我们的节能目标，北方城镇采暖的单位建筑面积能耗大幅度降低，其他途径的单位用能量略有提高，如最佳节能情景，则总的建筑能耗还要增加到目前的 1.2 倍，这基本符合中央提出的 GDP 翻两番，而能源消耗仅增加一倍的战略目标。从人均能耗的角度来看，这意味着我们必须用发达国家几分之一的能耗来提供可以满足需求的室内环境和建筑服务。这将是全人类史无前例的，所以这将是人类文明发展史上的一项巨大创新，也是中国在节约能源保护环境的前提下实现现代化为全世界发展中国家作出的最好范例。

1.7 中国生态足迹

1.7.1 生态足迹和生态承载力的概念

生态足迹理论是用生物物理量定量的描述人类活动对生态系统影响的方法，将人类社会经济运行过程中的物质吞吐量，定量的归结为提供相应生态产品和服务的六类生物生产性土地和水体——化石能源地、可耕地、牧草地、森林、建成地、水体的面积。

生态足迹是指在既定的技术条件和消费水平下，满足某地区相应人口的生产、消费和吸纳废物所占用的具生物生产力的土地和水体面积。与之相对，生态承载力（或生态容量）是指在不损坏有关生态系统的生产力和功能完整的前提下，某地区所拥有的具有生物生产力的土地和水体面积。通常，生态足迹和生态承载力的单位为全球公顷（gha），是对某一年一公顷所有具有生物生产力的土地和水体进行归一化，使其具有全球平均生物生产力。通过计算某地区生态承载力的面积供给和生态足迹的面积需求，相比较得出生态足迹盈余或赤字，用以判断某地区对生物资源的依赖程度。

生态足迹核算基于六个基本假设：某地区消费的资源和产生的废弃物可以量

度；这些资源和废弃物可以转化为相应的具生物生产力的土地和水体面积；不同类型的面积可以转化为通用的单位全球公顷；全球公顷是基数量度，可以累加；生态足迹可以同自然的供应——生态承载力相比较；面积需求超过面积供给可以转化为生态系统的需求超过生态系统的承载力。

2003 年，全球生态足迹是 140 亿 gha，人均 2.2gha。全球生物承载力为 112 亿 gha，人均 1.8gha。生态足迹在全球各个地区差异很大，其中北美和西欧的许多高收入国家的人均生态足迹最大。2003 年，中国的人均生态足迹是 1.6gha，在 147 个国家中列第 69 位。从总生态足迹来看，中国的生态足迹 21 亿 gha，占世界的 15%，居世界第二位；但其生态承载力总量却仅为 10 亿 gha，占世界的 9%，分别如图 1-78、图 1-79 所示。中国面临着严重的生态赤字。

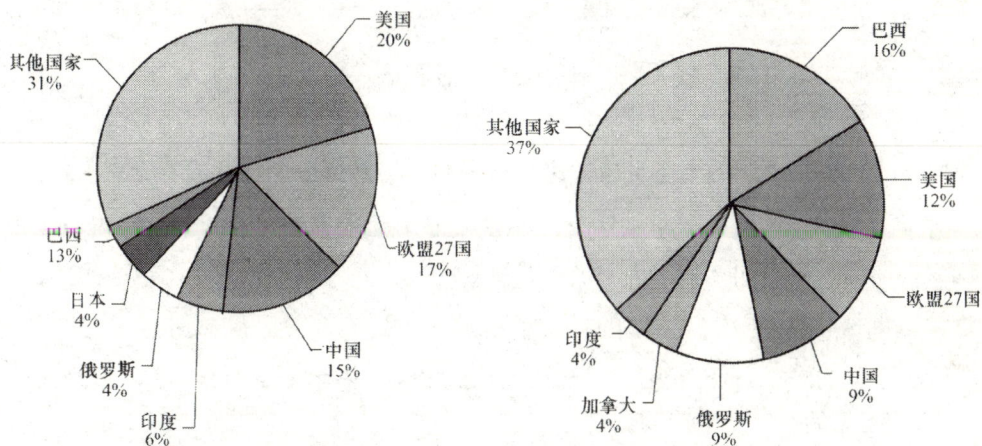

图 1-78　2003 年主要国家生态足迹占全球比例　图 1-79　2003 年主要国家生态承载占全球比例

生态足迹作为一种资源核算的新兴理论方法，在统一量纲和指标体系上还存在一定的问题，但是生态足迹为特定地区经济活动的环境指标控制提供了定量的依据。例如，生态足迹核算可为某地区能源消耗的二氧化碳排放提供总量控制指标。为采用基于政府的税收、激励政策，或采用基于市场的二氧化碳排放量交易提供了定量的依据。

1.7.2　中国生态足迹和生态承载力的发展

如图 1-80、图 1-81 所示，1961 年以来，中国的人口翻了一番，人均 GDP 增长超过 20 倍，人均生态承载力略有下降，人均生态足迹则翻了一番，生态赤字显著增长。1961 年，中国生态足迹位居世界 114 位，略有生态盈余；20 世纪 70 年代早期，出现生态赤字；2003 年，中国人均生态足迹为 1.6gha，低于全球人均的 2.2gha，但是人均生态承载力仅为 0.80gha，远低于全球人均的 1.8gha。由于生态足迹的增加，中国人均生态足迹为人均生态承载力的两倍，意味着中国消耗了多于自身生态系统供给能力两倍的资源。

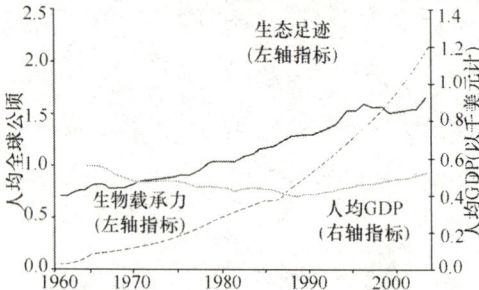

图 1-80　中国的生态足迹、生态承载力和 GDP（1961～2003 年）

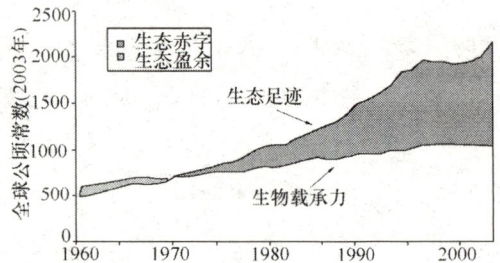

图 1-81　中国的生态赤字（1961～2003 年）

研究表明，中国的生态足迹快速增长约有一半是由于化石能源消费造成的，如表 1-18。中国能源资源主要是煤炭，燃煤电力是碳密集型行业。1970 年以来，中国人均能源消耗增加 2 倍，生态足迹最显著的变化是二氧化碳的生态足迹的急剧增加，这也是导致中国生态赤字的主要原因。

按土地类型划分的中国总生态足迹和生态承载力（2003 年）　　　表 1-18

土地类型	总生态足迹（百万 gha）	总生态承载力（百万 gha）
农地	530	450
放牧地	160	160
森林	150	210
二氧化碳（化石燃料）	990	—
核能	10	—
已建土地	90	90
渔业空间	220	120
总计	2150	1030

中国的生态足迹主要由三个因素决定。一是人口因素。由于中国人口基数庞大，虽然人均生态赤字较低，但从总生态赤字来看，是总生态承载力的两倍，也就是说需要两倍国土面积的生态承载力供给才可满足现有的生态足迹需求。按照 2020 年中国人口总量达到 14.5 亿人，若不能降低人均生态赤字，总生态赤字将继

续扩大。二是消费因素。国际经验显示，人均收入与人均生态足迹有一定的关系，发达国家比发展中国家的人均生态足迹更高，且增加得更快，这是因为发达国家"高水平生活"普遍建立在过度消耗地球生态资源的基础上，见图 1-82。为此，通过提倡节俭的消费模式，以降低能耗，减少生态足迹。三是技术因素。提高能源利用效率，实现能源的梯级利用，减少废弃物排放和加强循环利用可以降低能耗，减少生态足迹。

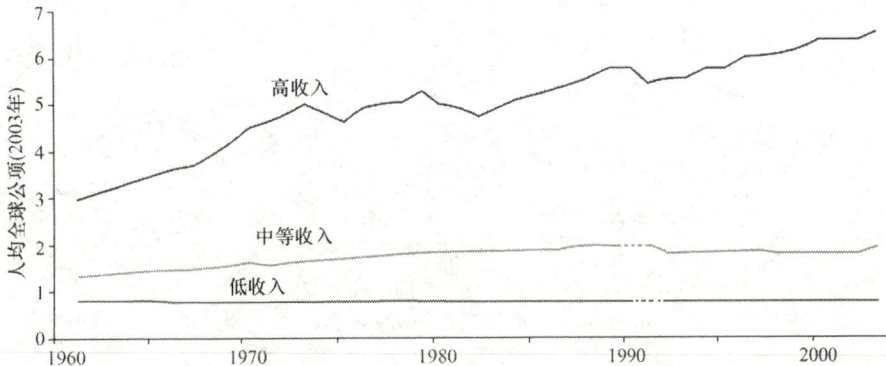

图 1-82　按收入划分的国家生态足迹

从世界发展的经验来看，如图 1-82 所示，高收入国家的人均生态足迹远远高于低收入国家。美国、欧盟国家、韩国和日本这些主要的发达国家，生活水平都已远超过"可接受的发展水平"，人均生态足迹也远远高出全球的人均生态足迹；美国更是 6 倍于全球平均的生态足迹，如图 1-83 所示（彩图可参见本书 2008 版）。

目前全球进入"最低可接受发展水平"区的国家总人口大约为 10 亿，仅占全球总人口的六分之一，但其生态足迹却占到全球总生态的一半以上。这就是说全球的自然资源的一半被仅占总人口六分之一的"最低可接受发展水平"的人口所消耗，而其余六分之五的人口只消耗剩余的一半。这说明全球目前的状态属于不可持续发展，地球的资源和环境不可能支撑全体地球人实现目前所谓的"最低可接受发展水平"。

现在飞速发展的"新兴经济体"包括中国、印度、巴西、俄罗斯等国，总人口约 30 亿，目前其人均生态足迹接近全球平均水平。随着这些国家经济的飞速发展，其生态足迹也不断增加。如果"新兴经济体"国家按照发达国家发展模式，进入"最低可接受水平"，人均生态足迹达到目前全球人均水平的 2.2 倍，则这些国家增

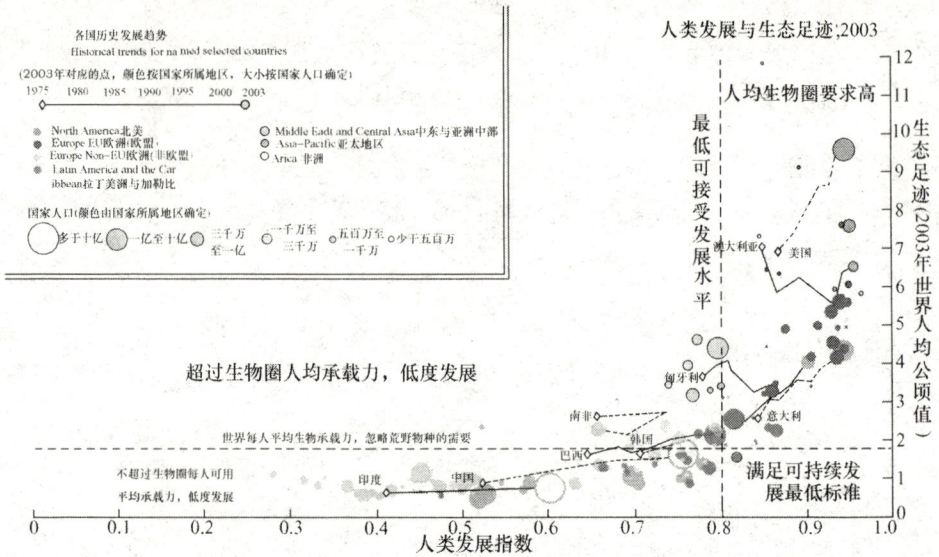

各国历史发展趋势
Historical trends for na med selected countries

（2003年对应的点，颜色按国家所属地区，大小按国家人口确定）

1975　1980　1984　1990　1995　2000　2003

North America北美　　　　　　　Middle Eadt and Central Asia中东与亚洲中部
Europe EU欧洲（欧盟）　　　　　Asia-Pacific亚太地区
Europe Non-EU欧洲(非欧洲)　　　Arica 非洲
Latin America and the Car
ibbean拉丁美洲与加勒比

国家人口（颜色由国家所属地区确定）

多于十亿　一亿至十亿　三千万至一亿　一千万至三千万　五百万至一千万　少于五百万

人类发展与生态足迹;2003

人均生物圈要求高

最低可接受发展水平

超过生物圈人均承载力，低度发展

生态足迹（2003年世界人均公顷值）

世界每人平均生物承载力，忽略荒野物种的需要

不超过生物圈每人可用平均承载力，低度发展

满足可持续发展最低标准

印度　　中国

巴西　韩国　南非　　匈牙利　意大利　澳大利亚　美国

人类发展指数

图 1-83　2003 年世界主要国家人类发展与生态足迹

加的生态足迹就会使全球的生态足迹在目前的水平上再增加 50％。这必然会导致全球的资源匮乏，环境恶化，生态破坏。新兴经济国家必须找到一条不同的发展模式，在不大幅度增加生态足迹的条件下，进入"可接受发展水平"；发达国家也必须担负其保护地球生态环境的义务，在目前的水平上大幅度降低生态足迹，使全地球人分享有限的资源。

目前世界上几乎还没有一个国家以全球人均生态足迹的水平进入"可接受的发展水平"阶段。因此中国的经济发展与约束生态足迹需要探索新的发展模式，这对中国是一个严重的挑战。我们前面没有可参考可借鉴的案例，只有通过创新，走出自己的路，在有限的自然资源条件下，仅依靠接近于全球人均的生态足迹，实现良好的社会与经济发展，创造出"高水平生活"。这一战略目标的实现，不仅对中华民族，而且在人类发展史上都将是重大的贡献。

1.7 节主要摘自《中国生态足迹报告》（中国环境与发展国际合作委员会、世界自然基金会，2008）。

第 2 章　建筑节能理念思辨

2.1　中外城镇建筑能耗比较

为了科学地了解中国建筑能耗的水平，找到我国建筑节能的有效途径，很有必要同发达国家的状况进行比较。下文将分别就建筑总能耗作中外比较，以对此有宏观把握，然后再以公共建筑和住宅建筑除采暖外能耗为例，进行进一步剖析，以认识中外建筑能耗产生差异的原因。

2.1.1　中外建筑宏观能耗比较

根据美国能源署（EIA，Energy Information Administraion）《International Energy Outlook 2008》统计显示，2005 年度全球一次能耗总量达 147.1 亿 tce，各国消耗能源占全球总量的比例如图 2-1 所示。其中，建筑一次能耗总量达 45.3 亿 tce，各国建筑能耗占全球总建筑能耗的比例如图 2-2 所示。由图可见，无论是社会总能耗，还是建筑总能耗，中、美两国是全球能源消耗总量最多的两个国家。

进一步比较发现，如图 2-3 所示，发展中国家（如中国、印度、巴西、非洲等）的建筑能耗占该国社会总能耗的比例约为 20%～25%，低于发达国家此项水平（在 30%～40%之间）。

为进一步了解中国建筑能耗实际水平，根据各国的统计年鉴与相关调研统计报告，分别计算了各国的人均建筑能耗（图 2-4 的横坐标）、单位面积建筑能耗（图 2-4 的纵坐标）以及相应的建筑一次能耗总量（图 2-4 中，国家名称后面所带的数字，单位为 Mtce，其值大小与相应的圆面积成正比）。由于中国城市和农村的建筑能耗差异很大，因此专门把中国城镇建筑能耗单独列出。可以看到：

1）中国农村能耗水平低于中国城镇水平；

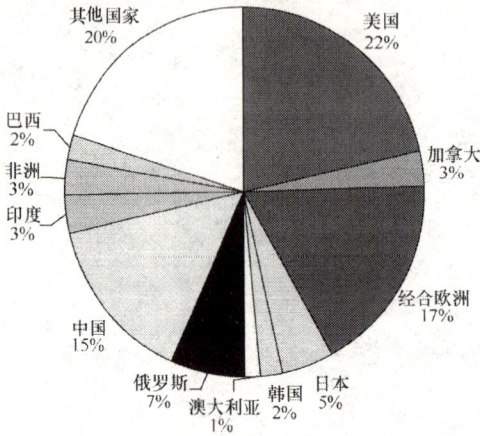

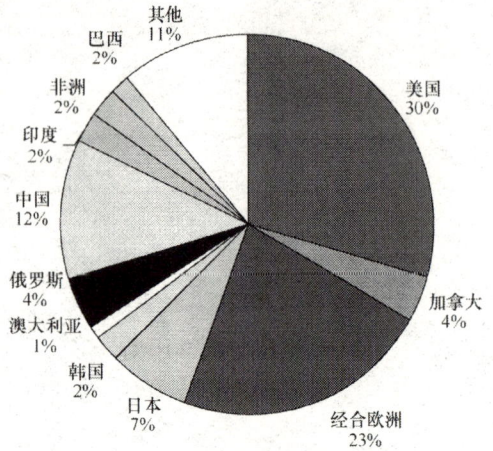

图 2-1　2005 年各国社会一次能耗比例　　　图 2-2　2005 年各国建筑一次能耗比例

数据来源：Energy Information Administration. International Energy Outlook 2008. USA：EIA Publications，2008.

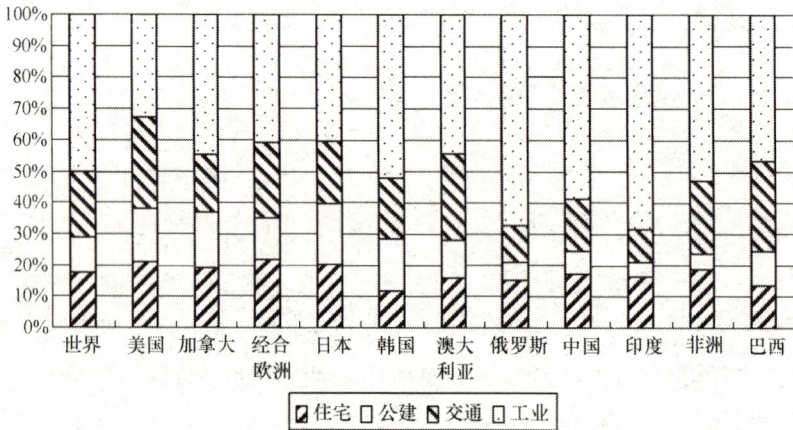

图 2-3　2005 年各国产业结构比例

数据来源：Energy Information Administration. International Energy Outlook 2008. USA：EIA Publications，2008.

2）即使是能耗较高的中国城镇，其能耗平均水平也大大低于发达国家：单位面积平均能耗约为欧洲与亚洲发达国家的 1/2，为美洲国家的约 1/3；而人均能耗仅为欧洲与亚洲发达国家的 1/4 左右，为美洲国家的约 1/8。

3）特别地与美国相比，中国人口为美国的 4 倍，而建筑能耗总量仅为美国的40%，因此，中国的人均建筑能耗仅为美国的 10% 左右。

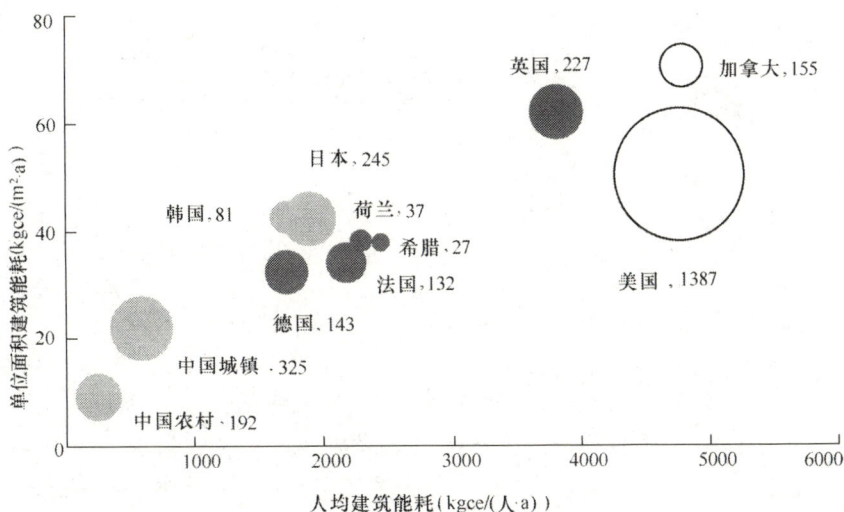

图 2-4 2005 年各国建筑一次能耗比较

数据来源：

1. 美国：The United State Department of Energy. 2007 Buildings Energy Data Book. USA：D&R International, Ltd. , 2007.

2. 加拿大：Natural Resources Canada. 2007 Energy Use Data Handbook. Canada：Energy Publications Office of Energy Efficiency, 2008.

3. 日本：The Energy Data and Modeling Center. Handbook of Energy & Economic Statistics in Japan. Japan：The Energy Conservation Centre, 2008.

4. 韩国：Korea Energy Economics Institute. Energy Consumption Survey 2005. Seoul：Ministry of Commerce, industry and energy；2005.

5. 欧洲国家：Intelligent Energy of EPBD. Applying the EPBD to Improve the Energy Performance Requirements to Existing Buildings- ENPER-EXIST. Europe：Fraunhofer Institute for Building Physics, 2007.

同时可以从各国的相关统计中得到各国的人均建筑面积情况，如图 2-5 所示。中国的人均建筑面积也低于发达国家水平；即使与亚洲发达国家相比，虽然同样有着人口密度高、资源缺乏的历史背景，但也有一定的差距。

目前国际上各国的能源统计方法与体系不同，能耗数据含义略有差别，为建筑能耗详细而统一的比较带来较大的困难，但总能耗数据反映出的趋势和数量级是吻合的，因此通过我国与主要发达国家的能耗数据比较，可以得到：中国建筑能耗平均水平远低于发达国家。

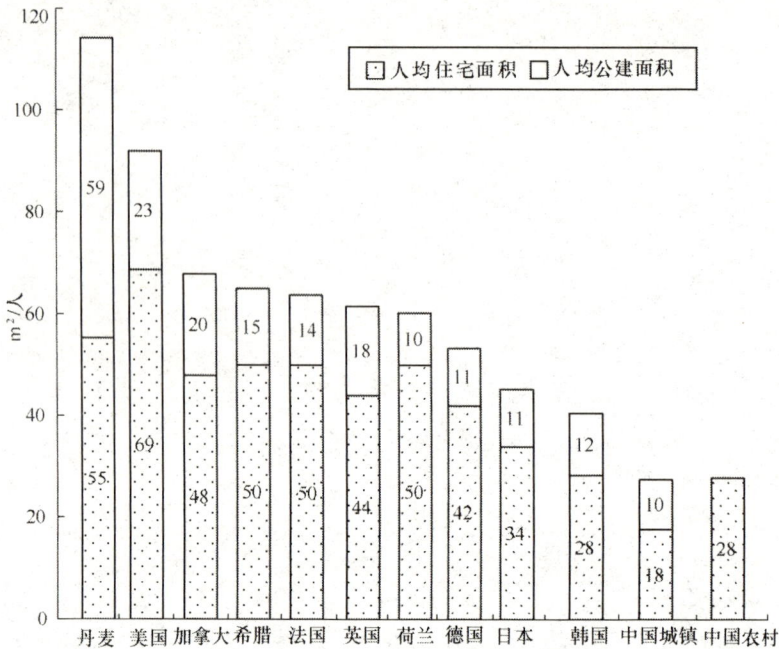

图 2-5 各国人均建筑面积比较

数据来源：同图 2-4

同时，由图 2-4 发现，作为亚洲的两大发达国家，韩国与日本的建筑能耗情况十分接近；这将引出一个十分重要的问题：中国与韩国、日本一样有着人口密度高，资源稀缺等共同的能源资源背景，那么随着中国经济不断发展，向发达国家靠拢，能源结构是否也会同时向发达国家不断靠拢，进而建筑能耗是否也会逐渐到达韩国与日本现在的水平、甚至是欧美发达国家水平呢？是否在经济实力与人民生活水平发展到一定程度，实现了"现代化"之后，建筑能耗指标（如人均能耗和单位面积能耗）也一定相应地达到发达国家水平呢？对于中国这样人口巨大、人均资源拥有量远低于全球平均水平的大国来说，这是必须面对和需要深入研究的问题。

事实上，近年来，我国正处于经济持续快速发展期，人民生活水平得到持续改善。即使以现在的能耗水平，中国建筑能耗也将出现巨大的增长。

因而，为了更科学地了解中国的建筑能耗水平，很有必要与发达国家建筑能耗进行更细致的比较与分析。下文将分别针对国内外公共建筑与住宅建筑，从典型案例出发进行比较。

2.1.2 中美校园办公建筑能耗比较分析

2.1.2.1 案例的基本情况

位于中国北京的 A 大学校园和位于美国东海岸的 B 大学校园，所处气候相似，两地全年逐月平均气温如图 2-6 所示，B 校园所处气候比 A 校园所处气候更加温和，而太阳辐射强度也接近，见图 2-7，图中左边的浅色柱代表 A 校园，右边的深色柱代表 B 校园。

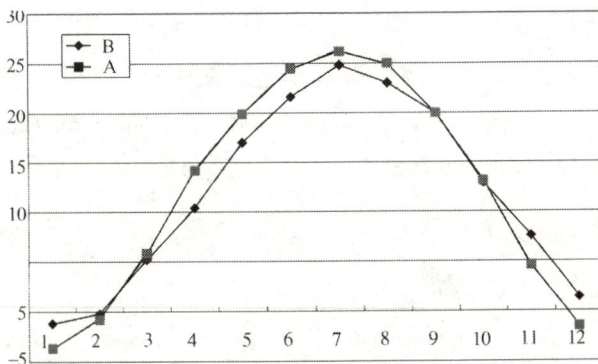

图 2-6 A 和 B 两校园所处城市全年逐月平均气温（℃）

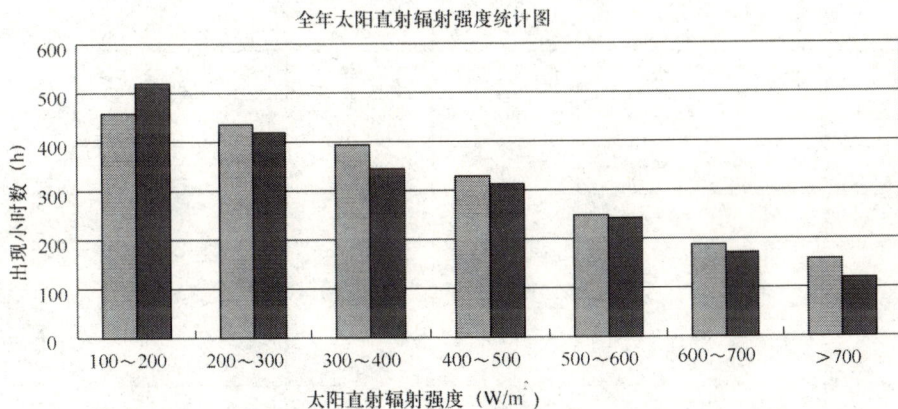

图 2-7 A 和 B 两校园所处城市的太阳辐射强度比较

A 和 B 两所大学均为多学科综合大学。其中，B 校园总建筑面积约为 132 万 m²，共包含 100 余栋单体建筑（选取其中具有典型代表意义的 94 栋作为下面统计研究对象），约 3.6 万人，其中 24% 为办公建筑，19% 为实验室，21% 为宿舍，

36％为教室、食堂、体育馆和医院等公共设施。A 校园总建筑面积约为 196.6 万 m^2，约 3.8 万人，包含办公建筑、教学楼、食堂、体育馆、实验室以及医院等公共设施。

从能源系统角度，两所校园均由集中供热系统向建筑物提供采暖，其中，A 校园为热水集中供热管网，B 校园为蒸汽集中供热管网。B 校园由集中供冷系统向各个建筑物的中央空调系统提供冷冻水，除宿舍楼多采用风机盘管和新风系统之外，大部分公共建筑均采用全空气系统配合变风量末端（VAV）。A 校园的各个建筑物自行决定空调降温方式，一部分建筑物依靠开窗通风辅助电风扇降温，一部分建筑的部分房间安装有分体空调，2000 年之后新建校园公共建筑多安装有集中空调系统，通常采用电制冷方式。A、B 两个校园中各个建筑物均有电表计量电力消耗状况。

2.1.2.2 耗电量对比

（1）典型公共建筑耗电量

表 2-1 给出 A 和 B 两校园典型公共建筑全年单位面积耗电量。

A 和 B 两校园典型公共建筑全年单位面积耗电量   表 2-1

序号	功能	校园	面积 （m^2）	单位面积耗电量 （$kWh/(m^2 \cdot a)$）
1	校务办公楼	A	4650	34
2	校务办公楼	B	10244	195
3	生物学院实验楼	A	9692	159
4	牙医学院	B	6425	364
5	办公室和实验室	A	3360	56
6	机械学院办公楼	A	27000	64
7	理学院办公楼	A	15000	98
8	商学院办公楼	A	12850	156
9	商学院办公楼	B	30000	355
10	法学院办公楼	A	10000	44
11	法学院办公楼	B	9086	288
12	校图书馆	A	27486	21
13	校图书馆	B	7089	120

可以看出，分处 A、B 两个校园功能相同、气候相似的公共建筑，其单位面积建筑能耗可相差 3～10 倍。

（2）A 校园公共建筑耗电量

图 2-8 给出 A 校园中各公共建筑耗电量情况。调研发现，A 校园公共建筑耗电量与所选择的降温或空调方式有很大关系，按不同的降温或空调方式重新整理 A 校园各公共建筑耗电量，如图 2-9 所示。可以看出，与只装有分体空调或仅采用风扇降温的建筑物相比，安装中央空调系统的建筑物单位面积耗电量普遍较高。

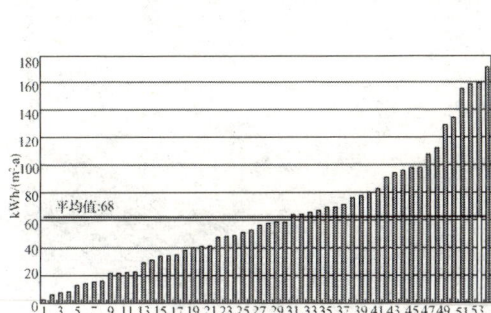

图 2-8　A 校园建筑物全年单位
面积耗电量（2006 年数据）

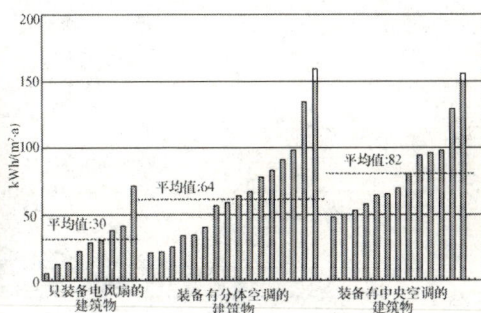

图 2-9　A 校园建筑物全年单位面积耗电量，
按不同冷却或空调方式划分

（3）B 校园公共建筑耗电量

图 2-10 给出 B 校园中 94 座建筑物耗电量的情况。需要指出的是，由于 B 校园采用集中供冷系统，集中供冷系统冷冻站的制冷机、管网主冷冻水循环泵、冷却水

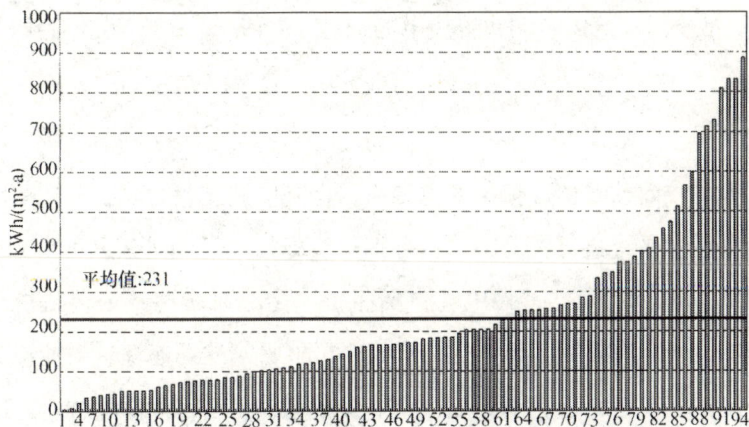

图 2-10　B 校园 94 栋建筑物全年单位面积耗电量（2006 年数据）

循环泵和冷却塔风机等的耗电量单独计量，图 2-10 所示各建筑物耗电量不包括集中供冷系统冷冻站耗电。可以看出，B 校园建筑物电耗总体水平明显高于 A 校园。

统计数据表明，B 校园全年耗电量 4.10 亿度电，校园建筑物共 150 余栋，总面积 132 万 m^2，折算单位面积建筑耗电量约为 309.9kWh/($m^2 \cdot a$)。图 2-11 给出 2003 年美国商业建筑能耗调查 CBECS 得到的大学校园建筑耗电量调查结果。可以看出，该校单位面积耗电量略高于全美平均水平。

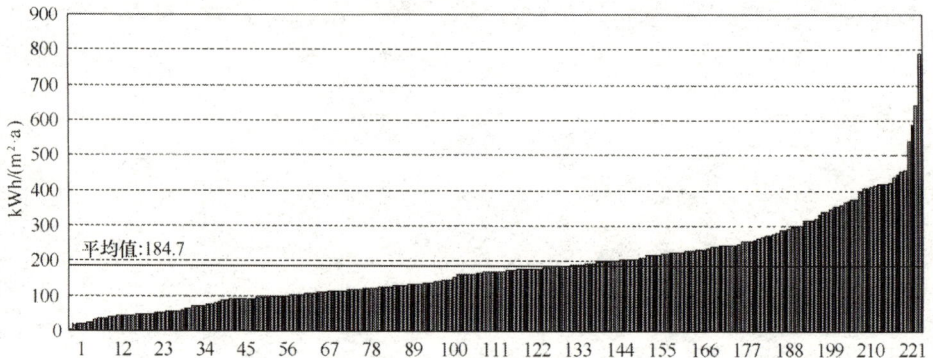

图 2-11　CBECS 得到的美国大学校园建筑物全年单位面积耗电量

（4）A、B 校园分项电耗比较

Z-1、Z-2、Z-3、Z-4 为 A 校园（中国）的四栋典型建筑，M-A 和 M-B 为 B 校园（美国）的两栋典型建筑，对其分项电耗进行对比，结果如图 2-12 所示。横向比较各个建筑的照明、办公和空调电耗，B 校园建筑空调系统耗电高达 250kWh/($m^2 \cdot a$)，A 校园建筑的空调系统用电为 20～30 kWh/($m^2 \cdot a$)，B 校园约为 A 校园的 10 倍；B 校园建筑的办公和照明用电为 50～70 kWh/($m^2 \cdot a$)，A 校园建筑的照明用电为 10～20kWh/($m^2 \cdot a$)，前者约为后者的 2～3 倍。

可见美国校园建筑能耗偏高的主要原因就是空调能耗过高。

详细对空调系统进行拆分，可以分别得到冷站电耗和空调风机与末端电耗。

如图 2-13 所示，其中冷站电耗包括冷机、冷冻泵和冷却塔风机电耗。由于美国 M-A 和 M-B 建筑采用了集中供冷形式，可以得到这两座建筑对应冷站的电耗水平约为 100kWh/($m^2 \cdot a$)；而相比之下，国内北京市采用中央空调的建筑样本中，最高值为 25kWh/($m^2 \cdot a$)，最低值仅为 4kWh/($m^2 \cdot a$)，差异明显。

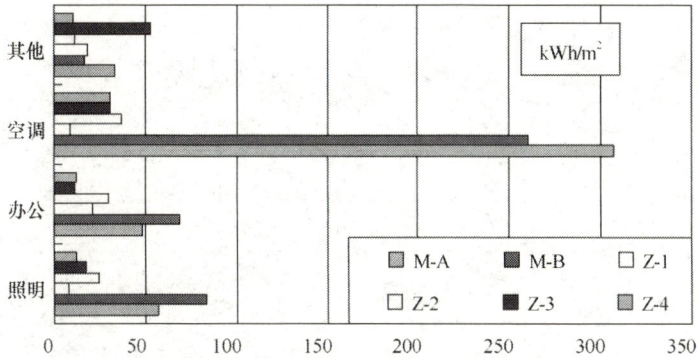

图 2-12 建筑用电构成（柱图由上到下分别是 Z-4，Z-3，Z-2，Z-1，M-B，M-A）

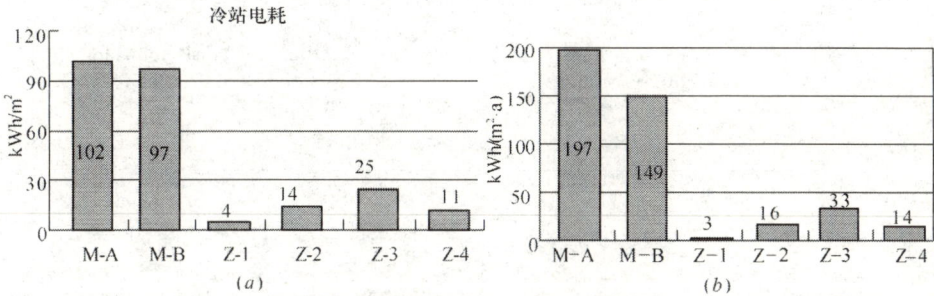

图 2-13 冷站与空调风机电耗

（*a*）冷站电耗比较；（*b*）空调风机电耗比较

空调风机和末端电耗包括新风机电耗、空调箱电耗、风机盘管电耗和为了满足通风要求的各类送风机和排风机电耗，其中 M-A 和 M-B 是全空气变风量系统，年用电水平分别为 197 和 149kWh/(m² · a)，Z-1 为风机盘管加新风的系统，风机电耗低于 10kWh/(m² · a)，Z-2 是全空气（部分区域）变风量系统，Z-3 和 Z-4 为风机盘管加新风系统与全空气系统综合，风机电耗较高，为 14～33kWh/(m² · a)。详细测试 M-A，M-B 两座建筑内各台风机，发现其效率都高达 75% 以上，而国内大型公建风机效率一般都仅在 30%～50%，所以风机系统设备性能优异，能耗高的原因就是风量过大，运行时间过长。

（5）耗电量随时间变化特征对比分析

图 2-14、图 2-15 分别给出 B 校园某办公楼夏季某周日到周一连续 48h 之内单位面积耗电功率变化情况，以及包括两座 A 校园办公建筑在内的北京市 7 座大型公共建筑夏季一周之内单位面积耗电功率变化情况，单位均为 W/m²。

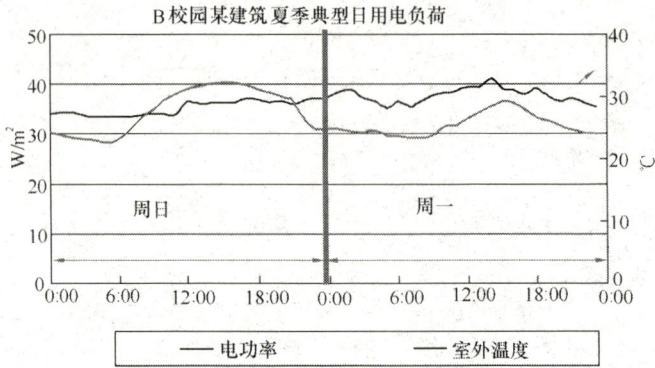

图 2-14   B 校园某办公楼夏季某周日到周一连续 48h 之内单位面积耗电功率

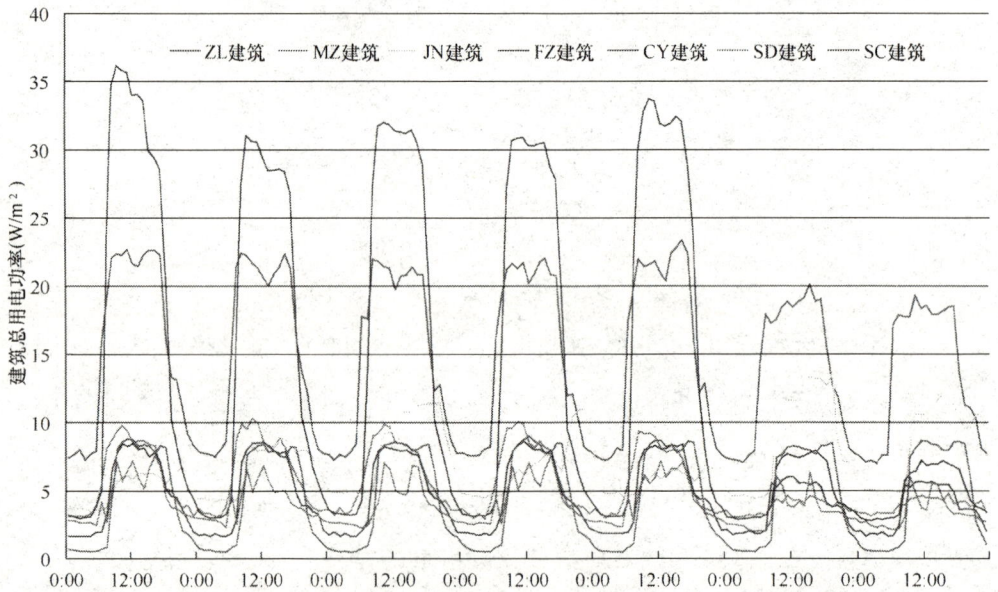

图 2-15   包括两座 A 校园办公建筑在内的北京市 7 座大型公共建筑
夏季一周之内单位面积耗电功率

　　从图中可以看出，B 校园建筑一天之内逐时用电量十分稳定，昼夜差别非常小，周末和工作日差别也很小。经过调查发现，虽然办公时间为早 8：00～17：00,但其楼内的照明办公和空调系统 24h 运行，周末也不关闭，这是导致其耗电量高的一个重要原因。相比之下，A 校园建筑和绝大部分中国的公共建筑在夜间和周末则关闭了大部分用电设备，尽量减少非工作时间的用电量。

（6）B 校园建筑耗电量分拆

对 B 校园耗电现状进行拆分分析，估算主要耗电途径的耗电量及比例，如图 2-16 所示。

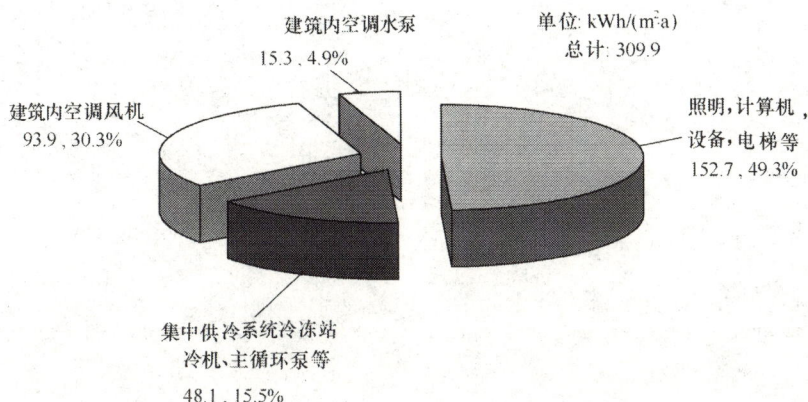

图 2-16 估算 B 校园主要耗电途径的耗电量及比例

可以看出，B 校园建筑电量的一半为空调系统所消耗。其中，B 校园建筑物内空调系统风机耗电量巨大，接近 100kWh/(m² · a)，这一数值与北京市典型办公建筑包括空调、照明、办公、电梯等全部在内的总耗电量水平相当。而造成这一现象的原因在于，B 校园公共建筑普遍采用变风量 VAV 系统，以空气为媒介输送冷量，输送效率远低于以水为媒介的空调系统，如中国常用的风机盘管空调系统。此外，风机从不停止运行、控制调节策略不当、空调系统的风量及温湿度等传感器和风阀等执行器故障等原因，也是造成巨大风机电耗的原因。

2.1.2.3 耗冷量和耗热量对比分析

（1）全年耗冷量和耗热量

该美国校园的集中冷冻站年耗电量约 6400 万 kWh，折合单位空调面积冷站电耗 48kWh/(m² · a)，远高于北京市大型公建的一般值。然而，根据其产冷量可以看出其集中冷站的综合 COP 高达 6，远比国内一般大型公建的冷源效率高。因此冷站能耗高的原因是建筑耗冷量太大。根据该美国校园 2007 年全校冷冻水及蒸汽消耗量数据，得到此校园当年平均耗冷量为 1.02 GJ/(m² · a)，当年平均蒸汽消耗量为 0.84GJ/(m² · a)。从图 2-17 和图 2-18 可以看出，全年无论冬夏均有冷热量消耗，这主要由于该校园的建筑中普遍存在冷热抵消的不合理用能情况。

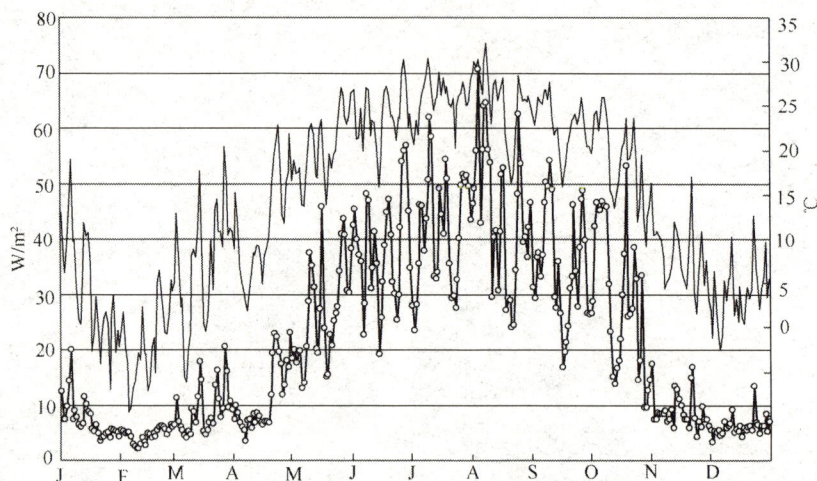

图 2-17 2007 年逐日冷量消耗（点圈线）及室外温度（折线）

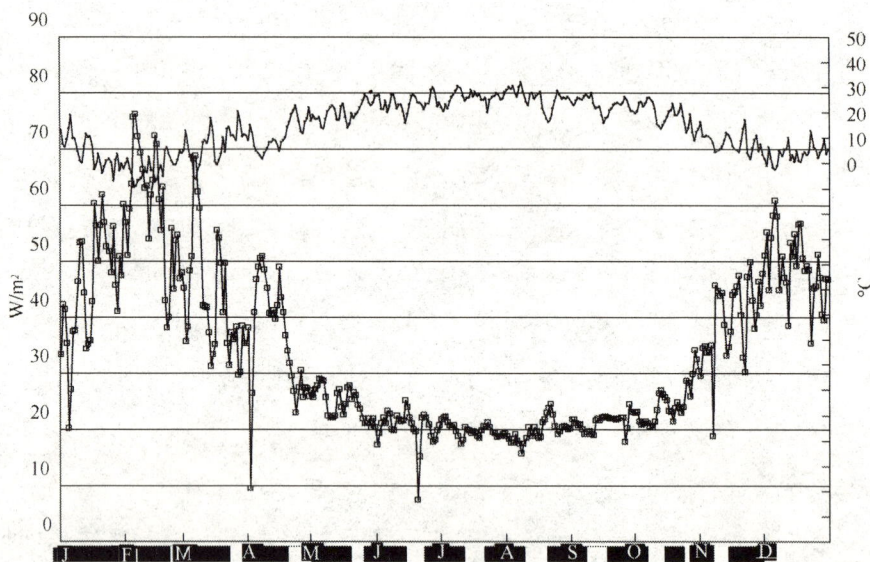

图 2-18 2007 年逐日蒸汽消耗（点圈线）及室外温度（折线）

表 2-2 给出 B 校园建筑物全年单位面积耗冷量和耗热量，与调查得到北京、上海浦东陆家嘴、日本东京新宿等地典型高级写字楼和德国办公楼平均的耗冷量和耗热量对比。

耗冷、热量对比：B校园建筑与世界其他相似气候地区典型办公建筑　表 2-2

	全年耗冷量(GJ/(m²·a))	全年耗热量 (GJ/(m²·a))
B 校园	1.02	0.84
中国北京	0.25～0.35	0.25～0.35
中国上海陆家嘴	0.36	—
日本东京新宿	0.43	0.45
德国平均	—	0.4

可以看出，与北京、上海、东京和德国办公建筑的冷热耗量水平相比，B 校园建筑物全年耗冷量和耗热量要高出 2～3 倍。B 校园采用集中供冷系统（District Cooling System）和蒸汽集中供热系统，这几乎分别是能耗最高的供冷和供热系统形式。

美国商业建筑能耗调查 CBECS 也得到了大学校园建筑耗热量调查结果，如图 2-19 所示。可以看出，该校单位面积耗热量低于全美平均水平。

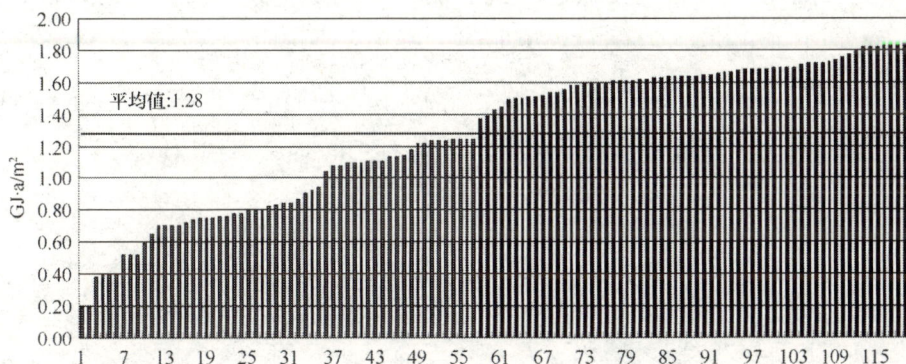

图 2-19　CBECS 得到的美国大学校园建筑物全年单位面积耗热量

CBECS 并未给出校园建筑耗冷量调查结果。图 2-20 给出用超声波冷量计测量得到的 B 校园两座办公楼和五座位于北京且采用集中空调系统的办公楼，在夏季某周单位面积逐时耗冷量。可以看出，B 校园两座建筑物单位面积耗冷量也要高出位于北京的办公楼 4～5 倍，而且，夜间与白天相比，B 校园建筑的耗冷量变化不大，显然存在着用能不合理的现象。

（2）冷热抵消现象

各楼耗冷量

ZL办公楼　　MZ办公楼群　　CY写字楼　　CF酒店　　MY办公楼　　USA办公楼1　　USA办公楼2

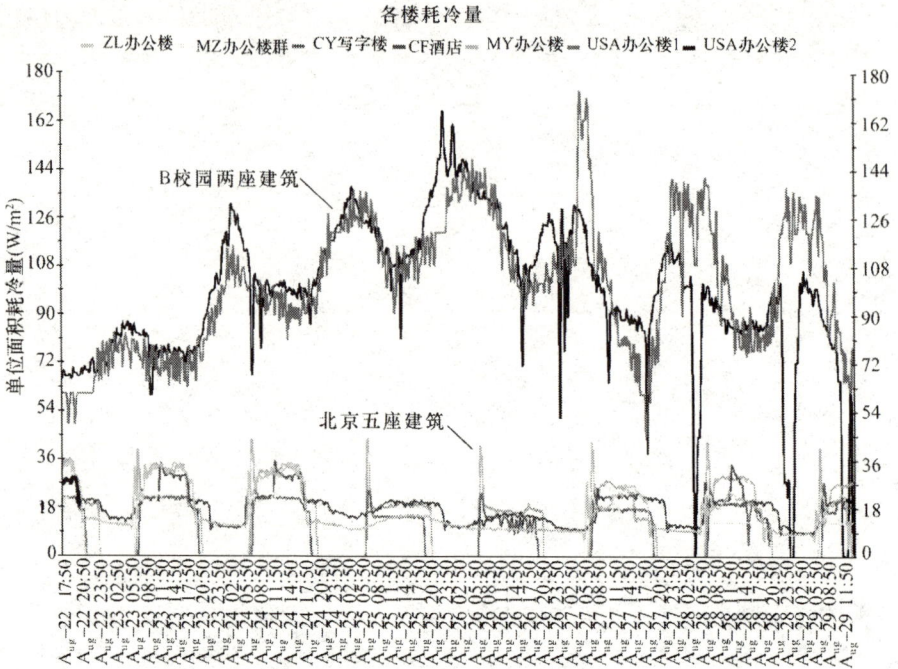

图 2-20　夏季某周单位面积逐时耗冷量对比：B校园两座建筑和北京五座办公楼

图 2-21 给出 B 校园全年逐月冷热耗量状况。可以看出，全年总存在同时供冷、供热的现象。经调查，这些建筑中的生活热水大多使用电加热器制备，而不消耗集中供热网的蒸汽，因此这里的冷量、热量基本是用于空调系统加热和冷却。

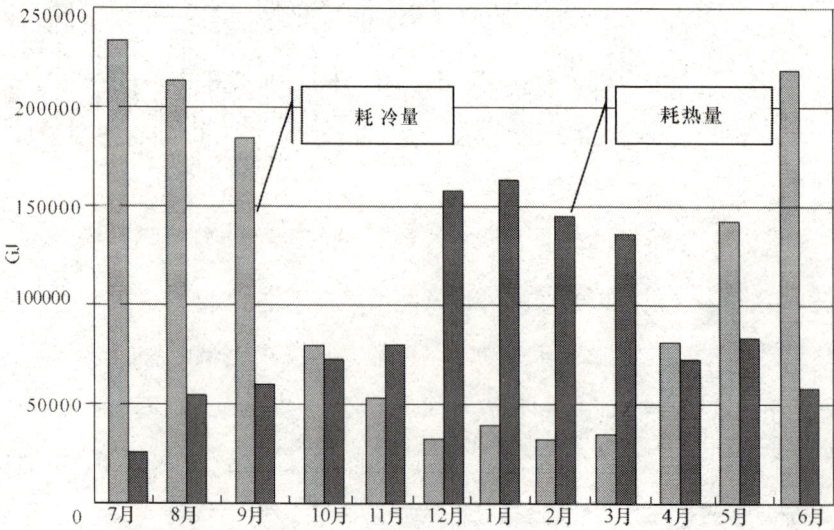

图 2-21　B校园全年逐月冷热耗量（左侧浅色柱为耗冷量，右侧深色柱为耗热量）

对 B 校园中某典型建筑物空调系统实测发现，VAV 末端再热导致大量冷热抵消，是造成巨大冷量和热量消耗的主要原因。例如，实测得到 10 月份 B 校园中某建筑物空调系统在夜间空气处理过程，如图 2-22 所示。具体流程为：1）从室内的回风为 22℃，室外温度 17℃；2）二者混合后，经过表冷器降温到 14℃，此时消耗冷量 264kW；3）处理后的空气经风机送到各个 VAV 末端，由 VAV 末端处的再热盘管加热约 20℃，然后送至室内，以维持室内环境控制要求，此处再热量为 228kW。可以看出，仅有 36kW 的冷量是维持室内环境所需要的，但目前系统消耗了 7 倍多的冷量和 6 倍多的热量来满足这一要求。

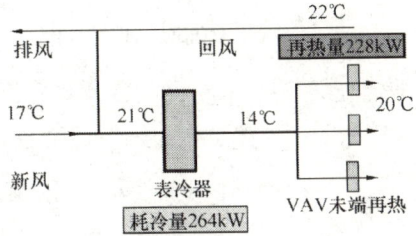

图 2-22　实测得到 10 月份 B 校园中某建筑物空调系统在夜间空气处理过程

需要说明的是，图 2-23 所示为典型夜间的情况，建筑物内仅有几位保安人员，所需的 36kW 冷量主要是为了消除那些从不关闭的照明灯具和电脑设备等的发热量。而此刻室外气候凉爽适宜，完全可以实现"零能耗"的环境控制，但建筑设计使得外窗全部封闭、无法开启自然通风，因此只能消耗大量的冷量、热量和风机电耗。更广泛的案例调查和对校园总体供冷、供热系统的分析表明，上述冷热抵消并非个别现象，而是具有普遍性的。

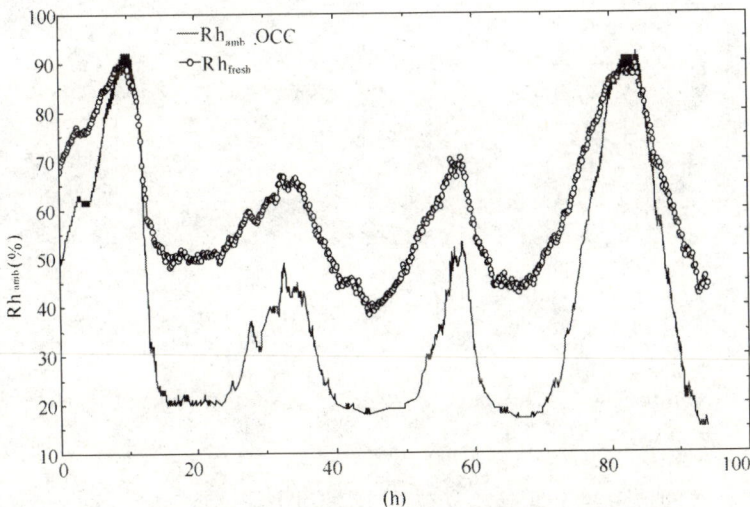

图 2-23　B 校园建筑 M-A 典型建筑湿度传感器失灵

（3）传感器和执行器故障导致的冷量和热量浪费

此外，自控系统中的传感器和执行器故障也导致大量的冷量和热量的浪费。例如：

1）室外湿度传感器故障：图 2-23 中圆圈线为实现空气相对湿度数值，黑线为传感器测量值，比较发现传感器由于长时间使用且没有校正，导致出现严重的测量误差，远远低于实际湿度值。而这种错误的测量结果进一步导致了过低估计了新风焓值，从而在室外潮湿时大量引入新风，增大了建筑 M-A 的耗冷量。

2）室内 CO_2 传感器故障：图 2-24 中深色柱（值较低）为正确的室内二氧化碳浓度数值，浅色柱（值较高）为传感器测量值，比较表明传感器读数远远大于实际浓度值。这种错误的测量结果导致了对于室内二氧化碳浓度的过高估计，从而系统错误的进一步引入大量新风以改善室内空气品质，这也增大了建筑 M-A 的建筑耗冷量。同时，由于空调送风温度恒定，为了避免过大的风量导致室内温度降低，又要加大末端再热量，这样也导致大量的冷量、热量相互抵消。

3）新风机组中的预热蒸汽阀泄漏，导致夏季对新风先加热，然后再降温除湿，使得大量冷量和热量白白相互抵消。

图 2-25 为 B 校园建筑 M-A 由于传感器或执行器失灵所导致的能耗浪费值及其占建筑总能耗中的比例。

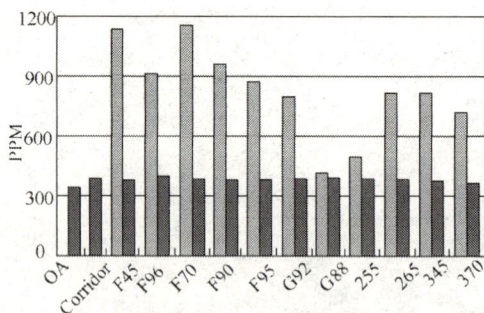

图 2-24　B 校园建筑 M-A
二氧化碳浓度传感器失灵

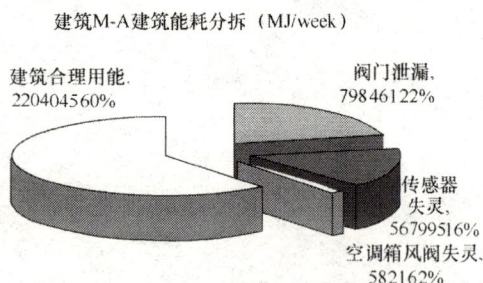

图 2-25　建筑 M-A 传感器或
执行器失灵导致的能耗浪费

（4）B 校园典型建筑低成本改造节能效果明显

通过对 B 校园中典型建筑进行低成本改造，包括更换故障的传感器、执行器，更改空调系统控制策略等，即可实现 40％以上的节能。如图 2-26 所示，在 11 月 4 日～6 日之间实施改造后，耗冷量和耗热（蒸汽）量都大幅度降低。

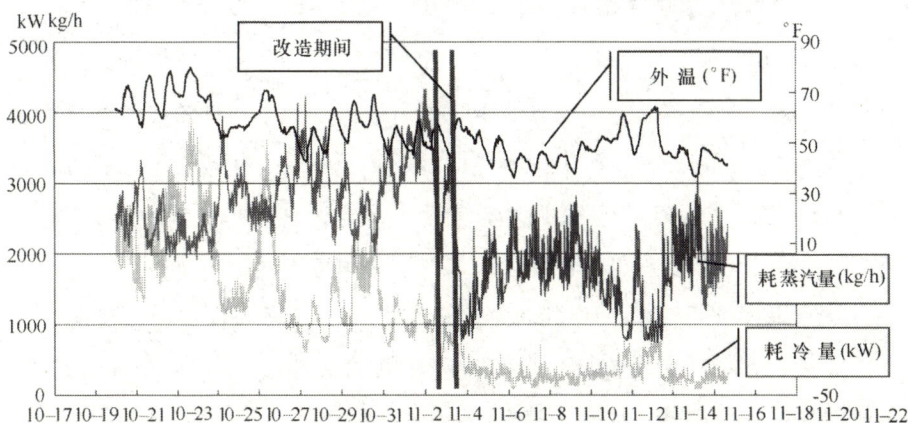

图 2-26　B 校园某典型建筑实施低成本改造前后冷热耗量及室外气候变化

2.1.2.4　讨论

通过对气候相似、功能相同的中美两座大学校园建筑的能耗调查和研究，发现位于美国的 B 校园建筑耗电量、冷热耗量都远远高于位于北京的 A 校园，其原因从表象上可以归纳为以下几个方面：

1）连续运行、从不间断，如照明、通风、空调等系统的设备；

2）空调系统末端再热，导致严重的冷热抵消；

3）风机电耗过高，VAV 系统值得商榷；

4）完全依赖自控系统全自动运行，但传感器、执行器故障频发，疏于维护。

5）A 校园广泛使用分体空调，电耗远低于中央空调。

反之，发现美国 B 校园中冷机、风机等主要的耗能设备其能效性能都高于北京的 A 校园。从上述案例研究进一步深入，可以认识到造成同一类型建筑能耗出现的巨大差异的原因，并非在于该建筑物是否采用了先进的节能设备，而更多的在于建筑物所提供的室内环境和要求不同，建筑运行管理者的操作不同，建筑使用者或居住者的调节不同。归纳起来，影响建筑能耗的主要因素可划分为以下六个方面：

1）气候；

2）建筑物设计与围护结构；

3）建筑环境与设备系统；

4）建筑物运行管理者的操作；

5）建筑物使用者的调节和参与；

6）建筑物室内环境控制要求。

其中，前三个因素已经被充分认识，而后面三个因素对建筑能耗的巨大影响正在被逐渐认识。特别是，后三个因素更多地反映出某种文化或生活模式等社会因素对建筑能耗的影响。通过对中美两个校园建筑能耗调查和典型建筑的深入研究，发现在实际过程中，造成建筑能耗巨大差异的因素可以汇成如下诸点：

1）建筑能否开窗通风：在外界气候环境适宜时，是通过开窗通风改善室内环境，还是完全依靠机械系统换气；A校园中建筑外窗大多可以手动开启或关闭，而B校园建筑的外窗基本都不能开启；

2）对室内采光、通风、温湿度环境的控制：是根据使用者的状况，只在"有人"的"部分空间、部分时间"内实施控制；还是不论"有人与否"，"全空间、全时间"地实施全面控制；A校园建筑基本实现"部分空间、部分时间"控制室内环境，而B校园建筑的室内环境则是"全面控制"；

3）对建筑居住者或使用者提供服务的保证率：是任何时间、任何空间的100%保证，还是允许一定的不保证率，例如办公楼夜间不全部提供空调；A校园建筑允许在过渡季或夏季夜间通过开窗实现自然通风，室温允许高于26℃，而B校园中大部分建筑则在任何时间都要满足控制在22℃左右；

4）对建筑居住者或使用者提供服务的程度：是尽可能通过机械系统提供尽善尽美的服务，还是让居住者或使用者参与和活动，如开窗、随手关灯、人走关闭电脑；A校园建筑中允许使用者开窗，所有开关旁边均有"随手关灯"的提示，B校园建筑中很多情况下甚至很难找到照明开关；

5）对建筑物及其系统的操控：是完全依赖自控系统，通过机械系统在任何时间、任何空间都要保证室内环境控制要求，还是根据实际使用状况，运行管理人员仔细调节设备启停、运行状态，从而实现"部分空间"、"部分时间"、"有一定不保证率"，但被建筑物使用者或居住者接受或容忍。B校园绝大部分建筑物有自控系统，并完全依赖于自控系统保证室内环境，而A校园建筑物基本上没有自控系统，新建建筑物的空调系统多是依靠运行管理人员决定设备启停。

如果把上述诸点均看成是建筑物及其系统向居住者或使用者提供的服务质量，正是这种服务质量的差别导致能源消耗的巨大差别。

2.1.3 中外住宅建筑能耗比较分析

图 2-28 是根据各国的统计年鉴与相关调研统计报告，计算得到 2005 年各国的人均建筑能耗（图 2-27 的横坐标）、单位面积建筑能耗（图 2-27 的纵坐标）以及相应的建筑一次能耗总量（图 2-27 中国家名称后面所带的数字，单位为 Mtce，其值大小与相应的圆面积成正比）。需要说明的是，图中的住宅能耗包括了采暖能耗。容易发现：中国的住宅能耗远远低于发达国家水平；城镇建筑面积平均能耗为发达国家的近 1/2；而人均能耗为亚洲发达国家的近 1/3，欧洲国家的近 1/6，美洲国家的 1/10。

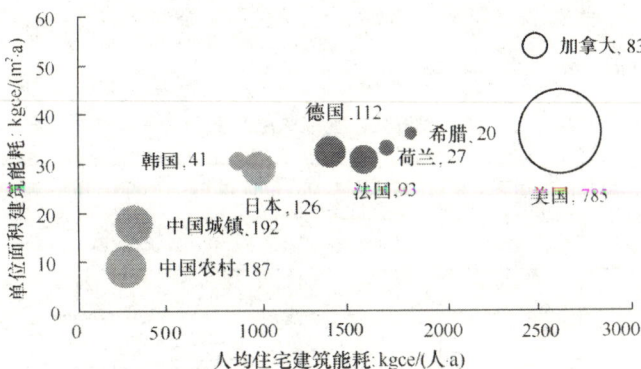

图 2-27 2005 年各主要国家住宅建筑总一次能耗比较

数据来源：同图 2-4。

1.2 节已经充分讨论了中外采暖能耗的差别，这里不再赘述。下文主要分析中外住宅建筑除采暖外能耗的差异所在。

选取美国、日本、韩国与加拿大四国住宅建筑除采暖外一次能耗与中国城镇住宅建筑进行分项能耗比较，如图 2-28、图 2-29 所示，图中已将电力消耗按发电煤耗（347gce/kWh）折算为标煤。考虑到炊事与生活热水能耗仍有相当大部分是由化石燃料作为热源，而其他终端用能项目则基本上用电，故给出炊事与生活热水的一次能耗，以及其他用能项目的终端电耗，见表 2-3。

比较可见：

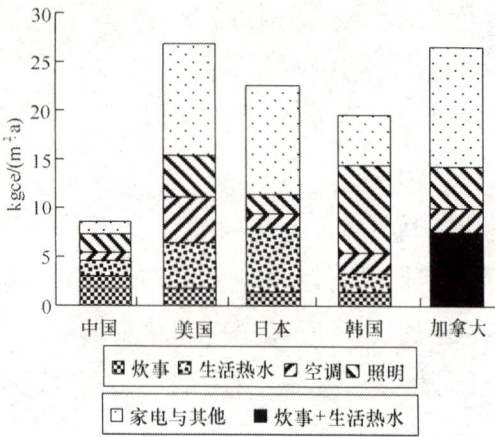

图 2-28   各国住宅单位面积分项能耗比较

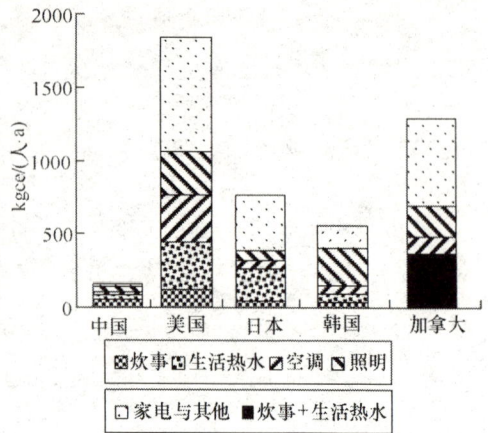

图 2-29   各国人均住宅分项一次能耗比较

1) 中国城镇住宅除采暖外单位面积能耗仅为美国、日本、加拿大等国的 1/3 强，不到韩国能耗水平的一半。

2005 年，美、日、韩、加五国住宅建筑除采暖外面积平均分项能耗比较   表 2-3

项目 单位	总一次能耗 kgce/(m² · a)	炊事 kgce/(m² · a)	生活热水 kgce/(m² · a)	空调电耗 kWh/(m² · a)	照明电耗 kWh /(m² · a)	家电与其他设备电耗 kWh /(m² · a)
中国	8.6	3.0	1.5	2.4	5.4	4.0
美国	26.8	1.7	4.7	13.4	12.0	32.0
日本	22.6	1.4	6.4	4.5	5.7	31.6
韩国	19.5	1.4	1.9	6.0	25.5	14.5
加拿大	26.5	7.6		6.8	11.9	34.8

2) 中国城镇住宅除采暖外人均能耗明显低于欧美发达国家人均水平，甚至不到美国的十分之一。

事实上，除炊事外，发达国家的住宅各分项能耗都成倍的高于中国住宅。下面逐项考察中外差别的原因：

1) 生活热水：中国与韩国水平接近，明显低于美国、日本与加拿大。原因在于：①美、日住宅几乎全部配备各种不同的生活热水设施，2004 年我国城镇住宅的生活热水设施拥有率不到 70％；②行为模式的不同，主要由中外居民每天的洗浴次数、淋浴还是盆浴、其他生活用水是用热水还是冷水等等生活习惯的不同导致，淋浴与盆浴将导致巨大的能耗差别，如图 2-30 所示；③服务需求的不同，据中国五金制品协会统计，我国目前太阳能热水器家庭拥有率为 7.8%，是全世界太阳能热水器拥有量最高的国家；但是辅助电热装置的使用率并不高，往往是"有太阳能热水就洗澡，阴天无太阳就不洗"；反之，发达国家住宅即使采用太阳能热水器，为了保证任何时候都有足够的热水供应，太阳能热水系统中的辅助电热器往往要占 30%～50%的总热量。

2）照明：中国与美国、加拿大面积平均照明能耗和人均照明能耗相比都显著偏低。这是由于中国开灯时间短，并且中国人均住宅建筑面积小于发达国家所致。实际上，中国居民传统行为模式是优先自然采光，导致照明使用时间短，照明能耗低，如图 2-30 所示。

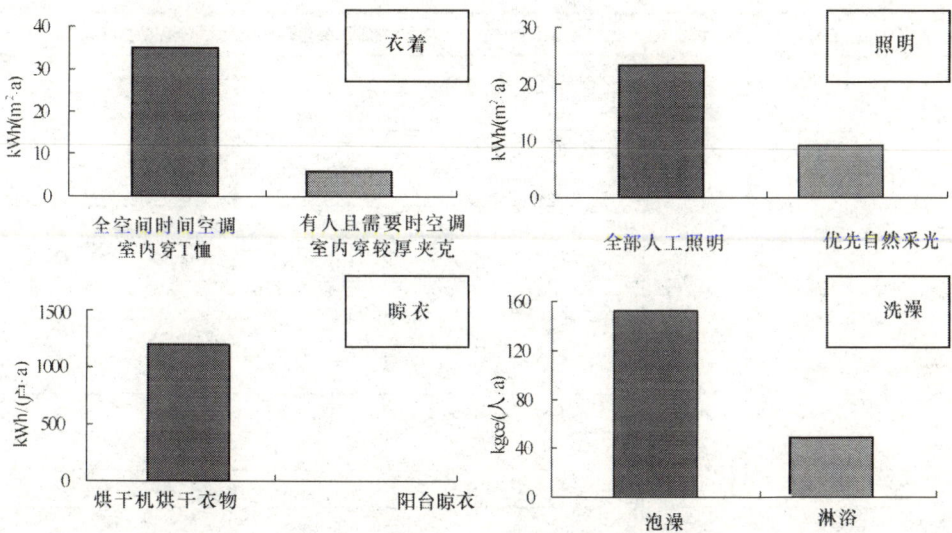

图 2-30 不同的生活模式，其能耗差别十分巨大

3）家电及其他设备能耗：人均与单位面积家电及其他设备能耗，中国远低于发达国家水平，主要原因在于中外居民生活方式的不同：①如图 2-30 所示，当地居民习惯的衣着量的差别，直接影响各类空调、采暖、通风等设备的设定，以满足人们的生活要求，势必导致巨大的能耗差别；②以图 2-30 中晾衣为例子，中国居民则习惯利用太阳能晾衣；美国家庭普遍使用带有烘干功能的洗衣机，同样的洗衣量，耗电量是我国普遍使用的洗衣机的 5～10 倍。同样，带有烘干功能的洗碗机用电装机容量也在 1～2kW。一个正常家庭洗衣机和洗碗机每年用电量可达 1000kWh

以上，接近北京一般居民一户的全年用电总量。因此是否应该在中国居民中提倡这种"自动化"、"现代化"的生活，值得深思。

4）空调：中国的住宅空调能耗远低于美国，对中美典型住宅进行详细的调查研究，发现这种巨大的能耗差别主要是由于"部分时间与部分空间"空调造成，具体为：

a. 中国的住宅建筑中普遍采用分体式空调，而美国住宅使用中央空调；对北京一批分体空调、户式中央空调和采用了多种先进的节能技术与措施的中央空调住宅的全年空调电耗进行调研，如表2-4所示，中央空调单位面积能耗几乎是住宅分体空调平均值的8倍，是户式中央空调平均值的3倍。目前社会上正在悄然流行一种效仿美国的生活模式，在住宅中使用中央空调，其能耗也在向美国靠拢。

北京各种不同类型住宅空调方式能耗调研结果　　　　　　　　　　　　表2-4

空调方式	年份	住宅楼编号	全楼平均空调耗电指标(kWh/(m² · a))
分体空调	2006	A	2.1
		B	1.4
		C	3.0
	2007	A	2.1
		B	1.9
		C	4.3
		F	1.8
		G	1.4
		H	1.6
户式中央空调	2006	D	5.2
	2007	I	8.3
		D	6.3
集中空调	2006	E	19.8

数据来源：李兆坚，我国城镇住宅空调生命周期能耗与资源消耗研究. 清化大学博士学位论文，2007。

b. 即使是普通的分体空调，在中国，其夏季空调电耗之间，差异也十分悬殊。图2-31是清华大学建筑节能研究中心2007年对北京某中等收入住宅楼各户夏季分体空调总电耗的测量结果，各住户的夏季空调电耗差别可以从少于1kWh/(m² · a)到高达14kWh/(m² · a)。进一步的调查表明，几十倍的差别与各户经济收入相关性差，但却与年龄呈负相关。究其原因在于生活模式的不同，导致住户空调的使用模式不同：年龄大的住户，往往习惯在室外温度适宜时用自然通风降温，使用空调的时间较少，即使空调，也只在有人的房间使用空调，因此空调能耗在1～2kWh/

（$m^2 \cdot a$）；而部分年轻住户，习惯一回家就打开所有房间的空调，甚至无人在家也开空调，其空调能耗可达 10 kWh/（$m^2 \cdot a$）以上。不同的运行时间和运行方式将造成巨大的能耗差别。

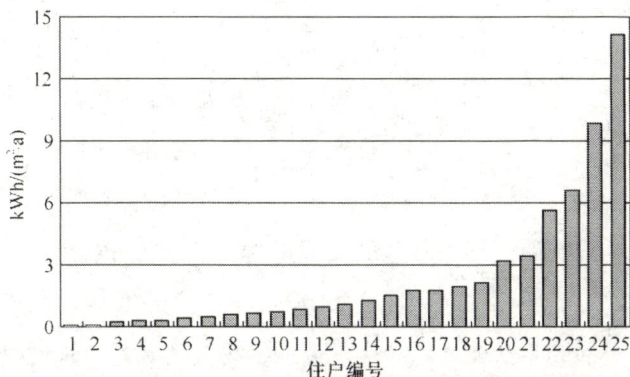

图 2-31　实测北京某住宅楼各户夏季单位建筑面积空调电耗

　　然而，根据 1.3.3 节调研结果发现，虽然中国城镇住宅除采暖外平均能耗低于发达国家水平，但是：1）中国城镇住宅除采暖外能耗，个体差别十分巨大；2）有相当一部分住宅除采暖外能耗，达到甚至超过发达国家水平：北京 25％的调查住户、苏州 26％的调查住户的单位面积能耗超过 25 kgce/（$m^2 \cdot a$），北京 12％的调查住户、苏州 34％的调查住户的人均能耗超过 800 kgce/（人 $\cdot$ a），这都达到或超过发达国家平均水平。

　　造成这种差别的原因，可归结于对建筑物内各种耗能设备的不同使用模式。1.3.3 节的调研结果分析充分说明了这一点。实际上，各类住宅能耗中除空调外，受气候条件的影响并不大。而随着经济发展，中国居民家庭中的各类家电器具不断增长，电视、冰箱等家电几乎每户一台或多台，而空调、电脑、音响等的家庭占有率也在不断增长。这预示着中国居民对建筑服务需求的不断增长，能耗水平也随之提高。

　　然而，耗能设备拥有量的增加并不一定造成实际能耗的同步增长。使用何种耗能设备系统，并且对这些耗能设备的不同使用模式，将在很大程度上影响实际的能耗状况。

　　以空调电耗为例，采用分散空调式的住宅，还是采用所谓"恒温恒湿"的高级中央空调住宅，如表 2-4 所示，其能耗差别可达 10 倍之巨。而即使同为分体空调，其能耗个体差异也十分巨大。而如前分析，图 2-31 的调研结果，以及图 2-32 的模拟分析结果

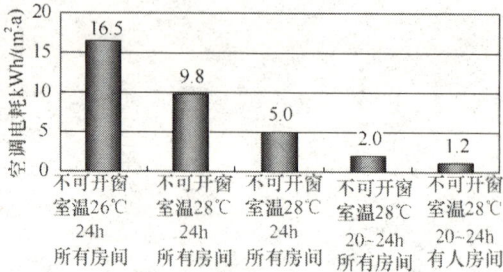

图 2-32　不同使用模式对分体空调夏季电耗
影响的模拟结果

表明，不同的运行时间和运行方式将造成数十倍的能耗差别。

目前在中国，不少新建高档住宅项目，已经取消了阳台，代之以每户送一台带有烘干功能的洗衣机；随着机械文明的发展，越来越多的年轻居民倾向于使用洗碗机等机械设备代替人工劳动。而仅一个正常家庭洗衣机和洗碗机每年用电量就可高达 1000kWh 以上。

综上所述，对于中国住宅建筑除采暖外能耗，受居住者和使用者生活模式的影响巨大。居民对不同生活模式的向往与追求，决定了其对建筑物内部设备系统的选择（如是否使用中央空调或分体空调，是否使用烘干机或在阳台晾干衣物等）与使用（如分体空调是否采用"部分时间、部分空间"或"全空间全时段"空调，是否优先自然通风、自然采光等），导致能源消耗数倍、甚至数十倍的差别。同时，这种追求很难理解为是为了追求舒适健康所致，更大程度上是出于一种"时尚"或生活习惯；特别是目前不少新建高档住宅项目，倡导所谓的"欧美式高尚生活"，其引领的生活模式必将导致能耗水平与欧美接轨。

因此，要实现中国建筑节能，可能的解决之道，就是避免盲目与西方接轨，而是应该维持中华民族现有的生活模式，并通过技术进步，在不提高单位面积能耗强度的基础上，提高建筑服务的舒适性与健康性，实现可持续发展。

2.2　应该怎样控制建筑内的物理环境

2.1 节的中外对比与分析可以说明，我国实际的建筑运行能耗远低于发达国家，尤其是低于美国的目前状况。对于采暖、住宅、公建几类不同的建筑能耗，尽管其特点、规律各有不同，但中外实际的能耗数据都相差很大。本节试图进一步分析研究这些差别的深层原因，进而探讨我国建筑节能未来的方向。

建筑能耗可以根据其特征分为营造室内物理环境所消耗的能源和为满足居住者其他需求所使用的一些器具所消耗的能源。前者包括为了热湿环境需要采暖空调的能耗、为了采光所需要的照明能耗、为了室内空气质量所需要的通风机能耗等。后者则是电视、计算机、洗衣机、冰箱等设备的电耗、炊事用能、生活热水用能等。这两类能耗的性质很不相同：前者与建筑物本身的性能及其使用方式密切相关，后者则完全由使用者的需求和使用方式所决定。这里着重讨论前一类能耗，即营造室内物理环境的能耗。

人类的祖先是在我们生存的地域的自然环境中逐渐进化发展的。长期在这样的自然环境下生存和发展，使人类适宜生存的物理环境基本处于人类生存区域的自然环境。例如适合人生活的温度环境应该在 10～30℃左右，而人类活动的大多区域室外温度也基本上集中在这样一个温度带内。然而自然界气候经常出现过冷过热、刮风下雨等不适宜生活的状态。如此才使人类在最初产生了建筑房屋的需求。人类早期建造房屋就是为了防风避雨，避开室外出现的恶劣环境，营造一个具有更适合于居住的物理环境的室内空间。对于早期的建筑，只是防风避雨、夏季防晒、冬季缓解夜间的低温，无任何机械的环境控制手段，从而也不消耗任何能源。因此可以称为是真正的"零能耗"建筑。但是很显然，这种建筑很难为居住者提供完全适宜的室内环境。在寒冷地区，人类把外墙和屋顶做得越来越厚，从而抵御外界出现的夜间降温；以后开始用火来提供热量，驱赶冬季的严寒。在炎热地区，人类则尽可能把建筑做得通透，通过各种方式形成室内外的自然通风，同时又采用各种措施遮挡阳光。通过通风和遮阳，使室内热环境有所改善。在有条件的地方，还会洒水降温，甚至取出冬季储存的冰块放在室内，改善炎热环境。直到 19 世纪，人类营造室内热湿环境的主要途径还是依靠不断改善的房屋形式与围护结构，尽可能消除室外不利气候的影响，同时依靠采暖（炭火、火墙、火炕以及原始的采暖系统）、淋水和放置冰块来改善室外出现极端气候时的室内环境，避免室内的过冷和过热。在这种方式下，尽管是在很低的效率水平上消耗了一些能源（如炭火，火墙），但实际的能源消耗量很低。当然，这些方式对室内热湿环境的改善也很有限，很难认为当时的建筑物为人类提供了舒适的室内空间。

随着工业革命的发展（从 20 世纪初开始），大批采暖、空调和机械通风技术的涌现，人类通过机械手段改善建筑室内物理环境的能力也不断提高。但是营造室内物理环境的基本出发点还是为了改善室内可能出现的极端不舒适状态。室内物理环境的营造首先还是依靠于建筑物本身，通过围护结构的保温，遮阳，采光，通风获得在大多数时间可基本满足居住者需求的室内物理环境，然后依靠局部的或整体的采暖空调通风手段来消除极端气候下室内的不适。当时的这些机械系统能源利用或转换效率不是很高，但由于使用时间、范围和方式等原因，实际消耗的能源却并不高。图2-33是美国自20世纪50年代以来的民用建筑单位面积能耗的发展变化情况，图2-34是日本20世纪60年代以来的民用建筑单位面积能耗的发展变化情况。从图中的数字可以发现，20世纪美国的50年代和日本60年代后期的建筑能耗水平与我国目前状况极为接近。如果将处于这种状态的建筑环境控制方式都归入这一阶段，则这一阶段建筑环境控制的特点是：

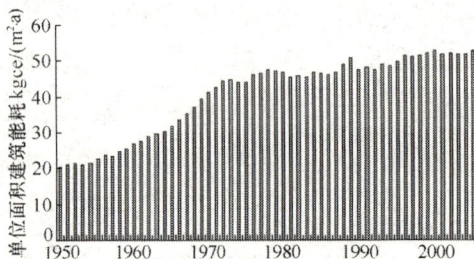

图2-33 1950～2005年美国民用建筑单位
面积能耗发展变化图

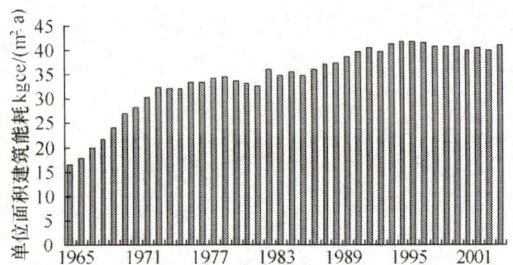

图2-34 1965～2004年日本民用建筑单位
面积能耗发展变化图

(1) 冬季室内温度过低时，通过各种采暖系统向室内供热，维持室温以免居住者过冷和生活不便。

(2) 夏季室温过高时，通过电风扇增加空气流动性，改善室内环境；也有些设置某些局部空调方式，适当降温，缓解室内的炎热。

(3) 开窗通风是建筑通风换气保持室内空气新鲜和在大多数时间内维持室内较舒适环境的主要手段。

(4) 当白天室内靠自然采光可以满足采光要求时，或者室内无人时，不会开启人工照明；只有在居住者确实需要的时候，为了改善室内采光水平，才开启人工照明。

在这种环境控制理念下，无论是室内温度、湿度、通风换气量，还是照度，都不是设法维持在某一设定点，而是当被动式手段达到的效果远离要求的舒适范围后，才启用机械手段来改善室内环境。对室内环境并无"控制欲望"，而仅是出现不适状况时才适当地进行改善。由此付出的能源消耗代价很低。

进入现代社会，随着科学技术的发展，人类驾驭自然、营造各种人工环境的能力越来越强。为了满足科学实验和工业生产的特殊要求，人类可以严格控制所营造的人工环境的温度、湿度、空气成分、空气交换量和空气流动状况，从而保证各种科学实验和生产过程能够准确地进行。这一领域的巨大成功和相应的技术发展，使得人工环境控制的技术与理念开始慢慢渗透到为了满足人的生活和工作需要的民用建筑领域。这时，对室内物理环境就不再是在被动条件形成的环境基础上的适当改善。建筑物被考虑为一部完整的机器，环境控制系统对其实行全面的调控。为此就要严格控制建筑物内发生的各个物理过程，例如：

（1）通过遮挡消除自然采光的作用，然后完全依靠人工照明营造室内最完美的采光效果。

（2）通过高度密闭的围护结构消除任何"无组织的室内外空气渗透"，然后依靠各类机械通风系统严格保证建筑物内每个局部空间都实现要求的室内外空气交换量。

（3）通过优良的隔热保温材料作为外围护结构，尽量消除外界气候对室内的任何影响，然后依靠采暖空调系统把室内温湿度严格地控制在要求的"舒适状态"。

（4）因为一座建筑是彼此联系的一个整体，因此就要依靠中央系统（而不是分散系统）对整个建筑的热湿环境进行全面调控。为了满足每个局部空间的使用者对温湿度需求的差异和客观存在的局部热源的差异，又要采用有效的局部环境调节手段（目前大多为再热方式）。

（5）为了保证建筑内装饰不会因受潮而损坏，空调系统就必须全年连续运行，使得任何时候建筑物的内部空间各处都控制在要求的温湿度范围内。（这是对几位美国当地居民访问调查得到的全年通过空调实现全空间全时间的恒温恒湿的主要原因）。

上述做法的结果，将建筑室内状况与所处的自然环境完全隔开，严格地按照"人对环境参数舒适性"研究的结果给出的照度、温度、湿度、风速、室内外换气量等参数维持室内物理环境。这样的室内环境固然可以满足使用者的舒适性要求，但维持这样的系统所消耗的运行能源却是以前以"改善"室内环境为目的时能源消耗量的若干倍。

例如，消除自然采光的作用完全依靠人工照明，照明系统运行时间就会增加1～2倍，能源消耗也就相应地增加1～2倍。这就是为什么国内的一般商业建筑

照明能耗多为 $10\sim20kWh/(m^2\cdot a)$，而美国的商业建筑照明往往高达 $30\sim60kWh/(m^2\cdot a)$。

适当开窗换气可完全满足室内空气新鲜的要求，在室外出现炎热高湿天气或极端严寒天气，可以临时关闭外窗来缓解。而完全依靠通风系统通风换气，常年连续运行时仅风机的电耗就可达 $30\sim50kWh/(m^2\cdot a)$，这几乎接近普通商业建筑全年的总电耗。不少人会争论：如果不采用机械通风来实现室内通风换气，怎样才能保证室内严格实现所要求的换气量呢？怎能保证通风量不过大，也不偏小呢？在这个争论之前应当解决的问题是：为什么我们要严格控制室内通风量不大也不小呢？

在大多数地域，全年一半以上的时间室外状态都处于人的基本舒适范围（因为人类的舒适状态从原理上说就是人类进化过程中所处的大多数气候状态），此时开窗通风即可获得足够舒适的室内环境。但将室内外隔绝，完全依靠通风和空调来营造室内环境，此时所需要的能源对于有些系统方式来说甚至与炎热气候时消耗的能源相差不大。

空调系统为了实现局部不同需求而投入的再热量造成严重的冷热抵消，在很多场合相互抵消的冷热量可以是原本需求的冷量或热量的 $2\sim3$ 倍，这就是通过再热方式满足局部个别需求所付出的代价。

图 2-35 是英国统计出的全国各类不同的办公建筑单位面积全年能耗状况。从图中可以看出，采暖和生活热水的能耗在不同建筑间的差别为两倍，而通风与空调的能耗的范围在 $0\sim120kWh/(m^2\cdot a)$ 之间。$120kWh/(m^2\cdot a)$ 的电力消耗已经达到甚至超过我国许多高档写字楼的总电耗了。差别的造成主要取决于全自然通风还是全封闭建筑完全依靠机械系统营造室内环境。这些数据也从另一个侧面印证了前面的分析。

正是上述原因解释了为什么目前一些称之为"最先进的现代方式"的建筑，包括发达国家的一些商业建筑也包括我国一些高档公建，其运行能耗为普通商业建筑的数倍到 10 倍之多。这样高的运行能耗就是来源于是对建筑室内环境的"全面控制"欲望还是仅仅满足于"改善"；是尽量使室内与外界隔离还是尽量维持与外界的联系；是严格控制各物理参数于"符合居住者需求的最佳值"还是在满足居住者的基本需求的前提下尽可能接近自然环境。

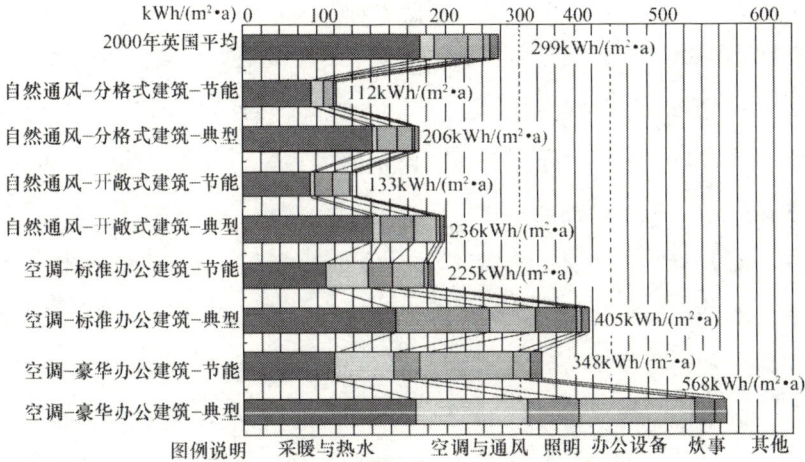

图 2-35　英国各类型办公建筑单位建筑面积全年能耗

数据来源：Ivan Scrase. The Associarion for the Conservation of Energy. White-collar CO_2-Energy Consumption in the Sercice Sector. London August. 2000.

以机械论的态度对待建筑环境控制，要"掌控全局"，实现"最优的"室内环境状态。在这一目标的前提下，再通过各种技术创新，提高系统效率，可以使能源消耗量有所降低，但很难出现大幅度改进，能源消耗量一般总是远高于上述"改善型"的室内环境控制。因此，问题就成为人类应该营造什么样的建筑环境来满足人的居住和活动需求？是从"改善型"的出发点出发，在一定的能源消耗量的前提下尽可能地改善室内环境状况，还是从"掌控全局"出发，在实现"最优的"室内环境状态的前提下尽量降低所需要的能源消耗？这两个途径貌似相同，实际上却可引导出完全不同的建造理念与追求。图 2-36 定性地给出对建筑室内环境的全面掌控程度与为此消耗的运行能源间的关系。随着建筑使用者掌控

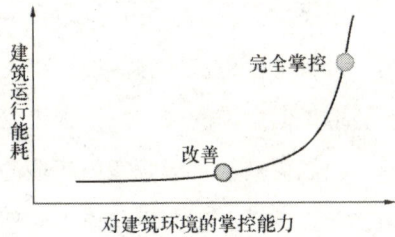

图 2-36　不同程度对建筑环境掌控
能力所需能源消耗的关系图

能力的增加，尽管实际的室内的舒适和健康程度不一定增加，但为此付出的运行能耗的代价却大幅度增加。当然不同的技术措施反映在图 2-36 上可以对应不同的曲线，但其基本规律与趋势不会有本质的变化。考虑到地球有限的资源、能源和大气的污染物容量，考虑到人类应该与自然界和谐平等相处的自然观，在对待建筑环境

的问题上，我们是否应放弃这种对"全面掌控"的追求，而从可以允许的能源消耗量出发，在不再增加运行能源消耗量的前提下尽可能更好地改善室内环境呢？

实际上，"全面掌控"与对环境"改善"所要求的技术路线也大不相同。无论是对建筑形式，被动手段，还是对如空调、通风、照明等各个建筑设备系统来说，也都有很大的差别，有时甚至于完全不同。

例如，对建筑形式和围护结构来说，"全面掌控"一定要求由围护结构对建筑实现室内外的全面隔绝。无论是自然采光，空气渗透，还是热传递。室内外的彻底隔绝才可以对室内各物理参数进行有效的调控，相对来说，调控所需的能源消耗也就越少，越节能。而从对环境的"改善"出发，首先要追求自然采光，自然通风，甚至对围护结构的传热性能来说，有些地域从其气候特点出发有时也希望围护结构成为连接室内外的"热通道"。这样的两种理念就会追求完全不同的建筑形式与围护结构形式。

再来看空调系统，既然追求全面掌控，就需要全空间、全时间对建筑内部环境进行调控。这样一定是采用中央空调。在满足全面调控的前提下，通过提高系统效率降低能耗。而从对内部环境的"改善"出发，因为建筑物大多仅是在某些局部某些时段环境不适宜，因此必然是一些局部环境控制的手段，通过局部和间歇的通风与空调来改善局部空间这一时段的环境。这些装置和手段的能源转换效率固然也是追求的目标，但局部调整和间歇运行的能力可能也成为首先追求与考虑的因素。

如果我们的基本方针就定在从"改善建筑室内环境"的目标上，对新建建筑来说，是否就应该从这样的理念出发来确定我们的建筑设计与设备系统设计，而不再盲目地提倡所谓的"与发达国家国际接轨"和"30 年不落后"呢？

我们提倡从对建筑室内环境的"改善"出发讨论问题，并不是说就不需要先进的节能技术了，也并不是说不希望提高用能效率，只是需要不同的节能技术，需要用不同的方式来提高能源系统效率。无论是建筑设计、围护结构方式，还是建筑设备系统以及控制调节技术，都需要更多的发明与创新，以满足在室外气候适宜时与室外环境更有效地沟通；在室内局部环境不适宜时对局部环境更有效地调控；优化建筑环境控制系统中能源转换与输配过程，使能源能够"分级利用、优化匹配"。本书的第 3、4 章将从这个观点出发介绍和讨论一些适宜技术途径和一些不适宜的技术途径。

2.3　什么样的室内环境是舒适、健康的环境

2.3.1　热舒适的基本概念

20 世纪空调技术的发展，很大程度上提高了人们的生活品质。随着空调在生产、办公、居住环境中的普遍应用，设计人员急需了解室内环境参数应该控制在怎样的范围内，才能使得居住者感到满意。人们通常把注意力放到温度上，以为只有温度影响人的冷热感觉。其实根据现有的理论成果得知影响人体热舒适主要有六个要素，即空气温度、湿度、风速、辐射（在室内主要是远红外辐射）、着装量和活动量。除了大家都知道的温度越高会越热以外，潮湿会导致偏热的环境感觉更闷热，而偏冷的环境感觉更冷。此外风速越高人会感到越冷，热辐射越强人就感到越热。人本身的状态也是重要的因素，比如着装厚重或者活动量大，人就会感到热。

学术界将不冷不热的状态叫做"热中性"，一般认为是最舒适的状态，此时人体用于体温调节所消耗的能量最少，感受到的压力最少。所谓的热不舒适，就是当人体处于过冷或过热状态下无意识地调节自己的身体时感受到的热疲劳。各国研究者是通过在人工气候室中的人体实验来确定热中性的参数范围的，即将受试者置于不同的温度、湿度、风速、辐射的参数组合环境中，试图找到人体最舒适的环境参数组合。受试者用热感觉投票 TSV 来表示自己是冷还是热，TSV 为 0 就是中性，+1 是微热，+2 是热，+3 是很热，-1 是微冷，-2 是冷，-3 是很冷，如图 2-37 所示。研究发现 TSV 在 -0.5～+0.5 之间时，90% 以上的人都会感到满意；TSV 在 -0.85～+0.85 之间时，80% 以上的人会感到满意，也是美国采暖、制冷与空调工程师协会（ASHRAE）标准中认可的"可接受热环境"。

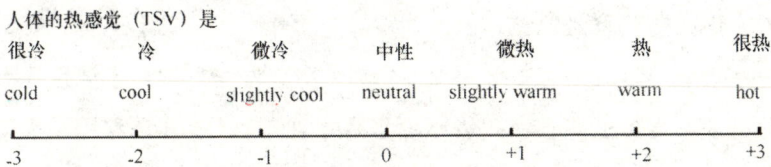

人体的热感觉（TSV）是						
很冷	冷	微冷	中性	微热	热	很热
cold	cool	slightly cool	neutral	slightly warm	warm	hot
-3	-2	-1	0	+1	+2	+3

图 2-37　热感觉投票七点标尺

由于人的个体差异很大，同一个人也有可能由于身体或者精神的条件变化感觉

有所变化，但这些差异都是正态分布的，或者说特殊的人总是少数群体。所以需要通过大量对不同受试者的测试，得出绝大多数人的平均热感觉来作为人体对一个组合参数环境的冷热评价的结论。

风速、温度、湿度、辐射、着装量和活动量六个影响人体热舒适的参数都稳定不变的热环境叫做稳态热环境，一般需要用空调系统来维持。国际著名学者、丹麦技术大学的 P. O. Fanger 教授通过大量的人体实验提出了反映稳态热环境条件下上述六个参数与预测的人体热感觉的关系方程，叫做预测平均热感觉投票（PMV）模型（Fanger P O. Thermal comfort-analysis and application in environment engineering. Danish Technology Press，Copenhagen，Denmark，1970）。PMV 是 Predicted Mean Vote（预测平均评价）的缩写，定义为：在已知人体代谢率与做功的差 $M-W$、人体服装热阻（影响服装面积系数 f_{cl} 和服装表面温度 t_{cl}）、空气温度 t_a、空气中的水蒸气分压力 P_a、环境平均辐射温度 $\bar{t}_r$ 以及空气流速（影响对流换热系数 h_c）六个条件的情况下，人们对热环境满意度的预测值。PMV 指标采用了与热感觉投票 TSV 相同的 $-3\sim0\sim+3$ 的 7 级分度，0 代表热中性。表达式为：

$$
\begin{aligned}
PMV=&[0.303\exp(-0.036M)+0.0275]\times\\
&\{M-W-3.05[5.733-0.007(M-W)-P_a]\\
&-0.42(M-W-58.15)-1.73\times10^{-2}M(5.867-P_a)-0.0014M(34-t_a)\\
&-3.96\times10^{-8}f_{cl}[(t_{cl}+273)^4-(\bar{t}_r+273)^4]-f_{cl}h_c(t_{cl}-t_a)
\end{aligned}
\tag{2-1}
$$

PMV 指标代表了同一环境下绝大多数人的感觉，但由于人有个体差异存在，故 PMV 指标并不能够代表所有个体感觉。通过实验发现，即便当 PMV=0 的时候，仍然还有 5% 的人感到不满意。

由于 PMV 的值取决于人体的蓄热率，人体蓄热率越高，PMV 就越大，反之亦然。人从寒冷环境进入到温暖环境时人体的蓄热率是正值，从炎热环境进入到中性环境时人体的蓄热率是负值，但这些蓄热率都是有助于改善人体的热舒适的，与一直逗留在稳态热环境中有很大差别。所以 PMV 方程只适用于评价稳态热环境中的人体热舒适，而不适用于动态热环境。另外 PMV 计算式是利用了人体保持舒适条件下的平均皮肤温度和出汗率推导出来的，所以当人体偏离热舒适较多的情况下，譬如 PMV 接近 +3 或者 -3 的状态下，其预测值与实际情况也有较大的出入。因此 PMV 只适合用作空调采暖稳态热环境的评价指标，而不适用于非空调环境或者变化的热环境，也不适用于很热或者很冷的环境。

　　之前也有研究者提出了各种简化的评价指标，把湿度、风速、辐射的影响都折算到温度里面去，如针对一定服装和活动量的新有效温度 ET* 等。图 2-38 给出的是利用 ET* 指标针对办公室服装和工作状态给出的舒适环境范围。阴影区域是美国采暖、制冷与空调工程师协会（ASHRAE）提出的舒适区标准，适用于有短外衣（服装热阻 0.8～1clo）的办公室着装，另一个菱形区域适合穿长袖衬衣和长裤（0.6～0.8clo）的着装。可以看出有短外衣的办公室的舒适范围是温度 22～26℃，相对湿度 25%～65%。穿衬衣的舒适范围上限就要高一些，分别是 24～27℃，20%～70%。

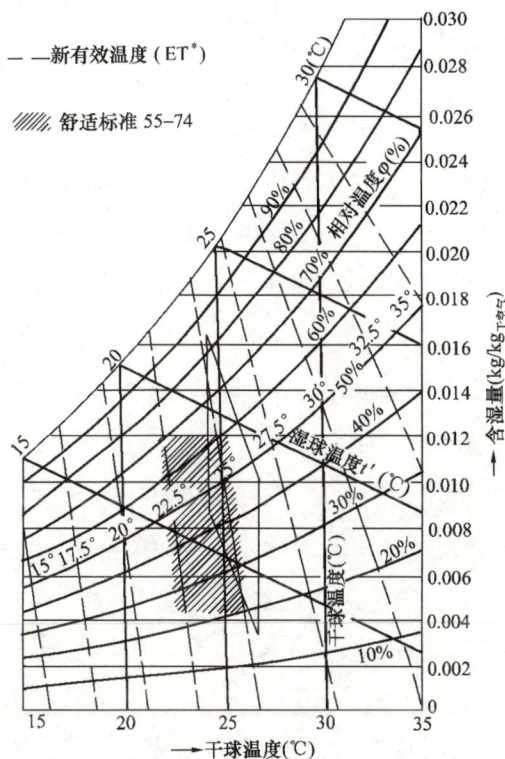

图 2-38　新有效温度和 ASHRAE 舒适区

　　上述研究成果已成为美国采暖、制冷与空调工程师协会（ASHRAE）和国际标准化组织（ISO）制定室内热环境控制标准的依据，各国所用热环境标准也大体上引用这些标准。PMV 的预测结果与采用新有效温度 ET* 的适用于办公室工作环境的 ASHARE 舒适区是基本一致的。

2.3.2　室内热环境与热舒适的关系

　　从上述 ASHRAE 舒适区看，尽管有中性温度存在，但人们所接受的舒适温度并不是一个点，而是一个区域。一般认为实际 TSV 或者预测的 PMV 在±0.5 之间时，90%以上的人都会感觉到满意，因此可认为是舒适区。而 TSV 在±0.85 之间，80%以上的人都会感觉到满意，一般被认为是可接受的热环境。目前我国政府要求公共建筑夏季室内温度不得低于 26℃，取的是 ASHRAE 舒适区的上限。日本政府要求政府办公建筑夏季室内温度不得低于 28℃，是不是只强调了节能而忽视了室内人员的健康舒适要求呢？

其实 ASHRAE 的舒适区和 Fanger 教授的 PMV 指标都是通过大量稳态热环境条件下的人体热舒适实验结果得出来的，但受试者基本都是青年白人。其他国家研究者根据自己的人种也做了不同的实验。研究发现：在环境风速低于 0.15m/s、相对湿度 50％、人员穿着棉质长袖衬衫和长裤（服装热阻为 0.6clo），处于静坐工作状态时，丹麦人、美国人、日本人、中国人的中性温度分别为 25.7℃、25.6℃和 26.3℃、26℃（丹麦，Fanger P O. Thermal comfort-analysis and application in environment engineering. Danish Technology Press，Copenhagen，Denmark，1970；美国，Nevins，R. G 1966 Temperature-humidity chart for thermal comfort of seated persons. ASHRAE Transactions，Vol. 72，pp. 283-291；日本，Tanabe，S.，Kimura，K.，Hara，T.（1987），Thermal comfort requirements during the summer season in Japan. ASHRAE Transactions，93(1)，pp 564-577；中国，周翔. 偏热环境下人体热感觉影响因素及评价指标研究，清华大学博士学位论文，2008)，可见虽然东方人的中性温度要高一些，但人种之间并没有显著性差异，都是在 26℃附近。需要指出的是，中性温度是随服装而改变的。根据 Fanger 教授提出的 PMV 模型预测，如果人身着西装，在低风速（0.15m/s）条件下，空调温度需降至 23.5℃才能感觉舒适；而改穿着短袖短裤，则中性温度可以提高到 26.9℃。

因此可以得知，26℃并非夏季空调舒适区的上限。按照 90％的满意率来定的话，只要空调温度不超过 27℃（TSV＜＋0.5），绝大多数穿长袖衬衫和长裤的人都会感觉舒适。因此，要求空调温度设置不得低于 26℃并不会降低公共建筑环境品质和室内人员的舒适度。而日本政府规定政府办公建筑夏季室内温度不得低于 28℃，实际只要室内人员穿短袖衬衣，加上一些电风扇辅助调节室内空气流速，也照样可以满足舒适要求。

（1）热舒适与人体对气候的适应性

其实舒适区并不仅取决于人的衣着和活动量，而且还与室外气候条件有关。很多研究者发现在实际现场调查中，人们喜欢的温度范围差别很大，即便是在服装相同的条件下，夏季可接受的温度偏高，而在冬季可接受的温度偏低（江燕涛，杨昌智，李文菁，王海. 非空调环境下性别与热舒适的关系. 暖通空调，2006 (5)）。

针对这个问题，清华大学进行了人工气候室实验研究。实验经历了过渡季和夏季，室外温度有一个较大程度的变化幅度，而实验中严格控制了人工气候室的温度、湿度、受试者的服装等参数。实验结果表明，室内温度在 26～28℃ 的中性范围附近时，受试者的 TSV 投票基本不受室外气温影响，但当室温达到偏热水平时（30℃、32℃），室外日平均温度越低，则人越感觉到热；而室外日平均温度越高时，人越觉得室内没那么热。这个结果表现出室外温度越高时热耐受性越强的规律（周翔. 偏热环境下人体热感觉影响因素及评价指标研究，清华大学博士学位论文，2008年）。所以，舒适区其实是与人体对气候环境的适应性密切相关的。

另一组实验也有类似的结论（曹彬，朱颖心，黄莉，周翔. 过渡季和采暖季室内人体热适应性调查，2008 全国暖通空调年会）。在过渡季和采暖季对某大学校园的教学楼进行了测试和调查，图 2-39 是服装热阻全部折算到 1.3 clo（相当于 T 恤、长袖衬衣、毛衣、短外套、长裤加秋裤）、相对湿度折算到 50% 的 TSV 和 PMV 预测结果对比。从结果可发现，在同样的室内操作温度 T_o 下，在冬季人们觉得比较热，而在过渡季觉得比较凉。当室内温度比较低的时候，人们的感觉要比 PMV 的预测值要明显暖得多。如果以热感觉高于 -0.5 为舒适界限，当服装热阻为 1.3 clo 时，根据 PMV 模型冬季室内采暖得不低于 20℃ 人们才能感到舒适，但实际调查却发现只要室内温度高于 17℃，90% 的室内人员都会感到舒适，其原因同样也是人体对冬季气候的适应性在发挥作用。

2001 年，P. O. Fanger 教授汇总了澳大利亚悉尼麦加里大学 de Dear 教授等不同国家的研究者在曼谷、新加坡、雅典和布里斯班等热带城市的非空调建筑中的数

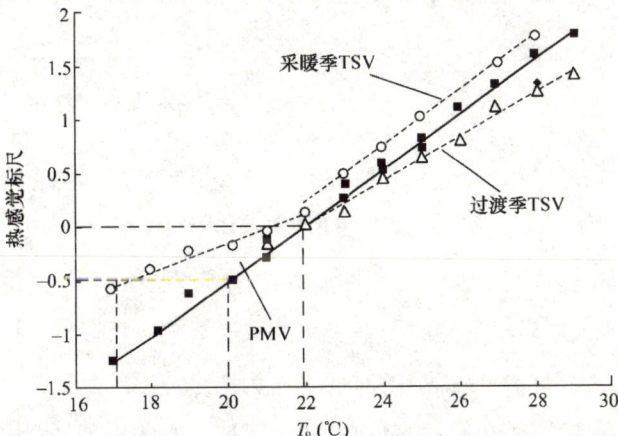

图 2-39　不同季节 TSV、PMV 与室内操作温度之间的关系

千组现场调查数据结果，发现环境越热，人们的实际热感觉与 PMV 模型预测值的偏离就越大，出现图 2-40 所示的偏差（Fanger P. O.，Toftum J.：Extension of the PMV model to non-air-conditioned buildings in warm climates. Energy and Buildings，2002，34（6）：533-536）。由图 2-40 可见，当室温接近 32℃时，人们的实际热感觉投票为"微热"（+1），属于勉强可接受的热环境，但按照 PMV 预测模型计算得到的热感觉是"热"（+2），是属于明显不舒适的热环境了。由于 PMV 模型是基于在实验室内严格控制的稳态空调热环境下的人体热舒适投票结果得到的，可见在非空调环境中人们的感觉要比相同热环境下的稳态空调环境来得凉快，且温度越高差别越大。由于热感觉投票 TSV 在±0.85（满意度 80%）之间为可接受热环境，那么根据图 2-40 的结果，在非空调环境中，人们可接受的环境温度上限约为 29.6℃。如果按照 TSV 在±0.5（满意度 90%）来确定热舒适区的话，这个舒适区的上限就在 27℃附近，加上实际投票的中性温度是 26.1℃，均明显高于ASHRAE 舒适区的中性温度 24.5℃，舒适范围为 23～26℃。当然跟有空调的办公室环境相比，这些现场调查中人们的着装要更轻薄一些。

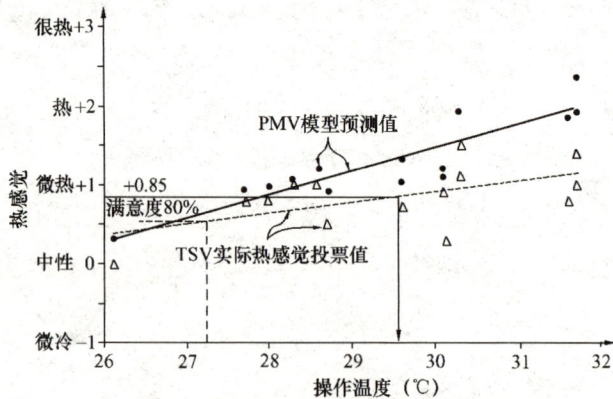

图 2-40 曼谷、新加坡、雅典和布里斯班非空调建筑中的
现场调查结果与预测值的比较

尽管 Fanger 教授断定人体的中性温度不受季节影响，但上述几个实验和调查结果表明，由于人对环境的热耐受性受室外温度影响，所以舒适区的范围是受季节影响的。而在确定室内环境标准的时候，作为一个范围的舒适区比一个点的中性温度更有意义。在偏热的夏季，人经历过温度逐渐升高的季节，在进入室内前所经历

的室外环境温度也较高，进入到室内以后，由于生理和心理上对偏热环境已经具备了适应性，表现出了较强的热耐受性，导致舒适区的温度上限比较高。当室外很冷时，人从室外进入到室内偏暖环境后，即使经历了短期（小时量级）的适应，身体达到了热平衡，但由于其缺乏对较高温度的生理和心理适应，热耐受性较差，在夏天还觉得可以接受的室内温度，在冬天就会觉得偏热。所以在寒冷的季节，人们感到舒适的室内温度往往比 PMV 的预测值来得低。

（2）自然通风环境下的人体热舒适

空气调节设备从出现到广泛应用仅有短短的几十年时间，而在人类社会发展几千年的历史中，绝大部分时间都是通过其居住的建筑墙体蓄存、隔离外界热量，通过自然通风、服装、风扇等调节手段来达到夏季降温的目的，充分展现了人体适应自然环境变化的肌体机能。这样的生活方式，是一种能源节约、环境友好的生活方式，至今依然受到大多数居住者的偏爱。

从图 2-42 可以看到，各国研究者已经发现，夏季人们在非空调的自然通风环境下的热舒适反应与空调环境下有较大差异，在非空调环境中居住者表现出更强的热适应性和更宽广的热舒适范围，具体体现在以下三个方面：1）在偏热环境中，自然通风环境下受试者的热感觉要比同样温度空调环境下的凉快。如果拿稳态空调环境下导出的 PMV 模型来评价非空调环境，预测结果将出现较大偏离。2）在非空调环境下受试者感觉舒适的温度上限要远高于稳态空调下室内的环境控制标准。3）在非空调环境下人员的健康和热耐受能力要高于空调环境。

在我国各地开展的大量现场调研结果也表明，当环境温湿度相似时，非空调的自然通风环境比空调环境受到更多居住者的偏爱。居住者对于家中的空调往往采用"能不使用就尽量不使用"的态度，只要室内温度没有达到不能忍受的范围，更乐于使用开窗通风或电风扇来进行降温。2000 年清华大学的调查发现，在"自然通风，有点热，总体可接受的环境"和"空调凉爽环境"中进行选择时，80%以上的人选择前者。2003 年清华大学在上海地区的住宅热环境调查结果表明，人们并非室温高于 26℃就开启空调，而是继续使用自然通风手段，直到环境温度高于 29℃时才开启空调，与上述非空调环境中可接受环境温度的研究结果基本一致。

2000～2005 年，在其他研究者的现场调查中，也发现夏季住宅室内可接受热环境的温度上限和舒适区温度上限均远高于 ASHRAE 标准中的舒适区上限。对北京夏季自然通风住宅的调研结果发现环境温度（ET*）不超过 29℃时，90％的居住者感到满意，而80％的人可以接受的温度上限是 30℃，见图 2-41 (*a*)（夏一哉.气流脉动强度与频率对人体热感觉的影响研究. 清华大学博士学位论文，2000）。

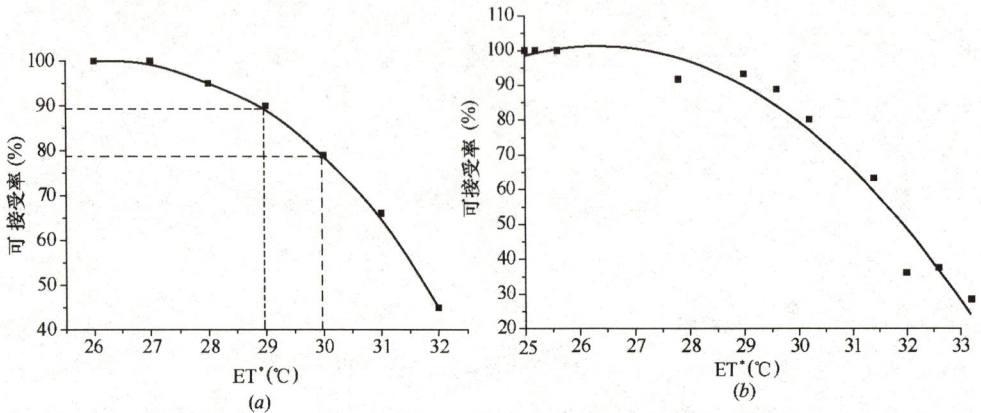

图 2-41   被测人群对非空调环境可接受率随有效温度 ET* 的变化

(*a*) 夏季北京；(*b*) 夏季江苏、浙江、上海

另一个对江、浙、上海地区自然通风住宅居民的大规模调查也得到相似的结论，见图 2-41 (*b*)（纪秀玲. 人居环境中人体热感觉的评价及预测研究. 中国疾病预防控制中心博士学位论文. 北京，2003）。

（3）人体热舒适的心理影响因素

为什么国外热带城市、中国几个经济发达地区的现场调查结果都显示出人们喜欢自然通风环境胜于空调环境，只有室内温度过高的时候才不得已使用空调呢？为什么受试者投票显示出自然通风环境的舒适区温度上限要远远高于 ASHRAE 舒适区，达到 28～29℃，而可接受的温度上限更是接近 30℃呢？

对此问题，很多人都认为这是受经济条件制约导致的——因为经济拮据，舍不得开空调，所以人们会觉得舒适的温度以及可以耐受的温度就偏高了；如果人们更富裕，舒适温度就会下降——这是一种普遍的看法。但在发达国家如日本、新加坡、希腊（雅典）对自然通风环境居住者的热感觉调研也都得到人们对自然通风环境接受度比相同温湿度的空调环境更高的结论，这就使得经济条件影响热感觉的说法站不住脚。

另一个关于心理因素的看法跟期望值有关。Fanger 教授对图 2-40 的解释是由于在热带地区非空调环境下生活的人们觉得自己注定要生活在较热的环境中，对环境的期望值低，导致其具备更强的热耐受性，所以对环境比较容易满足，不容易觉得热得受不了。因此，他认为在经济发达地区经常使用空调的人热耐受性有可能比经济欠发达地区基本不使用空调的人要差。

针对这个问题，清华大学进行了一系列的在人工气候室内进行的心理对照实验，实验条件包括：（a）没有空调，但受试者要指出什么时候觉得热得受不了；（b）有空调，只要受试者需要就可以开，但需要付费；（c）有空调，只要受试者需要就可以开，不需要付费。实验结果表明：在相同温度条件下，没有空调的环境，受试者觉得最热，要付费空调的其次，免费空调的环境受试者觉得最不热。但付费空调的受试者选择开空调温度要比免费空调的高 0.4℃（周翔. 偏热环境下人体热感觉影响因素及评价指标研究. 清华大学博士学位论文，2008）。由此可知：

A. 受试者知道没有空调时，在同等热环境下由于心理因素的影响导致舒适度比他认为有空调的时候要差。也就是说，如果受试者认为没有环境调控手段，那他对环境的心理承受能力会下降，对环境的感受会恶化，而不是更容易满足。

B. 如果空调需要自己付费，会略微恶化热舒适感，也就是受试者在相同温湿度条件下会觉得比免费的更热。由于选择收费开空调的温度比不需付费的开空调温度仅高 0.4℃，因此经济压力导致的热耐受力变化幅度是非常有限的。

由上述研究成果可见，自然通风条件下环境温度达到 29～30℃ 人们还能感到舒适，或者人们往往要室温超过 29℃ 才开空调，并非是经济压力导致的心理影响造成的，而是具有可靠的物理和生理学基础的。

此外还可以发现，使得居住者具有环境调控能力对改善热舒适是至关重要的。而环境调控能力并不等同于常规的空调，被动式手段也是调控能力的一种。例如，在非空调的住宅，人们往往可以通过增减衣服、打开窗户、开风扇、改变活动量等来改变自身的热感觉，多少会觉得自己有一定的环境调控能力，因此对热环境的心理承受能力要更强，温度高一点也不觉得很热。目前非空调环境往往属于等级要求不高的建筑，像普通办公楼、教学楼、宿舍，对室内人员的着装没有特别严格的要求，不会要求人们在夏季西装革履地办公、学习，因此室内人员穿着的服装都比较轻薄，甚至允许穿着短裤和凉鞋。在住宅中，由于环境的私密程度更高，人们可以根据当时的室内温度更为自由地调整服装。而很多公共建筑如大型商业写字楼、大商场等窗户既打不开，室内人员也没有调控温度、风速高低的权力，使得室内人员的心理承受能力变弱，导致尽管有空调，但室内温度高一点点就会有明显反应。多数人使用家用空调器的时候往往把室内温度设定值定在27℃以上而不是公共建筑定的26℃，原因就是具有调节能力导致人们的热感觉得到改善。

因此，应当鼓励多采用被动式的环境控制手段，如使用开窗、开风扇、服装调节等手段来改善人所处的热环境。如果是有空调的办公建筑，也应该推广工位送风这样的个体空调措施，发挥个体控制对热感觉所造成的积极的心理暗示作用，这样就能避免室内空调温度过低，避免室内外温差过大对人体健康的不良影响，同时对建筑节能有着正面的作用。

（4）居住者生活习惯与室内热环境标准

在改革开放之前，我国只有严寒气候区和寒冷气候区的城镇地区才有采暖，室内采暖设计温度不低于18℃，而其他气候区和农村地区都没有采暖也没有采暖标准。目前夏热冬冷地区的居住建筑节能设计标准将卧室和起居室的冬季室内控制标准定为16～18℃，在进行室内空调采暖能耗模拟的时候，把全年室内温度标准定在18～26℃之间，即室温低于18℃就要采暖，高于26℃就要开空调。而北方农村建筑各家各户早已经自己用各种方式采暖，但至今却还没有采暖的室内设计标准，这对于我国新农村建设中非常重要的建筑环境改善和建筑节能来说是一个重大的缺憾。

夏热冬冷地区或长江流域地区住宅以及北方农村住宅冬季室内采暖能不能套用北方城镇地区住宅的采暖标准呢？

湖南大学于2004年1月～2005年1月在湖南省长沙市对无空调、无采暖室内环境的人体热感觉进行了现场调查，受试者为某高校的615名大学生。把所测的室内温、湿度和风速值转化为新有效温度ET*，将调查得到的全部热感觉TSV值和计算得到的PMV值以算术平均的形式统计，如图2-42所示。该实验结果与前面所

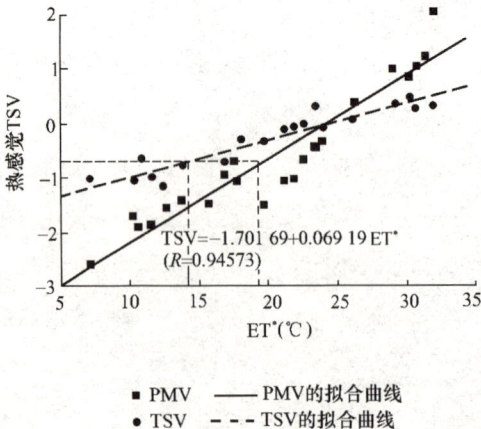

$$TSV = -1.701\,69 + 0.069\,19\,ET^*$$
$$(R = 0.94573)$$

- PMV　——PMV的拟合曲线
- TSV　- - - TSV的拟合曲线

图2-42　ET*与平均热感觉TSV和PMV的关系

介绍的其他研究者的结论一致：在偏热环境中，人体的热感觉 TSV 较 PMV 模型的预测值要低；在偏冷环境下，人们的热感觉 TSV 较 PMV 模型的预测值要高（江燕涛，杨昌智，李文菁，王海. 非空调环境下性别与热舒适的关系. 暖通空调，2006（5））

由于热感觉投票 TSV 在 ±0.85 之间为可接受热环境，从图 2-42 可以看到，如果按照 PMV 的理论模型，冬季室内温度需要达到 19℃ 以上人们才会感到满意，但按照现场调查的结果看，室内温度只要高于 14℃ 人们就感到满意了。这个数值比我国的北方住宅采暖标准 18℃ 要低很多，而实际上长江流域地区如上海等地的住宅冬季室内温度基本上也都控制在 14～16℃ 上下，现场调查也表明人们对这样的温度环境表示满意。为什么会出现这种现象呢？

实际上，冬季室内舒适温度与居住者的生活习惯和衣着量是密切相关的，南北、城乡居民冬季的衣着习惯和起居习惯存在很大的差别，这就导致了冬季室内的舒适温度也存在很大的区别。在我国北方的严寒与寒冷地区，由于冬季室外寒冷，人们在室外必然要穿很厚重的衣服。但回到家里穿同样厚重的衣服起居活动很不方便，因此人们进入到室内不得不去除厚重的外衣。这样，冬季采暖时保持较高的室内温度、维持较大的室内外温差是很适合当地人们的衣着和起居习惯的。但是在夏热冬冷地区，由于冬季室外温度并不很低，日间多数在 0～10℃ 之间，且有太阳辐射的作用，因此人们在室外的衣着并不厚重，进入室内也没有脱衣的习惯。如果室内温度过高，室内外温差比较大，居住者进入室内就不得不脱掉外衣，反而会为居住者带来不必要的麻烦，甚至易引起伤风感冒。所以在这样的条件下，当地居民普遍认为冬季偏高的室内温度是不舒适的。因此，在冬季室外温度偏高的地区，室内采暖温度需要考虑居住者的衣着习惯，而不应该盲目复制寒冷地区的采暖温度标准。

同样，我国北方寒冷地区的农村住宅建筑，由于生产与生活习惯的原因，人们需要频繁进出居室。如果室内温度过高，就使得居住者进出居室时不得不频繁更换衣着以避免引起伤风感冒，因此导致更多的不便。清华大学于 2008 年 12 月份和 2009 年 1 月份先后三次对北京郊区 6 户农宅进行了现场调研和测试，调查人员样本 75 人次。该地区是经济水平比较发达的农村，其室内环境水平和人们的热感觉应该具有一定的说服力。

该地区农宅的特点是庭院式，卧室和起居室并排连通，坐北朝南。厕所、厨房、储藏室均是分室独门，与卧室和起居室围合呈庭院状。各室进出均需要经过庭院，院内还养有鸡、狗等动物。这些住宅的采暖方式主要为土暖气，也有部分煤炉。土暖气的锅炉一般安装在厕所或者厨房内。现场实测得知室外日平均温度为−1.7～3.13℃，6户农宅的室内温度控制都在6.1～17.4℃之间，59%的室温测试值在10～15℃之间，12.8%的测试值低于10℃，28.2%的测试值高于15℃。大部分受访者认为自己家的温度很合适，不冷不热，TSV投票为0。其热感觉与室温T_o（综合了辐射作用的操作温度）的关系调查值和拟合关系如图2-43所示。以实际调查的TSV在＋−0.5之间为舒适区间，从拟合直线可得到舒适温度范围非常宽，为9.3～22.2℃，中性温度为15.7℃。图中还给出了对应的PMV预测值和拟合直线作为对比。即便以PMV理论预测值在±0.5之间为舒适区间，也可得到舒适温度范围为11.6～21.3℃。实际现场调查的结果还证明了实际调查人们的热感觉比PMV理论预测更接近中性。

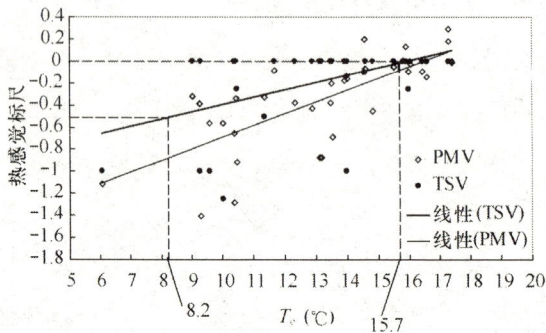

图2-43　京郊农宅冬季室内采暖温度与热感觉之间的关系

通过调查和观察发现京郊农宅居民的服装热阻在1.2～2.3clo之间。衣着水平在1.5～1.9clo之间的最多，占被访者总数的57.3%，穿得比这少的人数占25.3%，穿得更厚重的人数占17.3%。服装热阻为1.5～1.9clo，相当于穿了秋衣、厚毛衣、外套、毛裤、长裤、秋裤和冬季鞋袜，也是当室外温度为5℃、低风速条件下在室外站立时感到舒适的服装热阻。服装热阻达到2.3clo的相当于穿了秋衣、秋裤、棉衣、棉裤、外套、线衣和冬季鞋袜的衣着水平。通过对农宅居民日间从早晨8：00～18：00的观察记录，尽管在家里逗留的居民在白天10个小时中有 70％的时间逗留在起居室，但每天日间要进出起居室 16 次左右，典型的例子为：早餐、午餐和晚餐的前后各进出厨房一次，上厕所 3～4 次，到厨房烧开水 3 次，喂鸡狗 2 次，打扫院子 1 次，为锅炉添煤 1 次。每次离开居室时间为 2～20min， 但午餐和晚餐前去厨房做饭要逗留 40～60min。离开居室的活动水平可以算作极轻劳动状态或轻劳动状态，但在居室内一般是静坐、偶尔走动或者极轻劳动状态。

可以确定的是，农宅居民频繁进出居室，并不更换衣着，因为如果一白天要穿脱十几次衣服实在是太麻烦了。那么他们的衣着水平肯定是要保证：(a) 在室外短期活动不会感到冷；(b) 不太臃肿以免妨碍在室内的活动；(c) 在室内逗留的时候不会太热。上述衣着水平是能够满足人们室内外不同活动水平的热舒适要求的，但前提是室内温度不能太高。因此根据这个衣着水平，大部分农宅居民认为 10～15℃是舒适温度是非常合理的。这个结果说明北方农宅的采暖温度标准不能照搬城镇单元式住宅楼的采暖标准，不宜维持较大的室内外温差，否则就无法满足农宅居民的热舒适要求。因为城、乡居民的生活方式和衣着习惯不同，导致室内的温度标准必然不能相同。这样做，不仅是出于建筑节能的考虑，更重要的是考虑到居住者的方便、舒适与健康。

2.3.3 室内热环境与人体健康的关系

虽然 26℃是典型夏季着装的人感觉不冷不热的温度，完全没有必要把室内温度降得更低，但在发达国家和地区的很多大型公共建筑里常常把空调温度调到21～23℃，而且有很多人认为夏天够冷的话这个大楼才够档次。另外还有一些商业宣传导致人们认为恒温恒湿的热环境才是高档的、健康的、舒适的环境。事实果然是这样的吗？

其实室内温度到了 21～23℃时，如果室内人员还是穿着衬衫和长裤组合的服装，非但不会觉得舒适，反而会觉得偏冷。这些楼宇习惯于将空调温度设定得过低，究其原因，一是为了维持大家在酷暑中也能穿着西装革履的惯例；二是运行管理人员为免被人投诉冷气不够，就把空调温度刻意调低，导致原本穿轻薄夏季服装的人被迫添加衣服来迁就室内温度；三是这些楼宇里的空调系统本身设计有问题，除湿能力不足，室内湿度偏高导致人们觉得闷热，所以不得不靠降低送风温度和室内温度来达到除湿的目的，或者靠降温来改善潮闷的感觉。

人类生理对冷热刺激的应激与调节功能是人类在大自然中经历数千万年的进化获得的适应自然的能力。这一能力保证了人体在受到冷热冲击的时候能够调节自己的身体以保证其具有正常的功能。如果人体保持了良好的热调节能力，那么当人体处于一定热舒适偏离的条件下也能够轻松应对，并不会感到显著的不舒适并能维持较高的劳动效率。

在非空调环境下环境温度会随着室外气象参数变化而波动，人员具备较高温度环境下的"热暴露"的经历，一定程度上提高了人体的热调节能力。如果长期生活在恒温恒湿环境中，则会由于缺乏"热暴露"的刺激，从而导致热调节功能退化。缺乏热调节能力的人体在偏离热舒适的环境下，易出现过敏、感冒、疲倦、综合体质下降，偶遇热冲击还容易导致疾病。

如果在空调房间内维持相对稳定低温的环境，会使得在这个环境长期逗留的室内人员缺乏周期性刺激，同时相对低温使人的皮肤汗腺和皮脂腺收缩，腺口闭塞，而导致血流不畅，产生"空调适应不全症"。当室外温度很高而室内设定温度过低的情况下，人们在进出空调房间时会经历过度的热冲击而导致不适，甚至会影响居住者的健康，除受冷热刺激而容易感冒以外，还会产生中暑、头疼、嗜睡、疲劳、关节疼痛的症状。因此，长时间停留于稳定低温的空调环境，虽然免除了夏日高温给人们带来的不适，但却改变了人体在自然环境中长期形成的热适应能力，损害人们的健康。

2000 年及 2001 年夏季，中国疾病预防控制中心通过科学的人群调查研究，探索空调环境不适综合症的人群分布及其影响因素，描述与夏季空调热环境因素联系密切的人群健康问题。他们分别对江苏省两个城市及上海市两个城区实施现场的流行病学调查。调查人群是企事业机关和旅馆饭店的职员，以近 3～5 年内使用空调与否为标准分为四组，包括：工作场所和住宅均使用空调人群、仅工作场所使用空调人群、仅住宅使用空调人群、工作场所和住宅均不使用空调人群（作为对照组）。共回收有效调查问卷 3528 份，检测了 943 人的血清免疫指标。对问卷调查的分析结果显示所调查人群不适症状的发生与使用空调有关：

（1）使用空调人群各种不适症状的发生率均高于对照组。不适症状包括神经与精神类不适感、消化系统类不适感、呼吸系统类不适感和皮肤黏膜类不适感等，其中神经与精神类不适症状反应较明显。

（2）使用空调的人群暑期"伤风/咳嗽/流鼻涕"的发病率明显高于对照组。

（3）使用空调的人群在热反应时的生理活动程度大于对照组，对照组人群对热的耐受力好于使用空调人群。

2002年春季和夏季，中国疾病预防控制中心在北京对一批大学生进行热适应和未热适应人体对高温热暴露的生理功能、神经行为功能反应实验，进而研究空调环境对人体影响。让受试者体验从舒适温度（24～26℃）到较热温度（32～34℃）环境的热暴露，以春季时和经历酷暑后的受试者分别作为未热适应组和热适应组，进行神经行为功能测试。结果发现，热未适应组和热适应组相比，在接受相同条件的温度突变的热冲击时，在注意力、反应速度、视觉记忆和抽象思维方面会受到一定的影响。可以推断，长期在空调环境下工作学习的人群和非空调环境下的人群相比，在偏热环境条件下，其注意力、反应速度、视觉记忆和抽象思维方面都受到了一定的影响。因此，在夏季适当延长在非空调环境下的"热暴露"时间，保持人体对热环境的适应能力，对于人体健康是大有裨益的。

2.3.4 热环境与工作效率的关系

对于建筑节能的阻力还有一种说法，认为室内温度越低工作效率就越高，多耗的能源费用与付给员工的工资相比只是一个小数，而员工工作效率高了，综合收益就增加了，所以在商业写字楼搞节能是没有意义的。

从20世纪初就有研究者对劳动效率与热环境之间的关系进行了研究，开始主要针对工厂的体力劳动环境，而后又发展到打字员、电话接线员等办公室劳动的效率，近年来又有对中小学教室热环境对学生的学习效率影响的研究，而真正对现代办公室的白领工作人员、脑力劳动者的劳动效率研究并没有公认的可信的成果。其原因在于工厂的劳动效率可以用产量和次品率来表征，打字员和接线员的劳动效率可以成果的量和错误次数来作为指标，但由于多数办公室白领的工作不是上述重复性的体力或者脑力劳动，效率的判断是非常困难的。常规的研究方法是利用2位数加法、单词记忆和对一片随机分布的字母按顺序连线的方法来测试其在一定工作时间内的错误率来判断脑力劳动的工作效率。随着计算机应用的普及，发展出了用反应测试软件来测试受试者劳动效率的方法，但受到受试者对电脑操作和对软件的适应程度的干扰，结果难以服众。目前还有一种测量脑血流的方法来通过测量人大脑的疲劳度与热环境的关系来分析热环境对工作人员劳动负荷的影响程度。热环境改变的时候劳动效率可能并无明显的改变，但却能够测得不适热环境对人员的大脑疲劳度的负面影响，从而确定最佳的劳动热环境以保护员工的健康。

已有关于热环境与劳动效率之间关系的公认性的结论是：劳动效率跟一定的外部刺激是有关的。某些工作如果外部刺激较低，人尚未清醒到足以正常工作；但有些工作当外部刺激在较高水平上，比如环境太冷或太热，人体就会处于无意识的过度紧张而不能全神贯注于手头的工作。一项困难而复杂的工作本身会激起人的热情，没有外界刺激就能把工作做好；如果外部刺激太强，反而会使劳动效率下降。而枯燥简单的工作则往往需要有附加外部刺激的情况下劳动效率才能得到提高。比如冬天温暖的室内环境会让人感到很舒服，但却会让人舒服得昏昏欲睡，打不起精神。一般认为在环境温度比中性温度低一点的时候，重复枯燥的工作劳动效率最高，而当环境为中性温度的时候复杂工作劳动效率最高。但当工作内容挑战性太强太刺激的时候，人们全神贯注于工作，环境温度即便有点偏离舒适，人们也会忽视掉。

现有的研究成果表明体力劳动达到最高劳动效率时的温度比脑力劳动的时候低，这跟人体的代谢率不同有关。但哪种劳动的最佳环境温度是多少？到现在都是众说纷纭，莫衷一是。比如图2-44给出的是几种现有模型对室外有太阳辐射的建筑工地劳动效率与温度关系的预测结果，可以发现劳动效率最高的温度从10～22℃都有，结论差别很大（S. Mohamed, K. Srinavin: Forecasting labor productivity changes in construction using the PMV index, Int. J. of Industrial Ergonomics, 35 (2005) 345-351）。

至于对办公室的劳动效率，有人认为21.6℃时最高（D. Johansson: Life cycle

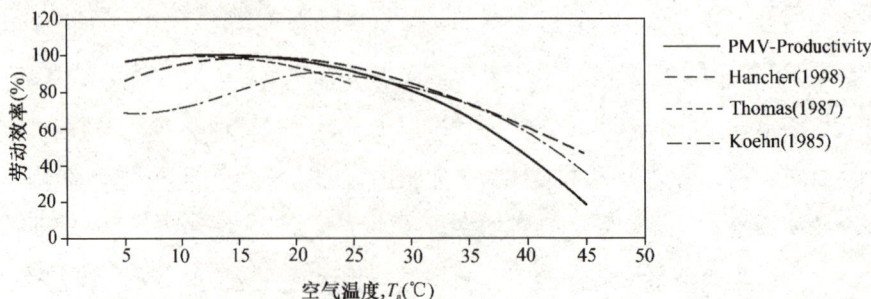

图2-44 不同模型得出的劳动效率与空气温度之间关系的曲线

costs for indoor climate system with regards to system choice, airflow rate and productivity in office, IAQVEC 2007, Sendai, Japan)，有人认为24℃时最高。例如有研究认为25℃是中性温度，但24℃时的劳动效率最高，且25℃时会降低劳动效率1.9%（R. Kosonen，F. Tan：Assessment of productivity loss in air-conditioned buildings using PMV index, Energy and Building, 36 (2004) 987-993），温度和湿度继续上升会损失更多，见图2-45 (a)。不过该研究认为纯打字和纯脑力思考的

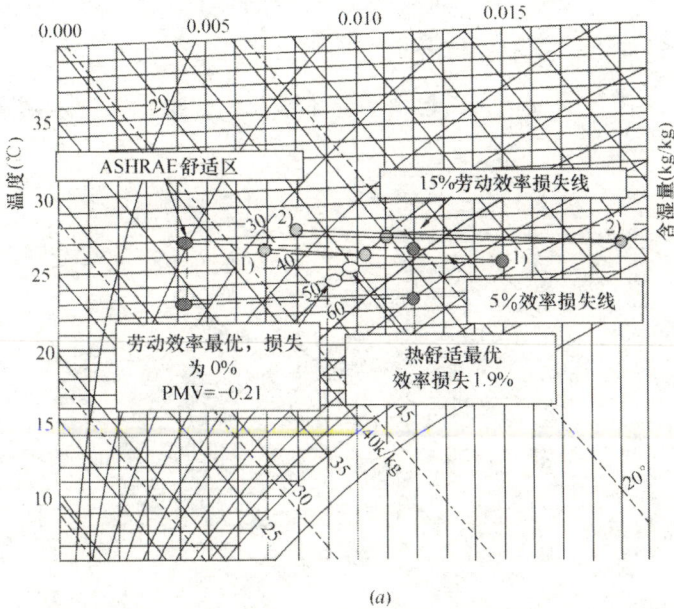

(a)

(b)

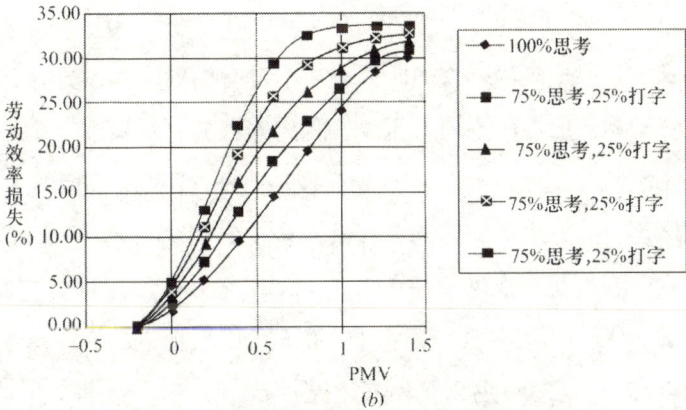

图 2-45　办公室劳动效率损失的一些研究结果
(a) ASHRAE 舒适区与导致劳动效率损失的热环境状态；
(b) 不同类型办公室劳动效率损失与 PMV 指标之间的关系

工作比较，后者受热环境的影响比较小，见图 2-45（b）。

日本早稻田大学的田边信一教授对一个呼叫中心进行了现场调查，并用结果拟合了一条劳动效率随温度下降的直线。图 2-46 给出了调查结果，圆圈的大小代表了样本的个数，纵坐标是每小时接电话的数量，用来代表劳动效率（S. Tanabe, et al: Performance evaluation measures for workplace productivity, IAQVEC 2007, Sendai, Japan）。尽管田边教授赞同温度每升高 1℃，劳动效率就降低 2% 左右的说法，但他的调查结果却表明在环境温度为 24～26℃ 的范围内，劳动效率其实并没有什么规律性的变化，甚至 26℃ 时还比 24℃ 时略高些。只有室温高于 26℃ 或者低于 24℃ 时劳动效率才有变化，而且由于样本数少，很难说明这是温度影响还是其他因素影响的结果。

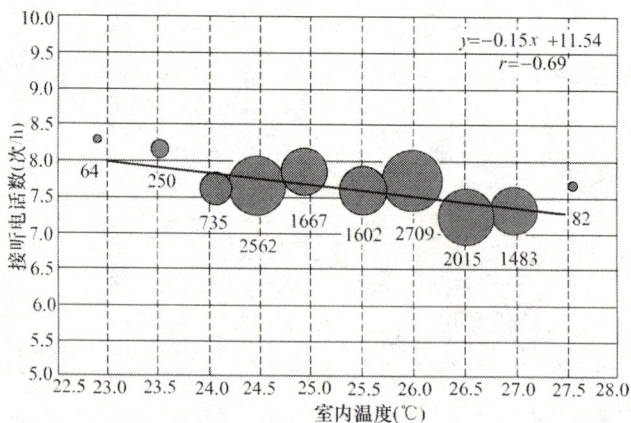

图 2-46　电话呼叫中心劳动效率与室温关系的调查结果

值得注意的是上述现场调查的研究成果中没有提到室内人员的衣着。其实衣着不同会导致劳动高效的温度不同。所以，脱离人员的衣着来谈劳动效率与室温之间的关系是毫无意义的。Wyon 和 Fanger 教授在 1975 年利用 2 位数加法、单词记忆和按字母顺序连线的方法来测试人工气候室内受试者的劳动效率。实验结果表明：受试者最喜欢的温度是：衣着水平是 0.6 clo 时（棉布长袖衬衣、长裤、棉内裤、棉短袜）为 23.2℃，而衣着水平为 1.15 clo 时（2 层棉运动衣、厚羊毛衫、3 层运动长裤、棉内裤、3 层羊毛短袜、软皮便鞋）是 18.7℃。这两个中性温度比 PMV 模型预测的要低（当代谢率按静坐算 58 W/m² 时，中性温度分别为 25.6℃ 和 22.5℃），Fanger 教授解释其原因可能是在做上述测试的时候受试者大脑高度紧张，代谢率高达 78W/m²。可以确定的是在这两种温度和衣着状态下，人的劳动效率并无显著差别。也就是说，不管环境温度高低，只要人们自己觉得穿的衣服厚薄合适，不觉得冷或热，那么劳动效率就没有差别。尽管较低的空气温度使受试者觉得空气更新鲜、品质更好，但三种不同脑力劳动测试的结果发现较低空气温度对提高人们的劳动效率并无帮助 (D. P. Wyon, P. O. Fanger, et al: The mental performance of subject clothed for comfort at two different air temperature, Ergonomics, 18 (4) 359-374, 1975)。Wyon 和 Fanger 教授的这个测试条件非常宽而严格，测试对比的脑力劳动类型差别也很大，因此也成为经典的文献。

2.3.5　小结

由上述热舒适的研究成果可以看到，"恒温恒湿"环境不仅不利于建筑节能，而且不利于满足居住者健康、舒适、便利的生活要求。主要结论总结如下：

（1）人体与生俱来的特质决定了人体对自然环境具有适应性，人体在冬、夏的舒适温度范围是不一样的。相同的温度和衣着，在夏季会觉得偏凉，冬季会觉得偏热。所以夏天的舒适温度偏高，冬天的舒适温度偏低。而长期处于缺乏刺激的"恒温恒湿"环境下，将导致人体热调节功能退化，健康水平下降。

（2）人体与生俱来的特质决定了自然通风能为人员提供了更宽广的热舒适范围，夏季舒适温度可达到 29℃以上，同时变化的热环境更有利于人体的健康和舒适。因此自然通风并非穷人无可奈何的降温手段，而是更健康、绿色的室内环境控制措施，应予以充分保障。

（3）目前我国所有住宅的夏季室内设计温度标准均采用 26℃作为上限，超过 26℃就要开空调，这样导致很多被动式措施如遮阳、自然通风等发挥的作用都无法得到合理的评价。因此应该修订现行的节能住宅的室内环境标准，不应把超过 26℃就开空调作为一种常态来考虑。本文介绍的多个研究成果对于制定和修编我国节能建筑室内热环境标准和被动式生态建筑的室内热环境标准有着重要的意义。

（4）南方地区建筑以及农村住宅冬季的室内环境控制标准不应盲目向严寒/寒冷地区的城市建筑采暖室内标准看齐，而应充分考虑当地冬季室外温度以及起居方式决定的居住者的衣着水平以及起居的便利程度来制定标准，室内控制温度应低于严寒/寒冷地区的城市建筑采暖室内温度。

（5）26℃不是夏季空调舒适范围的上限，而是下限。规定公共建筑空调温度不得低于26℃，并没有降低舒适标准，反而有利于保证室内人员的健康，有利于减少"空调病"，同时又避免了无谓的能耗。

（6）降低室温并不能够有效提高工作效率。无论室温高低，只要人们能调节穿着使得自己觉得冷热合适，劳动效率就没有什么差别。因此提倡办公室温度不要设得太低，应该给予工作人员有更多调节服装的自由以适应热环境。采用变动风速的电风扇或者个体调节手段不仅能保证个体热舒适，同时还可以提高室内的舒适温度，更有效地减少空调能耗。

2.4　什么是建筑节能

什么是建筑节能，用什么评价标准来评估一个建筑是否节能，这是建筑节能工作的基本问题。然而，目前在这个基本问题上似乎并没有形成完全一致的观点。为此有必要讨论和澄清。

2.4.1　查对技术清单的方法

这种办法就是考察一座建筑采用了多少项建筑节能技术，以此来考核和评价是否是节能建筑。例如，是否是外墙外保温，是否采用低辐射玻璃和"带呼吸幕墙"，是否采用水源热泵、地源热泵等。然而，由于建筑性能对气候的依赖性，不同气候带的建筑，不同的建筑功能，不同建筑使用特点（如室内发热量大小），对建筑物和建筑系统的要求差别很大，从而也就需要不同的节能技术措施与产品。在一定程度上甚至可以认为几乎没有哪种节能技术和产品在任何地区、任何功能的建筑中都普遍适用。并且，在很多场合，盲目地采用一些不适宜的"节能技术"，不仅提高了投资，而且还很可能导致实际能耗的增加。

例如，水源热泵提取地下水的低温热量，通过热泵升温后，作为采暖热源。由于热泵的电力消耗基本上与要求的热水温度与地下水温度的温差成正比，因此在地下水温度为15℃左右的黄河流域地区，当地下水资源条件具备时，地下水源热泵可以作为一种有效的建筑节能措施。而当在东北严寒地区使用这一方式时，由于地下水温度低，热泵电耗就高，这样，即使具备地下水资源，较高的电耗也使得这种方式失去了节能的优势，甚至导致实际的能源消耗高于常规方式。

围护结构的保温是又一例。对于室内发热量很高的建筑，例如人员密度较高的办公楼，把室内的热量散出到室外，是这类建筑的环境调节的主要任务。而春、秋、冬三季室外温度都低于室内温度，通过围护结构可以有效地把部分热量排出，减少机械系统的降温排热任务。此时，盲目地改善外墙保温，只能减少通过外墙的散热，增加机械系统排热负荷，最终导致建筑运行能耗的增加。

对建筑室内环境是"全面掌控"还是"适当改善"，这两种不同思路可能是造成实际建筑运行能耗差别的最主要原因。要用一种朴素的心态从"适当改善"出发考虑建筑与设备系统的设计，可能比较多的是作"减法"；而"全面掌控"则往往是作"加法"。查对技术清单法很容易从推进建筑节能出发，促进了"加法"，从而最终导致实际能耗的增加。美国费城一座 2002 年建设的办公建筑，在围护结构、控制系统等各方面都采用了多项节能措施。建成后请专家评议，一致认为是节能建筑，并给予按照 50％ 的面积收取能源费的优惠。然而在 2006～2007 年的实测结果表明，其实际的运行能耗却比邻近的一般建筑高 20％～30％。北京的一座 2002 年建成的办公建筑，审查的结果其所采用的各项技术都优于"公共建筑节能标准"中规定的各项节能措施。围护结构保温、热回收、变频风机等技术都得到普遍应用。然而连续几年的测试表明，它的单位建筑面积运行能耗却一直处于北京一批同类办公建筑之首。此类案例比比皆是。盲目地堆砌节能技术，其结果是实际能源消耗的上涨。这难道就是我们推动建筑节能工作的最终目的吗？

查对技术清单法导致建筑节能工作的形而上学和简单化，很难收到建筑节能的实效。以采用了多少项节能技术作为炫耀一座建筑的节能性，以某项节能技术在某地区广泛应用的程度作为炫耀该地区建筑节能的业绩，以引进和推广多少项先进能技术作为完成建筑节能任务的主要途径，都很难真正实现建筑节能的真正效果，反过来却极有可能成为某类"节能产品"的推销机制。建筑节能的目的就是使建筑运行能耗的真正降低，而再无其他目的。因此查对技术清单的做法不可能真正实现建筑节能的目标。

2.4.2 考核可再生能源比例的方法

目前在很多新开发区和新开发项目中，都把用可再生能源提供建筑总能源的比例作为考核一个项目是否节能、绿色、生态的重要指标。但这样一个指标是否科学和有效呢？我们希望降低建筑实际的运行能源消耗量，使用了一定比例的可再生能源，从而可以减少常规能源的消耗量。但是如果建筑总的能源需求量不同，A 建筑比 B 建筑高 50%。当 A 建筑采用了 20% 可再生能源时，实际的常规能源消耗量仍比 B 建筑高出 20%，因此对于 B 建筑来说，A 建筑仍然是高能耗建筑，而不能仅因为它采用了 20% 可再生能源就成为节能建筑。

怎样考核可再生能源的利用量呢？目前纳入到建筑可再生能源利用中的技术措施主要包括：太阳能光伏发电、太阳能热水器、太阳能采光、与建筑结合的风力发电、地源热泵、水源热泵等。这些方式可以分为两类：将太阳能或风能转换为建筑需要的能源，称为"直接型可再生能源利用"；通过热泵利用地下与地面的温差获取建筑需要的热量或冷量，称为"热泵型可再生能源利用"。

对于直接型利用，是把太阳能、风能这些在建筑周边的低密度能源转换为高品位常规能源（如电能，生活热水除外），然后再通过常规系统由电力等常规能源形式的高品位能源以常规途径服务于建筑所需要的各类需求。这些需求中大多数最终的形式实际要求的是低品位能源。这样的多次转换环节，按照热力学分析，一定是损失大，效率低，从而也就导致初投资高。用太阳能、风能满足建筑需求的最佳途径是太阳能、风能的直接利用。例如通过合理的建筑设计使建筑内部获得良好的自然采光效果，从而大幅度减少白天对人工照明的需要；通过合理的建筑造型和围护结构设计使得冬季可有效地利用太阳光提高室温，减少采暖需求；在夏季通过避免阳光进入，减少空调需求；通过合理的建筑设计使得能够利用风能解决建筑物的通风换气，全面替代机械通风系统。这些与建筑融为一体的被动式设计，实现可再生能源到建筑需求的直接转换，也是低密度、低品位到低密度、低品位的直接转换。转换环节少，必然使得可再生能源利用效率高，增加的初投资少，效益高。这些方式是建筑节能和建筑中推广可再生能源应用的最应提倡的方式。然而这些直接应用却很难量化成可再生能源的利用量，从而往往不被计入可再生能源替代常规能源的替代比例中。于是，这样的考核方式就很容易促进不甚合理的可再生能源多次转换的利用方式，反而就可能抑制最合理的各种直接利用方式。转换环节的多少，转换过程中能源品位的变化，实际可以作为评价各种太阳能风能利用方式的指标。例如太阳能热水器直接把太阳能转换为生活热水，属于低密度、低品位的直接利用方式，所以是最合理的利用方式。这就是为什么在没有什么优惠政策的大环境下完全依靠市场机制就使我国太阳能热水器获得了广泛的普及，其成果举世瞩目。而太阳能热水器产生热水再进入散热器采暖的方式转换环节多，无政策支持，仅仅靠市场机制就很难推广。可是我们为什么要通过某种政策机制去促进一些不十分合理的利用方式呢？

再来看"热泵型"可再生能源利用方式。如果认为通过热泵从地下水、地表水或者海水中提取出的热量属"可再生能源"，那么通过空气源热泵从室外空气中提取的热量是否也可以归入可再生能源呢？如果在夏季向地下水、地表水或者海水中释放热量属于利用这些"可再生能源"中的冷量，那么通过一般的空调机向室外空气释放热量（也就是利用空气中的冷量）是否也可以属可再生能源呢？这样一来，概念就很模糊。有些地方不得已还下了很大的力量去界定哪些属于可再生能源，哪些不属于。然而，热泵的运行也需要消耗电力，包括压缩机耗电和两侧的流体输送系统耗电（水泵和风机）。热泵的功能实际是把电力这样的高品位能源转换为建筑需要的低品位热能。热泵系统是否节能完全取决于转换效率的高低。例如，北方地区许多地下水源热泵系统输出的热量与压缩机和地下水循环水泵耗电量之比仅为2.5，也就是说，消耗一份电力最终获得的仅是 2.5 份热量。而这一份电力实际是消耗了 3 份热量的燃煤通过热电厂转换而来。如果用这些燃煤通过大型锅炉燃烧，也可以制备同样热量的热水（锅炉效率 83%）。这样的地下水源热泵系统充其量只能说减少了当地的空气污染，并无节能效果。但如果把这种热泵从地下提取的热量统统计入可再生能源，就可立即得到巨大份额的可再生能源利用比例。可是这到底对节省常规能源做了什么贡献呢？实际上有很多地下水源热泵系统，冬季实际运行的结果表明平均消耗一份电力仅产生两份热量。这样的系统从常规能源的消耗量看，不如大型燃煤锅炉，因此属于费能方式。而如果认为它提取的热量属可再生能源，则可得到这一系统在采暖的能源消耗中 50% 属可再生能源的结论！用这样的方式量化可再生能源的利用，再用这种可再生能源利用率来考核建筑节能工作，不会产生任何实际的节能效果，只会毁坏全社会对建筑节能高度关注的大好形势，浪费掉全社会投入到建筑节能事业中的宝贵资源。因此，不应该把使用可再生能源的比例盲目的作为建筑节能的考核指标。

2.4.3　比较能源利用效率的方法

建筑节能的一种英文对照用词是"Building energy efficiency"。再用中文解释，就是"提高建筑物能源利用效率"。那么建筑节能是否可以直接用建筑系统的能源利用效率来评价呢？

当谈到发达国家建筑能耗实际上高于我国现状这样一个事实时，很多人马上想到，这一定是我国建筑提供的服务水平低于发达国家，如果把服务水平折算到同一标准，能耗高低的关系可能就不一样了。这种说法的确没错。例如法国南部住宅冬季采暖能耗为 50kWh/(m² · a)热量，室内维持在 22℃。而同样的冬季气候条件，上海地区住宅冬季采暖热泵耗电 5 度，热泵产热量 12kWh/(m² · a)，但室内是部分时间、部分空间采暖，有人时房间温度 15℃，无人时停掉采暖设备，房间温度自然降低。把这样一座上海住宅的实测状况按照法国标准，折合为室内 22℃，全空间、全时间采暖，可以计算出在这样的标准工况下需要的热量超过 60kWh/(m² · a)。这样一来，法国南部这座住宅建筑的能源利用率高，而上海这座住宅建筑的能源利用率低。实际上，这座法国住宅建筑的能源利用效率确实高于上述的这座上海住宅建筑，但我们能认为那座实际消耗 50 kWh/(m² · a)的法国住宅建筑比实际消耗 5 kWh/(m² · a)的这座上海住宅建筑节能吗？

一位很认真的北京的房地产开发商请专业的节能环保机构对他们的一个项目冬季采暖能耗状况进行了测试。这个项目采用辐射采暖，另外还有专门的新风系统提供加热加湿后的新风。整个冬季室温维持在 24℃，辐射采暖的热量平均消耗量为 14W/m²，新风系统耗热量为 11W/m²，这样，冬季采暖总的耗热量平均为 25W/m²。测试机构认为，把辐射采暖的热量折合到北京市规定的采暖标准室温 18℃的工况，14W/m² 应折合到 10.5W/m²，而新风属于提供了额外的服务，因此其热量不应计入。这样，折合到标准工况，采暖能耗仅为 10.5W/m²，仅为北京市建筑节能标准中采暖能耗 21W/m² 的一半。因此可以得到结论，这座建筑的能耗比达到建筑节能标准的建筑能耗还低一半。但是，这座建筑实际消耗了平均 25W/m² 的热量，明明比北京市节能标准中规定的 21W/m² 高，怎么就比节能标准规定的能耗还节能了呢？这就是用能源利用率这种方式来评价是否节能所出现的问题。

建筑能耗不仅与建筑及设备系统的效率有关，还在很大程度上与建筑运行模式、使用者行为模式，以及建筑提供的室内物理参数有关。我们抓建筑节能工作，也不是单单为了建造出一片高能效建筑，而是希望真正减少实际的建筑运行能耗。希望从建筑形式、设备效率、运行方式、使用者行为以及室内实际的设定参数等各影响因素全面奏效。只谈用能效率，尤其是将室内状态折合换算到同一标准后再比较能源消耗，就无法反映运行方式、使用者行为以及室内设定参数这些因素对建筑能耗的影响。这样就只能片面地反映建筑能耗问题，甚至回避了影响建筑能耗的最主要因素。实际上，相当多的建筑其能源利用率高，但实际能源消耗更高，主要原因就是没有正确的把握适当的服务标准，从"全面掌控"出发去营造人工环境。仅仅追求建筑用能效率，以此作为评价建筑节能的标准，往往鼓励的是这一类"全面掌控"的建筑和运营理念。最终的效果又导致实际能源消耗的大幅度增长。因此提高建筑能源利用率有其积极意义，但不能把追求高的建筑能源利用率作为建筑节能的追求目标和评价标准。

2.4.4 从实际能耗数据出发的方法

因为建筑节能的目标应该是实际建筑能源消耗数量的降低，因此就应该以实际的能源消耗数据作为导向，作为建筑节能工作唯一的评价标准和追求目标。什么是实际能源消耗数据？对于一个国家或地区来说，建筑节能的目标就是在满足人民生活水平和社会发展需要的前提下，降低建筑运行的能源消耗总量，从而减少资源消耗，保护环境，实现可持续发展的目标。为了降低建筑运行的能源消耗总量，就要：

（1）在满足人民生活和社会活动需要的前提下，尽量减少全社会的建筑总拥有量。建筑能耗总量与建筑总量成正比，超过社会需要量之外的多余建筑只是增加能源消耗，增加管理负担，浪费土地，而不会给人类的文明、进步和人民的幸福带来任何帮助。因此，严格控制建筑总量应成为建筑节能工作的关键措施之一。而从能源使用效率，可再生能源比例等指标出发都无法导出控制建筑总量的措施。

（2）提倡"绿色生活"，强调建筑与自然环境的沟通，严格控制建筑标准，尽量避免建造高能耗的"人工环境"建筑。同时，通过行为节能，减少室内外环境状态设定参数的差异，无人时关闭一切环境控制设备，提倡采用"部分时间，部分空间"的运行模式。这些措施也是可再生能源利用率或能源利用效率这些指标所无法导出的。

(3) 用实际建筑运行能耗数据作为指导、规划和管理建筑节能工作的出发点。新建建筑的建筑节能不是以"节能百分之几十"来规划和考核,而是规划"新建建筑增加的运行能源消耗总量不超过多少";既有建筑的节能改造也不是以完成了"百分之几十"的改造量作为任务和指标,而是通过节能改造后,能源消耗降低至多少;或者与原来相比降低的能源消耗量。这种对建筑能耗总量的规划、考核与约束,才可以与能源与环境的整体规划衔接,并能够真正产生建筑节能的社会效益。

对于一座具体建筑,以能源消耗数量为目标的建筑节能就是分别考察建筑物实现的每个单位功能所付出的能量消耗代价。例如,对于住宅建筑,就是考察其单位建筑面积用电量、单位建筑面积采暖消耗的热量和空调消耗的电量,以及单位居住者的炊事和生活热水所消耗的能量。表 2-5 为我们参考各地实际能耗调查的结果并结合大量的计算分析,得到在基本满足住宅功能要求的前提下,我国几个典型城市住宅能耗的参照值,或者是当各项节能措施得到基本落实后,住宅能耗可以达到的水平。同样,对于不同类型的公共建筑,表 2-6、表 2-7 给出各个典型城市单位建筑面积电耗总量、采暖热量、空调耗电量等指标。目前大约有一半左右的同类型建筑实际的能耗处于或低于这一指标。从社会公平化原则出发,如果这一地区一半的同功能建筑能够在这样的能耗指标下正常的发挥其功能,那么对新建建筑就不存在任何其他理由要在运行中超过这一用能指标。这些指标值可以作为目前建筑节能的参考值,用以评价一座同功能建筑能耗是正常、偏高,还是低于平均状况。

当新建一座建筑,尤其是大型公共建筑时,以能耗指标作为考核建筑节能的目标,可以有效地统一建设与管理的全过程,并且使降低运行能源消耗的最终目标得以有效落实。在项目规划初期,应该根据规划的建筑功能与规模,参考表 2-6、表 2-7 的数值,给出这一项目未来全年的总能耗和各项分解能耗。以此作为这一项目建筑节能的约束标准。在方案设计与评比阶段,这一建筑能耗指标就可以作为是否节能的最科学评价。可以利用现在的模拟分析手段,预测出在不同的使用模式下各个设计方案最终的运行总能耗和分项能耗。这些预测结果可以用来评价不同设计方案的能耗性质,帮助选择节能型方案,从而避免单纯地比较采用了哪些节能技术,安装了哪些节能产品。

　　有了这样的标尺，可以很方便地根据实际的能源消耗账单去判断一座建筑物的建筑节能水平，也可以根据建筑物内各类用能系统的分项电耗去分别考核各个系统的相关责任者（运行管理者、设备提供者以及设计者）在节能工作上的功过。这样建筑节能就不再是一句空话，也很难再成为某些机构的炒作题材。经过这样的考核被证实是实现了节能的项目，也就一定能从运行费用降低中获得经济回报。

　　用能耗数据说话，以能耗数据作为标尺，这应该是贯穿与建筑的规划、设计、工程验收、运行管理以及节能改造全过程中引导建筑节能工作的惟一的评价指标。

不同地区住宅建筑的能耗指标参考值　　　　　　　　表 2-5

序号	用能类别	单位	住宅建筑			
			北京地区	西安地区	上海地区	广州地区
1	采暖全年耗热量	kWh/(m² · a)	65	55	15	—
2	空调全年耗冷量	kWh/(m² · a)	8	9	14	20
3	空调（包括上海、广州的采暖）全年耗电量	kWh/(m² · a)	3	3.4	10	7
4	全年总耗电量（包括各类电器）	kWh/(m² · a)	18	19	25	22

北京、西安地区不同功能建筑的能耗指标参考值　　　　表 2-6(a)

序号	不同系统	单位	北京地区				西安地区			
			普通办公楼	商务办公楼	大型商场	宾馆酒店	普通办公楼	商务办公楼	大型商场	宾馆酒店
1	空调系统全年耗电量	kWh/(m² · a)	18	30	110	46	20	31	112	47
2	照明系统全年耗电量	kWh/(m² · a)	14	22	65	18	14	22	65	18
3	室内设备全年耗电量	kWh/(m² · a)	20	32	10	14	20	32	10	14
4	电梯系统全年耗电量	kWh/(m² · a)	3	3	14	3	3	3	14	3
5	给排水系统全年耗电量	kWh/(m² · a)	1	1	0.2	5.8	1	1	0.2	5.8
(1~5)	常规系统全年总耗电量	kWh/(m² · a)	53	88	200	87	55	89	201	88
6	空调系统全年耗冷量	GJ/(m² · a)	0.15	0.28	0.48	0.32	0.16	0.29	0.49	0.33
7	供暖系统全年耗热量	GJ/(m² · a)	0.20	0.18	0.12	0.30	0.19	0.17	0.11	0.29
8	生活热水系统全年耗热量	GJ/(m² · 人)	—	—	—	12	—	—	—	12

上海、广州地区不同功能建筑的能耗指标参考值　表 2-6(*b*)

序号	不同系统	单 位	上海地区				广州地区			
			普通办公楼	商务办公楼	大型商场	宾馆酒店	普通办公楼	商务办公楼	大型商场	宾馆酒店
1	供暖空调系统全年耗电量（包括热源）	kWh/(m² · a)	23	37	140	54	40	55	170	78
2	照明系统全年耗电量	kWh/(m² · a)	14	22	65	18	14	22	65	18
3	室内设备全年耗电量	kWh/(m² · a)	20	32	10	14	20	32	10	14
4	电梯系统全年耗电量	kWh/(m² · a)	—	3	14	3	—	3	14	3
5	给排水系统全年耗电量	kWh/(m² · a)	1	1	0.2	5.8	1	1	0.2	5.8
(1~5)	常规系统全年总耗电量	kWh/(m² · a)	58	95	230	95	75	113	260	119
6	空调系统全年耗冷量	GJ/(m² · a)	0.22	0.32	0.79	0.44	0.38	0.48	1.16	0.68
7	生活热水系统全年耗热量	GJ/(m² · 人)	—	—	—	12	—	—	—	12

北京、西安地区不同功能建筑的供暖空调系统能耗指标参考值　表 2-7(*a*)

序号	不同系统	单 位	北京地区				西安地区			
			普通办公楼	商务办公楼	大型商场	宾馆酒店	普通办公楼	商务办公楼	大型商场	宾馆酒店
1	冷机全年耗电量	kWh/(m² · a)	—	14.0	28.7	18.6	—	14.6	29.4	19.2
2	冷冻水泵全年耗电量	kWh/(m² · a)	—	3.8	7.5	5.2	—	3.9	7.7	5.4
3	冷却塔全年耗电量	kWh/(m² · a)	—	1.6	3.5	2.4	—	1.7	3.7	2.6
4	冷却水泵全年耗电量	kWh/(m² · a)	—	3.6	7.8	5.4	—	3.8	8.1	5.6
5	热源泵全年耗电量	kWh/(m² · a)	—	1.0	1.1	1.6	—	0.9	1.0	1.4
6	风机盘管全年总耗电量	kWh/(m² · a)	—	1.5	—	1.8	—	1.5	—	1.8
7	新风机组全年耗电量	kWh/(m² · a)	—	4.5	—	5.2	—	4.6	—	5.2
8	空调送风机全年耗电量	kWh/(m² · a)	—	—	50.6	4.8	—	—	51.1	4.8
9	空调排风机全年耗电量	kWh/(m² · a)	—	—	10.8	1.0	—	—	11.0	1.0
(1~9)	供暖空调系统全年耗电量	kWh/(m² · a)	18	30	110	46	20	31	112	47

上海、广州地区不同功能建筑的供暖空调系统能耗指标参考值　表 2-7(*b*)

序号	不同系统	单 位	上海地区				广州地区			
			普通办公楼	商务办公楼	大型商场	宾馆酒店	普通办公楼	商务办公楼	大型商场	宾馆酒店
1	冷机全年耗电量	kWh/(m² · a)	—	18.0	45.0	24.0	—	30.0	63.7	39.4

续表

序号	不同系统	单 位	上海地区				广州地区			
			普通办公楼	商务办公楼	大型商场	宾馆酒店	普通办公楼	商务办公楼	大型商场	宾馆酒店
2	冷冻水泵全年耗电量	kWh/(m²·a)	—	4.8	11.0	6.2	—	7.4	14.1	9.8
3	冷却塔全年耗电量	kWh/(m²·a)	—	2.2	5.0	2.8	—	3.2	5.8	4.5
4	冷却水泵全年耗电量	kWh/(m²·a)	—	5.0	12.0	6.4	—	7.2	14.8	10.0
5	风机盘管全年总耗电量	kWh/(m²·a)	—	1.6	—	2.0	—	2.0	—	2.2
6	新风机组全年耗电量	kWh/(m²·a)	—	4.8	—	5.4	—	5.2	—	5.5
7	空调送风机全年耗电量	kWh/(m²·a)	—	—	54.0	5.0	—	—	57.6	5.2
8	空调排风机全年耗电量	kWh/(m²·a)	—	—	13.0	1.2	—	—	14.0	1.4
(1~8)	供暖空调系统全年耗电量	kWh/(m²·a)	23	37	140	54	40	55	170	78

说明：

(1) 由于住宅建筑的空调能耗与住户的空调使用方式密切相关，不同住户的空调使用方式由于生活节俭程度的不同差异很大，本表中提供的数据为中等节俭程度住户的能耗数据。

(2) 建筑面积：本表中的建筑面积指建筑物除车库之外的建筑面积。

(3) 普通办公建筑：指建筑面积在 2 万 m² 以下且不设置集中空调的中小型办公建筑，该类建筑的主要特点为建筑内区很小，外窗可大面积开启。

(4) 本表中的能耗指标均不包括信息中心、洗衣房、厨房、大型娱乐中心、车库。

2.5　关于零能耗建筑

随着建筑节能工作的深入，近年来在一些发达国家有学者和政府部门相继提出"零能耗"建筑甚至"负能耗"建筑（建筑对外输出能源）的概念，认为建筑节能的中心任务就是发展和推广零能耗建筑，建筑节能问题的最终解决就是把建筑全面建成零能耗建筑。由此观点出发，国内也开始陆续出现各种发展零能耗建筑的设想，甚至把建筑节能的希望寄托于零能耗建筑。那么，怎么看待零能耗建筑？什么是我们落实建筑节能任务、实现建筑节能目标的主要途径呢？既然上一节说明，应该以实际运行能耗数据作为建筑节能工作追求的目标，那么零能耗建筑不就是这个目标的最极致的表述吗？为此，需要深入剖析零能耗建筑这一概念。澄清这一问题对于有效地利用好当前各种社会资源，搞好建筑节能工作，真正实现建筑节能目标有重要意义。

2.5.1 什么是零能耗建筑

实际上有这样几种零能耗建筑的定义：（详细说明见本书4.9节）

（1）独立的零能耗建筑：不依赖于外界的任何能源供应，建筑物可以利用其自身产生的能源独立运行。这是真正意义上的零能耗建筑，目前在世界上仅有很少几座以科学研究为目的的这种真正的零能耗建筑在服务于尝试性的研究工作。

（2）净零能耗建筑：与外电网连接，利用安装在建筑物自身的太阳能、风能装置发电，当产生的电力大于需要的电力时，多余的能源输出到电网；当产生的能源不足以满足需求时，再利用电网供应的电力补充不足。一年内生产的电力与从电网得到的电力相抵平衡，由此称"零能耗"。

（3）包括建筑本体之外设施的零能耗建筑（Off-site zero energy building）：在建筑之外建立风力发电、太阳能发电、生物质能发电以及用生物质能产生燃气（如沼气）等，利用这些属于可再生能源的电力和燃气来支持建筑运行的能源需求。这是目前见到的较多的零能耗建筑。

要实现这三类零能耗建筑都需要做两方面的努力：一是降低对能源的需求，通过各种被动式建筑手段来尽可能营造室内较舒适的热湿环境和采光环境，最大限度降低对机械系统的依赖；二是尽可能利用太阳能、风能、生物质能等可再生能源，将其转换为建筑物所需要的电、热和燃料。前者是营造节能建筑、低能耗建筑所追求的共同目标，所要求的技术途径也基本相同，因此不属于零能耗建筑的特殊问题。而后者是要通过某种途径将可再生能源转换为建筑所需要的能源从而实现"零能耗"，因此这才是零能耗建筑之所以能够称为"零"的关键点。然而，上述第三类零能耗建筑，既off-site型零能耗建筑，也就是在建筑之外的土地上通过各类可再生能源和生物质能源利用设施为建筑物提供能源，更多的是反映建筑的建造和使用者节省能源保护环境的理念，与建筑本身无直接关系。因此单纯从技术层面讨论的话，这里只探讨上述前两类零能耗建筑。

2.5.2 实现零能耗建筑的条件与适应性

本书 3.3 节在探讨太阳能光伏电池在建筑中利用的可行性时，计算了要使一座充分使用了各种被动式技术的节能建筑全部用太阳能提供其各类能源时，所需要的接受太阳能的表面面积。根据这一计算，可以判断，对于 3 层以上（包括 3 层）的住宅建筑和办公建筑，依靠其外表面面积接受太阳能来提供该建筑所需要的全部能源实现"零能耗"，几乎是不可能的。其根本原因就是整座建筑可以接受到的太阳能能量在目前技术水平所能达到的能量转换效率下不足以提供这样大的建筑空间所要求的必要的运行能源。如果再考虑城市建筑密集，建筑之间的相互遮挡，建筑表面所能得到的太阳能量就更少。在城市建筑中采用风能为建筑提供能源的可能性目前也有一些尝试。研究案例表明，对于高层建筑（如广州某大厦）在最大的可能性下安装风能装置，可提供的电能不足整个建筑用能的 1%。这样看来，在目前的技术水平下，3 层以上建筑很难完全依靠太阳能和风能提供其自身的全部运行能源需求，实现"零能耗"。从技术层面看，目前的零能耗只可能在 3 层以下的低密度建筑中实现。目前看到的世界上介绍的真正实现了零能耗的建筑案例，无一例外全部是 3 层以下建筑。我国城市建设面临的问题之一是土地资源匮乏，节能、节地是我们必须同时面对的问题。扩大城市建设范围，发展低密度城市建设，还会导致交通需求量的大幅度增加，并降低公共交通系统的效率，增大交通能耗。因此大规模低密度城市建筑绝非我国城市建设发展方向。这样，依赖于低密度的"零能耗"建筑可以作为研究目标来建造，也可以在某些特殊条件下的项目中小范围尝试，但却不可能成为我国城市建筑节能的最终解决途径。

除了土地资源利用问题，还有能源的"品位对口，梯级利用"问题。能量优化利用的最基本策略就是根据需求特点，选择合适的能源类型，尽可能减少转换环节，实现各类能源的恰当匹配利用。建筑用能种类繁多，各自需要不同品位、不同形式的能源。例如，电视、电脑等电器设备必须用电力驱动；而采暖和生活热水可以使用各种可获得的低品位热能。太阳能尽管从原理上讲属于高品位光能，但由于其能量密度太小，所以其本质相当于低品位能源。这就是说，利用太阳能的最好方式是直接通过它转换为建筑需要的某种低品位用能服务，而不是转换为高品位的电能。建筑的用能种类和用量很难与适合安置在建筑表面的各类可再生能源相匹配，为了实现零能耗，有时就不得已通过多环节的能源转换来满足建筑的多种需求。例如通过太阳能光伏发电带动水源热泵产生热水供建筑物采暖，如果光伏发电的光—电转换效率为15%，热泵的电—热转换效率为3，其综合效率也只是45%，远低于直接用太阳能热水器产生热水可达到的70%的光—热转换效率。而在能源供应系统完备的大城市，电网可以向建筑实时高效地提供需要的电能，极少量的太阳能光伏发电很难对降低电力系统能源消耗做出实质贡献。反之却在并网双向输电等方面增添了一系列的问题和困难。那么为什么要在高建筑密度的大城市倡导依赖于太阳能、风能发电的零能耗建筑呢？

什么场合是零能耗建筑最适宜的场合呢？应该是远离城市能源供应系统的边远地区。我国西部几千公里的边防哨所，能源供应十分困难，而人烟稀少，土地和空间资源极充足。我们的边防战士有时由于能源供应不足而忍饥受冻，由于没有电力供应而不能看电视，上网。而这些地方发展零能耗建筑不存在任何空间和土地紧张问题，也不存在维护管理力量不足问题，是发展零能耗建筑的最佳场合！我国目前西部和海岛还有一些电网不能到达的地区。由于距离远、末端负荷小，有时电网的输送损耗可达输送到末端电力的30%～50%。为了解决这些地区的供电以及其他的常规能源供应，有时需要巨大投资。这些也应该是发展零能耗建筑的最好场合。在这些地区发展零能耗建筑，可以大幅度改善当地人民的生活状况，其经济效益、节能效益和社会效益相比电网完善而建筑密集的大城市，都高出很多。

我国社会和经济进一步发展的关键是提高农村的经济、文化和文明水平。建设社会主义新农村可能是当前促进我国社会和经济持续发展的最主要任务。与我国的城市形态不同，大多数农村建筑密度低，土地资源相对充足，劳动力资源相对富裕，但能源供应系统却相对落后。供电系统大多靠长途供电，由于末端负荷的密度低，造成输电效率低，成本高。除了煤炭产区，多数农村煤炭等商品能源的输运成本高，实际的综合成本往往高于城市。目前许多农民家的厨房中，煤气罐、电饭煲、柴灶、蜂窝煤炉"四位一体"，"根据情况不断变换做饭的灶具"。这反映出农村目前能源系统不健全，各类能源供应不可靠的状况。而这种状况恰恰为在农村发展零能耗建筑的提供了最有利的条件。大多数农村有丰富的生物质能源，按照Offsite 型零能耗的思路，开发基于生物质能，并辅之太阳能和风能的新能源系统，全面解决新农村建设中的能源问题，走一条与目前城市中的能源供应系统完全不同的可持续发展的能源解决模式，这将是符合人类理想的建筑能源模式，并会对我国社会主义新农村建设做出重大贡献，也将为缓解我国能源供需间的缺口做出巨大的贡献。此外，农村燃煤消耗量的不断增加使灰渣堆积，成为包围一个个村落的垃圾围墙；如用生物质能替代燃煤，生成物可全部成为有机肥，返回耕田。由此，零能耗建筑是在农村实现资源循环利用的重要环节。中国零能耗建筑的前景在农村，那里有广阔空间，可以大有所为！

2.5.3　大城市倡导零能耗建筑的不良后果

当前，建筑节能已成为我国节能减排战略的重要任务之一。各级政府、社会各界都极为关注。各种社会资源也纷纷投向建筑节能事业。如何发展我国城市的建筑节能？怎样才能真正实现我国建筑节能的宏大目标？这是需要深入探讨的大问题，也是建筑节能工作首先要解决的问题。把零能耗建筑作为实现建筑节能最终的解决途径，把盖几座零能耗建筑作为落实建筑节能的主要行动，就会将全社会对建筑节能事业的关注引导到不适宜的方向，就会过多地占用建筑节能的社会资源，从而影响建筑节能的主要工作。实际上，一个拥有几千万平方米建筑的城市（北京城市建筑面积约 5 亿 m^2），即使盖出 10 万 m^2 的零能耗建筑，对整个城市建筑总的能耗也只能产生不足 1% 的影响。而真要盖出这样大规模的零能耗建筑，可能要动用这一个城市在建筑节能工作中的全部资源。这些资源如果用在全社会的建筑节能工作中，建立建筑能耗数据统计管理平台与考核体系、针对高能耗建筑进行有效的整改、加强运行管理提高建筑用能系统效率，以及其他许多措施等，都可以有效地大幅度降低整个城市的建筑能耗。可能只要上述投资的 10%，就可以使这个城市的建筑室内照明全部更换为节能灯，这样产生的节能效果会超过这个城市建筑总能耗的 10%；如果在北方地区，这些资源用于热电联产集中供热系统的改造，可取得的节能效果则会超过这个城市建筑总能耗的 20%！

有些城市希望把建成几座零能耗建筑作为建筑节能工作的标志性成果，作为建筑节能工作有显示度的业绩。我们考核建筑节能工作的成果一定是实际运行能耗的下降，是围绕降低建筑运行总的能源消耗所做的一切努力。实际上，建立全市范围内各主要建筑的运行能耗实时监管平台，通过加强管理切实降低实际能耗，可能远比几座零能耗建筑更有显示度，更能产生实际的节能效果，也更节省投资。通过这样的建筑运行能耗监管平台实时获取实际的建筑运行能源消耗状况，通过各种途径和方式向全社会公示，所引起的全社会关注程度和市民介入程度都将远远大于盖几座零能耗建筑所能起到的宣传和带动效果，也更能体现出有关部门对建筑节能工作的重视。

某些企业是出于商业目的，利用全社会对建筑节能事业的高度关注，把各种最新的建筑节能技术汇集，通过零能耗建筑的概念打包，获取某些商业利益。实际上目前国内不少号称零能耗的大型建筑在这种影响下大幅度增加了投资，尽管一时换取了有关部门和社会上的某些赞誉，但却很少产生真正的节能效果。长期运行的结果表明不仅不能 "零能耗"，有的项目实际能耗还要高于一般建筑水平。这类项目浪费了社会资源，业主也很难从中得到任何好处，实际上是 "伪零能耗建筑"。在城市大力倡导零能耗建筑，很容易最终变为 "伪零能耗建筑"，其客观作用是在为这种做法煽风鼓气。多少年来，我们搞 "大跃进" 性质的运动，好大喜功，最终浪费掉宝贵资源，无一而成。这种经验教训已经很多了，建筑节能工作该吸取这种历史的经验教训，坚持科学发展观，按照科学规律办事，说真话，办实事！

2.5.4　对发展 "零能耗建筑" 的态度

按照上述讨论，我们对零能耗建筑的态度是：

(1) 零能耗建筑不可能是未来城市建筑节能的最终解决途径，尤其不是高密集建筑、土地资源匮乏城市的建筑节能任务的解。

(2) 从科学研究的目的出发，建一两座零能耗建筑无可非议，但不可在大城市大规模发展零能耗建筑。

(3) 边远地区，常规能源系统难以提供服务的地区，应该是零能耗建筑发展的最佳场所。结合建设社会主义新农村任务，从零能耗建筑的理念出发，发展新的农村能源系统，是零能耗建筑的研究与推广重点。

(4) 应该警惕以零能耗建筑作为招牌来达到各种商业的和其他的目的。抵制伪零能耗建筑。建筑节能事业绝不可再搞 "大跃进" 了。

2.6 坚持科学发展观，实现中国特色的建筑节能

我国的社会和经济发展目前正处在一个关键时期。GDP 持续十年以每年超过10％的速度增长（2008 年由于后半年金融危机的影响，为 9％），城市建成面积每年以接近 10％的速度增长，能源消耗的年增长率也一直高居于 10％左右。查阅美国、日本的发展历史（图 2-33，图 2-34），可以发现我国城市的单位面积建筑能耗水平、经济发展水平与美国 20 世纪 50 年代及日本 60 年代末非常接近。这两个世界上最发达的国家从那时候起，经过了 15～20 年的时间，单位建筑面积能耗增加了 1～1.5 倍。之后尽管经济仍持续发展，单位建筑面积能耗基本上不再有大的变化（尽管历经 20 世纪 70 年代能源危机和历次节能减排运动的努力）。在最后单位面积能耗大致稳定的这 20～30 年间，替代于单位建筑面积的增长，是与经济发展同步的全社会总的建筑拥有量的缓慢增长，由此使建筑能耗总量持续增长，并逐渐成为制造、交通、建筑三大能源消费领域中的比例最大者。近 30 年来，以美、日为代表的发达国家从政府、社会各方面一次次周期性地对建筑节能给予高度关注和巨大的财政资助、立法监管和舆论导向，新的建筑节能技术也层出不穷，各国还相继出现了不少集成了各种节能技术的低能耗建筑，但如果观察全社会单位建筑面积能耗量，却很难发现明显的下降趋势。那么，我国在今后这关键的 15～20 年内会怎样发展？

目前我们的单位面积建筑能耗水平与当时的美、日基本相同，与现在的美、日相比则只是 40％～60％。根据他们走过的历程，如无切实有效的行动，15～20 年后很自然地就会达到他们的水平（韩国就是从 20 世纪 80 年代初期起，经过 15 年左右的时间，单位建筑面积能耗与人均 GDP 同步增长，经过了这一飞速发展期后，目前建筑能耗与日本处于完全相同的水平）。中国的城市建设在飞速发展，如果 20 年后城镇建筑存有量增加一倍，单位建筑面积能耗增加一倍，那时候我们的建筑运行总能耗就将与目前的全国商品能源消耗总量相同。无论从能源的来源，能源的运输还是能源转换后的碳排放，我国都不可能承担这样大的能源消耗量！这是因为我们的人口总量太大，国土面积和资源量有限，并且由于发展期的不同，现在已经不可能再像美、日那样大规模借助于国外的自然资源了。我们要实现的任务是在满足

社会、经济发展与人民生活水平提高的需求下，使单位建筑面积实际运行能耗基本上控制在目前水平，或者努力在目前的基础上进一步降低。这是一项史无前例的任务，是面对人类社会发展模式的挑战。不迈过这一步，城市建设就会受到能源与环境的严重制约，城市建设发展的制约又会进一步约束城市和社会的发展。

按照发达国家所走过的建筑节能的路来应对这一挑战？历史演变的事实证明是行不通的。美、日从20世纪50、60年代的"改善型"发展为"全面掌控型"使单位建筑面积能耗翻了1.5倍，而进入"全面掌控型"后，即使再下大力气完善各环节的技术，提高各环节的效率，也很难使实际的建筑能耗有质的改观。面对这一现实，西方一些有识之士开始反思，提出要回归自然，要从生活方式、行为模式上重新考虑，人类应如何营造自己的生活空间，人类应该如何对待自然——是与自然和谐相处，还是驾驭自然之上？纵观人类的文明史，工业革命使人类可以在很大的程度上驾驭自然，但最终也带来了资源耗竭、环境破坏的后果。人类文明的进一步发展是改善与自然的关系，在与自然和谐的基础上实现可持续发展，从而实现生态文明。这应该是人类文明历程中的一个重大进步，也应该是人类发展的必然。从这一理念出发，人类营造自己生活空间的方式也应该得到反思，由此也就可以导出我们实现建筑节能宏大目标的新思路。

首先，什么是舒适、健康的室内环境？本书2.3节介绍了这一领域的研究发展状况。实际上研究的焦点就是怎么对待建筑物的服务对象——居住者或使用者。从单纯机械论的观点出发，把人也看作一个机械对象，追求一个绝对的舒适点、舒适区，再通过各种机械手段去营造恒定于这一点的室内环境，这是"全面掌控型"室内环境营造的基本出发点，也是"现代建筑"能耗居高不下的主要原因。越企图把室内环境全面地恒定于一点，能耗就越高。在这样的目标的基础上再怎样通过先进技术和"零能耗"手段，也很难实现运行能耗的有效降低。而从辩证唯物论的观点看，居住者受建筑室内环境的影响是相对的、是变化的，这里不存在绝对的舒适点和舒适区。人体根据所处的热环境状态和自身所处状态（工作、休息、运动）不断调节自己身体热适应系统和代谢系统，以实现与外环境的热平衡。这是人体的基本能力和健康表现，也是人类在进化和发展过程中逐渐培养和健全的能力。舒适和健康的室内环境一定是建立在这一基础之上的。要有利于维持人体的调节能力，要有适当的变化和刺激，要生动的，"活"的环境而不是僵死的、"枯燥"的环境。而这一切又恰恰是在大多数场合自然环境恰好可以提供的！真正舒适和健康的室内环境应该是尽量接近自然的环境，只是当出现极端不适宜环境时，再用机械系统进行适当的改善。2.2节中讨论的"改善型"室内环境营造策略正好与这一思路一致。因此这可能是最符合人类本身需要的室内环境，也是人类进入生态文明后营造自身生活的室内环境的主要策略。而这样的室内环境营造又恰恰可以完全实现我们建筑节能的目标！

最适宜人生活居住的"改善型"室内环境并不是简单地维持我们目前的室内环境营造方式。研究表明最受欢迎的室内环境要素为：

——居住者与自然界的沟通能力。例如在需要的时候可以得到有效的自然通风，自然采光和日照，以及对外界良好的视觉效果。

——居住者对局部环境的调控能力。例如对自然通风、自然采光和日照的调控，对局部环境温湿度和照度的调控，对外界声响的调控（可以听到，也可以完全隔断）。

从这一目标出发，在不同的气候带，需要的建筑形式就会很不相同，要求的机械设备系统的形式和特点也会很不一样，要实现降低运行能耗的关键点也就会因气候特点而异，因建筑功能而不同。但是，从这一追求目标出发，通过技术和管理的创新，却完全有可能实现我们建筑节能的目标，既提供更舒适和健康的居住与生活环境，又不使能源消耗增加。

同样，对于居住者生活的态度，也需要从可持续发展的角度进行探讨。例如曾一时鼓吹的"智能家居"，一切全依靠自动化、机械化系统实现，那么人在家里仍然是主人还是将沦为这些机械系统的奴隶？家庭劳动具有享受生活和繁琐劳动这两方面。机械化已经把人类从繁琐的家务劳动中解脱出来，不再碾米推面，炊事工作大为方便，洗衣机已替代了手工洗衣，如此等等。而进一步的全部自动化，就会完全丢掉享受生活的一面，居住者剩下的就只是被动地接受服务。而付出的代价呢？就是高额的能源消耗。这也不应该是我们小康生活所追求的。摆正人与环境的关系，理顺居住者与居室的关系，提倡"绿色生活"，这对我们规划未来的生活方式，从而相应的考虑合理的住宅设计非常重要，同时也是实现住宅能耗降低（至少不使住宅能耗再大幅度增加）的关键。

对于办公环境、购物环境，以及学校、医院等各类非居住建筑空间，也同样存在追求什么样的环境的问题。实际上目前社会上流行的所谓"豪华写字楼","豪华购物场所"等建筑环境,无论是建筑物内外人流交通的便利性、与自然的沟通能力,还是使用者对局部环境的调控能力,都远远不如现在大多数"一般写字楼"和"一般购物场所"。而除了这种不便利之外的另一巨大的差异就是运行能耗上的巨大差别。这种"豪华建筑"由于其不得已的与外界的封闭性导致其运行能耗比"一般建筑"高出几倍。而以高得多的投资,高得多的运行费,高得多的不方便与不舒适换取的只是一种符号化的满足感。"我在这座豪华写字楼内上班!","本公司设在此高档写字楼中",这实际是经济高速发展时期容易出现的一种文化现象。而这种文化导致了大量资源、能源的浪费,既影响了我们城市健康的发展模式,也还会影响整个社会群体的生活方式。因此应从社会文化宣传教育上,倡导先进的生态文明理念,建立起"节约为荣,浪费为耻","做绿色减排的地球人"等提倡生态文明的新文化,为建立资源节约型社会构成文化基础。这件事非常重要,应成为全社会的大事,需要从各级政府开始带头提倡,带头行动,形成风气,发展成新的文化。减少资源与能源的浪费,形成资源节约型社会,与扩大内需,促进经济发展二者无任何矛盾。扩大内需是为了增加金融的流动性,提高就业率,其核心是增加劳动力的需求量和消费量,从而促进经济的增长。扩大内需决不是扩大对不可再生性资源的低效消耗和浪费。这些不可再生的资源永远是我们子孙后代赖以生存和发展的基础。

　　如果这样的思路是我们建筑节能问题的最终解决途径,那么当前的建筑节能工作就应该朝这个方向抓起。一方面是倡导绿色生活,绿色办公,绿色购物,逐渐形成生态文明的先进文化;另一方面就要从实际的能源消耗数据抓起,用能耗数据评价,用能耗数据考核,用能耗数据奖惩。建立起全面清晰的建筑能耗监测统计和管理体系,获取有效的实际数据,这可能是实现"用能耗数据导向"的最主要的基础工作。无法全面切实地获取建筑能耗数据,用数据导向就只能是一句空话。但在数据监测统计系统上的投入可能远比建一两座示范建筑或零能耗建筑重要,也比用财政补贴的方式推广某种"节能技术"有效。当真正得到全面有效的建筑能耗数据,并能用这些数据管理和考核实际责任者时,市场就会以十倍百倍的力量推动那些能够真正降低运行能耗的技术、产品和措施进入最恰当的应用场合。建筑能耗的高低不仅取决于节能技术和产品的采用,更取决于运行者科学的运行管理和使用者绿色的行为模式。通过财政补贴支持某些节能技术,很难影响运行管理与行为模式,其结果往往会使这种技术被市场无边际地扩大，不论适用与否盲目地推广。最终往往是把建筑室内环境营造方式推向"全面掌控"的建筑环境控制理念，与我们希望的可持续发展模式背道而驰。而以能耗数据分项监测为主导，在此基础上根据实际能耗数据来考核与奖惩，却可以使建筑节能的事业全面地朝着生态文明的绿色解决方案推进。既可促进真正节能的产品与技术的应用，又可鼓励节能的管理模式和建筑使用方式，还会逐渐形成"建筑节能，人人有责，从每个人做起"。当我们从建筑的规划、设计，到系统的选择、调试，直到设备的日常运行，电灯与电脑的开闭，都把降低能耗作为重要的行动准则，形成生态文明的先进文化；我们就必然能够完成节能减排的历史使命，跨过发展屏障，实现我们的小康社会发展目标。同时也为世界上其他正在积极探讨可持续发展的科学道路的新经济体国家提供成功示范。这将会是中华民族对人类做出的重大贡献。

第3章 某些建筑节能技术与措施的适用性分析

本章对目前一些在建筑节能领域中成为"热点"的技术和措施进行评述，试图说明，任何一项和建筑节能有关的产品、技术及措施都有其适用条件。只有在适宜的气候带，针对特定的建筑特点，这些节能措施才能充分产生有效的节能效果。而超越出这一使用范围，就很难产生真正的节能效果，有时甚至还会导致实际运行能耗增加。因此建筑节能工作很难依靠简单地推广几项产品和技术措施而奏效。下面的这些实际案例分析从另一角度印证了前一章所讨论的，为什么要以能耗数据作为建筑节能工作的导向。

3.1 绿色建筑评估标准

3.1.1 国际绿色建筑评估标准体系比较

围绕规范和推广绿色建筑，近年来许多国家制定和发展了各自的绿色建筑标准与评估体系，包括：美国的 LEED 绿色建筑评估体系，英国的 BREEAM，日本的 CASBEE，十五个国家在加拿大制定的 GBC 体系，德国的 LNB《可持续发展建筑导则》，澳大利亚的 NABERS，挪威的 Eco Profile，法国的 ESCALE 等。20 世纪末，我国香港、台湾地区也相继推出绿色建筑评估体系。我国学者及研究人员于 2001 年 9 月推出《中国生态住宅技术评估体系》，2003 年 8 月针对奥运研究了《绿色奥运建筑评估体系》（简称 GOBAS），2006 年 3 月建设部出台了《绿色建筑评价标准》（GB/T 50378—2006）。2007 年原环保局出台了《环境标志产品技术要求 生态住宅（住区）》（HJ/T 351—2007），为中国绿色建筑的发展起到了良好的引导和推动作用。其中英国的 BREEAM、美国的 LEED、加拿大等国的 GBTools，以及日本的 CASBEE 为国际上比较有影响力的几大评估体系。表 3-1 为这四种评估体系的简介。

对比当前的国内外绿色建筑评估标准（或体系），可以发现：

1）在评价内容上，几乎所有的评价体系都包括了场地环境、能源利用、水资源利用、材料与资源、室内物理环境等五大内容，而不同的地方则在于是否考虑建筑的可改造性、运行管理、创新机制等，而且上述内容在具体的条文分配上并不相同。

国际上四种主要绿色建筑评估体系简介　　　　　　　　　表 3-1

名称	BREEAM	LEED	GBTool	CASBEE
起源	英国	美国	加拿大等国	日本
评价	最早的绿色建筑评估体系	商业上最成功的绿色建筑评估体系	最国际化的绿色建筑评估体系	最科学的绿色建筑评价体系，政府推动
适用建筑类型	新建和既有办公、住宅、医疗、教育建筑等，共 8 种类型	新建和既有建筑、住宅、社区、内部装修等，共 6 种类型	新建商业建筑、居住建筑、学校建筑等	新建和既有各种类型，社区、政府办公楼等，共 10 余种类型
评价方式	评定级别（通过，好，很好，优秀）	评定级别（通过，银，金，白金）	评定相对水平（相对于基准水平的高低程度）	S，A，B，C（折算为建筑环境效益，百分制）
评估内容	管理 人类健康 能源 交通 节水 材料 土地利用 生态 污染	可持续场地规划 提高用水效率 能源与大气环境 材料与资源 室内环境品质 创新设计	资源消耗 环境负荷 室内环境质量 服务品质 经济 管理 交流与交通	Q：建筑品质 Q1. 室内环境 Q2. 服务品质 Q3. 场地环境 L：环境负荷 L1. Energy 能源消耗 L2. 材料和资源消耗 L3. 大气环境影响 BEE（建筑环境效益）＝Q/L

2）在框架设计上，基本上包括以下几种类型，即设计指南型（LEED、HK-BEAM）、评分表格型（GBTool、NABERS）、二者结合型（BREEAM、CAS-BEE，GOBAS）、简单指标型（台湾地区）。

3）在阶段划分上，美国、我国台湾和香港的评价体系基本上没区分，而包括 GBTool、CASBEE、BREEAM、NABERS、GOBAS 在内的评价体系都涉及了不同阶段，并在评价内容、重点和方式上进行了区别设计。

4）在权重体系方面，可以认为以美国 LEED 体系为主的是一种无权重（或者线性权重）评价体系，而 GBTool、CASBEE、BREEAM、NABERS、GOBAS 则包含了多级权重系统。

5) 在全生命周期评价，由于各国国情和基础数据库的不同而有所不同。美国的 LEED 体系基本上没有提供全生命周期评价的 LCA 数据库；BREEAM 对建筑全生命周期环境影响的评估是基于"生态积分（Ecopoints）"模式之上的，即采用一个典型的英国公民对环境的影响作为"基准"量度不同类别的环境影响，其数值由英国全国的环境影响总量被英国公民总数除而获得。

国内外主要绿色建筑评估体系的对比　　　　　　　　　　　　　　　表 3-2

	推出机构	Q/L评分	阶段区分	定量化指标	权重体系	全生命周期评价	结构设计	先进性	方便性
美国LEED	民间	无	无	节能（钱）、节水	1级	基本无	Checklist为主	☆	☆☆☆
日本CASBEE	官方	√	√	节能、减排、节水、节材	3级	具有丰富的数据库	以评分为主	☆☆☆	☆
英国BREEAM	最早为官方，后市场	无	√	节能、减排、节水	2级	具有丰富的数据库及生态足迹概念	以评分为主	☆☆	☆☆
加拿大等12国的GBTool	民间	无	√	节能、减排、节水	3级	各国自定	以评分为主，可灵活修改	☆☆	☆☆
香港CEPAS	官方	√	√	节能、减排、节水	2级	参考日本	措施＋评分	☆☆	☆☆
中国绿色建筑评价标准	官方	无	√	节能（百分比），节水（百分比）	1级	暂时无	措施（条文）评价	☆	☆☆☆

3.1.2　LEED 体系的科学性评价

从 LEED 的开发伊始，其使命就非常明确：不是要去精确度量建筑的环境性能，而是要成为推进建筑市场改革的有力工具。这一特点是它市场化成功的根本所在，也是争议的焦点。

例如，LEED 非常重视作为一个服务于市场的产品所需的推广活动以及与建筑行业相关人员（包括使用者、设计师、专家等）的交流与合作，同时开展了大量的培训活动，不仅通过培训的收益弥补了 LEED 推广前期较低评估费用造成的赤字，更重要的是深入地宣传了 LEED 评估体系。但是一个事实是，在美国，能够最后确认评价结果正确性的评估师不过 20 人左右，而经过 LEED 培训的人员却非常非常多❶。

当然，LEED 主要被诉病的问题在于，针对绿色建筑的节能、节水、节材、室内环境、场地和创新几方面，并没有针对每一个单项性能有一个最低分的约束。结果只是按照总分约束，实际应用中带来了不少的问题，甚至有不少完全不合理的现象出现。

LEED-NC 的可得总分为 69 分，其中：可持续场地部分总分 14 分，节水部分总分 5 分，能源与大气环境（简称节能）总分 17 分，材料与资源部分总分 13 分，室内环境质量部分总分 15 分，创新设计部分 5 分。"通过"级要求被评项目获得其中的 26 分以上，即获得总分的 37.7％以上就可以获得认证。假设建筑环境性能是均衡的，那么每个影响类别的得分应该都在该项可得总分的 40％以上。但实际上，这些通过认证的建筑的得分出现了极大的不均衡，并非都是在 40％以上。通过对获得 LEED-NC 通过级别以上的 156 个建筑的评价数据进行整理，发现了一些问题。例如：可持续场地的通过分应为 5.6 分，156 个 LEED 认证建筑中 60％在此基准之上。材料和资源部分的通过分为 5.2 分，55％的认证建筑在此基准之上。而室内环境部分 80％的认证建筑得分在基准分之上，创新设计部分 87％的认证建筑得分超过了基准分的要求，而且有 24 个案例得到了满分。与之形成鲜明对比的是，在节能部分，只有 16％、不足 25 个案例得分基准分 6.8 分以上，甚至有 9 个 LEED 认证的建筑在这个总分为 17 分的节能要求中 1 分未得。

这说明了 LEED 评价体系中不科学之处，即允许各方面性能表现的互相补偿。如上面分析结果表明，节能方面的性能是 156 个 LEED 认证建筑案例的薄弱项，也是难点，但是如果建筑不希望在此多费气力，那么也可以轻而易举地通过在相对定性的创新设计、室内环境质量等方面获得高分而同样达标。这与国际上对绿色建筑各方面性能均衡发展的共同观点并不一致，却是市场化推广的最为快捷的道路，但实际上已经偏离了绿色建筑的本质和初衷。

LEED 标准体系中还有一些过于重视设备节能的地方。例如，尽管提高新风量会增加运行能耗，但在 LEED 中提高人均新风量指标总是可以得分的（例如办公室中的 100m³/（人·h））。首先，在室内环境部分可以改善空气品质，得分；其

---

❶ 引自国际绿色建筑专家 Larsson 2004 年 SB04 会议的一次演讲。

次，在节能部分，采用参考建筑进行能耗模拟时，参考建筑的新风量标准必须和设计建筑一样，即使是明显地高于《ASHRAE 62—2001 通风与室内空气质量标准》（ASHRAE 62—2001 Ventilation for acceptable indoor air quality）。特别地，这时候只需要建筑方案设计了新风热回收就行，原因是绝大多数情况下与其比较的参考建筑是不能设计新风热回收的。因此有一个 LEED 认证中的"策略"就是，不管如何提高新风量、照明等各方面的标准，只要采用了节能的设备就能使节能部分得到高分。究其原因与美国绿色建筑委员会（USGBC）中过多的产品供应商及其拥有的话语权不无关系。但这却是与节能的最终目的背道而驰的。此外，LEED 的一些条文是基于美国国内标准（包括围护结构和暖通空调节能设计标准，设备性能标准，室内声光热和空气品质标准）确定的，尽管没有直接说明，但对于国际上的项目却不得不优先寻找美国或北美地区的材料或产品供应商。特别是为了创新设计、室内环境质量等方面获得高分，盲目提高室内的舒适度标准和档次，结果是一方面大大增加初投资，为国外制造商制造了更多的产品销售机会，另一方面实际上却更加耗能。

最近 USGBC 的 Brendan Owens 以及新建筑研究所的 Mark Frankel 和 Cathy Turner 对实际运行的 LEED 建筑进行了调研和回访，最初大家都以为"LEED 项目在节能方面有重要的意义：通过 LEED 认证的建筑，就意味着更节能；在 LEED 评分中级别越高，节能效果越好"。调研结果表明 LEED 建筑和没有通过 LEED 认证的建筑相比的确有所节能[1]，见图 3-1，但是意料之外的却是：

1）仅 30％的 LEED 建筑运行能耗比预期良好；

2）25％的 LEED 建筑运行能耗比预期差；

3）许多建筑都存在严重的高能耗问题；

4）越是高级别的示范性、实验性建筑，其建筑能耗水平反而比预期更高，一般能高出一倍左右。

此外，LEED 认证中还有一些很匪夷所思的策略，例如允许购买一些古董类的字画等，通过价值折现实现材料资源的可回收利用。这大概是过分市场经济下的结果，无法再过多评价。

---

[1] 这与美国整体建筑能耗水平高直接相关。

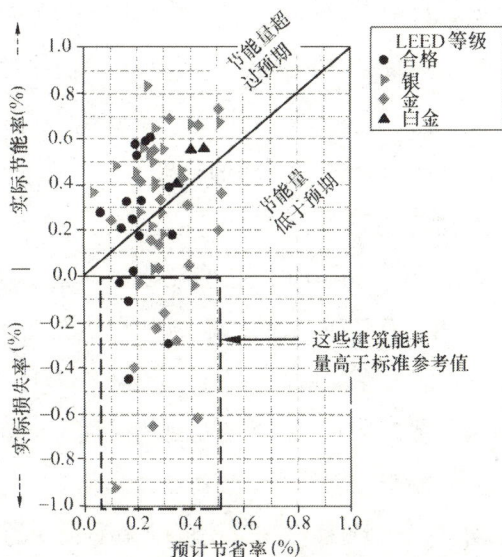

图 3-1　LEED 认证案例中实际能耗和设计能耗的差别

　　总的看来，LEED 并非一套科学的绿色建筑评估体系，在市场上的成功并不能掩饰其评价体系中的诸多不足。事实上，LEED 编制委员会也意识到了这一问题，并试图改进。奈何商业影响过大，总体看来依然起效甚微。

3.1.3　LEED 适合中国吗

　　作为国际上商业化最成功的绿色建筑评估体系，LEED 在 2003 年前后进入中国，依仗其庞大的市场运作能力，以及来自美国这一最具国际影响力的"绿色建筑标准"的无形标签，在近几年中得到了国内房地产开发项目的极大追捧。

　　国内主要的房地产开发商都有项目参评 LEED 认证，例如：招商地产的泰格公寓（银级，国内最早的 LEED 认证项目）、万科地产的大梅沙万科总部（铂金）、西湖新天地、北京财富中心等，据统计登记申请美国 LEED 的中国国内项目已经达到了 100 多个。一方面，国内越来越多的项目更青睐 LEED 项目；另外一方面，越来越多的国外公司、专家纷纷进入中国，或者代理 LEED 咨询，或者进行产品促销；同时国内不少企业、业界人士也纷纷注册为美国绿色建筑委员会的委员单位或去考 LEED 的评估认证师❶，国内不少网站、科研单位或人员也在着手出版

---

❶　LEED AP，一个项目有 LEED AP，可以直接获得一分。

LEED 认证等方面的书籍资料，或进行 LEED 的宣讲，一下子大有轰轰烈烈的阵势。LEED 仿佛成为绿色建筑国际标准的代名词，并俨然比其他标准（包括国内的绿色建筑评价标准）更权威、更科学、更具有市场影响力。

事实真是如此吗？首先，从商业运作的角度，房地产企业申请 LEED 超越了科学的范畴，不是本文讨论的重点。其次，关于 LEED 是否科学的讨论，前面已经讨论，这里不再重复。下面着重从过分推崇 LEED 可能带来的问题进行分析。

第一，从国内项目申请 LEED 认证来看，绝大多数项目是声势浩大地注册、递交完申请、开完了新闻发布会之后，便没有了下文。真正拿到认证（奖项）的很少；甚至有些项目申请完便没有开工。这不是因为受到了 2008 年 10 月份之后金融危机影响后房地产资金链断裂之后的现象，而是过去几年内的事实。比较直接的原因是房地产开发商的务实性，因为 LEED 认证带来了过多的初投资的增加，已经超过了绝大多数房地产的理性承受力。例如，无论是否通过，LEED 项目光注册费用就需要 1.5 万～4.5 万美金。其次，国内外 LEED 认证公司进行认证的技术咨询费用基本上都在 30～40 元/m²，并不包含初投资的增量。最后，实际 LEED 认证导致的建筑成本增加还额外需要 200～1000 元/m² 不等。原因是房地产项目的时间紧迫，在产品招投标中不得不求助于北美公司的材料、设备，结果自然价格不菲。正是因为绝大多数开发商只想以一个典型工程申请 LEED 认证当作卖点，宣传自己，而并非真的致力于绿色，这样做就容易形成行业内的盲目跟风现象，而事实上从心理和实际准备方面都不是真心实意的。

第二，当前过分追求 LEED，容易推波助澜地帮助北美公司进入中国房地产市场。而换一个角度看，国内的 LEED 认证的确变成了一个新兴市场的推动者，一个和厂家利益、商业利益紧密相关的活动。特别地，近几年来 LEED 大肆推广的高通过率的 LEED AP 认证（近 70% 通过率和不菲的考试费用），以及在中国国内设置考点，商业化目的更加明显。这样的事情对于当前中国参差不齐、尚未成熟的房地产市场而言还是少一些好。

第三，由于中国的国情与美国不同，有些 LEED 认证级别较高的建筑用中国的《绿色建筑评估标准》来评，结果却并不好，并不符合中国政府和科研院所对绿色建筑的共识。原因是，通过对我国北京、上海、深圳等地的城镇建设以及绿色建筑发展现状的调研，发现即便在发达城市，城市建筑也均普遍存在运行能耗高、材料资源消耗大、建筑室内声光热环境及空气品质差的现状，而且不同类型建筑或者相同类型建筑不同地区的水平差距较大。总的看来，从调研分析和数据对比来看，目前我国建筑环境质量的现状和要求存在很大的差异，不像发达国家总体水准较高、差别较小，问题的主导方面是能源、资源与环境代价的最小化。因此，我国的绿色建筑评估体系绝不能像 LEED 那样允许其中节省能源、节省资源、保护环境的条款与室内舒适性、服务水平的条款彼此相加或相抵。

最典型的案例就是国内南方某房地产公司建筑，尽管该项目号称申请 LEED 的最高级别铂金奖，但是根据其目的进行国内绿色建筑的评价标识，结果只获得了绿色建筑二星级，最后直接取消国内的绿色建筑二星级认证。

尽管现在中国现有的建筑标准、法规还存在条文有漏洞，管理、执法不到位等问题，阻碍了绿色建筑的全面发展。现有的绿色建筑评价标准在定量化评价方面也还有改进的地方。但是从科学、平稳地推进我国城镇可持续建设的角度出发，我国绿色建筑评估体系研究和编制还是强调了因地制宜和分阶段控制，一方面充分吸收国际上最先进、最科学的绿色建筑评估体系的优点，另一方面注重国内不同地区的气候特点、经济技术水平和建筑类型，通过开展标准体系评价框架、评价指标适应性、权重系数等问题的研究和确定，来解决评估标准的不适应问题。

3.2 关于变风量空调系统的讨论

当前在房地产开发领域有一种说法，认为够档次的商用写字楼就得上变风量空调系统（亦称 VAV 系统），否则建得再好也上不了档次。甚至有一些暖通空调技术人员也认为变风量空调是一种更加节能的、能够提供更加高品质室内环境的新的空调技术。事实果然如此吗？

其实变风量空调系统是全空气系统的一种。美国绝大部分的商用建筑或公共建筑都喜欢采用全空气空调系统，从 20 世纪初到现在经历定风量系统、双风道系统、诱导器系统，一直发展到现在的变风量系统。全空气系统的特点是用空气作为能量传递的介质来把冷热量输送到各个房间来控制室内的温湿度。

而我国绝大部分的写字楼采用的风机盘管加新风系统是一种半集中的"空气—水"系统。这种系统主要依靠水作为能量传递的介质来把冷热量输送到各个房间实现控制室内温湿度的目的。由于水管尺寸比风管小，因此这种系统管道占据的建筑空间比全空气系统的要小得多。随着高层建筑的大量出现，风机盘管系统得以飞速发展。在我国大陆、我国香港、日本、新加坡等地区的办公建筑大部分都采用了风机盘管系统。

　　尽管从理论上来说风机盘管与变风量系统都具有分室独立调节能力，但实际上二者调节能力的范围有很大不同。风机盘管的用户可以独立控制自己室内风机盘管的风机，对其他用户不会产生任何干扰。而通过温控器的设定值来调控自己室内风机盘管的两通水阀开度或者开停比，也基本不会影响到邻室的室温控制。其新风系统由于是独立于风机盘管的，所以新风量更不会受到风机盘管调控的干扰。可以说风机盘管可以实现 0～100％冷量或热量的独立调控。

　　但变风量系统的独立调控范围却受到很大的限制。一个空气处理器（空调箱）为多个房间送风，则进入每个房间的风管都安装一个变风量末端，根据房间的负荷大小来改变其送风量。同时空调箱的送回风机也随之改变转速，这就是变风量系统的原理。但每个房间的送风量都有下限限制，不能低于下限。这是因为当要求的风量低于变风量箱中风量传感器的测量范围，变风量箱就不能正常工作；由于无单独的新风系统，总风量减少时新风量也必然随之减少，这样在风量太小时就会导致新风量太低，不能满足人员的健康卫生要求。一般来说，送风量的下限不能低于最大风量的 40％～60％，并且不能完全关闭。这样在房间无人时，只要空调系统运行，室内就仍然通过空调系统维持温湿度参数，无法实现风机盘管系统那种"人走关机"的机制。由于是多个房间共用一个空调箱送风，统一的送风温湿度就很难同时满足各个房间的需要，于是经常出现部分房间过冷或过热的问题。同一风道系统相连的房间个数越多，这样的现象越普遍；所连接的各房间的负荷特性差异越大，这种问题就越严重。图 3-2 是北京某办公楼的变风量空调箱带的 6 个房间的温度与设定值之间偏差的实测情况。由图可见只有一个房间（Box 6）的温度与设定值的偏差接近 0，其他 5 个房间的温度不是高了就是低了，差了 1～2℃，而且偏冷的房间一直偏冷，偏热的房间一直偏热，如何改变送风温度都无法满足要求。为了避免这种问题，经常采用的解决方法就是在变风量末端加装再热器。再热器可以是电加热，也可以是热水盘管加热。空调箱根据要求送风温度最低的房间来确定送风温度，其他的房间在风量减小后仍嫌冷时，就通过再热维持房间要求的温度。这样做固然可以满足室内温湿度要求，但必然出现冷热抵消，导致能耗大幅度增加。所以在日本、我国的香港等地，往往只有一个大空间的敞开式办公室才用变风量系统，这样就能够避免由于各房间的差异性导致需要再热。而分隔成一个个独立小空间的办公楼一般是不采用变风量系统的。

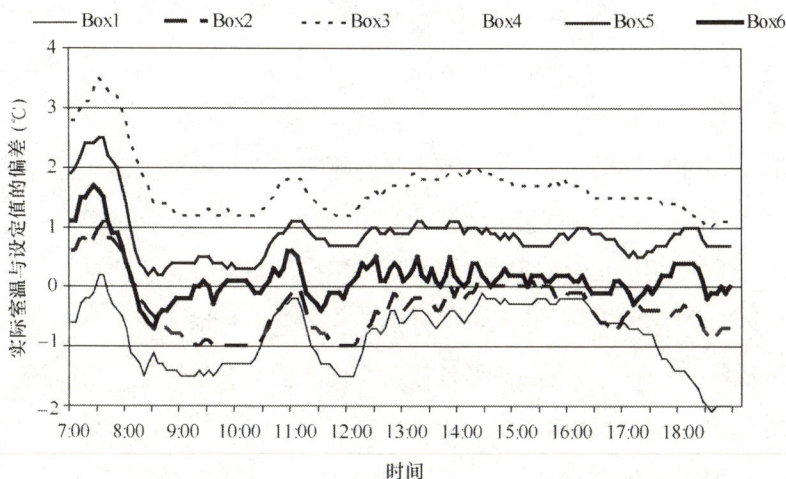

图 3-2　北京某办公楼一个 VAV 空调箱所负责的 6 个区域的全天温度偏差变化图

我国的大型办公建筑多采用风机盘管，而美国的大型办公建筑多采用变风量系统，从能耗数据就可以看出两种系统的能耗差别。由于北京与美国费城的气候条件非常相近，可以用于能耗对比。图 3-3 和图 3-4 给出了美国费城校园两个办公建筑和北京三个商用办公建筑的全年逐月单位建筑面积耗热量。美国办公建筑 M-A 为 3 万 m²，M-B 为 5528m²。北京的三座办公建筑均为建筑面积在 3 万～5 万 m² 的大型办公建筑。（张永宁．基于案例的美国公共建筑能耗调查分析与用能问题研究．清华大学硕士论文，2008）

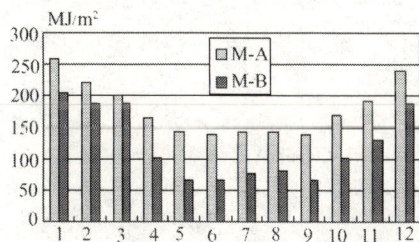

图 3-3　美国费城校园办公楼逐月耗热量

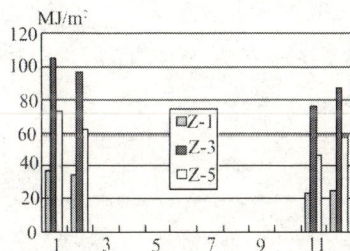

图 3-4　北京商用办公楼逐月耗热量

由于办公建筑内并无炊事等其他热需求，楼内的生活热水由其他能源方式制备，因此图中的耗热量都是空调采暖用热。从图3-5和图3-6我们可以看到北京的办公建筑夏季没有热需求，只有冬季有热需求；而美国的办公建筑在夏季却有着很大的耗热量，M-A的最热月耗热量竟然达到最冷月耗热量的60%，M-B的最热月耗热量也超过了最冷月耗热量的30%。夏季这些热量都需要通过冷水机组带走，这也导致了夏季系统冷负荷显著增大。

由此可见，正因为变风量系统实际的独立调控范围比风机盘管小，为了保证各房间都能够达到所需求的温度，只能安装再热器、冷热抵消，造成运行能耗大幅度增加。而我国的公共建筑节能设计标准要求舒适性空调夏季不能采用再热，这样，分隔成一个个独立房间的商用写字楼如果采用变风量系统就会连室内温湿度参数和必要的新风量都很难保证，更不要谈提供更优的室内环境品质了。

变风量系统另一个致命的缺陷是输配系统能耗大，也就是风机能耗大。相同的冷热量用空气输送和用水输送相比能耗相差甚大。输送同量的冷量，用风机输送消耗的电力是用水泵输送的7～10倍（考虑供回水温差5℃，送回风焓差15kJ/kg干空气，用户侧管道消耗水泵扬程10～15mH$_2$O，消耗风机扬程500～800Pa）。实际上，对于变风量系统，也需要冷冻水循环泵实现冷冻水在冷机至空调箱之间的循环。根据大量工程统计，变风量系统的冷冻水循环泵电耗并不比风机盘管系统的冷冻水循环泵电耗低。而变风量系统的风机总扬程一般在1000Pa左右，相比风机盘管风机100～200Pa的扬程，风机电耗就要高出5～10倍。再考虑风机盘管无人时的关闭和变风量系统的不可局部关闭性，变风量系统的风机实际能耗还要更高。

从我国的大型办公建筑与美国的大型办公建筑实际的风机水泵运行能耗数据就可以明显看出两种系统输配能耗上的巨大差别。表3-3给出了北京采用风机盘管＋新风方式、仅在大会议室、报告厅或大堂用CAV的大型办公建筑，以及费城校园以VAV为主的办公建筑的全年空调能耗分项对比，其中北京的数据选取的是能耗比较大的高档写字楼。

北京大型办公建筑和费城校园办公建筑的全年空调能耗分项对比　　表3-3

建 筑 物	风 机 (kWh/(m²·a))	建筑内冷冻循环水泵 (kWh/(m²·a))	冷冻机电耗 (kWh/(m²·a))
美国费城校园某办公建筑	197.1	7.5	52

建　筑　物	风　机 (kWh/(m² · a))	建筑内冷冻循环水泵 (kWh/(m² · a))	冷冻机电耗 (kWh/(m² · a))
美国费城校园 150 座办公建筑平均	93.9	15.3	48.1
北京商用写字楼 1	8.3	5.5	27
北京商用写字楼 2	8.2	5.4	26.7
北京商用写字楼 3	2.1	4.6	16.8
北京商用写字楼 4	15.7	3.6	13.8

由表 3-3 可见，美国校园办公楼内冷冻水循环泵的电耗是北京商用写字楼的 1.5 ~2 倍，这主要是美国校园建筑 24h 连续运行，并且表中的数据仅相当于二级泵的电耗，而北京商建的水泵电耗包括了冷冻机侧压降的能耗。从冷冻机电耗看，美国校园建筑冷冻机电耗是北京商建的 2~3 倍，这一方面是运行时间长所造成，另一方面反映了末端再热导致冷量的增加。实际上实测美国校园建筑冷冻机侧综合 COP 全年平均高于 5，而北京 4 座商用建筑的冷冻机全年平均 COP 不高于 4.5，也就是说，实际上美国校园建筑的冷量消耗还要更大。而表中最明显的差异是风机能耗的巨大差别，高达 10~20 倍！这显然不可能是运行时间长所能解释的，也很难给出其他的解释，惟一的原因就是 VAV 系统是靠空气循环输送冷热量，风机能耗太高。

显而易见的是，一味采用变风量系统是导致美国办公建筑空调系统能耗远远高于北京办公建筑能耗的根本原因。即便能够采取措施减少运行时间，把美国办公建筑的水泵能耗降到北京的水平，其风机能耗最多也就只能降低一半，无法改变空调能耗过高的现象。

可能有人会认为中国办公建筑能耗比美国小的原因不见得是变风量系统造成的，而是美国的室内环境质量要求比中国高导致的。下面以实例说明即便是在美国，同一个校园内使用风机盘管系统的建筑能耗也比变风量系统的建筑能耗低而且环境质量高。图 3-5 给出了美国某校园内 5 座建筑的年空调通风系统电耗（不包括集中供冷系统

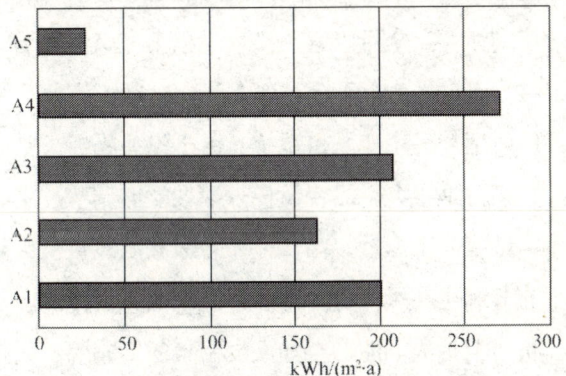

图 3-5　五栋美国校园建筑空调系统年电耗对比

的冷机和主循环泵电耗，仅包括楼内的循环泵、空调送风机、回风机、排风机等)，其中建筑 A1～A4 采用的是变风量系统、无法开窗，A5 建筑则采用风机盘管系统，可以自主开窗实现自然通风，新风系统不开。

由图 3-5 可见，A5 楼的空调通风系统电耗是其他四座楼的 1/9～1/5。实际上这五座建筑的冷负荷尽管存在差别，但最大差别不超过三倍。比如 A4 楼的冷负荷不到 A5 楼的 3 倍，但空调电耗却是 A5 楼的 9 倍，因此冷负荷的差别绝非能造成电耗差距如此之大。风机电耗是造成巨大差异的主要原因。除 A5 之外的四座楼变风量空调箱送风机和回风机以及排风机电耗达到 $150～200 kWh/(m^2 \cdot 年)$，而 A5 楼的风机盘管电耗还不到 $10 kWh/(m^2 \cdot 年)$。此外，风机电耗导致的温升还浪费了额外的冷量。例如在 A1 楼中，空调箱风机电耗导致 2～3℃的风机温升，所抵消的冷量占全年总耗冷量的 27%，非常可观。

尤其值得关注的是，实地温湿度测量和抽样问卷调查结果显示，采用风机盘管系统的 A5 楼不仅能耗小，而且有最高的令人满意的室内舒适度；而另外四座建筑尽管消耗了更多的电能，却普遍存在部分房间过冷或过热的抱怨问题，尤其是在其中某两座建筑中非常突出，其症结正在于变风量系统难以完全实现末端独立控制的缺陷。

综上所述，与风机盘管加新风系统相比，变风量系统的空调总能耗要明显大于前者。如果在分隔成多个小空间的建筑内采用变风量系统，又不采用末端再热的话，很难避免各房间温湿度失控以及新风量低于健康需求。如果采用末端再热，又会进一步增加能耗，雪上加霜。

不过变风量系统也有其独到的长处，其主要优点是没有冷凝水，不会出现室内滴水现象。但如果恰当的选择风机盘管系统的设计参数，并对凝水管精心设计精心施工的话，完全可以避免滴水现象。在有些场合，变风量系统也可发挥其特点。例如，在大跨度的大型办公建筑，当内区很大空间主要采用无隔断的敞开式办公室形式时，就较适合采用变风量系统。由于没有隔断，空间连续，各区域之间有气流交换，负荷差别不是很大，靠变风量末端就能够调节过来，不需要采用再热器。此外，这样的大内区在冬季和过渡季往往还有很高的冷负荷，需要空调系统供冷，变风量系统就能够充分利用新风作为冬季和过渡季的免费冷源，节省下来的冷冻机电耗有可能抵消掉风机多消耗的电能。再如人员密集的影剧院、大报告厅，以及有大内区的大型展馆、大卖场等单一空间无分隔，且冬季还有很高冷量需求的建筑就适宜采用变风量系统。

因此，认为高档写字楼如果不上变风量系统就不够档次的看法是完全错误的。变风量系统用得不合适，不仅能耗高，而且会导致室内环境质量变差。因此，一定要根据该写字楼的建筑设计特点，看看是否有大内区，空间设计上是以分隔小办公室为主还是以大型敞开式办公室为主，才能确定采用哪一种空调系统更合适。目前我国现有的办公建筑很多内区面积并不大，而且都倾向于分隔成独立的小间，很多租户甚至租下一个敞开式办公区就立刻重新装修分隔成一个个的独立空间，这样的办公建筑就非常不适合采用变风量系统。只有以大型无隔断的敞开式办公室为主、有大内区的办公建筑才有可能适合采用变风量系统。

最后介绍一个工程案例：伊朗德黑兰建造的世界上最大的霍梅尼大清真寺。该项目有巨大的礼拜大厅供穆斯林教徒做礼拜，这一大厅就采用变风量系统。但大厅中央有一个独立的贵宾室，专门服务于国家元首和宗教领袖。这个豪华的与大厅隔绝的房间就采用了风机盘管加新风方式。当问及为什么选择风机盘管作为此重要房间的空调末端时，回答是："风机盘管可以提供最好的空调效果呀"。看来市场宣传的神奇魔力可完全左右人们对时髦的认识，从而形成不同的消费选择。

3.3　太阳能光伏板在建筑上应用的问题

太阳能光伏板是一种很好的可再生能源利用的途径。目前，在建筑上安装太阳能光伏板似乎已成为绿色建筑的标志。很多发达国家所展示的"绿色建筑"、"可持续建筑"上绝大部分都装有规模不一的太阳能光伏板。近年来在我国，把数千平方米太阳能光伏板大规模应用在大型公共建筑上更成为潮流，并作为示范工程获得地方政府的高额补贴。

但由于太阳能光伏板高昂的价格，使得其投资回报期限过高，国际上公认目前投资回收期超过100年，远远超出了太阳能光伏板的寿命期，导致在推广应用上存在很大的障碍。因此为了促进可再生能源的应用，国内外各地政府均采用了各种各样的补贴、激励政策，甚至各种"零能耗"建筑也获得各种高额资助和补贴。一些学者甚至提出建筑不仅能够做到"零能耗"，而且还要建成一个能源生产源，成为"负能耗"，其主要的措施就是应用太阳能光伏板。

尽管太阳能光伏板是一种很好的可再生能源形式，但在目前条件下，在大城市中大规模地在建筑上安装太阳能光伏板是不是合适？能否达到推动建筑节能和可持续建筑发展的目的？太阳能光伏板应该用在什么场合才能够充分发挥其作用？政府补贴应该针对什么条件来给出？这些问题都值得深入探讨，以免误入歧途，浪费国家财政资源。

以某华南地区大城市的一座高档商用建筑为例。该建筑为一地上 71 层建筑面积 21 万 m^2 的塔式建筑，为了将其建成"零能耗"建筑，采用了 3000m^2 的太阳能光伏板，分别安装在该建筑的东、南、西垂直立面上。根据设计方案的乐观估计，该光伏板的峰值发电量为 300kW，与其他发电措施结合的全年发电量约为 30 万 kWh，约为该建筑年总耗电量的 1%，节省电费 24 万元，成本回收期超过 150 年。类似的建筑在华南地区已经越来越多，并作为节能示范建筑向公众进行宣传。

很多人会认为，这样的工程尽管初投资是无法回收的，但其节能示范作用是正面的，其社会效益比经济效益更重要。但如果其效果是让人们看到太阳能光伏板是昂贵的、对降低建筑总能耗的作用是微乎其微的、仅仅是锦上添花的，这样的示范对太阳能光伏板的发展难道是正面的吗？

太阳能光伏板的节能效果应该从其全生命周期来考虑。降低其寿命周期中生产能耗回收期，延长其净收益期在寿命周期中的比例在太阳能光伏板的应用中是至关重要的。因此，分析太阳能光伏板生产过程能耗，并评估其使用期的收益，对于研究如何提高其应用收益是非常必要的。

3.3.1　光伏发电系统的生产耗能

目前，由于缺乏国内相关生产工艺的清单数据，对于光伏发电系统的综合环境影响如四氯化硅的排放等尚无法给出量化结果，但对其生产能耗可以进行估算。太阳能光伏板的生产是高能耗产业，其中最主要的耗能环节是硅提纯工艺。该项技术被美、日、德等国的七家企业垄断。我国近年从俄罗斯引进了硅提纯技术，但技术水平与这七家尚有较大差距，单位产量的能耗约为美日技术的 1.5～2 倍。

国外研究结果显示光伏发电系统生产能耗的 75.8% 来自多晶硅生产（包括原料工业硅的生产能耗）。数据调查和分析表明：我国生产 1kg 多晶硅的电耗大约为 225～300kWh。加之提纯工艺其他能耗以及原料工业硅的生产能耗，我国生产 1kg 多晶硅的综合一次能源消耗为 3030～3830MJ，其中工业硅生产能耗占 10% 左右。

1kWp（峰值功率）的光伏板需要 12～13kg 多晶硅，则我国生产 1kWp 光伏板的综合能耗约为 36～50GJ，考虑相应的配套设备，可估算出我国 1kWp 光伏发电系统的综合生产能耗约为 48～66GJ。如果按照等效电法对生产过程各种能耗进行分析，则我国生产 1kg 多晶硅需要 316～391kWh 等效电，生产 1kWp 光伏板需要 4100～5100kWh 等效电，生产 1kWp 光伏发电系统平均需要 5400～6700kWh 等效电（相当于一次能源 48～66GJ）。

3.3.2　光伏发电系统应用的收益

光伏发电系统的应用收益与很多因素有关，其中发电效率是一个重要指标。目前国际上光伏板最高发电效率为 15%，标准测试条件是垂直入射、环境温度 25℃、新品、干净无尘。在实际应用中发电效率会随着以下因素而降低：

1）入射角非垂直 90°。由于光伏电池镶嵌在平板玻璃里面，因此随着太阳辐射的入射角加大，玻璃板的反射率也会加大，尤其是入射角超过 45°时，玻璃板的反射率会迅速加大，导致透射率迅速减小，因而反映出来的是光伏电池效率比垂直入射时明显下降。而固定型的太阳能光伏板是难以避免这种情况的，安装在垂直立面上的光伏板问题尤其严重。

2）光伏板老化和光伏板积尘。水平放置的光伏板比较容易积尘。

3）环境温度高于 25℃，每升高 1℃效率降低 0.4%～0.5%。

4）被其他建筑阴影遮挡，尤其是当光伏板安装在垂直立面上，太阳高度角低的时候可能入射角比较小，发电效率比较高，但却被其他建筑物遮挡住了，无法发挥作用。

由于上述因素的存在，在光伏板预期寿命的 20～25 年中，平均发电效率很难接近理想的最高值。有研究者对太阳能光伏板在我国各地使用的情况进行了研究，通过一些实验测试数据并通过模拟计算得出在哈尔滨、北京、武汉、广州、昆明五个典型气候区代表城市使用的南向倾斜 20°角的太阳能光伏屋顶的发电效率在 7.8%～13.5%之间，夏季基本在 8%上下，冬季高于夏季，长江流域及以南地区冬夏都基本在 8%左右，见图 3-6（任建波. 光伏屋顶形式优化的实验和理论研究. 天津大学硕士论文，2006 年 1 月）。

在北京的一个 2003 年 11 月份开始运行光伏示范电站的 2004 年全年测量数据

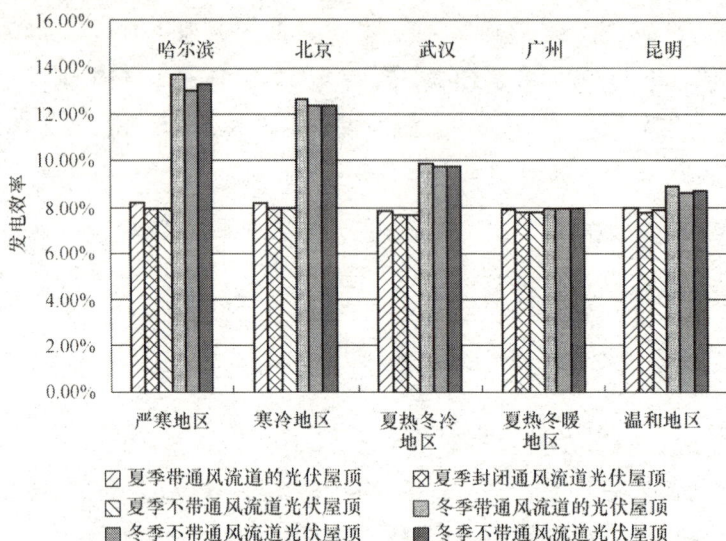

图 3-6　不同地区、不同季节、不同类型光伏屋顶的发电效率

记录显示，正南垂直安装和屋面正南倾角 15°安装的太阳能光伏板，每 1kWp（折合 7.7m² 左右）光伏板的全年发电量分别为 715kWh 和 597kWh，相当于每平方米光伏板年发电量为 92.9kWh 和 77.5kWh。北京地区全年的水平面平均年太阳辐射总量为 6050MJ/(m²·a)，所以可以折算得出其平均发电效率只有 5.5% 和 4.6%。这个实测效率比前面理论预测的北京地区 8% 要低得多。在这个案例中，屋面安装的光伏板发电量甚至低于垂直正南安装的原因是因为屋面倾角 15°安装的光伏板有积尘，而垂直安装的则无积尘（刘莉敏，曹志峰，许洪华.50kWp 并网光伏示范电站系统设计及运行数据分析.太阳能学报，2006 年第 27 卷第 2 期）。

3.3.3　光伏发电系统的能耗回收期

光伏发电系统的生产能耗回收期目前在国际上没有统一公认的结论。例如有意大利的学者对平屋顶和斜屋顶上安装的太阳能光伏板进行了测试，认为其能耗回收期为 2.9～3.8 年。而有澳大利亚学者对一体化安装于住宅屋顶和墙上的太阳能光伏发电系统进行了研究，结论是能耗回收期为 4～16.5 年，其长短取决于系统形式、电池材料、系统含能的取值等因素。含能越高回收期越长，发电量取代电和取代燃气的回收期不同，后者较长；晶体硅电池的回收期比无定形硅电池的回收期要长；不带热回收的多晶硅电池的能耗回收期为 12～16.5 年。

太阳能光伏板的能耗回收期与生产能耗大小以及使用阶段的收益有关。根据各地区水平面平均年太阳辐射总量以及估算的光伏板年平均发电效率，就可以估算出该地区使用太阳能光伏系统的生产能耗回收期。假定太阳能光伏系统的年平均发电效率为8%，表3-4给出了在我国几个日照区使用太阳能光伏板的能耗回收期估算情况。这个回收期只是考虑了能耗的环境影响，并没有考虑生产过程污染物排放以及报废回收过程的综合环境影响。

从上述结果可以发现，除拉萨以外，光伏发电系统要花费接近或者超过1/3的生命周期用于抵消生产过程的能耗。如果发电效率降到如上述案例的5%左右或更低，则在广州和重庆使用光伏发电系统就没有什么意义了。因此在使用中避免低效率是提高光伏发电系统的全生命周期效益的至关重要因素。

我国几个日照区使用太阳能光伏发电系统的能耗回收期 　　　　表 3-4

日照区	代表城市	水平面平均年太阳辐射总量 $(MJ/(m^2 \cdot a))$	能耗回收期 (a)
I	拉萨	7550	4.5～5.6
II	北京	6050	5.6～7.0
III	广州	4800	7.1～8.8
IV	重庆	3775	9.0～11.2

3.3.4 不同类型建筑采用太阳能光伏发电系统的效果如何

图 3-7 给出了四个典型城市在不同朝向上安装太阳能光伏发电系统的年发电量模拟结果，假定其年平均发电效率为8%。

平均效率8%时全年单位面积光伏板发电量（kWh/m²）

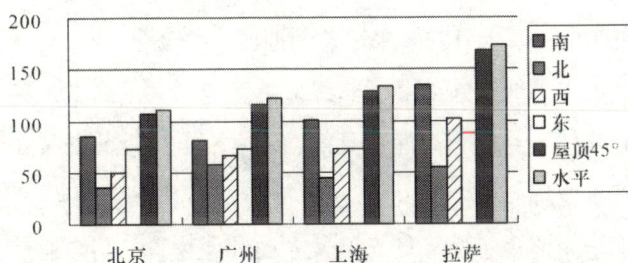

图 3-7　四个典型城市在不同朝向上的太阳能光伏板的年发电量

由于单位面积的太阳能光伏板的全年发电量只是几十至一百多度电，因此能源密度是非常低的。那么，什么样的建筑采用太阳能光伏板能够有比较显著的节电效果呢？表 3-5 是中外除采暖外的住宅能耗对比（《中国建筑节能年度发展研究报告 2008》，表 1-9），从中可以看到中国住宅的全年单位建筑面积的电耗量是 15.7kWh/($m^2 \cdot a$)，要显著低于美国和日本的 49.6kWh/($m^2 \cdot a$) 与 61.1kWh/($m^2 \cdot a$)，因此这个用电量是相当低的。如果一个家庭有 100m^2 的建筑面积，则全年用电量为 1570kWh。如果在北京的屋面安装太阳能光伏板，效率 8％的水平光伏板发电量是 111kWh，则需要在屋面安装太阳能光伏板面积 14.1m^2 才能满足整个建筑的总耗电量，而且还必须跟电网连接以替代蓄电池。

中外除采暖外的住宅能耗对比   表 3-5

	总能耗 (kgce/($m^2 \cdot a$))	炊事 (kgce/($m^2 \cdot a$))	生活热水 (kgce/($m^2 \cdot a$))	照明 (kWh/($m^2 \cdot a$))	其他家电 (kWh/($m^2 \cdot a$))	空调 (kWh/($m^2 \cdot a$))
中国	8.1	2.6		6.8	6.3	2.6
美国	21.1	0.8	3.1	11.2	28.0	10.4
日本	27.8	1.2	5.4	57.3		3.8

根据《中国建筑节能年度发展研究报告 2008》的统计数据，我国大型公共建筑的全年耗电量平均值为：办公楼 111.2kWh/($m^2 \cdot a$)，商场 216.2kWh/($m^2 \cdot a$)，宾馆 121.0kWh/($m^2 \cdot a$)。尽管这个耗电量只是同类美国公共建筑耗电量的 1/4～1/3，但仍然可见 1m^2 水平安装的太阳能光伏板甚至还不能满足 1m^2 建筑面积的电耗，如果垂直安装则出力不抵 1/3 需求量。更不用说大型公共建筑均为多层或高层建筑，根本没有足够的水平面安装太阳能光伏板。这就是为什么本节前面提到的华南地区某高层建筑垂直立面上安装 3000m^2 的太阳能光伏板发电量不足以抵消建筑全年耗电量的 1％，节能效果很差的原因。

除此以外，该华南地区地处北回归线以南，全年太阳高度角偏高，夏季是长时间处于天顶垂直照射，有部分时间更是照在北立面上，因此安装在东、南、西垂直立面上的光伏板单位面积获得的太阳辐射量小，而且入射角很大，导致发电效率低。而在冬季太阳高度角有所降低，但又会被其他建筑的阴影遮挡，有效日照小时数下降。所以尽管花费了昂贵代价安装了如此大面积的太阳能光伏系统，即便是乐观估计所能获得的收益对于该项目节能率的影响也是微乎其微的。

因此,住宅建筑安装太阳能光伏系统还是有明显作用的。比如安装 $2m^2$ 的太阳能光伏板有可能替代家庭全年用电的 15%。但在公共建筑上安装太阳能光伏系统所能起到的节能作用就实在是太微弱了。实际上在发达国家也极少见到在建筑上采用数千平方米大面积太阳能光伏发电系统的项目,也是考虑了整体收益的问题。

对于造价昂贵的光伏幕墙还存在另一个方面的问题,就是幕墙的寿命是太阳能光伏板寿命的两倍以上,在太阳能光伏板寿命结束,没有发电作用以后,如何处理这个造价昂贵的光伏幕墙?这又涉及光伏幕墙的全生命周期的能耗和环境影响问题。

3.3.5 如何才能提高太阳能光伏系统的收益

如果考虑太阳能光伏系统与建筑一体化的应用,比较有优势的应用条件应该是:

1)太阳辐射充足,大气透明度高;

2)建筑密度低,有足够的空间安装光伏板,并能够满足较大比例的建筑用电需求;

3)缺乏供电的基础设施。从全生命周期的角度出发,建新电厂与电网等基础设施的环境影响可能大于太阳能光伏系统。

如果在高纬度地区安装太阳能光伏板,安装在正南垂直立面上会有更大的收益。但在赤道和北回归线区域,就应该尽量安装在屋面。

根据上述条件,我们应该在太阳辐射非常充足的青藏高原,或者太阳辐射比较充足的西北地区缺乏供电基础设施的偏远乡村大力推动太阳能光伏发电系统。因为这些地区建筑密度低,建筑用电负荷密度低,有可能与太阳能光伏发电系统的出力相匹配。安装了太阳能光伏发电系统就能够真正地解决当地农村居民缺电的问题,彻底改善他们的生活品质,且不会对环境产生大的破坏作用,这是建设我国社会主义新农村的一个很好的途径。由于太阳能光伏发电系统价格高,偏僻乡村居民难以承担,所以政府的补贴应该向这里投入。如果在建筑密度非常高的大城市大力推广太阳能光伏系统并给予政府补贴,这对于建筑节能来说是缘木求鱼,不能起到有效促进可再生能源利用的健康发展的作用,而且浪费了国家的财政资源。

3.3.6 关于"零能耗建筑"和太阳能光伏系统

"零能耗建筑"往往都是与太阳能光伏板的应用密不可分的，所以世界上的"零能耗建筑"都装有很多太阳能光伏板。我们可以以北京一户人家为例，看看一户"零能耗"住宅需要多少空间资源。因为在中国不仅能源、矿产、水是资源，土地和空间也是资源。

根据《中国建筑节能年度发展研究报告 2008》的统计数据，可以得出北京一户 $100m^2$ 建筑面积的普通住宅全年的能源需求如下：

1）采暖热量需求：根据北京的调查统计值 $50\sim100kWh/m^2$，取下限耗热量 $50kWh/m^2$。这个标准与欧洲国家相比也算是低能耗住宅了。所以总需求热量为 $5000kWh/a$。

2）用电量：$1570kWh$，参考 3.3.4 节。

3）其他用热量：$260kgce$，相当于 $2116kWh$。其中生活热水为低品位能量，炊事为高品位能量，所以应该分开算。考虑 $1000kWh$ 的炊事用能，$1116kWh$ 的生活热水用能（三口之家）。

这样一户住宅如果要做成"零能耗"，则需要的设备空间是：

1）采暖最少需要 $17m^2$ 真空管集热器（平均效率 65%，冬季 125 天可全蓄热）；

2）不考虑电网入网损失，用电至少需要 $14.1m^2$ 的太阳能光伏板，水平安装，入网；如果采用地下埋管冷却空气或者地下水来替代空调用电，则可节省 $1.8m^2$ 的光伏板，但需要增加户外用地面积至少数平方米。

3）三口人的生活热水需要 $3m^2$ 的真空管集热器。

4）炊事可以用电或者沼气。如果用电需要增加 $9m^2$ 光伏板，如果用沼气则需要更多土地面积用于建造沼气池和生产生物质原料。

所以在最理想的情况下（全蓄热、无热损失、无设备老化、无积垢、无电网入网损失），$100m^2$ 建筑面积至少需要 $43.1m^2$ 的天空水平投影面积（或更多的地面面积）来提供能量，也就是说，三层楼及以上是不可能做"零能耗"住宅的。

如果按照日本、美国的住宅用能水平，甚至一层的平房都不可能做"零能耗"住宅，除非有较大的庭院天空面积可用。

考虑到全蓄能的可能性不存在，在中国只有二层楼以下才有可能实现"零能耗"住宅。至于公共建筑，其能耗密度远远高于住宅，完全不可能实现"零能耗"。

3.3.7 到底在建筑里应该怎样利用太阳能才算是合理的

其实在太阳能的利用方面，在理念上现在存在着很多误区。人们总认为获得可再生能源的难度越大、技术越复杂就越高级，越值得推广和进行政策鼓励。

我们可以看看下面两个例子的对比：

建筑 A：在屋面开了 1m² 的天窗，综合透过率为 70%，如果太阳辐射落到水平面上的辐照度为 800W/m²，太阳光的光效是 104lm/W，则进入室内落到工作面上的光通量是 58240lm。

建筑 B：在屋面上安装了 1m² 的太阳能光伏板，综合发电效率为 13%，通过一个光效为 70lm/W 的节能灯照明，则落在工作面上的光通量是 7280lm。

由此可见，通过建筑的天窗采光设计与采用一连串"高技术"的可再生能源照明方式相比，前者的收益是后者的 8 倍！而且前者的初投资要比后者低得多。但前者却并未被认为是一种可再生能源利用的措施而得到重视，而后者却不仅能够得到政府财政补贴，而且在类似 LEED 认证之类的绿色建筑评估中被认为是可再生能源利用的措施而成为得分点，这是非常不合理的！

由于建筑的用能需求大部分是低品位能源，因此在建筑里利用太阳能的基本原则是：

1）无论是获得何种能量，在使用中转换环节越少越好。一定要避免获得较高品位的能量却用于低品位的需求上。应优先采用被动式太阳能利用方法，重点体现在建筑的节能设计上。

2）用太阳能热水器提供全部生活热水，相当于替代住宅总用能的 13%～15%。在 6 层以下的住宅楼全替代是有可能的。

3）对于采暖来说，最好的办法就是直接利用太阳热，如使用太阳房、特隆布墙等被动式太阳能采暖方式。太阳能热水器采暖尽管也是可行的，但在非别墅区不实用。因为在安装面积有限的条件下，应该将有限的日射面积优先用于保证全年负荷稳定的生活热水用热，使得太阳能热水器的利用率尽可能地高。

4）采光：优先采用直接天然采光，如天然采光设计、光导管、反光镜等。

5) 冷却：采用自然通风等被动式方法，也可以利用太阳热诱导自然通风。

有些所谓"高技术"的做法是明显不合理的，比如用太阳能光伏板获得电，却用于驱动热泵采暖或加热生活热水，或者用于日间室内照明（办公室建筑常见）。太阳能光伏发电应保证高品位能源的需要，如夜间照明、路灯、电脑、电视机、电冰箱等家用电器，以及水景与绿地浇灌水泵。

综上所述，太阳能是一种优质的可再生能源，但用得不好不仅不能起到节能的作用，反而会造成全生命周期环境负面影响的增加，效果适得其反。

3.4 吸收式制冷机

3.4.1 基本原理

吸收式制冷是一种通过热能驱动冷机，获取空调用冷量的能量转化方式。吸收机有单效、双效和三效等几类。单效吸收机可利用较低温度的热源（例如约 $100℃$ 的蒸汽等热源），但制冷效率较低，COP（即制得冷量与消耗热量之比）在 $0.7\sim0.8$ 之间，即一份热量仅能产生 $0.7\sim0.8$ 份冷量。双效机可利用较高温度热源（例如直接燃烧式），且利用高压发生器中产生的高温浓溶液与低压发生器中的稀溶液进行热交换，充分利用了热能，因此制冷效率较高，可达 $1.2\sim1.3$。为了充分利用更高温度的热源，产生更高的制冷效率，目前国内外都在积极开发三效式吸收机，它可以利用 $200℃$ 以上的热源，COP 可达 $1.6\sim1.7$，目前尚无成熟产品。

3.4.2 运行使用分析

近年来，关于吸收式制冷机是节能措施还是会导致更多的能源消耗存有争论。现从几个方面分析。

3.4.2.1 分析一：能源利用效率

如果以燃煤或燃气锅炉产生蒸汽，再利用蒸汽进行吸收式制冷，或者直接通过直燃式吸收机燃烧燃气或燃油制冷，都并非节约能源的措施。

首先来考察吸收机的能耗水平。相对于电制冷机，尽管吸收机几乎不用电，但它消耗了大量热能。对于直燃式吸收机，它以天然气或燃油为动力。天然气或燃油通过内燃机可以直接发电，目前的大中型内燃机的发电效率可以达到 35% 以上。而与吸收式制冷机容量接近的离心式制冷机，一般的 COP 都可以达到 5 以上。这样，通过内燃机发电，由电力通过离心机制冷，综合效率可达 35%×5＝175% 以上。目前的直燃式吸收制冷机的 COP 式不可能达到 1.75 的，所以通过燃料直接驱动的直燃式吸收制冷机并不节能。

再来分析燃煤蒸汽锅炉驱动的吸收机。锅炉的效率为 85%，蒸汽吸收式制冷机的 COP 仍取 1.3，这样从燃煤的热量转化为冷量的综合效率为 1.3×85%＝1.11。我国燃煤发电效率为 35%，考虑 10% 的传输损失，从燃煤到末端用电的转换效率为 31% 以上。这样，燃煤发电再电力制冷的综合转化效率为：5×31%＝1.55，远高于吸收机的 1.11。

3.4.2.2 分析二：实际的制冷机运行能耗、运行费用和 COP

表 3-6 分别为实测北京市部分采用直燃式吸收制冷机的典型大型公建夏季制冷机能耗和费用状况。

北京市典型大型公共建筑中吸收机制冷季能耗状况　　　　表 3-6

建筑类型	空调面积（万 m²）	燃料种类	燃料单价	制冷季	
				燃料消耗	燃料费用（元/m²）
商 场	5.7	天然气	1.85	12.3m³/m²	22.8
办公楼	3.2	天然气	1.85	3.1m³/m²	5.7
办公楼	5.2	柴油	5.7	2.5kg/m²	14.3
酒 店	5.0	天然气	1.85	5.6m³/m²	10.4
酒 店	3.7	天然气	1.85	4.5m³/m²	8.3
酒 店	3.7	柴油	5.7	4.8kg/m²	27.4

下面通过对比各自产生单位冷量所需的电费或燃料费来比较两类制冷设备的能效水平。图 3-8 为依据实测数据计算的两类冷机单位冷量所需电费或燃料费的对比。其中，电制冷机制备 1kWh 冷量的电费平均为 0.18 元。而吸收机的数据表明，制备 1kWh 冷量其消耗燃料费平均为 0.39 元，即使去掉 B 建筑和 G 建筑两个最高值，其平均值仍达到 0.27 元/kWh 冷量，高于电制冷机 50%。可见，同样产生 1kWh 的冷量，吸收机所需的燃料费用要高于电制冷机，这反映出吸收机利用能源的效率要普遍低于电制冷机。这些分析中，电价取 0.75 元/kWh，燃气价取 1.85

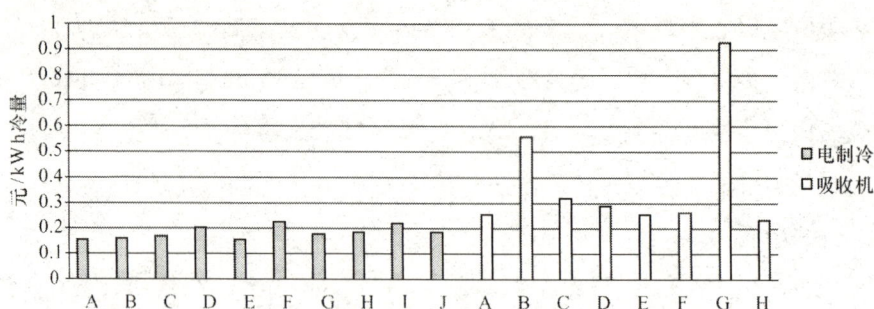

图 3-8   电制冷与吸收机单位冷量所需燃料费对比

元/m³。如果用燃气发电，发电效率为 40%，上述电价与燃气价正好平衡。也就是说，图 3-8 的比较也可以看成按照 40% 发电效率把燃气转换为电力后，吸收机和电制冷单位产冷量的能耗比较。

3.4.2.3   分析三：冷却水循环泵电耗

调查部分办公建筑的冷却水循环泵电耗，并计算其单位制冷量的冷却水泵电耗，即冷却水泵电耗与系统制冷量之比。结果如图 3-9 所示。其中建筑物编号与上图 3-8 相同。

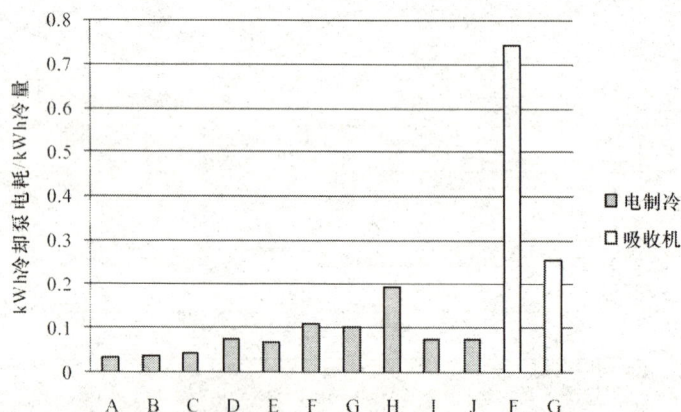

图 3-9   典型办公建筑单位面积单位制冷量的冷却泵电耗

可以看出，采用直燃机的两座建筑（F、G）单位制冷量的冷却泵电耗远高于其他耗冷量水平相当的建筑物。对比调查得到的采用直燃机和电制冷的酒店建筑能耗数据，也发现类似现象。说明在同样的制冷量情况下，吸收式制冷机系统消耗了更多的冷却泵电耗。

导致吸收式制冷机比电制冷系统冷却泵电耗高的原因，主要是冷却水系统排热量大：取吸收机的 COP 为 1.1，则 1kW 制冷量需由冷却水排走的热量为 $1kW \times (1+1/1.1)=1.9kW$；取相近容量离心式制冷机的 COP 为 5，则 1kW 制冷量需由冷却水排走的热量为 $1kW \times (1+1/5)=1.2kW$，可见吸收机冷却水系统的排热量比电制冷高 50% 以上。另一方面，冷却水泵电耗高的原因还与吸收机冷凝器结构有关，一般来看，吸收机内冷却水系统的压降比电制冷内冷却水压降高 20% 以上。

3.4.2.4　分析四：无法利用凉爽的室外环境提高冷机效率

对于电制冷机，当天气条件比较凉爽时，可以充分利用湿球温度较低的室外空气，将进入冷机的冷却水温度降低到 20℃ 以下，甚至允许降低到 15℃ 左右，从而降低冷凝温度，提高冷机效率。而吸收式制冷机为防止溴化锂溶液结晶，对冷凝水温度下限有比较严格的要求，制造厂商一般要求进入吸收机的冷却水温度不得低于23℃。当室外温度较低，冷却塔回水温度低于 23℃ 时，只能通过对冷却塔的部分旁通来提高进入冷机的冷却水温度。这样，与电制冷相比，在过渡季外界凉爽时吸收机的效率并不能提高。

3.4.2.5　分析五：与中型天然气调峰发电厂对比

在一些缺少电力供应的地区，吸收式制冷被作为一种降低电力峰值负载的办法，这确实如此。然而，如果同样使用天然气，需要选择的是采用吸收制冷还是兴建中型的天然气调峰发电厂（5 万～10 万 kW）。目前天然气电厂的设备投资，不考虑电网输送成本为 6000 元/kW，天然气吸收制冷机的设备投资比电压缩式离心制冷机贵 300～600 元/kW 冷量，或 1500～3000 元/kW 电力。与建调峰电厂比，天然气吸收机可节约初投资 3000～4500 元/kW 电力。如果天然气的终端价格为 2 元/m³，则吸收机每千瓦时等效发电多消耗的燃料费为 0.4 元。这样，如果用中规模燃气调峰发电厂替代吸收机，增加的 3000～4500 元的初投资仅需要不到 9000h 运行时间就可回收，这一般为 5～8 年时间。

现在 300～500kW 的内燃机价格大约在 4.5 元/W 的水平，发电机加离心机的单位制冷量价格为 1.5 元/W，比直燃机高 0.6 元/W。如果在建筑内采用内燃机发电，再用电来驱动电制冷机的方式，则每千瓦冷量发电加电制冷耗气 0.057m³/kW，吸收机耗气 0.083m³/kW。当天然气为 2 元/m³ 时，电制冷比吸收机节约 0.052 元/kW 冷量。这样需要运行约 12000h，就可以从节约的天然气中回收多出的初投资。对于大型公共建筑，回收期为 7～10 年。但此时的内燃机发电机不仅可以为制冷机供电，还可以作为建筑的备用电源，在外电网发生故障时为建筑提供基本的供电保障。

3.4.3 适用场合

吸收式制冷适用于有较多废热排放的建筑或区域。如某地区有工厂余热或热电联产电厂发电的余热，则吸收机可利用这部分热量制冷，实现能源的充分利用。利用余热的吸收式制冷是值得提倡的节能措施。

吸收机的另一个适用场合是以吸收式热泵的形式在采暖季供热。吸收式热泵指利用高温热源，把低温热源的热能提高到中温的热泵系统，它是同时利用吸收热和冷凝热以制取中温热水的吸收式制冷机，用高温热水或工业余热驱动，从地下水中提取热量，其制热系数可达 1.6，即消耗 1 份热量，可获得 1.6 份热量；用天然气或蒸汽作动力，则制热系数可高达 2。相比直接用锅炉制取热水，则制热系数不会大于 1。能源利用过程原理如图 3-10 所示。与电动压缩的水源热泵相比，因为从地下水中提取的热量小，因此需要的水量也小，低温热源侧水泵能耗也低，恰好解决目前北方地区使用水源热泵中地下水源不足和取水水泵能耗过高的问题，从而充分发挥吸收式热泵的特点，为北方地区采暖节能给出一个新的有效途径。

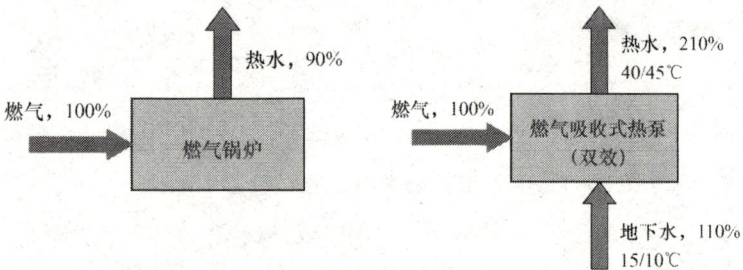

图 3-10 燃气锅炉与燃气吸收式热泵的能源利用过程原理示意图

3.4.4 小结

根据上述分析，在实际运行的系统中，吸收机的运行能耗和效率，以及其配套的冷却水泵的运行能耗，均高于电制冷机及其能量输运系统。因此，一般情况下不应提倡通过燃煤、燃气或燃油的吸收式制冷方式为空调系统提供冷源。只有大量工业余热可供利用时，才应考虑使用吸收式制冷。

3.5 双层皮玻璃幕墙

3.5.1 双层皮幕墙的起源、性能特点与在国际上的应用现状

双层皮玻璃幕墙（Double-Skin Facade，简称 DSF）的构造形式最早出现在 20 世纪 70 年代的欧洲，其目的是为了解决大面积玻璃幕墙建筑在夏季出现过热的问题、高层通风可控的需求以及简单的外遮阳维修、清洗困难等问题。主要做法是，在原有的玻璃幕墙上再增设一层玻璃幕墙，在夏季利用夹层百叶的遮挡与夹层通风将过多的太阳辐射热排走，从而减少建筑物的空调能耗；冬季时打开百叶，关闭通风，形成温室效应。

双层皮幕墙作为一种较新的幕墙形式，近 20 年来在欧洲办公建筑中应用较多，据统计已建成的各种类型的 DSF 建筑在欧洲就有 100 座以上，分布于德国、英国、瑞士、比利时、芬兰、瑞典等国家。近几年来，国内一些高档建筑也开始了使用各类 DSF 的尝试，国内最近 5 年间陆续出现的双层皮幕墙建筑如表 3-7 所示。

国内双层皮幕墙工程一览   表 3-7

编号	项目名称	地点	用途	建成时间	DSF 类型	朝向
1	清华大学超低能耗示范楼	北京	办公	2005	内循环式 交互式 走廊式	南、南、东
2	清华大学环境节能楼	北京	办公	2006	外循环走廊式	南、东、西
3	昆仑公寓	北京	公寓	2007	内循环式	
4	锦秋国际大厦	北京	办公	2005		
5	凯晨广场	北京	办公	建设中	箱式	四周
6	中青旅总部	北京	办公	2005	内循环式	
7	国家会计学院	北京	办公	1998	走廊式	南
8	国贸旺座	北京	办公	2003	箱式	
9	北京公馆	北京	公寓	2005	箱式	四周
10	中石油大厦	北京	办公	建设中	内循环式	南向
11	奥运射击馆	北京	体育	2007	外循环式	南向
12	南京人寿	南京	办公	建设中	外循环式	
13	久事大厦	上海	办公	2003	内循环式	
14	游船码头	上海		设计中		
15	东昌金融办公区	上海	办公	设计中	外循环式	
16	亚洲铝厂	广州	办公	建设中	走廊式	
17	广州珠江城	广州	办公	建设中	内循环式	南北朝向

双层皮幕墙种类繁多，最为常见的是根据通风方式的不同，分为外循环式和内循环式两种。其中外循环式还可分为外循环自然通风式和外循环机械通风。如图 3-11 所示。此外还可以根据夹层空腔的大小、通风口的位置、玻璃组合及遮阳材料等不同分为其他类型，如"外挂式"、"箱式"、"井-箱式"和"廊道式"。但其实质是在两层皮之间留有一定宽度的空气间层，通过不同的空气间层方式形成温度缓冲空间。由于空气间层的存在，因而可在其中安置遮阳设施（如活动式百叶、固定式百叶或者其他阳光控制构件）；通过调整间层设置的遮阳百叶和利用外层幕墙上下部分的开口的辅助自然通风，可以获得比普通建筑使用的内置百叶较好的遮阳效果，同时可以实现良好的隔声性能和室内通风效果。

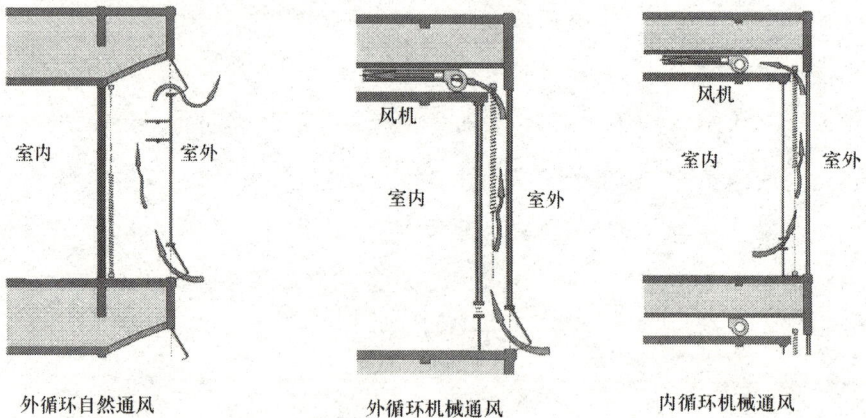

图 3-11 不同双层皮幕墙形式

对于外循环自然通风幕墙，其内层幕墙一般由保温性能良好的玻璃幕墙组成，主要起到冬季保温、夏季隔热的作用。而外层幕墙通常为单层玻璃幕墙，主要起到防护的作用，保护夹层内的遮阳装置不受室外恶劣气候的损坏，同时，设置在外层立面的开口可以调节夹层的通风。这种幕墙的主要特点就是利用夹层百叶吸收太阳辐射热后形成的烟囱效益，驱动夹层空间与室外进行换气，从而达到减少太阳辐射得热的目的。为了获得较好的自然通风效果，其夹层的宽度一般不小于 400mm。与自然通风的外循环双层皮幕墙相比，外循环的机械通风幕墙为了减少幕墙结构对建筑面积的占用而缩小了两层幕墙之间的间距，夹层间距一般小于 200mm，由于夹层较窄，加上夹层百叶的设置，使得夹层通道的流动阻力增大，为了减少太阳辐射得热，通常采用机械的方式对夹层进行辅助通风。当夹层有效通风宽度小于

100mm 时，单纯依靠烟囱效应进行通风已经不可行，这时需要采用辅助机械通风的方式来强化夹层的通风，一般通风量不宜小于 100m³/h。考虑到增加通风量直接影响风机能耗，因此存在一个最佳的机械通风量范围。

对于内循环机械通风 DSF 幕墙，在构造上与前面两种幕墙有较大的区别。它把保温性能好的幕墙设置在外层，而内层幕墙为普通单层玻璃。它主要是依靠机械的方式将室内的空气抽进夹层，利用温度相对较低的室内空气来冷却吸收太阳辐射后升温的夹层，减少太阳辐射得热。具体有利用送风或回风进入双层皮空腔去除热量的不同处理方式。如果是送风先进入夹层，可以起到再热的作用，用于除湿，可以减少了再热能耗，但是空腔温度过低，室内外传热负荷变大，不一定有利；如果是回风进入夹层，一般还是需要返回空调箱，那么空腔的热量最终由空调机带走，依然有可能增加冷量消耗。此外，由于需要增加夹层通风，还会增加风机能耗。总之，不管哪一种内循环 DSF 方式，均存在降低空腔温度、增加空调负荷的可能。如何在不同工况下合理设计空腔机械通风量，提高通风启动温度，合理设计控制策略来节省能耗非常重要。

双层皮幕墙进出风口的大小尺寸以及所处立面的位置也会不同程度的影响空气流通通道的阻力，从而影响通风量。一般而言，在不影响立面美观的前提下，开口面积越大越好。对于孔板开口，开孔率不宜小于 0.3；对于悬窗开口，其开启角度不宜小于 30°。遮阳百叶位置对于双层皮幕墙的夹层通风量也有一定影响。实验和理论计算表明，百叶位置在夹层中间偏外 10%～20% 的宽度位置，有可能获得最佳的隔热和通风效果。

3.5.2 双层皮幕墙的适用范围与局限性

目前我国在双层皮幕墙应用中存在较多问题，主要体现在：

(1) 设计单位和节能部门认为双层皮幕墙就是节能法宝，盲目推广，不注意合理选择双层皮幕墙形式，忽略了其气候适应性特点和适用建筑类型。

事实上双层皮做法不同，节能效果不同，适应的地区与建筑类型也不同，深受地区气候特点、建筑内部发热量、是否希望自然通风、是否低温除湿需要再热等因素的影响。

例如，欧洲的经验表明，双层皮幕墙建筑应用较多的国家主要是德国、英国、瑞士、比利时、芬兰、瑞典等国，这些国家多数具有夏季气温温和、冬季寒冷，过渡季适合自然通风等气候特点。并且在这些建筑中，主要采用的双层皮幕墙是外循环方式。内循环式双层皮幕墙主要应用于噪声或空气污染严重的情况。从应用的建筑类型看，早期几乎全部都是商业办公建筑，并且高层建筑占有较大比例，最近几年才有一部分如文化、会展、交通类建筑尝试使用。对应于我国，双层皮幕墙主要应在夏热冬冷气候下、空调和采暖负荷大致相当的公共建筑中使用。

而我国现状却是：一方面，不分气候条件和建筑类型，盲目使用双层皮幕墙。例如，目前双层皮幕墙形式在夏热冬暖气候带应用较多。其次，双层皮幕墙形式中过多采用了内循环方式。

事实上，夏热冬暖地区建筑利用外遮阳是最有效的节能措施，如果因为高层建筑大风损坏外遮阳百叶，那么就应该采用外循环双层皮幕墙方式。如果采用了内呼吸双层皮幕墙，结果只能依赖机械手段把室内低温空气送入空腔带走太阳辐射热量，实际上既增加了耗冷量，又增加了风机电耗，结果并不节能。此外由于采用内循环双层皮幕墙，在过渡季还无法实现直接开窗自然通风，会延长了空调使用时间。更有效的方式是减少窗墙比，同时采用遮阳系数在 0.3 以下的 Low-e 遮阳型玻璃或浅色玻璃，既能直接控制进入室内的太阳热量，并容易实现开窗通风，节能效果反而更好。

（2）即使是适宜双层皮幕墙的场合，也存在许多不合理的设计，结果也达不到节能目的。

问题 1：分不清外呼吸、内呼吸幕墙系统对内、外层玻璃的不同性能要求。比较常见的问题就是无论内呼吸、外呼吸方式，外层玻璃均为采用单玻、内层玻璃为中空玻璃。事实上，对于内呼吸幕墙而言，高性能的玻璃置于外层节能效果更好。

问题 2：无法通风，或者无法有效通风。主要原因包括夹层空间面积不够，或者过多楼层串联通风，烟囱效益明显。通风效果不佳直接导致夹层的太阳辐射热量无法尽快排走，空调能耗还会增加。对于室内发热量大的公共建筑，通风不好，不利于过渡季或夏季夜间散热，会延长空调时间。

问题 3：双层皮空间没有设计遮阳百叶，或仅仅在最外层玻璃采用简单的丝网印刷或彩釉，或者遮阳百叶在外层玻璃表面，这都是不恰当的做法。首先，夹层不设遮阳百叶，整体遮阳系数的改善不足 10%，但是却浪费、占用了更多的空间面积，甚至还影响室内自然通风，从节能的性价比角度分析，是否采取双层皮构造方式值得商榷。其次，在外层玻璃增加丝网印刷或彩釉处理，无法实现遮阳性能的大幅度调节。最后，既然在外层玻璃表面安装了外遮阳，又何必再设计室内双层皮夹层空间呢？

（3）有些场合双层皮幕墙对能耗的改善很小，但投资增加的却很多，技术经济性较差，不值得使用。

目前双层皮幕墙还是一件较为昂贵的商品，一般较常规方式都要额外增加1500～2000元/m²（立面面积计算）的初投资，并且会浪费一定的使用面积或空间（0.2～0.8m）。但是现在有不少建筑，一方面能耗本身水平就较低，同时还有不少住宅建筑，为了"节能"的噱头和"营销"目的，也采取双层皮幕墙形式。

对于采用双层皮幕墙，但仅仅是在外层或内层多镀上一层彩釉层或增加丝网印刷，围护结构的可调节性能十分有限（只能依赖通风），从围护结构节能的性价比看，也没有必要采用双层皮幕墙方式。

3.5.3 案例分析

我们曾对南方广州地区某办公建筑是否该采用双层皮幕墙、应该采用何种双层皮幕墙方案进行过全年8760h的采暖空调负荷模拟计算，结果如表3-8所示。

模 拟 边 界 条 件
表3-8

设计方案	外墙传热系数 [W/(m²·℃)]		屋面传热系数 [W/(m²·℃)]	玻璃幕墙传热系数 [W/(m²·℃)]		遮阳系数	
常规单层中空 Low-e 玻璃幕墙方案	1.5		0.9	3.0		东、南、西	0.35
						北	0.45
内循环 DSF	南、北	1.2	0.9	南、北	2.3	南、北	0.18
	东、西	1.24	0.9	东、西	2.5	东、西	0.25
外循环 DSF	南、北	1.2	0.9	南、北	3.9	南、北	0.15
	东、西	1.24	0.9	东、西	3.9	东、西	0.23

注：1. 室内人员密度、新风量标准以及其他设备、灯光热扰、作息、换气次数等按照常规办公室设定；
  2. 常规方案玻璃幕墙为不断热中空 Low-e 玻璃幕墙；外循环 DSF 外层外 8mm 夹胶玻璃，内层为不断热浅色中空玻璃，中间为可调节穿孔遮阳百叶（穿孔率＜20%），间距 400mm；内循环外层为断热型材中 Low-e 玻璃，内层为单层夹胶玻璃，内层为可调节遮阳穿孔铝百叶帘（穿孔率＜20%），间距 150mm。其中内循环双层皮幕墙采用的是回风冷却空腔方式。
  3. 以上遮阳系数为夏季平均值，根据自行开发的双层皮幕墙模型计算得到。

逐月累计空调负荷模拟结果如图 3-12、图 3-13 所示，全年累计结果如表 3-9 所示。

空调负荷(kWh)

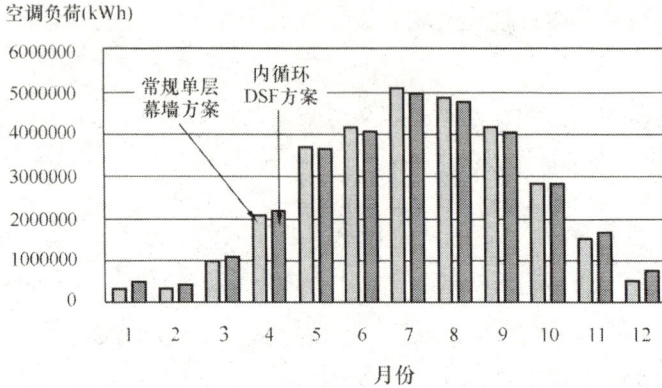

图 3-12   内循环 DSF 与常规方案的逐月累计空调负荷比较

空调负荷(kWh)

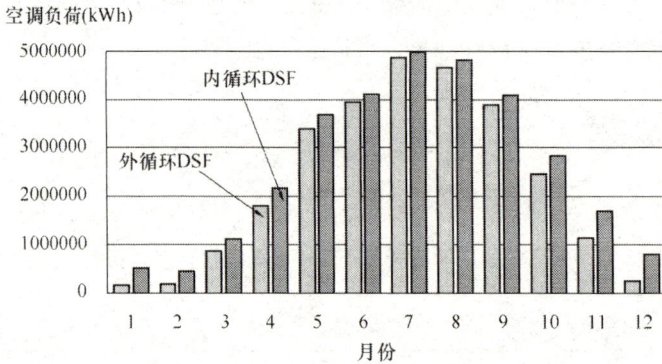

图 3-13   外循环 DSF 与内循环 DSF 的逐月累计空调负荷比较

全年累计空调负荷比较   表 3-9

	全年累计冷负荷 （MWh）	单位面积全年累计冷负荷
常规单层中空 Low-e 幕墙方案	30832	205.6
内循环 DSF	29897	199.31
外循环 DSF	27378	182.5

结果表明，采用外循环双层皮幕墙方式，同时适当提高玻璃幕墙的传热系数（3.9W/(m²·℃),采用不断热型材），其各月的累计空调负荷都要比内循环小，在过渡季和冬季尤其明显，这样可以达到比内循环双层皮幕墙更加节能的效果。而内

循环双层皮幕墙与采用单层中空 Low-e 玻璃幕墙相比，能耗节约也非常有限。主要原因在于过渡季或夜间散热，以及内循环双层皮幕墙更好的保温性能，以及双层皮幕墙空腔夹层的太阳辐射热量增加的空调负荷所致。需要说明的是，上面的计算中，内循环双层皮幕墙空腔内 100m³/h 的风机能耗并没有计算进去。

结论是南方炎热地区办公建筑从节能的角度不应采用内呼吸双层皮幕墙方式。

3.6 区 域 供 冷

3.6.1 引言

由于发达国家发展了区域供冷（DC）或区域供冷供热（DHC）系统，因此被作为节能、先进的空调解决方案，近年来在我国的中部和南部推广，部分项目作为节能示范项目得到当地政府的财政补贴，而这些项目多数是单纯用于供冷的区域供冷系统，或者是以冷负荷为主。

区域供冷是指在中央冷站集中生产冷量，以冷冻水为载体通过管网系统长距离输配到区内的各类建筑，为用户提供空调用的冷冻水，以替代用户常规采用的独立冷源。但用户二次侧的水泵、风机能耗还是得由用户自己承担。主要的冷源形式有：燃气热电冷三联供、燃气吸收式制冷、电制冷加集中冰蓄冷、天然冷源等。

一般认为区域供冷项目具有的优点有：1）集中冷源效率比分散冷源如风冷机、分体机的效率高，因此可以达到减少运行能耗的目的；2）集中冷站占地少，可以减小设备的冗余，从而降低冷源设备的初投资；3）冷源易于集中优化控制和维护管理；4）便于利用天然冷源或蓄冷技术；5）易于降低污染排放。

那么现在我国这些区域供冷项目的实际效果如何呢？可以看看下面的例子。

案例 A：

某热带城市已建成的"世界上最大的"区域供冷系统，如图 3-14 所示，服务对象为大学校园。项目总占地面积 18km²，建筑面积 500 万 m²，合容积率 0.28。该项目采用燃气热电冷三联供系统、电制冷加冰蓄冷多种方式，分为四个冷站，冷水管总长达到 120km。该项目的设计年供冷量为 130MkWh/a，耗电量为 42MkWh/a，相当于冷源的设计 COP=3.0；当地电价 0.762 元/kWh，成本核算

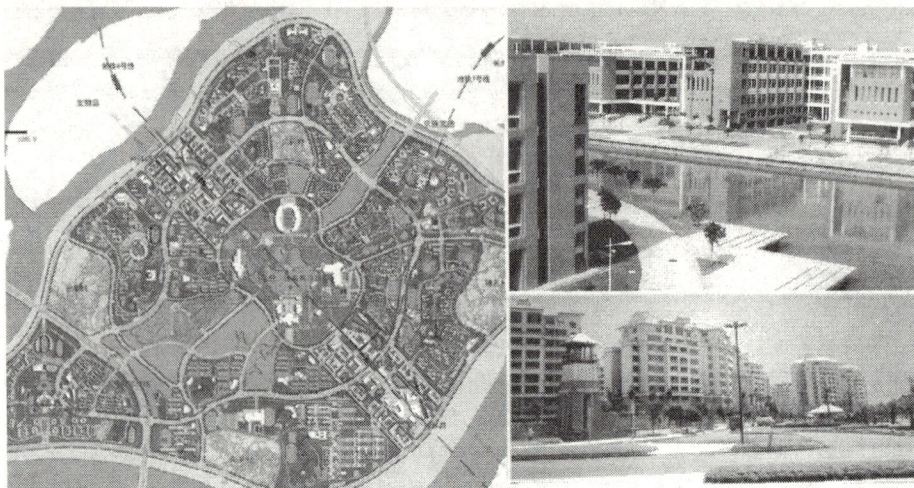

图 3-14　案例 A 的区域供冷系统的服务对象

不含税冷价为 0.69 元/kWh，含税冷价 0.8 元/kWh。

获得批准的实际执行冷价是：商业楼宇 0.9397 元/kWh，学校办公、教学楼 0.7831 元/kWh，学生宿舍、食堂 0.6265 元/kWh。

由于冷价跟电价接近甚至比电价还高，因此使用区域供冷的费用远远高于家用分体空调器的费用，导致用户拒绝使用区域供冷系统所提供的冷源或表示不满。

案例 B：

北京某区域供冷系统，服务对象为商用建筑。项目占地面积 51.44hm²，总建筑面积 150 万 m²，已有接入区域供冷系统的建筑物共计 40.45 万 m²，区域供冷部分的容积率合 0.786。采用了电制冷加冰蓄冷作为冷源，冷水管总长约 5km。

该项目的当地电价为 0.623 元/kWh，执行冷价为 0.71 元/kWh。由于冷价高于电价，相当于冷源的 COP 低于 1，导致部分已有用户退出该区域供冷系统，新用户不肯接入区域供冷系统。

案例 C：

某热带城市筹建一区域供冷系统，服务对象为高档商用建筑。根据项目论证报告的数据，整个项目占地面积 140 万 m²，规划建筑总面积 203 万 m²，容积率是 1.45。方案中假设区域供冷冷源年均 COP 为 3.7，只是系统输配有 3% 的损失。当地电价 0.847 元/kWh，成本核算冷价为 0.64 元/kWh。

可见，该项目即便是论证报告中的冷价与电价也相当接近。尽管设计方案中认为区域供冷系统的 COP 达到 3.7，但对于用户来说，按照价格计算，相当于冷源的 COP 仅为 1.32。

由上述案例可见，我国目前建成和在建的区域供冷系统都有一个共性，就是冷价过高。大部分的区域供冷系统每 kWh 冷量的销售费用为 0.6~1.0 元，绝大部分超过 0.7 元，其价格达到被认为制冷效率最低的家用分体空调器冷量价格的 2 倍以上（分体机 COP 按 2.5 计，电价按 0.8 元/kWh 计）。即便加上投资回收的因素，区域供冷系统的价格依然远远均高于使用分体机的价格。

为什么在我国北方地区的区域供热系统的实践很成功，而南方地区区域供冷系统出现了这样的问题呢？是因为我国现有的区域供冷系统的设计或者运行技术不成熟导致的呢，还是因为区域供冷系统从本质上与分散冷源相比就是不节能的呢？本节将从案例分析入手，对区域供冷是否是一种节能的先进技术这一问题进行探讨，并讨论应用区域供冷的前提条件。

由于资源、能源匮乏，日本是国际上对 DHC（区域供热供冷）系统实践较早并进行了比较多技术探索的国家，技术、经验相当成熟。东京新宿新都心的 DHC 系统是全日本以燃气为动力的 DHC 系统中一次能源 COP 最高的，而以电力为动力的东京晴海 Triton 广场的 DHC 系统则是全日本一次能源 COP 第 2 高的 DHC 系统，获得了 2004 年空气调和卫生工学会奖。这两个系统应该是分别代表了日本燃气和电力两种动力源各自最高水平的 DHC 系统，通过对这两个系统的能耗分析，可以了解在当前国际最高技术水平下，DHC 系统的节能潜力可以达到什么程度，也就不难知道我国区域供冷系统的问题症结何在了。

不同国家的一次能源结构存在着显著的区别，在中国是以标准煤来衡量的，而日本则采用重油的当量热值，两种一次能源在同热量单位条件下品位却有很大的差别。由于日本是通过电网的平均综合发电效率来把耗电量折算为一次能源消耗量的，为了便于同日本的统计数据进行比较，在这里把中、日的一次能源消耗量均根据各自的平均综合发电效率折算为当量耗电量，把一次能源 COP 折算为电力 COP，再对不同系统进行比较。由于人们所提及区域供冷供热系统的能耗只是冷热源及其附属设备（主要为冷却泵和冷却塔）的耗电量与冷（热）水输配系统耗电量的总和，并不包括客户侧的冷冻水系统和风系统的风机水泵能耗，因此在本章中讨论分散供冷系统的冷源侧能耗时同样只包括冷源及其附属设备（冷却泵和冷却塔）与负担冷站内扬程的冷冻泵的耗电量总和，不包括负担用户侧扬程的冷冻泵电耗。

3.6.2 两个典型的日本区域供冷供热系统

3.6.2.1 案例1 日本东京晴海 Triton 广场区域供冷供热系统

日本东京晴海 Triton 广场是一个以写字楼为主的高密度商用建筑区，见图 3-15。总建筑面积近 60 万 m^2，占地面积 6.13 hm^2，供冷供热建筑面积 43.5 万 m^2，相当于容积率 7.1。集中冷热站位于图中右侧超高层建筑的地下，2001 年开始运行。整个建筑群以冷负荷为主且全年有冷负荷，冬季和过渡季同时存在冷热负荷，峰值冷负荷是峰值热负荷的 3 倍左右。

该项目采用电压缩制冷机作为区域供冷系统冷源，有 2/3 的机组带有与冷却/加热塔相连接的第三个换热器，其冷凝器可以提供热水，蒸发器提供冷水，当冷热负荷不匹配时，多余的冷热量会通过第三个换热器经由冷却/加热塔排出去，相当于热回收热泵。为了减少冷热负荷不同时性导致的不匹配并利用夜间廉价电，采用了蓄冷/热水槽来蓄存能量。实际运行时的冷冻水供回水温度差相当高：全年夜间加权平均 7.5℃，白天加权平均 9.9℃。

由于该项目冷负荷密度非常高，在制冷站选址时设计者就刻意追求冷水输配系统距离最小化，采用蓄能措施后冷热负荷较稳定，输配系统的控制成功地实现了大温差、小流量，尽量减少输配系统的能耗。此外，采用了热回收等技术，使得该系统可以通过热泵系统进行热回收，提高了系统的整体能源利用效率。根据该项目策划单位东京电力会社提供的资料，该 DHC 系统的年均一次能源 COP 达到 1.19，高居全日本 DHC 系统第 2 位（日本热供给事业协会．热供给事业便览［M］．2002）。目前日本电网扣除电网损耗后的平均综合发电效率是 38%，故整个系统年均电力 COP 相当于 3.13。

3.6.2.2 案例2 日本新宿新都心燃气热电冷三联供 DHC 系统

该区域是日本容积率最高的以商务写字楼为主的 CBD 区之一，占地面积 24.3 万 m^2，建筑面积 222.3 万 m^2，容积率超过 9.1，见图 3-16。该项目 1998 年竣工，以燃气为一次能源，曾经是世界上规模最大的燃气三联供 DHC 系统，所采用的蒸气驱动的离心式冷水机组是世界上最大的单台冷水机组。采用离心式制冷机而不采用普通燃气三联供系统常采用的吸收式制冷机的原因是前者具有高得多的能效。该项目中三联供机组的发电并没有为客户侧提供任何电力，而是全部都消耗到自己的能源输配系统中了，甚至还需要外购超过 2/3 的电量来补足此部分能耗。供冷管网总长 4km，设计供回水温度 6/14℃，变流量控制，实际运行时供回水温差为 4～8℃，冷水管道温升 0.8℃，输配系统冷量损失 25×10^6 kWh/a，为售冷量的 9.36%。

图 3-15　东京晴海 Triton Square 区域

图 3-16　新宿新都心的 DHC 系统

该项目消耗天然气和电量折合为一次能源总量为 5.26×10^8 kWh/a；因此该 DHC 系统一次能源 COP 为 0.84，折合电力能效 COP_e 为 2.21，是全日本燃气 DHC 项目中 COP 最高的一个。由于本项目供热是通过供蒸汽实现的，并没有采用热水循环，所以所有水泵的电耗只是用于供冷，由此可以得出该项目单纯供冷的一次能源 COP 为 0.81，折合电力 COP 为 2.13。

3.6.3　分散供冷系统的能源利用效率

根据文献（薛志峰. 大型公共建筑节能研究 [D]. 北京：清华大学，2005）给出的大型公共建筑能耗调查数据，北京某采用变风量系统的商用写字楼的总用电量为 120kWh/($m^2 \cdot a$)，其中空调供暖耗电量占 37%，即 44.4kWh/($m^2 \cdot a$)。冷水机组电耗占空调供暖总电耗的 30%，冷冻泵电耗占 8%，冷却泵和冷却塔电耗占 7.5%，供暖泵电耗占 9.2%。20 世纪 90 年代以来市场上所有记载大型离心制冷机供应商提供的产品样本中冷水机组的 COP 普遍在 4.5～5.5 的范围内，同时，冷冻泵的能耗至少有 1/3 是消耗在末端设备上的，应扣除。据此可以推得北京市此类商用写字楼采用的分散式供冷系统的冷源侧电力能效 COP_c 在 3.15～3.85 的范围内。

如果把供暖考虑在内，根据上述文献给出的统计数据，北京市大型公共建筑的供暖季平均耗热量指标为 10～30W/m²。如果取平均值为 20W/m²，北京供暖期为 125 天，则供暖耗热量为 61.9kWh/(m²·a)。按发电效率 33% 来折算电热比，同样扣除 1/3 的供暖泵电耗，可得出北京市此类商用写字楼的空调冷热源的电力 COP 为 2.9～3.2。

可见，至少目前采用分散供冷方式的北京现有商业写字楼的能效水平与技术水平相当高的晴海 DHC 系统持平，明显高于以燃气为动力的新宿新都心 DHC 系统。

上面采用的是北京商业写字楼的数据。如果用与东京气候类似的上海地区的数据，冷负荷会增加，热负荷会降低，分散冷热源系统的 COP 会更高，因而会高于晴海 DHC 系统的 COP。日本的统计数据表明，绝大部分以电为动力的 DHC 系统的一次能源 COP 均高于以燃气为动力的 DHC 系统。而在中国，新建燃气发电厂的单纯发电效率均不低于 50%，在这种条件下进行比较，以燃气为动力的三联供 DHC 系统就更加处于劣势。

3.6.4 导致区域供冷（供热）系统多耗能的原因何在

新宿新都心的 DHC 系统的管道冷损失达到 0.8℃，接近售冷量的 10%。但该项目的冷冻管的管径达 1.5m，湿周小，保温施工质量非常好，理论上讲管道冷损失不应该超过常规管道的冷损失值 2%。导致如此之大的冷损失原因何在？从该项目的总电耗可以看出，该项目的冷冻泵的耗电量应不低于 20×10^6 kWh/a，而这部分能量正好等于管道冷量损失 25×10^6 kWh/a 的 80%，也就是说主要是冷水泵的高电耗加热了冷水导致了管网的冷损失。

此外，上海建筑科学研究院 2005 年、清华大学 2006 年对上海市数十家大型商用建筑的调查统计数据表明，与东京气候相似的上海地区大型商用建筑的平均耗冷量是 0.36GJ/(m²·a)左右，而新宿新都心的 DHC 系统对单位建筑面积的售冷量为 0.433GJ/(m²·a)，明显高于建筑节能水平不如东京的上海地区。导致 DHC 耗冷量偏高的原因就是大多数商用建筑用户并不需要连续供冷，但在低负荷的情况下

DHC 系统却不得不为少数用户维持整个区域的连续供冷，导致建筑耗冷量显著增大。

3.6.5 为什么发达国家要建设区域供冷（供热）系统

上述日本的两个 DHC 系统的共性是高容积率、高负荷密度、高负荷率的区域，由于是寸土寸金的地区，采用 DHC 的最重要的原因是节省用地。另外发达国家专业人才的人工费高昂，DHC 系统有利于减少专业运行人员的数量从而节省高额人工费。即便如此，设计师们还是采用了大量的措施来尽量减小能耗的负面影响。另外，日本主要能源是燃气和燃油，且既有发电系统效率并不比中国的煤电高多少，因此无论是集中还是分散，用电还是燃气，系统能效的差别都不如在我国的差别大。而且有区域内冷热负荷同时存在的特点，既供冷又供热，有利于回收热量、提高系统 COP。

我国目前所建设的区域供冷系统实质容积率多不超过 1，日本则超过 7，从图 3-19～图 3-21 的对比就可以看出明显的差别了。我国某些项目的单个系统供冷管线已长达 40km，而日本最长不过 4km。因此我国目前的区域供冷系统是典型的低容积率、低负荷密度，且单纯供冷，整个系统的 COP 必然远远低于上述日本的两个 DHC 系统，更比不上分散的冷源系统，从而导致高运行费是必然的。

另外还有一批国外的区域供冷项目，其特点是用户附近有优质的天然冷源，如加拿大安大略湖和美国康奈尔大学的区域供冷项目，利用的是 70～80m 的深层湖水，温度 4℃左右直接供冷；或有全年稳定的高密度冷负荷用户，如瑞典斯德歌尔摩 Ropsten♯3 供热供冷站用大型海水源冷水机组为集成电路生产基地供冷，海水温度为 16℃，使得冷水机组效率非常高。

因此，如果冷负荷用户附近没有大量的廉价天然冷源，或没有冷负荷密度非常高且稳定的条件，区域供冷系统同分散供冷方式相比没有节能的优势。

3.6.6 为什么区域供热系统很成功，而区域供冷系统却有各种问题

区域供热系统已经在我国北方城市有着很长的成功的应用历史，按照习惯性思维，人们会认为区域供冷系统也应该获得同样的成功。但实际上传统的北方城市区域供热系统与时下的区域供冷系统有着本质的区别，从而导致区域供冷系统无论是

输配系统能耗还是冷源效率都不具有节能优势，见表 3-10。

区域供冷同区域供热的本质区别 表 3-10

	区 域 供 热	区 域 供 冷
负荷特性	负荷相对稳定，往往需要连续供暖	负荷间歇变化，一般不需要连续供冷
冷热源	大型燃煤锅炉同小型燃煤锅炉相比能源利用效率高，污染控制效果好	用于单座大型公共建筑的离心制冷机组与大型制冷机组相比 COP 和污染排放方面都没有明显的差别
	可充分利用电厂排热	难以获得足够的廉价天然冷源
输配系统	供回水温差可达到 70℃，大温差小流量，且输配水泵电耗升高供水温度，为正面效应	供回水温差不超过 10℃，温差小流量大，且输配水泵电耗加热冷水，是负面效应

表 3-10 中所列出的区域供热与区域供冷的负荷存在根本性的差别是二者区别的首位原因。热负荷主要由室内外温差传热造成，因此各末端同步性强，特别是在北方的冬季往往存在相当高比例的连续供暖基础负荷。而冷负荷中围护结构传热的影响不到 30%，而且在夜间常常出现室内向室外传热的情况，因此更多的是受室内随机变化的发热量、太阳辐射这些变化非常大的扰动的影响。不同功能和类型的建筑负荷变化差别很大，而且很多建筑类型对于供冷要求是间歇性的，不使用的时候就基本没有负荷，这导致不同建筑间的冷量需求严重不同步。例如，区域中某座建筑处于比较高冷量需求时（如宾馆），其余建筑却处于极低的负荷状态（如办公楼）的现象极为普遍，此时，总冷量需求可能只有高峰时的 1%～5%，但大型中央供冷设备却不得不维持运行以满足其需要。服务对象的规模越大，这种情况越严重，导致系统很难通过调节实现高效运行。

3.6.7 区域供冷小结

区域供冷只是一种空调冷源的解决方案。与区域供热相比，它的成功需要更多的特殊适用条件和更多的技术保障，例如需要高密度的冷负荷用户，足够量的廉价天然冷源，尽可能短的管线，尽可能大的供回水温差和尽可能小的流量，紧随负荷变化的控制策略，以及采用各种能量回收技术措施以提高整体的系统能效。只有满足了这些特殊的条件，区域供冷系统与分散供冷方案相比才可能做到节能。在缺乏这些条件的时候，万万不可盲目上马，以免导致无可挽救的长久损失。纵观我国目前的开发项目，适合上述条件的几乎很难找到。因此一般来说，采用大规模集中供冷方式从能源节约和降低初投资方面看，都是不合适的。除了空间的严格限制等特殊原因，大规模区域供冷方式不适宜在我国城市民用建筑项目中大面积推广。

3.7　建筑热电冷联供系统技术适用性分析

建筑热电冷联供（BCHP）系统，是分布式供能系统的一种，是在建筑物内安装燃气或燃油发电机组发电，满足建筑物的用电基础负荷；同时，用其余热产生热水，用于采暖和生活热水需要；在夏季利用发电的余热产生冷量，用于空调的降温和除湿。即在建筑物中同时解决电能、热能和冷能需要的能源供应系统。

建筑热电冷联供系统由发电设备、余热利用设备及蓄能设备等组成，可形成多种系统形式。由于原动机形式的不同，BCHP系统的发电效率、产热效率和所产生热量的承载形式也不同，从而决定能耗性能的差异。通常，发动机产生的余热量有烟气热量和冷却水热量两部分可以回收利用，根据能量的梯级利用原则，在余热的利用方面一般采用如下方式：温度在150℃以上的余热在夏季可用于驱动双效吸收式制冷机制取空调用冷冻水，此时，烟气中的热量转换为冷量的转换效率可达1.2～1.3；在冬季可用于驱动吸收式热泵制热，制热COP可达1.6～1.7；温度在80℃以上的余热可作为单效吸收式制冷机的驱动能源，此时，热量转换为冷量的转换效率只能达到0.7～0.8；温度在60℃以上的余热可直接用于供热（采暖或生活热水），或作为除湿机的驱动能源；60℃以下的余热可利用热泵技术回收后用于供热，如采用热泵技术将天然气烟气冷凝热回收供热。

3.7.1　比较基准

要想认识热电冷联供系统的能耗状况，需要有一个参考系统作为比较对象，即基准线。天然气热电冷联供系统消耗天然气，动力装置在发电的同时，产生余热可以进一步用来供热或供冷。如果比较对象取为燃煤锅炉与燃煤电厂，同样可以计算出燃气热电冷联供系统相对于燃煤的节能率，这也是目前多数分析热电冷联供系统能耗的方法。但这样做是欠妥的。因为我们评价的是宝贵的天然气资源如何使其充分发挥作用，因而应比较天然气用于热电冷联供，还是直接用于发电、以燃气锅炉

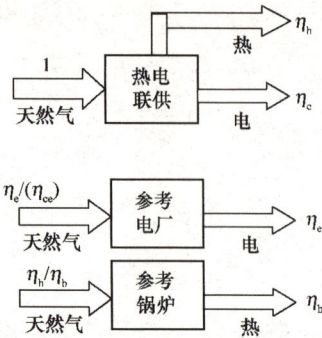

图 3-17 热电联供与
分产的能耗对比

方式供热、用电制冷（直燃机效率更低，因而不考虑作为比较对象）。所以燃气热电冷联供系统的比较对象应该是天然气发电厂和燃气锅炉，以及用电制冷。天然气发电通常采用燃气-蒸汽联合循环实现，相应的发电效率目前可以达到 55％以上，甚至达到 60％，因而选取这种电厂作为热电冷分产的比较对象时，同时考虑电网网损。在下文的比较中我们取基准天然气发电厂的发电效率为 55％，电网输配效率为 90％；燃气锅炉供热效率取 90％；分产情况下的制冷利用电动制冷机实现，制冷系统的 COP 一般可以达到 5～6，在本文分析中取 5。热电联供吸收式制冷机的制冷 COP 取 1.2（如果为热水，其 COP 会更低）。热电联供供热工况和制冷工况与分产模式的比较如图 3-17 和图 3-18 所示。

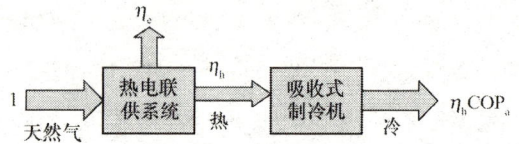

图 3-18 热电冷联供系统在制冷工况下的各效率

3.7.2 从能源利用率角度分析系统适用性

供热工况的比较：

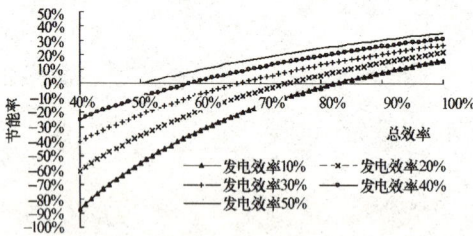

图 3-19 供热工况下燃气热电冷
联供系统的节能率

如图 3-19 所示为热电联供系统冬季运行与燃气锅炉供热、燃气-蒸汽联合循环发电相比的节能率，图中，横坐标为总的能源热利用率。由图中可以看出：

（1）对于特定机组，发电效率一定的情况下，随着供热效率的提高，系统的节能率逐渐提高。当机组的发电效率为 10％时，必须使得系统的供热效率超过 70％，系统的总的能源热利用效率超过 80％，此时 BCHP 相对于热电分产才节能，随着发电效率的提高，BCHP 的优越性开始变得明显，当机组的发电效率为 40％时，只要使得 BCHP 热效率超过 20％，系统的能源利用总效率超过 60％，

BCHP 系统即可保证比热电分产系统节能，因此对于天然气热电联供系统，一方面应该研究提高系统的发电效率，一方面应该注意改进系统的总体能源利用效率。

（2）对于单循环燃气轮机热电联供系统，总效率一般在 80% 左右，发电效率在 15%～40%，其节能率在 3%～20% 之间。

（3）对于内燃机热电联供系统，其发电效率和总效率更高，发电效率一般在 25% 以上，总效率也可达 85%，因而节能率一般可以高达 14% 以上。

（4）对于微燃机和斯特林发动机，发电效率可达 30%，热电联供总效率为 80% 左右，此时节能率为 13% 左右。

（5）对于燃料电池热电联供系统，发电效率可达 50%，热电联供总效率为 80% 左右，此时节能率 25% 左右。

从图 3-23 上可以看出，BCHP 也有能耗高于热电分产的情况。同时由于热、电负荷的变化，系统可能多数时间偏离设计工况，造成发电效率和总效率的下降，将会导致系统的热电比下降；总效率降低，致使能效甚至不如热电分产。

制冷工况的比较：

如图 3-20 所示为燃气 BCHP 系统夏季制冷工况下的节能率，由图中可以看出：

（1）只有当天然气热电冷联供系统的发电效率达到 40%，系统整体能源利用率达到 82% 以上，系统工作于联供制冷模式下才有可能比电冷分产节能。

（2）对于单循环燃气轮机热电冷联供系统，机组的发电效率很难达到 40% 以上，因此单循环燃气轮机热电冷联供系统相比于分产系统一般不节能。

（3）对于内燃机，发电效率可以达到 40%，但是余热热量中有 15%～20% 左右的热量是以低温缸套水的形式出现的，这部分热量中 90℃ 左右的冷却水只能用于驱动单效制冷机或者用于双效吸收式制冷机的低压发生器，而 60℃ 左右的冷却水只能用于供生活热水，这样对于内燃机而言，热电冷联供相对于分产模式也很难实现有效的节能。

（4）对于微燃机和斯特林发动机，发电效率为 30% 左右，且此时斯特林发动机大部分热量都为 60℃ 左右的低温热水，不能用于溴化锂吸收式制冷，

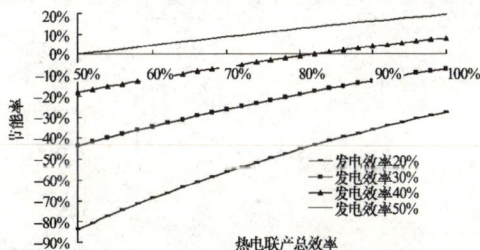

图 3-20 楼宇式燃气热电冷联供系统
夏季制冷工况节能率

200℃左右的排烟所占热量份额小于10%，所以此时微燃机和斯特林发动机夏季制冷时不比冷电分产节能。

（5）对于燃料电池热电联供系统，发电效率可达50%，热电联供总效率为80%左右，节能率可达13%左右。

造成热电冷联供系统夏季很难有节能效果的主要原因，一是发电机本身的发电效率与燃气蒸汽联合循环电厂相比较低，二是其烟气余热品位仍然较高，可利用的热量温度可以高达400℃以上，而吸收式制冷机所需要的热量温度只要160℃。因此，利用燃气轮机排放的热量直接驱动吸收机制冷，巨大的传热温差将会造成巨大的不可逆损失，从而降低了能源利用率。这是热电冷联供系统供冷工况下不节能的主要原因。

从能源利用率角度分析可知，当全年有稳定的热负荷时，采用BCHP系统是一种高效的能源利用方式；而以冷负荷为主的BCHP系统一般都不节能。下面通过一些BCHP系统的案例，客观的分析各系统的性能，指出系统存在的问题，从而促进BCHP系统正确、科学、合理、健康的发展。

3.7.3 案例及应用情况

3.7.3.1 上海浦东机场热电冷三联供系统案例

上海浦东国际机场能源中心主要负责对浦东机场供电及满足其冷热负荷需求，根据机场的特殊性，供能最大的特点就是必须保证机场的正常、安全运行。上海浦东机场的热电冷三联供系统在整个供能系统中所占的比例比较小，三联供系统的运行策略主要是根据气候和外网条件的变化，在保障系统安全运行的条件下再考虑节能及经济效益。所以，浦东机场的三联供系统主要是一个试验的目的，通过对三联供系统的运行观察，研究三联供系统的能源利用效率及运行成本等。

如图3-21所示为上海浦东机场能源系统示意图。能源中心的三联供系统装置的主要形式是燃气轮机，燃气

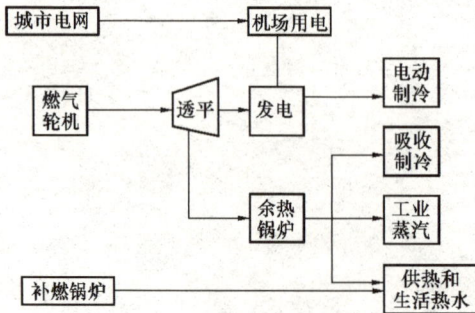

图 3-21 上海浦东机场能源系统

轮机组发电过后的尾部烟气通过余热锅炉产生 0.5MPa 左右的蒸汽，这部分蒸汽一部分做工业蒸汽使用，一部分做溴化锂吸收式制冷机组的吸收热源，还有一部分用于供热。不足的热量由补燃锅炉承担，不足的冷量由电力制冷机负责供应。其中，燃气轮机 1 台，采用的是美国索拉生产的 CENTAUR50，机组容量 4000kW，燃料进气压力 1.64MPa；溴冷机有 4 台，额定制冷量 1500RT，四台溴冷机轮流开启，一般情况下只开一台，通过溴冷机制取的冷量只占机场冷负荷的很小一部分；一台不带补燃的余热锅炉，额定负荷为 11t/h，另外冬季有 3 台 30t/h 和 1 台 20t/h 的补燃锅炉。

在三联供系统开启的时候，系统平均每天运行 16h，三联供系统（不包括补燃调峰系统）的月平均负荷率和能源利用效率如图 3-22 和图 3-23 所示。冬季系统负荷率大约在 90％～96％左右，燃气轮机的发电效率为 25％～27％，冬季热电综合效率约为 70％～80％；夏季燃气轮机负荷率在

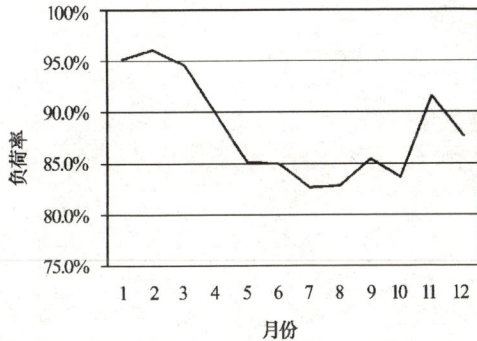

图 3-22　上海浦东机场三联供系统负荷率

82％～85％左右，夏季三联供系统冷电综合效率为 60％～70％左右。三联供系统全年热电比在 1.6～2 范围内。从分析结果来看，因为浦东机场三联供系统在整个能源系统中处于一个辅助和研究的作用，其优点是系统设计规模较小，只满足很小一部分能源需求，因此系统负荷率相对较高，均保持在 82％以上，为三联供系统的充分利用提供了条件，但同时应该看到，目前该三联供系统的运行策略中并不是按照系统最经济或最节能的方式运行，该系统的运行模式还有进一步改进的潜力。

利用 3.8.1 节提出的比较基准，分析该系统的节能率情况如图 3-24 所示。一个联供系统是否节能，要看系统的全年综合效果。该系统在冬季具有很好的节能效果，在夏季则不能认

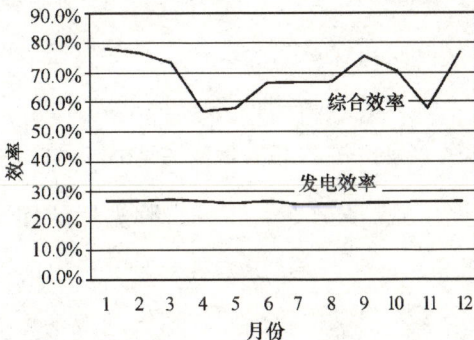

图 3-23　上海浦东机场三联供系统综合效率

为是节能。

从经济性的角度，通过计算 2007 年浦东机场三联供系统的产出和消耗，可知 2007 年浦东机场采用三联供系统可以节省 678 万元。根据管理记录数据，除燃料外的运行成本主要有管理费、零件消耗、设备维护人工费这三方面，这三方面的费用平均 201 万元/年。在不考虑折旧费用的情况下机组设备初投资为 3000 万元，则系统的投资回收期约 7～8 年。这一实例表明，尽管总能源利用率上看，BCHP 方式不如联合循环的天然气发电厂，但由于我国特定的燃气、电力的价格比例，如果 BCHP 的负荷率足够大，则可以产生一定的经济效益。

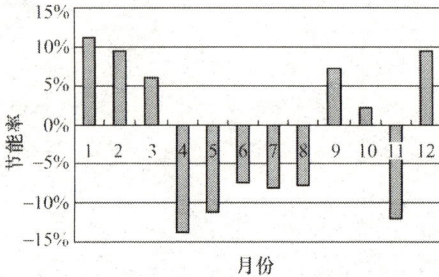

图 3-24　上海浦东机场三联供系统节能率

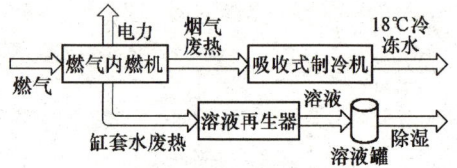

图 3-25　系统夏季运行模式

3.7.3.2　清华大学建筑节能研究中心热电冷联供系统案例

清华大学建筑节能研究中心设计、搭建了一个基于燃气内燃机及烟气吸收热泵、热湿独立控制的热电冷联产系统。系统所发电力，采取"并网不上网"的运行模式，并入建筑馆电力系统。系统夏季运行方式如图 3-25 所示，燃气内燃机高温烟气直接驱动吸收式热泵产生 16～18℃冷冻水，送入楼内去除显热负荷；缸套水废热用于驱动溶液再生器产生浓溶液，用于溶液除湿机去除楼内潜热负荷，富余热量以浓溶液的形式贮存在溶液罐内。在这种运行模式下，溶液罐是一种蓄能装置，通过溶液浓度差的形式贮存多余的热量，可以实现系统产生的热量尽可能的最优利用。

系统冬季热泵运行方式如图 3-26 所示，发电机的高温烟气首先用来驱动吸收式热泵产生冷冻水，降温后的烟气进入烟气冷凝换热器。热泵产生的冷冻水用来进一步回收烟气冷凝换热器中的烟气冷凝潜热，热泵冷却水则用于

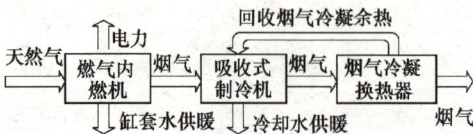

图 3-26　系统冬季热泵回收烟气余热模式

楼内供暖。燃气内燃机的缸套水通过缸套水换热器进行换热后，向楼内供暖。

根据实测数据，内燃机热电冷联供系统冬季热电联产模式的能效水平如下：以燃气低热值为基准，发电效率 25%，缸套水热利用率 36%，应用吸收式热泵回收冷凝热，烟气热利用率 30%（以燃气低热值为基准）。热电联产模式能效比较如图 3-27 所示，以内燃机消耗 1kWh 低热值天然气为比较条件，根据内燃机余热量与发电量以及设备的性能，为满足相同的热电需求，可算得热电分产所需天然气为 1.23kWh，可见热电联产模式比热电分产要节能。以热电分产模式为基准，热电联产模式节能率为 18.7%。夏季缸套水驱动溶液除湿空调，制冷 COP 为 1.1，吸收机利用烟气余热制冷，制冷 COP 为 1.0，烟气热利用率 20%。冷电联产模式能效比较如图 3-28 所示。以内燃机消耗 1kWh 低热值天然气为比较条件，为满足相同的冷电需求，冷电分产模式需消耗天然气 0.74kWh，可见冷电联产模式比冷电分产要费能。以冷电分产模式为基准，冷电联产模式节能率为 −35%。

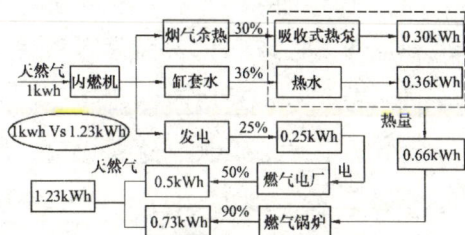

图 3-27 热电联产模式下系统能效评价　　　　图 3-28 冷电联产模式下系统能效评价

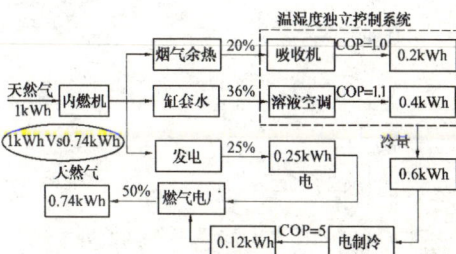

从经济性出发比较，热（冷）电分产模式的电力从市政电网购得。北京市天然气价格为 2.05 元/Nm³，天然气低热值为 35856kJ/Nm³，市政电网电价为 0.75 元/kWh。结合以上能效分析，可知在热电联产模式下，热电联产系统每消耗 1kWh 天然气，可节省燃料费用 0.132 元，即每消耗 1Nm³ 天然气节省燃料费用 1.31 元；在冷电联产模式下，冷电联产系统每消耗 1kWh 天然气，可节省运行费用 0.072 元，即每消耗 1Nm³ 天然气节省燃料费用 0.72 元。

根据上述分析，本燃气热电冷联供系统在热电联产模式下是节能的，在冷电联产模式下是不具优势，但在目前的能源价格下，无论在热电联产模式下，还是在冷电联产模式下，都有较好的运行经济性，热电联产模式的经济性更好一些。

3.7.3.3　三联供系统在日本的应用案例统计

三联供系统在日本的应用较为广泛，特别是在区域供冷供热项目和大型公共建筑，以及酒店、小旅馆、老人院、幼儿园等应用比较广泛。前者更多的是考虑多种能源安全性，后者则是热水需求量大的项目，用燃气提供热水是最基本的选择。图 3-29 给出了日本 100 多个区域供冷供热（DHC）项目的一次能源 COP 的统计数据，这些 DHC 系统的动力源不同，图例为"电气"的是以电为主要动力源的系统，即用电冷水机组供冷和电热泵采暖。如在本书 3.6 "区域供冷"中介绍的东京晴海 Triton 广场区域供冷供热系统。图例为"燃气"的表示以燃气作为动力源的DHC 系统，其中有相当大的一部分特别是 COP 偏高的系统是以三联供为主的。从图中一次能源 COP 的统计数据可以看出，即使是日本热电冷三联供作为动力源的DHC 项目，其一次能源利用率也普遍比直接用电的 DHC 系统一次能源利用率低。造成这种情况的原因正是由于在夏季制冷工况条件下，三联供系统节能性差或者没有节能性造成的，最终导致了系统全年的综合能源利用率低。在本书 3.6 "区域供冷"中介绍的日本新宿新都心燃气热电冷三联供 DHC 系统是东京燃气的示范工程，采用的是燃气三联供形式，一次能源 COP 达到 0.84，是全日本燃气 DHC 项目中 COP 最高的一个系统（数据未在图 3-29 中）。即便如此，还是比大部分电力作为动力源的系统一次能源利用率低。

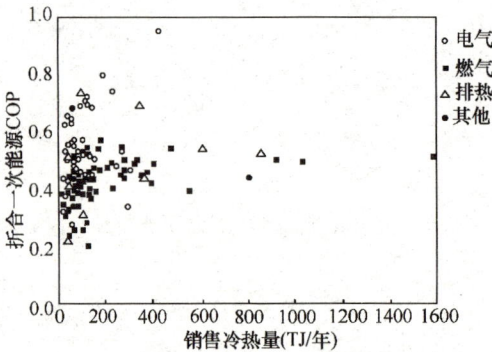

图 3-29　日本区域供冷供热系统一次能源 COP 的统计结果

因此，在日本这个燃气三联供系统发展较早的国家里，燃气三联供系统的能源效率低于电力作为动力源的系统已经成为共识，但采用燃气三联供并不完全是考虑节能性，而更多的是考虑多种能源安全，以及与燃气公司和电力公司二者的平衡关系。

3.7.4　热电冷联供系统实施存在问题

目前，从技术的角度，天然气热电冷联供系统存在着发电效率低、余热利用效率低、系统容量配置过大这三个主要现象，通过对不同在役的三联供系统进行调研，透过这一现象分析其本质，我们发现对于同一种现象其背后的原因却不尽相同，将同一现象的原因分析归纳如下：

现象 1：发电机组发电效率低。造成这一现象的原因有三：一是因为发电容量小的机组由于传统发电技术就存在着发电效率低的不足；二是即使需要的发电容量较大，在设计方案之初，利用了对应该发电容量的平均发电效率水平，但是在实际建设项目过程中却不能保证高于该平均发电效率水平的机组准入使用；三是由于设计不当或者不能并网造成发电机组的负荷率低，造成机组部分负荷条件下运行效率低。因此，就发电机组发电效率低这一表象，其原因就涉及政策方面、设计方面、施工建设及运行管理四个方面的问题。

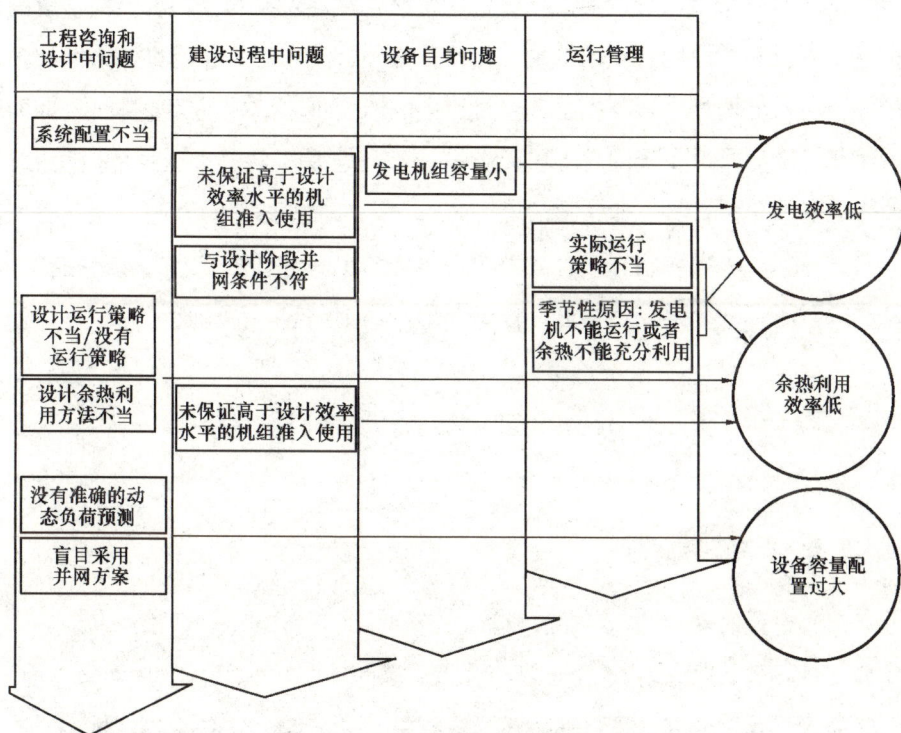

图 3-30 BCHP 系统阶段性性能诊断

现象 2：系统的容量配置过大。在设计阶段，对建筑的负荷预测至关重要，实际工程中往往因为对建筑负荷预测没有准确把握，造成设备容量过大，影响系统的经济性；二是因为在系统设计之初，采用了并网甚至上网的方案，为了增大系统的规模效应配置了较大容量，而在实际工程实施过程中不能保证上网条件，导致大容量设备无法正常运行。

现象 3：系统余热利用效率低。原因一是由于季节性原因造成系统余热不能得到充分的利用，或者在某个季节不能利用，造成热能的浪费，导致余热利用效率低；二是由于系统运行策略不当，运行过程中电、热（冷）负荷的不匹配或者变工况条件下系统余热利用设备运行效率低，甚至难以正常运行等；三是由于系统设计原因造成的，即设计的余热利用方法不当，没有按照能源梯级利用的原则设计余热利用系统或者没有采用能最大限度地回收余热的配置方法等。四是由于在实际建设项目过程中不能保证高于该平均余热利用效率水平的机组准入使用，导致实际运行效果差。

因此，在考察三联供系统的适用性时，必须从政策方面、设计方面、项目施工建设、项目运行管理方面形成一套科学有效的体系才能保证系统健康合理、高效的发展。从调研的结果来看，不成功的三联供系统往往不是单——种原因造成的，往往是多个阶段多个原因造成的结果，然而，必须特别指出，工程咨询阶段和设计阶段的原因所占比例最大，其次是建设过程中的原因也不容忽视。要进行合理的中小型天然气热电冷联供系统配置不仅要求设计人员非常了解规划区域的电力/燃气条件、周边自然条件，具有非常强的电力、暖通、机械等多学科知识，而且要求设计人员具有较强的多学科知识融合能力、多学科知识的综合平衡能力。往往要求设计人员必须对于每一个具体项目进行仔细斟酌，因地制宜，因时而异。

3.8   水-水热泵系统

3.8.1   基本原理

本节所讨论的水-水热泵系统包括如下形式：

1）以地下埋管形式构成土壤源换热器，通过水或其他防冻介质在埋管中流动，与土壤换热，获取低温热量，然后通过热泵提升其温度，制备采暖用热水；

2）直接提取地下水，经过热泵提升温度，制备采暖用热水，被提取了热量、温度降低了的地下水再重新回灌到地下；

3）采用海水、湖水、河水，利用热泵其提取热量，制备采暖用热水；

4）利用热泵从污水提取热量，制备采暖用热水（请参看《中国建筑节能年度发展研究报告 2007》）。

最为节能的采暖措施，目前这些方式在我国北方地区得到大力推广。有些城市把这种方式作为应用可再生能源的一种方式，给予各种经济和政策上的优惠；也有些城市将其作为考核是否实现建筑节能的重要标志。然而这一方式是否在各种场合都适合都可起到节能效果？要想真正获得节能效果，需要哪些条件，这都需要科学的分析和实际工程的考验。图 3-31 是此类热泵的原理图。循环泵 P1 从地下或提水，同时还要使经过换热的冷水返回地下或地表。中间循环泵 P2 实现热源换热器与热泵机组换热器之间的循环，从而实现热泵与地下水热源之间的间接换热。供热侧循环泵 P3 则实现热水在热泵热端换热器与建筑内散热器间的循环，把采暖需要的热量送到建筑内。

图 3-31 各类水-水热泵原理图

3.8.2 地下水源热泵能耗分析

热泵系统的实际能源消耗是热泵压缩机的电耗与图 3-35 中 P1、P2、P3 这三组水泵的电耗之和。而其是否节能就应该比较在供应同样多的热量的前提下，这一方式与燃煤锅炉和燃煤热电联产方式消耗的能源的差别。由于热泵消耗电力，而上述三种方式都消耗燃料，因此需要把电力折合成燃料。我国目前平均发电煤耗是 $346gce/kWh_电$；大型燃煤锅炉效率为 80% 时，产生 1kWh 热量的能耗为 $154gce/kWh_{热量}$；热电联产方式，采用"好处归热"的方式计算，产生 1kWh 热量的能耗为 $73gce/kWh_{热量}$（计算原理见本书第 1 章）。

热泵机组能耗特性与两侧温度有关，两侧温差越大，则产生单位热量消耗的电力越大。为了提高热泵性能，一般热泵的热端向建筑的供水温度为 45℃，回水温度 35~40℃，热泵内的冷凝温度就要 50℃ 或更高。热泵的冷端温度应由从热泵流回到热源换热器的水温决定，根据低温热源情况不同，在 -5~10℃。表 3-11 列出目前水平下热泵机组在不同温度下的制热性能系数的参考值。

　　表 3-11 中热泵低温侧出水温度为低温热源的供水温度减去循环水的供回水温差，再减去换热器的 5℃换热温差。当抽取地下水作为低温热源时，采暖初期水温为当地外温的年平均温度，以后随着热泵的使用状况和地下地质情况不同，水温有可能逐渐下降。表 3-12 为我国北方几个城市的外温年均温和不同的循环水温差下，可能达到的低温侧出水温度。

热泵机组在不同的低温侧温度下的性能系数 COP$_H$　　　　　表 3-11

热泵低温侧出水温度	螺杆压缩机	离心压缩机
−5℃（用防冻液）	2.5	3.5
0℃（用防冻液）	3.0	4.0
5℃	3.5	4.5
10℃	4.0	5.0

各地可能的热泵机组低温侧出水温度　　　　　表 3-12

城　市	当地年均温	循环水 8℃温差时低温侧出水温度	循环水 4℃温差时低温侧出水温度
沈阳	8.6	不能实现	−0.4（防冻液）
北京	12.7	−0.3（防冻液）	3.7
济南	14.9	1.9（防冻液）	5.9
西安	14.1	1.1（防冻液）	5.1
大连	11.1	−1.9（防冻液）	2.1（防冻液）
郑州	14.7	1.7（防冻液）	5.7

　　从表 3-12 中可以看出，在北京以南地区，由于地下水温较高，所以循环水进出口温差可以高达 8℃，这时低温侧出水温度在 5℃以上，热泵压缩机组的制热性能系数可以达到 3.5～5，取决于压缩机形式。而在北京，或北京以北地区，为了防止结冰，只能增大循环水量，降低循环水进出口温差。这样，尽管热泵制热性能系数还有可能维持在 3.5～4.5，但低温热源侧的循环水泵的电耗就会大幅度增加。

　　表 3-13 列出热源采集循环泵 P1 和中间循环泵 P2 以及供热侧循环泵 P3 在不同的供回水温差下输送 1kWh 热量所消耗的水泵电耗的参考值。实际系统当采用变频调速泵，使供回水温差恒定时，整个采暖季的水泵电耗可以根据运行的供回水温差计算；而当水泵采用定速泵时，采暖负荷减少，则供回水温差相应降低，采暖季的平均供回水温差大约仅是最大供回水温差的 60%，水泵电耗的比例也就相应增加。

不同供回水温差下的水泵电耗参考值

表 3-13

供回水温差	P1	P2	P3
2℃	0.2	0.08	0.1
4℃	0.1	0.04	0.05
6℃	0.07	0.027	0.035
8℃	0.05	0.02	0.025

这样，当热泵压缩机制热性能系数为 4，三个泵的供回水温差都是 2℃时，每 kWh 的供热量需要耗电为 1/4＋0.2＋0.08＋0.1＝0.54kWh 电力，相当于系统制热性能系数 COP＝1.85。折合 186gce/kWh 热量，高于大型燃煤锅炉的 154gce，更高于热电联产热源的 73gce。尽管燃煤或热电联产的集中供热系统也要消耗一部分电力来运行循环水泵以输送热量，但集中供热系统的供回水温差在建筑侧一般为 15～20℃，在一次侧可高达 50～70℃，水泵电耗为 10～15gce/kWh 热量，2℃温差时的水源热泵能耗仍高于大型燃煤锅炉和热电联产。当低温热源侧温差达到 6℃以上，热泵制热性能系数达到 5 以上时，每 kWh 的供热量需要的耗电量为 1/5＋0.07＋0.027＋0.035＝0.332kWh电力，相当于系统制热性能系数 COP＝3。折合标煤 115g，这时优于大型锅炉的能耗，但仍然不如热电联产的能源利用率。只有当热泵 COP 达到 5.5，循环水温差达到 8℃，每 kWh 的供热量电耗降低到 0.277kWh电力，系统制热系数 COP 达到 3.6，折合煤耗 96 克/kWh热量，再考虑到热电联产系统的输送泵耗 15g/kWh，热泵的能源利用效率才有可能与热电联产相比。

要超过大型燃煤锅炉的能源利用率，每 kWh 热量的煤耗就要低于 150gce，从而系统制热性能系数 COP 需要大于 2.3，单位 kWh 热量的耗电量需要低于 0.435kWh。这时，如果采用螺杆压缩机热泵，低温侧出水温度为 4℃，制热 COP＝3.5，就要求低温热源侧的水泵（P1 和 P2）的采暖季平均能耗需要低于 0.11kWh电/kWh热。这就要求低温热源侧供回水温差在整个采暖季都在 5℃以上，所以必须采用变频泵，以避免部分负荷时出现小温差大流量工况，并且精心设计低温热源侧管道系统，尽量减少管道阻力。同时，一般来说地下水出水温度需要高于 14℃，除非不经过换热器，使地下水直接进入热泵机组，这时可以要求地下水出水温度在 10℃以上。这样，除非有特殊的地下水条件，可获得浅层高温地下水或者获得不需要换热器既可直接进入热泵机组的清洁地下水，再就是采用高性能的离心

式热泵，否则在北京和北京以北地区一般很难使采暖季节的系统制热性能系数
COP 超过 2.3，从而就不会比大型燃煤锅炉节能。而在任何情况下，水源热泵都不
可能比热电联产系统的能源转换效率高。但是，到了黄河以南地区，当地下水出水
温度可高达 15℃，低温热源侧循环水温差就很容易加大，低温热源侧的水泵能耗
就可以做到 0.1kWh/kWh 以下，于是水源热泵就很容易做到优于大型燃煤锅炉的
能源转换效率，从而就成为一种相对节能的采暖方式。

3.8.3   海水源热泵能耗分析

当在辽东、山东半岛和渤海湾内采用海水作为低温热源时，尽管海水冻结温度
低，但水温在冬季也将降到接近零度。考虑海水提升高度和输送距离，同样温差下
的水泵电耗还会高于表 3-13 列出的数值。如果取 8℃温差，再加上换热器温差，热
泵低温侧的出水温度就可能低于 -10℃。这样即使采用大型离心式热泵，其制热性
能系数也很难超过 4。要优于大型燃煤锅炉，低温热源侧的水泵电耗就必须低于
$0.14kWh_电/kWh_热$。中间换热循环泵 P2 的能耗可以控制在 0.03kWh 以内，但是
要使海水侧循环泵在整个采暖季平均在 $0.11kWh_电/kWh_热$ 以下，同时供回水温差
不大于 8℃（否则热泵的水温有会太低），则需要一番努力才能做到。这说明，在
这一地区的海水源热泵不一定比大型燃煤锅炉节能，即使通过努力把各个环节都做
得非常好，可以实现的节能空间也很有限。

3.8.4   城市污水水源热泵能耗分析

当使用城市生活污水作为低温热源时，为了避免污浊物堵塞，曾介绍一种转桶
式过滤装置（见《中国建筑年度发展研究报告 2007》），这种装置需要在图 3-35 的
基础上再添加一个前置循环泵 P0。当各级循环水温差都在 5℃时，热泵低温侧出水
温度大约比采集到的污水温度低 12~15℃。P0、P1、P2 三组泵的电耗大约为
$0.1kWh_电/kWh_热$。这样，当城市生活污水温度为 18℃时，热泵低温侧出水温度在
3~5℃，采用螺杆压缩机热泵，COP＝3.5 时，取建筑侧循环泵电耗 $0.04kWh_电/$
$kWh_热$，则系统制热性能系数 COP 为 2.35，单位热量耗煤为 $147g/kWh_热$，略优于
大型燃煤锅炉的 154 克/$kWh_热$，但节能量仅为 5%，在各个环节，尤其是水泵配置
上稍有疏忽，就会丧失这一优势。

3.8.5 地下埋管式地源热泵能耗分析

采用地下埋管使循环水通过循环与土壤换热，作为热泵的低温热源时，可以免去中间换热环节，省掉循环泵 P2 和中间换热器，减少一部分水泵电耗。低温热源侧的温度则与当地年平均温度有关，也与系统全年运行状况有关。在北方当夏季空调负荷很小，不能充分向地下蓄热时，冬季取热的温度就会逐年降低。如果忽略夏季的蓄热，则如果地埋管换热器规模小，地下温度就接近于当地年平均温度；如果地埋管规模大，平面覆盖半径超过上百米，则通过一个夏天的地面传热，很难向地下补充足够的冷量，于是就会造成地下温度逐年下降，最终使地下温度过低而不能运行。即使对于小规模地下埋管换热器，冬季实际的取热温度在很大程度上取决于地下埋管的数量。有些工程为了降低投资，减少埋管数量，就造成地下换热器的出水温度低于当地年均温度 10℃ 以上，系统采用防冻液作为循环介质，热泵的低温侧出水温度低于零度，这就使得螺杆压缩机热泵的制热 COP 仅为 3，此时如果热泵两侧的循环泵电耗达 $0.1kWh_{电}/kWh_{热}$，则系统制热性能系数为 2.33，单位热量耗标煤接近 150g，基本上与大型燃煤锅炉相同。此时，只有足够的地下换热器面积，提高出水温度，并设法降低各循环泵电耗，才有可能使其比大型燃煤锅炉节能。但是如果在夏季有大量空调负荷的地区，在夏季把空调的热量通过热泵系统蓄存于地下，使地下换热器周围的温度升高，则在冬季运行时，性能就大不一样。这时有可能通过加大循环水供回水温差降低循环泵电耗，同时还不会使热泵低温侧出水温度太低，从而维持热泵有较高的制热系数。当地下换热器出水温度达到 18℃，热泵低温侧出水温度达到 10℃ 时，热泵制热 COP 可达 4 以上，两侧的循环水泵电耗可控制在 $0.08kWh_{电}/kWh_{热}$，系统制热性能系数可超过 3，单位 kWh 热量煤耗为 115gce，可以显著地优于大型燃煤锅炉。

3.8.6 实际系统的运行能耗

下面给出一些各种文献检索出的实际工程的水－水源热泵实测的能源消耗状况，见表 3-14。从表中可以看出：

1) 在所列工程中，热泵机组的性能差异不大，且能效水平总体较高。根据地区不同，低温侧热源温度不同，其制热性能系数基本都介于 3～5 之间，其中水源和土壤源热泵机组的能效比高于地表水源热泵机组。

2）热泵系统的输配能耗差异较大，具体表现为各工程的潜水泵、循环泵和用户水泵 COP 参差不齐，这与各系统的运行策略和负荷率有关，输配系统的性能优劣直接导致了地源热泵系统制热性能系数的较大差异。所列出的沈阳案例，热泵两侧的循环水温差都仅为 2℃，这时输配能耗过大的主要原因。低温热源侧这样小的温差是由于当地地下水温低，为了防止冻结不得已加大流量。而建筑侧的小温差是由于该项目是地板辐射采暖，系统设计的流量偏大。

3）地源热泵系统制热性能系数并不高，所列工程中的最大供暖季节性能系数为 3.5，最小值仅为 1.46。除美国两例工程和中原油田工程案例外，其余工程案例的实际能耗水平都与大型燃煤锅炉相当，有些还不如燃煤锅炉。这基本与前面分析预测的结果一致。究其原因，主要是由于输配环节过多，各级水泵总能耗过高，所列系统仅热源侧输配能耗就达到热泵机组能耗的 $30\%\sim45\%$，再加之用户侧可观的输配能耗，从而导致系统季节能效比大大降低。所以进一步降低输配系统能耗是提高热泵系统性能的关键所在。

现有地源热泵工程制热季节能效指标统计　　　　　　　　　　表 3-14

系统形式	工程名称	季节性能指标（kWh/kWh）					
		热泵机组制热 COP₁	泵 P₁ 能效比 COP₂	泵 P2 能效比 COP₃	左边三项的总能效比 COP₁	用户侧泵 P₃ 能效比 COPₗₗ	系统制热性能系数
土壤源热泵系统	康涅狄格州一栋住宅[1]	(5.0)	17.5		3.9	35	(3.5)
地表水源热泵系统	湖南湘潭市政府和大剧院[2]	(3.7)	11.1	33.3	2.6	16.7	2.2
地下水源热泵系统	中原油田钻井四公司办公楼[3]	4.2*	12.4*		3.1*	25*	2.8*
	佛蒙特州三栋住宅（平均）[1]	(4.0)	12.3		3.0	30.8	(2.8)
	湖南某工程[2]	(4.0)	12.0		3.0	18	2.6
	北京某办公楼[4]	4.1*	(49.2)	(16.4)	3.1*	(8.2)	2.2*
	沈阳某住宅小区	3.0	5		1.87	6.7	(1.46)
无水源热泵	北京某酒店	4.5	5.14（包括三级水泵）		2.4	25	(2.1)

注：表中（）内的数据为实测数据；带 * 号的表示根据测试参数计算得到的数据；其他数据表示根据相关案例和工程估算得到的数据。

此外，在地源热泵系统实测数据搜集过程中发现，虽然近年来地源热泵系统的推广应用如火如荼，关于地源热泵系统的节能宣传也频见纸端，但目前能够获得地源热泵系统实际运行数据的途径却极少，个别公开数据的工程也普遍存在测试数据完整性较差的问题。本节经过大量的文献调研和资料查阅，发现仅表 3-14 中引用的四篇文献公开了几个地源热泵系统工程的实测数据，且测试数据并不完整，文献［2］和［3］只测试了热泵机组的性能参数，未涉及输配能耗的测量，文献［1］测试了考虑所有环节能耗的综合能效系数，但未分别给出各子系统或设备的能耗数据，文献［4］详细研究了输配系统各台水泵全年的运行策略和能耗，但未测试热泵机组的能效和热泵系统的综合能效系数。表 3-14 中的沈阳项目是某中日合作项目由日方长期监测和分析得到的结果。

实测数据的缺失导致人们对地源热泵系统性能的认识一直模糊不清，错误的系统选择和设计层出不穷，严重影响地源热泵系统的良性发展。这一现象与各个国家和地区的土壤源热泵系统的鼓励和补助政策不无关系。因此，建立地源热泵实测数据信息系统，是科学认识地源热泵系统的节能性和适用性的重要基础平台。

3.8.7 水-水源热泵的适应性评价

根据上述分析和实测数据的比对，可以得出水-水源热泵系统适用性评价的几点结论：

1）很难认为水源、地源、地表水源及海水源热泵是具有显著节能效果的节能措施。在北方地区的多数工程表明其能耗水平与大型燃煤锅炉差别不大，只有在特定的条件下，精心设计精心运行，才有可能使实际能耗低于大型燃煤锅炉，但其能源转换效率几乎不可能与热电联产相比。

2）水源、地源、地表水源和海水源热泵能耗较高的原因是由于低温热源侧输配能耗高。如何通过技术进步，降低这部分输配能耗是水-水源热泵提高能源转换效率的关键。

3）由于多数水-水源热泵并没有显著的节能效果，因此不应作为有效的节能措施，给予各种财政补贴。只有通过实际监测，发现实际耗能确实低于常规系统时，才能给予适当的财政补贴。实际上补贴应该根据能耗状况，而不应该根据采用什么技术。

4）由于各方面的原因，目前很难获得各类地源热泵系统的实际运行数据，这对明确系统的应用效果、分析系统能效、提供科学决策极为不利，故建立公开的测试网络和数据平台是推进地源热泵技术健康发展的当务之急。

本节参考了如下文献：

[1] Monitoring Data for Residential GSHPs. Energy Design Update，2008，28（4）：11-12.

[2] 陈晓，张国强，彭建国. 开式地表水源热泵在湖南某人工湖的应用研究. 制冷学报，2006，27(3)：10-13.

[3] 李宏武. 中原油田地温水源热泵中央空调示范工程. 节能与环保，2006，(2)：60-62.

[4] 《工程建设与设计》杂志社. 地源热泵系统设计与应用. 机械工业出版社，2006.

[5] 《水源热泵导刊》，工程建设与设计杂志.

第4章　建筑节能新技术与措施

前一章对很多目前广泛推行的建筑节能技术与措施进行了一些分析，试图说明，各种建筑节能的技术、措施和产品都有其适宜条件，必须因地制宜，根据建筑的功能、特点以及所处的地理条件进行选择。不考虑实际条件，盲目地扩大一些建筑节能技术的使用范围，往往会造成事与愿违的结果。然而，要实现我们的建筑节能目标，也就是在维持现有的能耗状况或进一步降低实际用能状况的前提下，尽可能提高建筑室内环境水平，必须靠先进的节能技术与措施。通过合理的建筑设计、优化的设备系统设计以及科学的运行管理方式，综合协调各个环节，才能实现节能目标。本书 2007、2008 年版陆续介绍了一些有效的节能新技术新措施，本版"研究报告"不准备重复前两本的内容，除有重要补充外，前两版详细介绍过的技术与措施，本版原则上不再介绍。为了使读者对目前建筑节能相关新技术有整体了解，本节简单对相关新技术进行概要的综合介绍，以后各节则对本书写作团队比较熟悉的新技术和新措施做进一步的详细介绍。还有许多非常重要和适用的建筑节能新技术没能在本章中介绍，这只是由于本书写作团队尚缺少相关方面的进一步深入研究。我们希望通过进一步研究、跟踪及与国内相关研究机构的合作，能够在今后陆续的"研究报告"中对这些新技术新措施给予进一步的详细报道。

4.1　建筑节能新技术综述

4.1.1　奥运场馆中应用的节能新技术

2008 年首先应该重点介绍的我国建筑节能领域的新成就，是北京奥运场馆建筑。北京奥运会成功举办，奥运场馆的胜利完工和在奥运会期间的出色表现也是北京奥运履行"绿色奥运"承诺，用事实证明中国人民在节能减排、实现可持续发展方面的具体行动。北京奥运新建的十二个场馆是适宜地使用各种建筑节能新技术的一批非常好的案例。除了在建筑设计、设备优化、系统调节等各环节对节能的周到考虑外，新技术的应用突出表现在节能采光、围护结构、可再生能源利用三方面。

节能采光。大多数场馆的建筑设计都精心考虑了自然采光的利用。典型的是国家游泳中心（水立方）。它是世界上第一个全面采用膜结构的大型室内游泳馆。通过屋顶和外围护结构六到八层薄膜，使得场馆内大部分空间可以依靠自然光获得有效的采光效果，白天基本可以完全不使用人工照明。通过薄膜上的低辐射（low-e）涂层，多层薄膜在保证良好的采光效果的同时还可以维持良好的热阻，保证建筑的隔热保温性能，同时遮阳系数也控制在 0.15 以下，在夏季可有效地阻挡太阳光的入射。网球中心则是通过精心布置的采光井，使地下和半地下建筑较好地实现了自然采光。在奥运中心区的地下商城和地下停车场，人们可以在地下城中看到屋顶上一个个巨大的圆形太阳灯。这是国内第一次大范围采用大尺度太阳能光桶，把阳光引入地下，在晴天可基本实现太阳能采光。除了自然采光，在室内外人工照明中，则普遍采用了高效节能灯与节能灯具，尤其是"水立方"等场馆的外景照明，是国内第一次大规模使用先进的 LED 半导体照明器件，不仅高效节能，并且获得出色的照明效果，成为北京一处新的夜景。这次大规模的 LED 应用，为全面应用推广这种目前最先进的半导体照明技术起到重要的演示效果。奥运区的外景照明还采用了目前时间上最先进的 IPv6 网络技术进行全面控制调节。由于 IPv6 网络的接近无限的编址能力，使得全区的外景照明可以实现对每个照明点的独立控制调节，从而不仅可实现绚丽多彩的照明效果，也能根据需要合理调度，避免不必要的灯光，从而实现节能。

围护结构。各个场馆围护结构设计中也充分考虑了节能措施。除了严格按照节能规范要求保证屋顶和外墙的保温隔热性能外，还普遍注意了自然通风的设计，通过合理的布置周边和屋顶的通风通道，力图在少量人员使用时，通过自然通风就可以满足室内热环境的基本要求，避免开启大量的空调通风系统，从而大幅度降低部分人员使用时的运行能耗。此外，对于透明性围护结构，则尽可能采用低辐射涂层、外遮阳或内遮阳、半透明玻璃砖以及双层皮幕墙等措施。既保证了建筑美学需要，又不使透明围护结构过度干扰室内环境，不造成建筑能耗的增加。

可再生能源的利用。这是奥运场馆"绿色建设"中的重头戏，得到建设方和业主的高度重视。除前述广泛采用的太阳能光桶采光外，在有条件的场合广泛采用太阳能热水器提供生活热水。有些场馆太阳能热水器承担了大部分运动员洗浴用水的需求。此外在大多数场馆上都在不同的程度上安装了太阳能光伏发电装置，从而成为太阳能光电应用的一次大规模的尝试。为了实现对奥运场馆可再生能源比例的承诺，北京市还在北京与河北省交界地区及河北省与内蒙古交界地区建设了大规模的风力发电场，通过开发利用这种绿色电能，保证奥运场馆可再生能源的比例。

此外，在中水水源热泵、地下埋管热泵、天然气热电冷三联供等方面，一些奥运场馆与奥运相关建筑中也进行了不同程度的尝试，其节能效果还有待于长期实际运行中的实际能耗状况与使用效果检验。

4.1.2　新型新风处理和排风热回收装置

新风处理冷热量消耗在某些建筑中可达到空调总冷热量的一半。而大部分新风处理的冷热量用于湿度调节。近年来除了传统的降温冷凝除湿方式外，国内多个研究机构在新的除湿、湿度调节和排风热回收方式上有多项突破。除本书 4.4 节详细介绍的溶液调湿技术外，华南理工大学还开发出高分子透湿膜和高效调湿转轮。

透湿薄膜是采用特殊的高分子材料制作的薄膜。它可以从一侧吸附空气中的水分，而向另一侧释放，从而相当于空气中的水蒸气从一侧向另一侧透过。其透过方向和透过能力与两侧的空气的湿度和温度有关，湿度较高的一侧的空气中的水分可以通过透湿膜向湿度较低的一侧传递。同时，这种薄膜还具有一定的显热传热能力。这样，利用这样的薄膜可以做成空调引入的新风与排出的排风之间的全热回收器，透湿膜两侧都处于大气压附近，对薄膜的强度没有特殊要求。夏季室内的空气温度和湿度都低于室外新风时，通过这种薄膜，就可以使新风中的热量和水分通过薄膜传到排风侧，从而使新风得到一定的冷却和减湿。在冬季，排风中的热量和水分也可以通过薄膜传递到新风一侧，实现对新风的加热加湿。进一步把这种薄膜发展成各种全热回收装置和除湿调湿装置，形成一套新的排风热回收和新风处理方式，对我国的空调节能事业会产生很大的推动作用。

转轮则是排风热回收和新风除湿的又一种方式，将固体吸湿材料粘附于转轮的蜂窝状通道内，利用吸湿材料与湿空气之间的传热传质过程，可以实现对于室内排风的全热回收、新风除湿等处理功能。近年来我国在转轮研究中，在高性能固体吸湿剂研究与制备、蜂窝状陶瓷转芯成型工艺等方面都有了很大进展。综合考虑传热传质强化和微细结构内流动特性的需求，设计吸附基体材料，合理改善了吸附性能和传递扩散规律，研制出高性能复合氯化锂吸附剂制备方法，不仅加快了吸附/解吸速率，而且有效降低了再生温度。构筑出露点在−40℃以下的高效吸附式转轮深度除湿技术，在许多对湿度有严格要求的低湿环境领域有着广阔的应用前景。

4.1.3　低温空气源热泵

用空气源热泵从周边空气中提取热量，将其提升为采暖热源，这不需要地下水和其他条件，因此是对使用条件和环境限制最少的热泵方式。空气源热泵面临的最大的问题，一是当外温在0℃左右时，室外蒸发器表面结霜，严重影响机组正常运行；再就是当室外温度过低后，制热量和系统效率的急速下降，难以满足供热需求。近年来空气源热泵的研究和发展主要是在这两个方面。随着我国科研工作者和相关企业的不断努力，这两个问题在一定程度上获得了解决。

解决外温过低时热泵能正常工作的途径是采用中间补气技术。也就是将冷凝器出口的部分制冷剂节流后与其余制冷剂换热，提高其余制冷剂的过冷度，从而增加制冷剂在蒸发器中的换热焓差，提高空气源热泵系统的吸热能力和制热量。就压缩机而言，由于中间补气的进入，实现了压缩机的二次吸气，提高了压缩机的排量。此外，由于空气源热泵在低温工况下的系统运行压比远高于压缩机的设计压比，因此压缩机将运行于较大的欠压缩工况，导致压缩机效率和系统效率的下降。而通过压缩机的二次吸气，压缩机的欠压缩损失将被减小甚至消除，因此压缩机和系统的效率同样得以提高。

除霜技术的发展主要集中于三个方面，一是除霜安全性问题的解决，二是除霜效率的提高，三是结霜状态的监测与判断。除霜开始和结束过程是发生制冷剂大量迁移的过程，不恰当的控制将导致压缩机吸气压力过低和电机冷却不足等问题。已经发展的除霜电磁阀旁通技术（在切换瞬间使得系统高压侧与低压侧接通）基本解决了这一问题。此外，利用压缩机电机产热（缸套水）和非满负荷运行时多余热量的蓄热等加速除霜过程等技术也在近期得以发展。

如上关键技术的解决使得空气源热泵可以在较大的外温范围内运行，实现较好的供热效果。尽管当外温很低时，热泵效率也会相应下降，因此空气源热泵不适合长期在低温环境下运行。但上述技术的解决使得空气源热泵可以在冬季基本处于0℃左右，只是偶然会出现较低温度（如 2008 年初南方地区出现的冻害）的地区成为非常适宜的建筑采暖热源。

4.1.4 生活热水热泵和余热回收

生活热水热泵也是近期建筑节能研究与发展的一个热点。除去对 CO_2 热泵技术的研究，近期的工作主要集中在余热利用和系统效能的提高两个方面。

余热利用是指生活热水热泵利用空调系统的冷凝热生产热水的技术。这一技术的一种解决方案是冷/热/生活热水多功能机组。通过让自来水依次通过蒸气压缩式制冷系统的过冷器、水冷冷凝器和排气换热器，充分吸取冷凝排热，生产生活热水。由于制冷和生活热水可能不同时使用而且一次加热不能达到需要的生活热水出水温度，该系统一般设置蓄水池和循环水泵，循环加热使水池的水达到需要的温度。在同时需要生活热水和制冷的情况下，该系统能达到很高的能源利用效率。而在同时需要制热和生活热水的情况下，该系统存在热量分配的问题。另外一种利用空调余热生产生活热水的技术适用于大中型冷水机组。该技术将冷却水中原本要通过冷却塔散除的热量通过高温热泵形式加以提升和利用。该技术较为容易实现，在大型公共建筑中适用性较强。

近两年，家用空气源热泵热水器的市场迅速增加。但由于蒸发侧空气温度（室外温度在 −10℃ 到 35℃ 范围内变化）和冷凝侧水温度（从 15℃ 连续变化到 55℃）变化范围大，提高该系统的能效系数和安全性成为一个很重要的问题。近期被提出的制冷剂泄出技术与前文提到的中间补气技术的结合能有效解决这一问题。这一技术通过将压缩机压缩腔制冷剂向系统低压侧的泄出或向压缩腔的二次吸气，有效调节压缩机内压缩比，提高压缩机和系统的效率。同时，该技术能在正负两个方向调节压缩机的排量，防止压缩机蒸发温度过高时的过载和过低时的制热速度慢等问题。这样，使空气源热水器性能有了显著提高。

除了各类制备生活热水的热泵技术外，从生活热水使用后的污水中回收热量，用来预热进入加热器前的自来水，也具有明显的节能效果。进一步用排掉的洗浴污水作为低温热源，热泵制取生活热水，也是有效的节能途径。

4.1.5　集中供热系统的节能途径

在热源、系统输送、末端调节、末端装置等各环节，近年来国内都出现不少值得关注的节能技术和措施，这是近十年来我国建筑采暖单位建筑面积能耗不断下降的主要原因。

热电联产是各类采暖热源中能源转换效率最高的。随着技术进步和新的工艺流程的出现，热电联产机组的效率也不断提高，这在本章后面将详细介绍。燃煤燃气锅炉效率提高的途径目前集中在排烟的余热回收上。通过研制各种耐腐蚀高效烟气换热器，用排烟余热预热锅炉给水和锅炉给风，可以有效回收排烟余热。对于燃煤锅炉有可能使锅炉效率提高 5%～7%；对于燃气锅炉，由于排烟中含有大量水蒸气，如果能把排烟温度降低到 35℃ 以下，回收低温潜热可使产热量提高 10%～15%。一种有效的技术是采用"蓄热式烟气换热器"，通过周期地转换烟气阀门，使排烟和引风交替通过排烟道和引风道。用排烟加热烟道后，再用烟道加热引风。这样实现了利用排烟的热量加热锅炉送风的要求。同时整个热回收装置全部由耐火砖构成，不怕烟气中任何粉尘和凝水的污染和腐蚀。目前北京市已有一批这样的"蓄热换热器"式燃气锅炉投入使用，产生了良好的节能效果。

集中供热系统热源的优化调度，在负荷随气候大幅度变化的情况下能够使高效的热电联产热源长期稳定运行，也是节能的重要途径。为此就要设计灵活便利的调峰方式。目前已有研究机构提出并实践"燃气锅炉热力站调峰"方式。把小型燃气锅炉设置在热力站二次侧。由热电联产热源通过热网提供基础热源，二次侧的燃气锅炉则根据各自的需要，通过燃气锅炉对经过换热器的热水进一步加热，以满足采暖热量的不同需求。这样的方式当峰值负荷的 40% 由调峰燃气锅炉承担，60% 由热电联产热源承担时，整个冬季的采暖总热量的 80% 以上由热电联产热源承担，燃气调峰锅炉仅承担剩余的 20%。依靠这种方式，既可充分发挥热电联产热源高效节能的特点，又可发挥燃气锅炉调节灵活、快速、可满足不同热力站对温度不同需求的长处。同时两种热源共同供热，提高了热网的供热可靠性。

集中供热管网的"分布式"调压泵方式则是近年的又一重大技术进步。用变频水泵替代各个热力站一次侧的调节阀门，靠调压泵补充干管供回水压差的不足，通过调节水泵转速改变进入热力站的流量，进而实现对热量的调节。这样的方式既增加了热力站的热量调节能力，还避免了调节阀造成的能量损失，从而降低了水泵电耗。目前在山西、黑龙江等省的一些大型热网中，都已有了成功的案例，并有效地改善了系统调节状况，并从水泵电耗降低中获得了节能效益。

从长远来看，无论是热电联产热源还是各种热泵热源，降低采暖供水温度是提高热源效率，改善热源性能的重要前提。降低采暖系统供水温度将成为采暖系统的趋势。为适应低温采暖，发展低温散热末端装置成为采暖系统节能的基础。近年来地板辐射采暖在北方飞速发展，不仅提高了采暖舒适性，减少了散热器安装空间，同时也为低温采暖打下基础。在严寒的北方可以在低于40℃的供水温度下保证采暖要求。这就为各类高效低温热源方式的推广利用打下基础。此外，其他一些低温散热末端装置产品也相继出现。在新建系统中，尽可能采用这些低温末端，尽量降低采暖供水温度，将有利于全面推广各种高效热源方式，从而进一步降低采暖能耗。

4.1.6 中央空调中的变频技术

中央空调的耗电量是大型公共建筑耗电量的30%～50%。而中央空调耗电量的40%～60%是各类风机、循环水泵的电耗。采用变频技术，对这些风机水泵进行变频调节，可以使风机水泵全年的运行能耗降低40%以上，从而可以使中央空调的电耗降低20%～30%。

全空气系统的风机变频调节是最有效的节能途径之一。调节冷水水阀维持恒定的送风温度，或者仅分期对水阀进行手动调节；根据被控的室内温度通过改变风机转速调节送风量，实现对室温的调节。这种调节方式能改善室内空气湿度，同时可大幅度降低风机电耗。经多个工程实践证明，这是一种方便、易行、效果显著的节能方式。

冷却塔风机变频调节是通过改变风机转速，调节冷却塔风量与水量比，并满足冷却水供水水温要求。这样做就可以一直维持所有的冷却塔运行，不必根据冷机开启的台数改变冷却塔运行台数，避免了部分冷却塔运行时经常出现的溢水现象，同时可维持冷却水温度接近室外湿球温度，提高冷冻机运行效率。目前已有不少大型公建改用这种方式运行，效果良好。

冷冻水循环泵的变频也是一项有效的节能途径。根据末端装置的调节特性，应采用不同的变频调节方式。当大部分末端装置为不具备调节手段或者是"通断"控制的风机盘管时，可以根据冷冻水的供回水温差调节循环水泵，可以使循环流量根据气候变化，避免出现"小温差、大流量"。当末端主要为自动的连续调节水阀时，就应该根据某个最不利点的供回水压差调节水泵转速，使得在满足最不利回路的需要的前提下，尽可能减少调节阀门消耗的能量，从而降低循环水泵能耗。目前冷冻水的"变水量运行"已成为一项非常有效的节能技术，在相当多的大型公建中成功推广。

4.2　基于分栋热计量的末端通断调节与热分摊技术

4.2.1　原理与特点

如图 4-1 所示，在每座建筑物热入口安装热量表，计量整座建筑物的采暖耗热量，对于分户水平连接的室内采暖系统，在各户的分支支路上安装室温通断控制阀，对进入该用户散热器的循环水进行通断控制来实现该户的室温控制，同时在每户的代表房间放置室温控制器，用于测量室内温度同时供用户自行设定要求的室温。室温控制器将这两个温度值无线发送给室温通断控制阀，室温通断控制阀根据实测室温与设定值之差，确定在一个控制周期内通断阀的开停比，并按照这一开停比确定的时间"指挥"通断调节阀的通断，从而实现对供热量的调节。通断阀控制器同时还记录和统计各户通断控制阀的接通时间，按照各户的累计接通时间分摊各户热费。即：

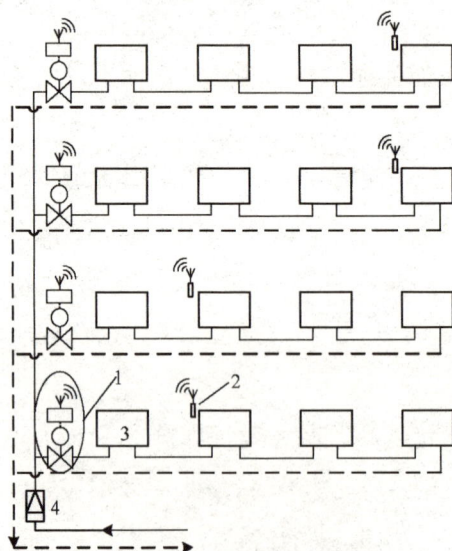

图 4-1　通断控制装置及热分摊技术原理图

1—室温通断控制阀；2—室温控制器；3—供热末端设备；4—楼热入口热量表

$$q_j = \frac{\alpha_j * F_j}{\sum\limits_{i=1}^{n} \alpha_i * F_i} Q \qquad (1)$$

$$\alpha_j = \frac{T_{open,j}}{T_O} \tag{2}$$

式（1）、式（2）中 q_j 为分摊给用户 j 的采暖耗热量；α_j 为用户 j 入口阀门的累计开启时间比；F_j 为用户 j 的供暖面积；Q 为楼栋入口处热量表计量的热量；$T_{open,j}$ 为用户 j 入口阀门的累计开启时间；T_O 为楼栋入口热计量的累积时间。

这样既实现了对各户室内温度的分别调节，又给出相对合理的热量分摊方法。

这一方式集调节与计量为一体，以调节为主，同时解决了计量分摊问题。其特点为：

1）改善调节。当散热器串联连接时，采用连续调节很难均匀地改变所串联的各个散热器热量，从而无法做到均匀调节。而采用通断调节方式，所串联的各个散热器冷热同步变化，通过接通时间改变散热量，因此可使一个住户单元中的各个散热器的散热量均匀变化，有效避免由于流量过小导致前端热、末端凉的现象。只要各组散热器面积选择合理，就可以在各种负荷下都实现均匀供热。

2）避免用户开窗和室温设定偏高。采用这种方式，开窗、调高室温设定值都会导致接通时间增加，从而增加用户热费分摊量。因此这种方式能有效抑制开窗现象，同时可促进用户合理地设定室内温度，实现用户行为节能。

3）减少邻室传热带来的问题。为了防止无人时室内冻结，控制器可限定最低设定温度，如 12℃，使得用户入口阀门不会长期关闭，当用户长期外出时，既大大削弱了邻室传热的影响，也避免了室内冻结，还可缓解热分摊中的不公平。

4）解决建筑物不利位置住户热费缴纳问题。由于是按照供热面积与累计接通时间的乘积分摊热量，顶层和端部单元按照设计会多装散热器，所以也不会出现多分摊热费的问题。

5）安装方便、经济可靠。研制开发的供热控制和热分摊计量一体化智能装置，不像热量表、温控阀等对水质要求较高，也不像热分配表那样对散热器类型和安装条件有要求，并适合于各种末端形式的供热系统，其结构简单，安装使用方便，可靠性高。然而从用户的可接受性出发，要求采用这种方式的每个用户的散热器型号和面积统一设计安装，不得擅自更换。

4.2.2 实际应用效果

该技术在 06～07 采暖季在长春一栋住宅楼进行了实验性应用，在取得良好应用效果的基础上，在07～08采暖季，进一步扩大应用规模，分别在北京、长春两地进行了14个小区的示范性应用，总计采暖面积120万 m²。具体测试结果如下：

4.2.2.1 06～07采暖季实验结果

（1）可实现对室温的有效控制。可将室温控制在设定温度±0.5℃，远优于散热器恒温阀的控制精度。图4-2是几个位于不同位置用户的室温实际控制效果。

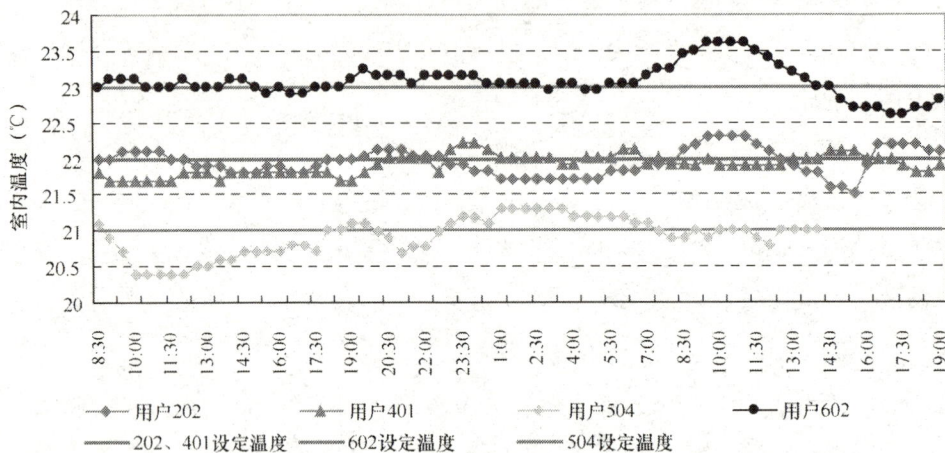

图 4-2 典型用户的室温控制效果

（2）对各用户根据阀门累计开启时间结合供热面积的分摊方式合理；

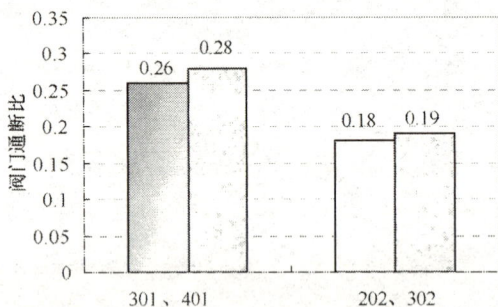

图 4-3 同一户型结构的用户分摊比统计

图4-3所示为4个用户在室温控制器放置位置相同、设定温度相同的条件下测得的用户阀门开启时间比。从结果可以看出：具有同样位置的用户阀门累计开启时间比相差不大。

（3）节能效果明显。测试期间各个用户的通断比基本位于50%以下，节能效果明显，如图4-4所示。

4.2.2.2 07～08采暖季示范工程应用结果

示范工程位于长春某住宅小区，总建筑面积16.7万 m²，室内采暖系统采用分户成环的单管水平串联顺序式的连接方式，同时各个用户的热入口装有户用热量表，可读取累计热量、当前流量等参数。为了应用基于分栋热计量的末端通断调节与热分摊技术，采暖季开始前对 9 栋建筑的 288 个用户（4.2 万 m^2）热入口加装了末端通断调节装置。同时为计量各楼栋能耗，整个小区 26 栋建筑的楼栋热入口均安装楼栋总热量表。

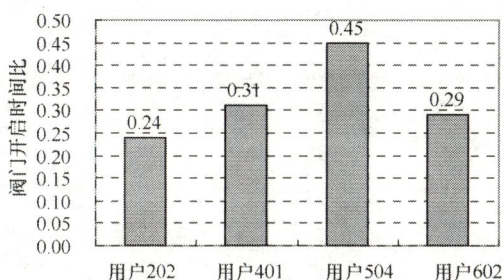

图 4-4 部分用户的阀门通断比

(1) 单房间室温控制效果

图 4-5 是某个典型用户在 12 月 27 日～29 日连续 3 天的室温和阀门瞬态开启占空比变化曲线。值得注意的是该用户不仅按照作息习惯对设定温度进行了调整，下班回到家后（18：00 左右）将室温设定由白天的 23℃提高到了 24℃，晚上睡觉前或第二天上班前又将室温调至 23℃，而且在第二天回家进行了短时间的开窗（图中圆圈标记处），从图中可以看到：

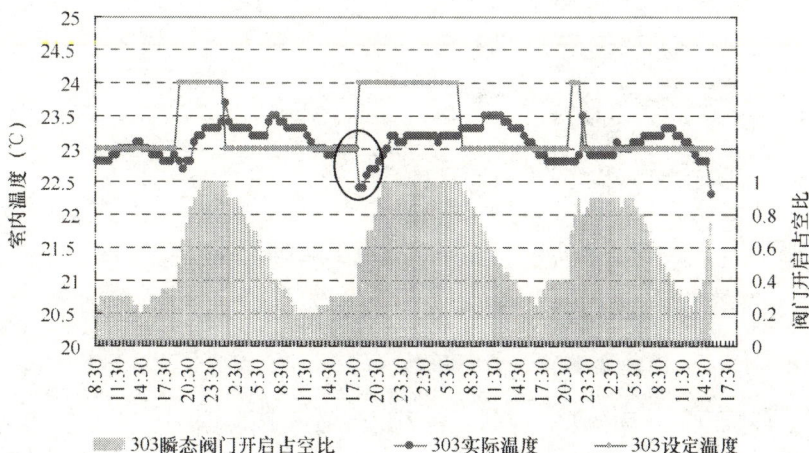

图 4-5 303 用户室温和阀门开启占空比连续变化曲线

1) 用户设定温度调高或开窗后，阀门开启时间迅速增加，直至整个周期全开，因此按照阀门开启时间分摊热费的方式将会使得用户室温设定偏高或开窗的用户分摊更多的热费。另一方面用户调高设定温度后，虽然阀门全开，由于建筑巨大热惯性，实际室温变化缓慢，并不能迅速升至用户所需的 24℃。因此短暂调高设定温度对实际室温的变化影响不大。

2）虽然该用户行为复杂，但用户的室温基本控制在设定温度±0.5℃，室温控制效果良好。

3）从阀门瞬态开启占空比变化可以明显看到室温上升过程中，占空比减小，室温下降，占空比增加，趋势对应明显。

图4-6是8个用户的室温连续变化曲线。同样看到，用户的室温控制精度较高，控制在设定温度±0.5℃。

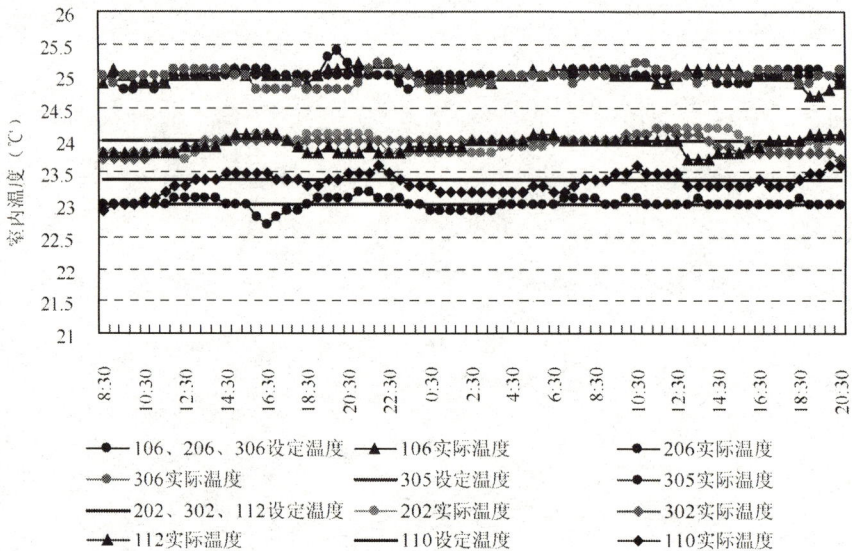

图 4-6　部分用户室温连续变化曲线

（2）分户温控可满足用户室温要求

图4-7是某用户各房间的室温变化曲线，各房间室温偏差在1℃，因此如果各房间的散热器面积设计合理，控制某一个房间的温度即可满足整个用户室温的控制要求，无需分室调控。

4.2.2.3　节能效果

（1）总体节能效果

该小区的所有建筑同时建造，围护结构和户型等均相同，为了分析节能效果，以同一小区未调控的平均耗热量为基准进行比较，结果如表4-1所示。截至2008年2月28日，未调控楼栋平均耗热量为0.1049MWh/m²，调控楼栋在仅有30%的

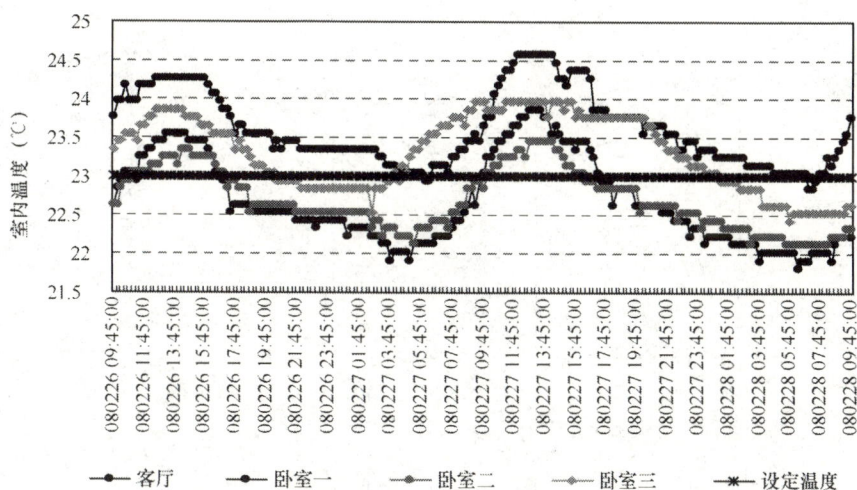

图 4-7 309 用户各房间的室温连续变化曲线

用户处于长期调控下，平均耗热量为 0.0854MWh/m²，相比未调控楼栋，节能 18.6%，如果有 70% 的用户处于长期调控，可节能 40%。

节 能 效 果 比 较 表 4-1

	总面积 （m²）	总耗热量 （MWh）	单位面积耗热量 （MWh/m²）	节能率①
未调控楼栋	103935.3	10905.3	0.1049	18.6%
调控楼栋 （仅 30% 用户长期调控）	41420.7	3536.9	0.0854	

注①：节能率以未调控楼栋耗热量为参照标准计算。

（2）楼层不同、位置相同的调控与未调控用户实际耗热量比较

图 4-8 和图 4-9 是同一栋楼处于同一位置仅楼层不同的几个调控用户和未调控用户实际耗热量比较，可以看到调控用户相比未调控用户，调控用户节能 30% 以上，效果明显。

4.2.3 社会可接受性调查分析

4.2.3.1 调查问卷统计结果

为了调查用户的主观节能行为，对该小区的 246 个示范用户进行了问卷调查

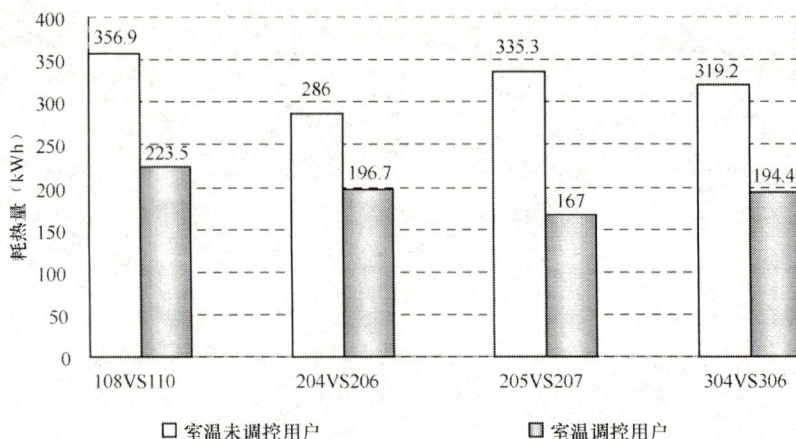

图 4-8　同一位置的调控用户和未调控用户实际耗热量

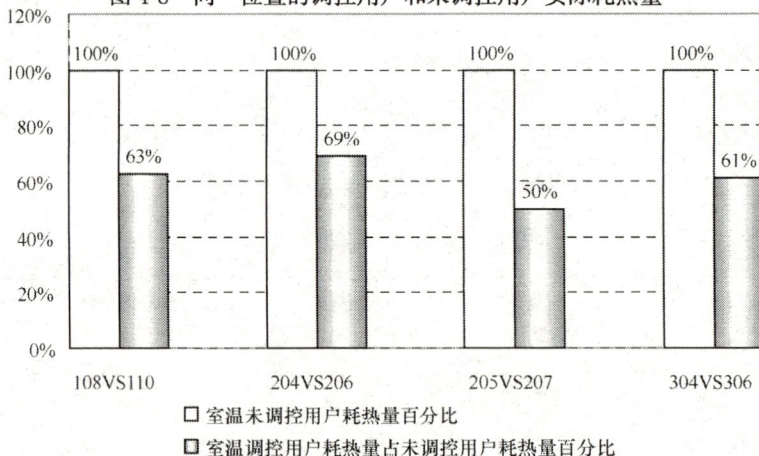

图 4-9　同一位置的调控用户和未调控用户实际耗热量百分比

（占示范用户总数的 85％），统计结果如下：

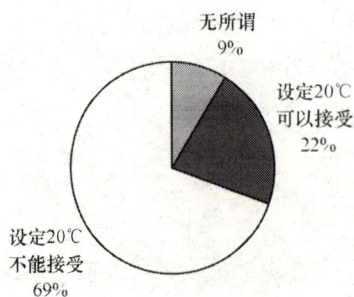

图 4-10　设定温度行为调查
统计分布图

（1）采暖室内温度设定范围调查

图 4-10 为用户设定温度行为调查统计，结果表明有 69％的用户不能接受将室温设定在 20℃，进一步统计用户的期望设定室内温度（图 4-11 所示），发现期望室温设定在 22℃以上的占了 99％，这其中可能有部分用户对温度的实际感觉不清楚有关，只是定性感觉温度越高越好，另外也和目前按面积收费、节能意识淡薄等有关。

同时我们还发现有约70％的用户对采暖温度不低于16℃即可满足要求的有关规定不清楚，因此培养用户节能意识的宣传力度有待加强。

（2）房间过热可能采取的措施调查

图4-12为当房间过热时，用户会采取的措施调查统计，结果表明，88％用户选择调低设定温度，只有12％的用户选择开窗，说明分户调控对于防止过热有效。

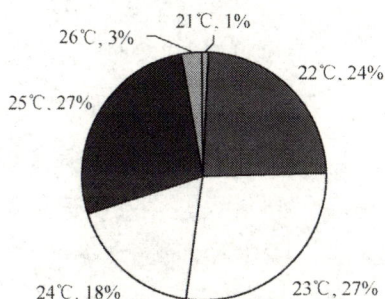

图4-11　期望设定温度分布图

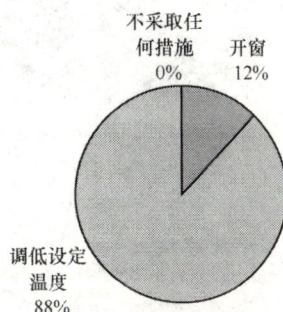

图4-12　房间过热用户行为
调查统计分布图

（3）按热收费后，用户的开窗习惯调查

图4-13是对按热收费后，对用户的开窗行为调查，结果表明，当采用按热收费后，约91％的用户选择少开窗或不开窗，按热收费可以有效防止用户开窗。

（4）采暖通断调节和计量技术示范满意度调查

图4-14为采暖通断调节和计量示范过程中用户的满意度调查，结果表明，有67％的用户感到很满意或满意，仅有5％用户感到不满意。进而对选择一般和不满意的用户进行原因调查发现，有大部分是由于示范过程中，对调控原理、操作不清楚造成误解或误操作造成。

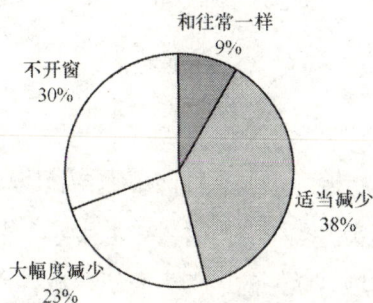

图4-13　用户开窗行为调查统计分布图

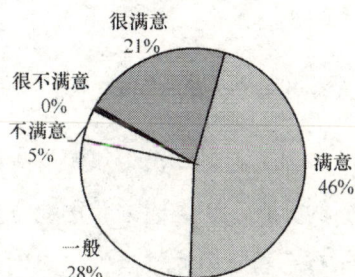

图4-14　满意度调查统计分布图

4.1.3.2 经济手段激励效果

由于此次技术示范过程中，未能实现真正意义上的按热计量收费，因此用户主动节能的积极性不高，设定温度普遍偏高，数据统计发现，75％的用户将温度设定在23℃以上，因此为鼓励用户主动节能，把设定温度调低，示范项目组对满足"室温长期设定在23℃以下"，同时"阀门累计开启时间低于0.80"的用户按照实际节能量进行节能奖励。在发放完奖励的第二天，发现在室温设定较高的用户中有67户主动将设定温度降低，其中调低幅度大于2℃的有35人，最高幅度达6℃，调低幅

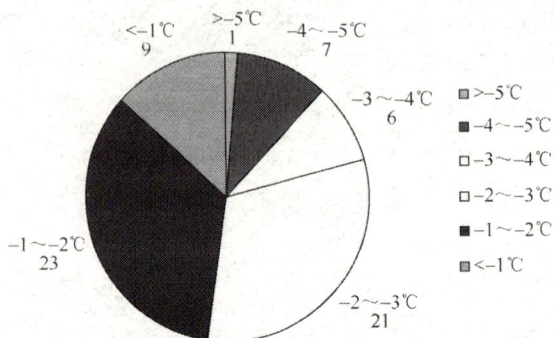

图 4-15   用户主动调低设定温度调低幅度分布图

度分布见图4-15，因此可以看到当采用按热收费，用户能够感受到切身利益时主动节能的积极性较大。

从调查问卷、奖励发放效果等分析发现，该技术能够被用户所接受，若能同时实行按热收费，使得用户感受到切身利益，可有效抑制用户开窗和室温设定偏高，促进用户行为节能。

鉴于该技术较高精度的室温调控效果和较好的用户可接受性，目前看来是我国供热计量改革中的最可行方法。但若要大规模的推广，达到采暖节能的目的，亟需相关的按热计量收费政策支持，以提高用户主动节能积极性。

4.3   基于吸收式循环的热电联产集中供热新方法

4.3.1   应用背景

以热电联产作为热源的集中供热，是解决大规模建筑采暖的能源综合利用率最高的方式，应该成为我国北方城镇采暖的主要形式。我国北方各大中城市基本上都建有不同规模的城市供热管网，其中大部分是以热电联产的电厂为骨干热源，这为我国发展热电联产集中供热打下了良好的基础。

然而，目前热电联产集中供热事业面临着热源供应不足、管网输送能力有限、热电企业和供热企业都因成本上扬而难以为继的困境，严重限制了热电联产集中供热事业的发展。

此外，传统的热电联产集中供热方式还存在着各种能源损失，如图 4-16 所示。

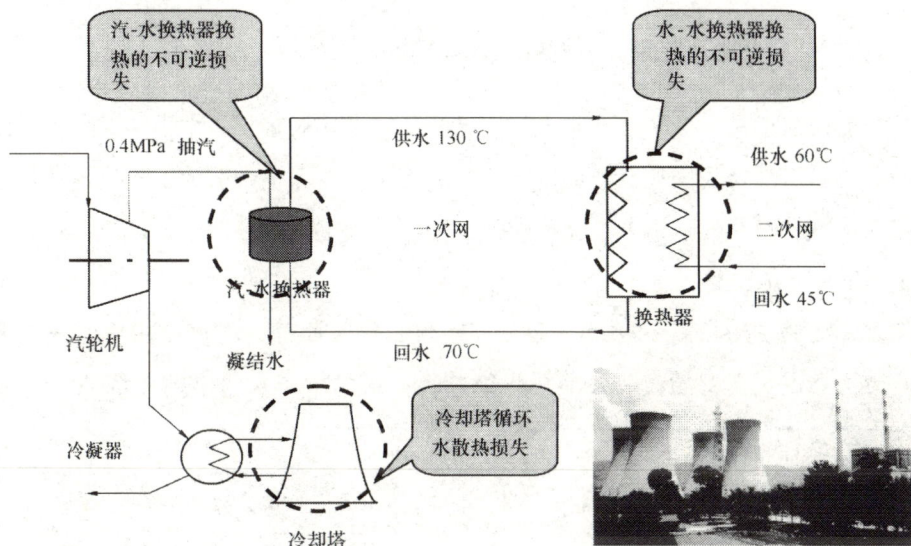

图 4-16　传统热电联产集中供热系统流程

（1）冷却塔循环水散热损失：为实现节能减排的目标，大容量高参数两用机组正陆续替代原来的小型供热机组，这种机组为了安全运行，低压缸的最小排气量较大，这部分排汽经凝汽器凝结换热给循环水，因为品位较低，无法直接用于采暖供热，因此大量优质的循环水余热资源没有得到有效利用。据统计，约 10%～20% 的总能量是通过电厂中的冷却塔循环水散热环节白白损失掉了。

（2）热量传递的不可逆损失：从供热环节来看，传统的热电联产集中供热流程中存在着两大由热量传递造成的不可逆损失环节，即热电厂首站的汽-水换热和热力站的一、二次网水-水换热。即用 0.4MPa 甚至更高压力的汽轮机抽汽加热 130/70℃的一次网供回水，再用 130/70℃的一次网热水加热 60/45℃的二次网供回水。这两个换热环节均存在较大的温差，势必会造成较大的热量传递不可逆损失。

提高热网供热能力的一种可行方式是拉大热网供回水温差。现有大型集中热网几乎都采用间接供热方式，如图 4-16 所示，直埋管道受聚氨酯保温材料耐温限制，一次管网供水温度最高到130℃左右，而回水温度受到二次网温度的限制。

如果能够利用火力发电厂循环水供热，相当于在不增加电厂容量、不增加当地排放的情况下，扩大了热源的供热能力，提高了电厂的综合能源利用效率，同时可减少冷却水蒸发量，节省水资源，具有非常显著的经济、社会与环境效益。

4.3.2　创新解决之道——吸收式循环技术

目前，通过深入分析现有热电联产系统的特点和对多年集中供热系统实际运行经验的总结，结合我国业已成熟的吸收式制冷机设计和生产能力，提出了一种全新的基于吸收式换热的热电联产集中供热方法，简称热网的吸收式循环或 Co-ah（Co-generation based absorption heat-exchange）循环。

如图4-17所示，整体方案主要基于吸收式热泵原理，在城市集中供热系统的用户热力站设置新型的吸收式换热机组，将一次网供回水温度由传统的130/70℃

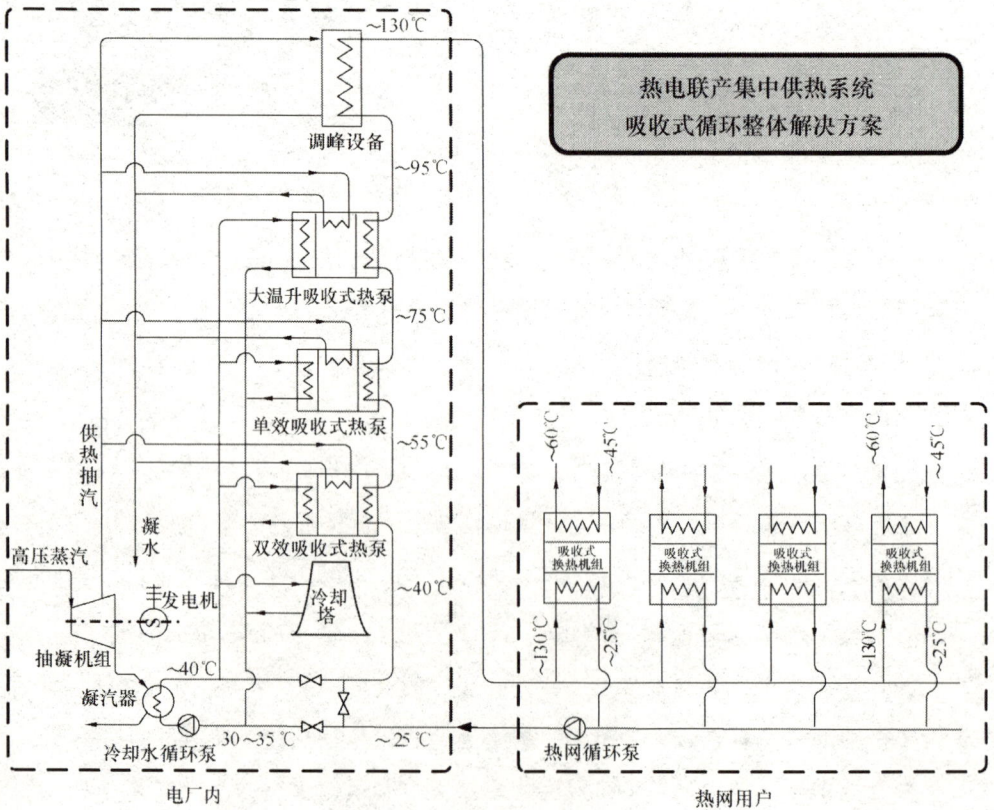

图 4-17　吸收式循环技术示意图

变为 130/25℃。一次网回水返回电厂后由于温度很低，直接/间接回收凝汽器内的 30℃左右的低温汽轮机排汽余热，然后依次通过蒸汽驱动的双效吸收式热泵、单效吸收式热泵和大温升吸收式热泵逐级加温到 95℃左右，最后使用汽-水换热器或者调峰锅炉加热至管网供水要求的温度 130℃。该技术有如下突出特点：

1) 电厂的循环水不再依靠冷却塔降温，而是作为各级热泵的低温热源，原本白白排放掉的循环水余热资源可以回收并进入一次网，仅此一项即可以提高热电厂供热能力 50% 左右，提高综合能源利用效率 20% 左右。以型号为 C300/250-16.7/0.343/538/538 的 30 万抽凝式发电机组为例，其参数见表 4-2。采用基于吸收式换热的热电联产集中供热新方法，与传统供热模式相比，在耗煤量和发电量不变的情况下，其供热量可由 303MW 增加到 475MW，供热能力提高近 60%，节能效益显著。

某 30 万抽凝式发电机组节能效益比较　　表 4-2

型 号	C300/250-16.7/0.343/538/538
形式	亚临界、中间再热、单抽汽、冷凝式
主蒸汽压力	16.7MPa
主蒸汽温度	538℃
主蒸汽流量	1025t/h
发电功率	257MW
采暖抽汽压力	0.343MPa
采暖抽汽量	432t/h
采暖供热量 传统模式	303MW
采暖供热量 Co-ah 模式	475MW

2) 各级吸收式热泵均采用电厂原来用于供热的蒸汽来驱动，这部分蒸汽的热量最终仍然进入到一次网中，而利用凝汽提供部分供热，减少了汽轮机的抽汽，增加汽轮机的发电能力，提高系统整体能效。

3) 逐级升温的一次网加热过程避免了大温差传热造成的大量不可逆传热损失。

4) 用户侧的吸收式换热机组将一次网供回水温差提高了 50%～80%，意味着现有供热管网可以提高供热能力 50%～80%，大幅度节省管网投资。

5) 用户处二次网运行完全保持现状，使得该技术非常利于大规模推广。

在吸收式制冷/热泵循环的基础上，上述热电联产集中供热整体解决方案中涉及两类新型装备：设置于电厂内的大温升吸收式热泵机组及设置于用户热力站的吸收式换热机组。

(1) 新型换热装备——大温升吸收式热泵机组

吸收式热泵以高温蒸汽为驱动力，提取低温余热，供应采暖、热水或工艺用热，具有良好的节能、环保和经济效益，得到了广泛的应用。在实际工程中，经常遇到余热资源温度较低而用户需求温度较高的情况，如余热温度为 20～40℃，而要求的供热温度为 70～90℃，这时普通的双效或单效吸收式热泵机组往往无法将余热温度提升到用户需求的程度，采用两级或多级吸收式热泵串联的方式虽然可以达到较大幅度提升余热温度的目的，但将给系统带来体积庞大、投资大、能效降低以及运行调节复杂等问题，使吸收式热泵在这种场合的应用受到了严重限制，甚至失去了经济价值。根据上述问题，目前发展出一种大温升吸收式热泵机组，如图 4-18 所示，通过改善循环，在保证体积紧凑的前提下实现大幅提升余热温度，升温幅度达到 50℃。

该机组的主要特点体现在两个方面：第一，采用了两级蒸发、两级吸收的方

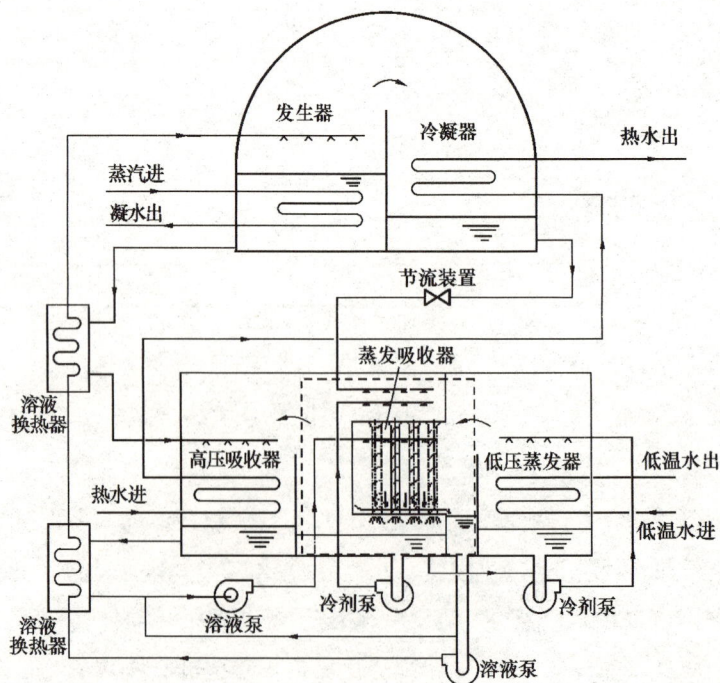

图 4-18 大温升吸收式热泵机组流程示意图

式，低压蒸发器从低温热源吸收热量，将低压吸收器中产生的热量作为高压蒸发器的热源，高压吸收器和冷凝器中产生的热量用于加热热水。其优点是能够从较低温度的热源吸热，并且产生出较高温度的热水；第二，将低压吸收器和高压蒸发器结合在一起，组成了一体化结构的蒸发/吸收器，这样简化了机组的结构和流程，可以大大减小整个机组的体积。

(2) 新型换热装备——吸收式换热机组

吸收式换热机组是利用吸收式制冷/热泵技术，大幅度降低集中供热系统一次网回水温度（甚至显著低于二次网回水温度）并能够产生出满足使用要求的采暖或生活热水的换热机组，可以完全替代现有用户热力站内使用的各种规格型号的水-水换热器。

目前大型集中供热一次管网供回水设计温度一般取为 130/70℃，二次网实际运行的供回水温度约为 60/45℃，见图 4-19 所示，一、二次网在热力站的水-水换热器内换热时存在很大温差，传热的不可逆热损失大。

吸收式换热机组主要由吸收式换热装置和常规换热装置两部分组成。吸收式换热装置采用吸收式制冷原理，以高温热源的热量作为驱动力，产生制冷效应，进而能够吸收低温热源的热量，并最终将这些热量以中间温度放出。一次网供水依次放热给吸收式换热装置的高温热源、常规换热装置和吸收式换热装置的低温热源，温度降低后返回热电厂，二次网回水分别经过吸收式换热装置和常规换热器被加热升温后，供向热用户。对于二次网供回水温度为 60/45℃，如果一次网供水温度为130℃，其回水温度可降至 25℃左右，见图 4-20 所示。采用吸收式换热机组后，会给整个热网产生如下影响：

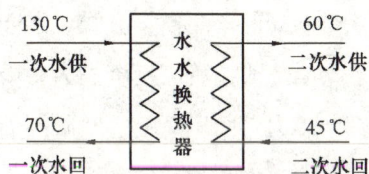

图 4-19 传统换热机组　　图 4-20 吸收式换热机组

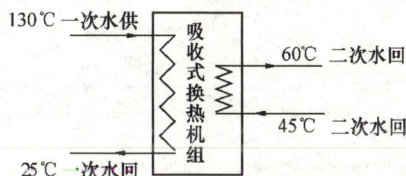

1) 大幅提高热网的供热能力，降低管网投资：一次网供回水温差由原来的 60℃增加到 105℃，热量输送能力增大了约 75%。对于新建大型热网可减小管径、免除回

水管网的保温措施，大幅度的降低投资，对于已有热网则可显著提升其供热能力。

2）为大幅度提高电厂综合能源利用效率创造条件：回水温度降低到 25℃左右甚至更低，使得回收电厂汽轮机凝汽器低温余热成为可能。

该整体供热系统方案在不改变目前城市热网基本架构的前提下，可使管网的热量输送能力大幅度提高；在不增加煤耗、不影响发电量的前提下，使热电厂的供热能力大幅度提高。这是热电联产集中供热领域的一项重大自主技术创新，它一方面有助于热电联产集中供热事业摆脱目前的困境，另一方面可使城市热电联产集中供热系统节能 30％～50％，并相应减少 CO_2 和其他污染物排放，对实现我国节能减排的战略目标具有非常重要的作用。据测算，为此所增加的初始投资或改造资金，可以在 1～2 年内回收。

4.3.3 案例分析——赤峰吸收式循环技术示范工程

目前，利用此项技术改造某热电厂现有的 1 台热电机组和老城区的热网及热力站组成新的供热系统，为 2×300MW 机组余热回收项目的最终实施进行小规模的工程性示范并积累运行经验。

通过改造将该热电厂的一号机组（C12-49/0.98）凝汽器作为老区的基本热网加热器，利用 Co-ah 循环回收电厂循环水余热技术使老区热网的供回水温度为 130/25℃（原来是 70/45℃）。热源与热用户通过大温差换热设备间接连接，一次网供水在用户热力站处进入大温差换热装置，降温到 25℃后再返回电厂，完成循环。大温差供热机组可提供 60/45℃ 的二级网供回水温度，可灵活适用散热器、地板辐射采暖和风机盘管等不同的末端供热方式。由于热力站全部改造所需投资过大，而且部分热力站由于场地空间限制而无法改造，本工程目的在于示范，所以只对几个供热面积较大的热力站进行改造。实测的一次网和二次网供回水温度如图 4-21 所示。

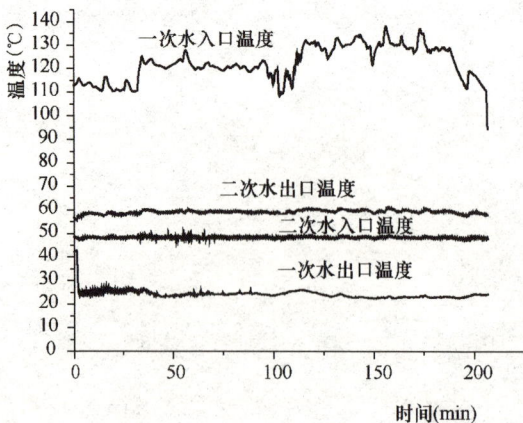

图 4-21 赤峰示范工程实测参数

4.3.4 小结

该项技术是对多年来一成不变的集中供热系统的一次革命性的创新，将现有供热系统与吸收式热泵技术的特点有效结合，具有极强的可操作性和可推广性。该技术如能成功实施，将对我国供热相关的行业产生革命性的影响。在国家节能减排战略的指引下，基于吸收式循环的热电联产集中供热新方法——这一革命性供热技术必将为我国集中供热事业实现经济和社会效益的双赢。

4.4 溶液除湿技术

控制室内温度和湿度是空调系统的两大主要任务。目前空调系统大多采用冷凝除湿方式（采用7℃的冷冻水）实现对空气的降温与除湿处理，同时去除建筑的显热负荷与潜热负荷（湿负荷）。去除湿负荷要求冷源的温度低于空气的露点温度，而去除显热负荷仅要求冷源的温度低于空气的干球温度。占总负荷一半以上的显热负荷本可以采用高温冷源排走，却与除湿一起共用7℃的低温冷源进行处理，造成了能量利用品位上的浪费。除湿之后的空气温度偏低，有时候还需要再热，这更造成不必要的能源消耗。此外，冷凝除湿方式产生的潮湿表面成为霉菌等生物污染物繁殖的良好场所，严重影响室内空气品质。

溶液除湿空调方式采用具有吸湿性能的溶液为工作介质，吸湿溶液与被处理空气直接接触实现热量与质量的传递过程，从而实现对于空气处理参数的调节。由于溶液除湿空调可以利用低品位热能、高效的吸湿性能，以及对于空气品质的良好作用，受到越来越多的关注。但在溶液除湿处理过程中，伴随着水分在湿空气和吸湿溶液之间的传递过程会有大量热量释放出来，显著提高了溶液的温度，从而大幅度降低了溶液的吸湿性能。这种传热传质相互耦合影响的传递过程，严重制约了溶液除湿空调系统的性能。为了使得传热过程向有利于传质过程的方向进行，目前提出了一种可调温的单元喷淋模块，其工作原理参见图4-22。溶液从底部溶液槽内被溶液泵抽出，经过显热换热器与冷水（或热水）换热，吸收（或放出）热量后送入布液管。通过布液管将溶液均匀的喷洒在填料表面，与空气进行热质交换，然后由重力作用流回溶液槽。该装置有三股流体参与传热传质过程，分别为空气、溶液和提供冷量或热量的冷水或热水。通过在除湿/再生过程中，由外界冷热源排除/加入热量，从而调节喷淋溶液的温度，提高其除湿/加湿性能。在此可调温的单元喷淋模块中，空气出口湿度通过调节进口溶液浓度来实现，空气出口温度通过调节进入换热器的外部冷/热源来实现，从而实现了对空气出口温度和湿度的共同调节。以可调温的单元喷淋模块为基础，可以构建出多种形式的溶液除湿新风机组，以下分别介绍以热泵（电）、余热作为驱动能源的溶液除湿新风机组。

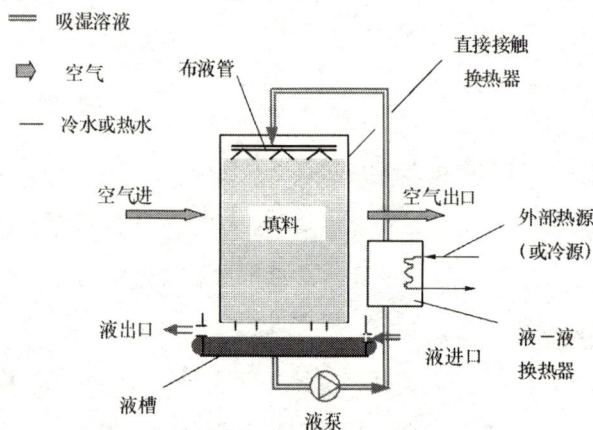

图 4-22　气液直接接触式全热换热装置结构示意图

（1）热泵驱动的溶液除湿新风机组

热泵驱动的溶液除湿新风机组，夏季实现对新风的降温除湿处理功能，冬季实现对新风的加热加湿处理功能。图 4-23 为一种热泵驱动的溶液调湿新风机组流程图，它由两级全热回收模块和两级再生/除湿模块组成。热泵系统中蒸发器的冷量

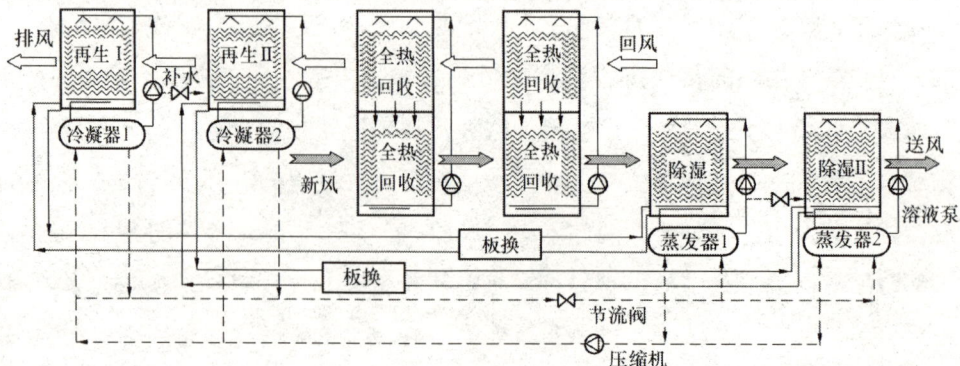

图 4-23　热泵驱动的溶液调湿新风机组流程图

和冷凝器的排热量均得到了有效的利用，其中蒸发器用于冷却除湿浓溶液以增强溶液除湿能力并吸收除湿过程中释放的潜热；冷凝器的排热量用于溶液的浓缩再生。该新风机组冬夏的性能系数（新风获得冷/热量与压缩机和溶液泵耗电量之比）均超过 5，表 4-3 给出了新风机组的性能测试结果。

热泵驱动的溶液调湿新风机组性能测试结果　表 4-3

	新风温度（℃）	新风含湿量（g/kg）	送风温度（℃）	送风含湿量（g/kg）	回风温度（℃）	回风含湿量（g/kg）	排风温度（℃）	排风含湿量（g/kg）	COP
除湿工况	36.0	24.6	17.3	8.6	26.0	12.2	39.1	37.3	5.0
全热回收工况	35.9	26.7	30.4	19.5	26.1	12.1	32.6	20.3	62.5%
加湿工况	6.4	2.1	22.5	7.2	20.5	4.0	7.0	2.7	6.2

（2）余热驱动的溶液除湿新风机组

溶液除湿新风机组还可采用太阳能、城市热网、工业废热等热源驱动（75℃）来再生溶液。图 4-24 给出了一种形式的溶液新风机组的工作原理，利用排风蒸发冷却的冷量通过水-溶液换热器来冷却下层新风通道内的溶液，从而提高溶液的除湿能力。室外新风依次经过除湿模块 A、B、C 被降温除湿后，继而进入回风模块 G 所冷却的空气-水换热器被进一步降温后送入室内。该种形式的溶液除湿系统的性能测试结果参见图 4-25，在北京夏季的平均性能系数（新风获得冷量/再生消耗热量）为 1.2～1.5。

在余热驱动的溶液除湿系统中，一般采用分散除湿、集中再生的方式，将再生浓缩后的浓溶液分别输送到各个新风机中。在新风除湿机与再生器之间，经常设置储液罐，除了起到存储溶液的作用外，还能实现高能力的能量蓄存功能（蓄能密度超过 $500MJ/m^3$），从而缓解再生器对于持续热源的需求，也可降低整个溶液除湿空调系统的容量。余热驱动的溶液除湿空调系统可使我国北方大面积的城市热网在夏季也可实现高效运行，同时又减少电动空调用电量，缓解夏季用电紧张状况。

溶液除湿新风机组与高温冷水机组（出水温度在 17℃）结合起来，可以组成新型的温湿度独立调节空调系统。其中，溶液除湿新风机组制备出干燥的新风，承

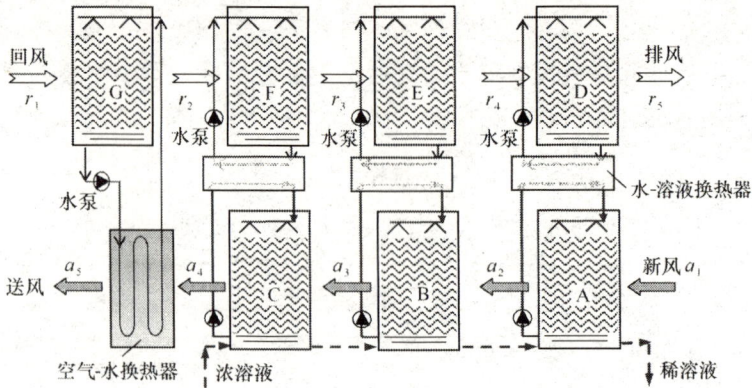

(a)

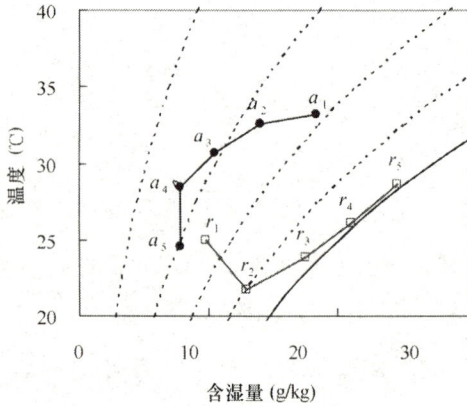

(b)

图 4-24 利用排风蒸发冷却的溶液除湿新风机组原理图 (余热驱动)

(a) 原理图; (b) 空气状态变化

担建筑所有的湿负荷并实现提供新鲜空气的要求; 高温冷水机组仅用于承担建筑的显热负荷, 满足室内温度的要求。由于湿负荷由新风系统承担, 因而冷冻水的供水温度从常规空调系统的 7℃提高至 17℃, 空调系统中不再产生凝水, 提高了室内空气品质。此温度的冷水为地下水等天然冷源的使用提供了条件。即使采用机械制冷方式, 由于供水温度的提高使得制冷机的性能系数也有明显提高。目前, 这种温湿度独立调节空调系统已经在多个示范工程中得到应用, 并取得了显著的节能效果, 约比常规空调系统节能 30%左右。

以下以两个工程案例为例分别介绍热泵驱动的溶液除湿新风机组以及余热驱动

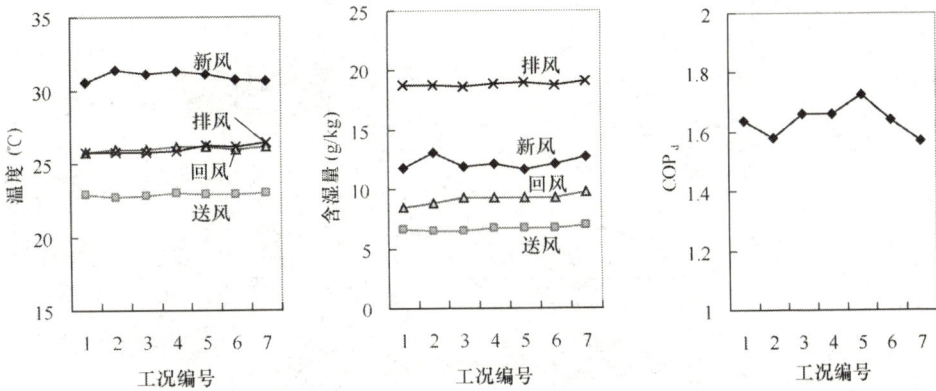

图 4-25　利用排风蒸发冷却的溶液除湿新风机组性能测试

的溶液除湿新风机组的工程应用情况。

1）热泵驱动的溶液除湿新风机组的工程应用

该办公建筑面积约 $20000m^2$，位于深圳市，参见图 4-26。该建筑主体部位为 5 层，一层为车库等，二～四层为普通办公区域，五层为会议室。建筑物北部设立前庭，中部设中庭，前庭连接二、三、四层，中庭连接二、三、四、五层。由于五层各房间同时使用频率较低，因而空调方式为多联机形式。二至四层的空调系统应用了温湿度独立控制空调系统，采用高温冷水机组（离心机）承担建筑物显热负荷，采用热泵式溶液新风机组承担建筑物的潜热负荷。应用溶液除湿的温湿度独立控制空调系统的原理图参见图 4-27，其中：

图 4-26　建筑以及设备情况

(a) 建筑外观；(b) 前庭；(c) 热泵驱动溶液除湿新风机

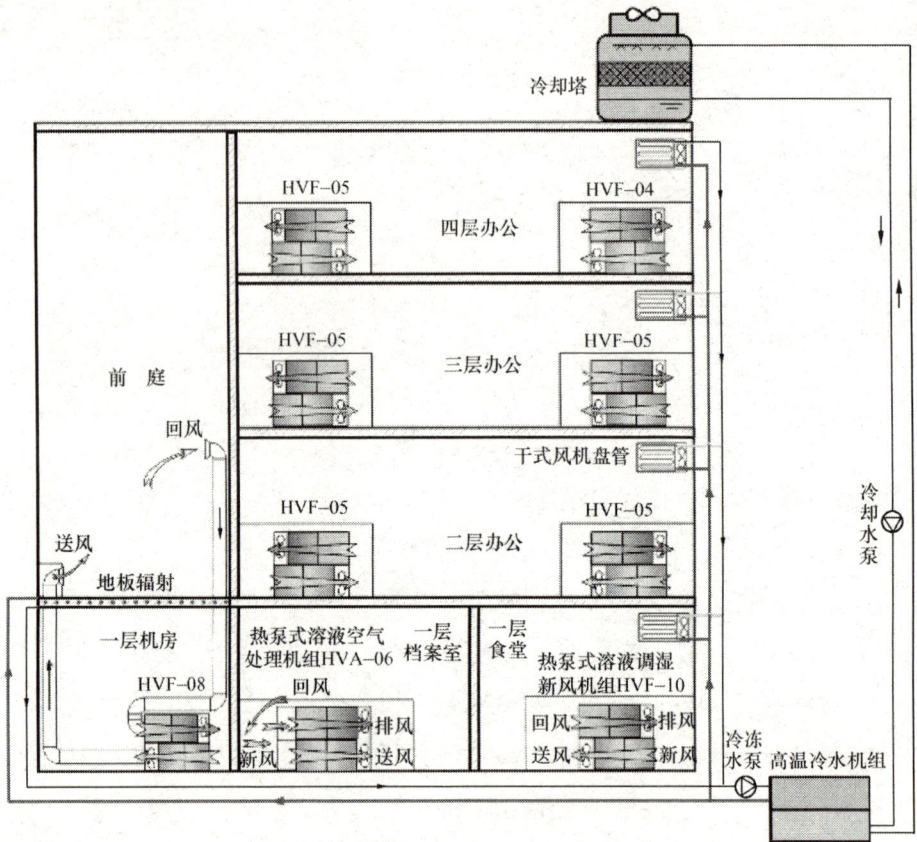

图 4-27　空调系统形式

二到四层办公区域、一层食堂：由溶液除湿新风机组制备出干燥新风承担室内所有湿负荷，由高温冷水机组制备出 17℃ 冷冻水输送至干式风机盘管或冷辐射吊顶以承担建筑的显热负荷。

前庭：由溶液除湿新风机组制备出干燥新风承担室内所有湿负荷，干燥新风通过下送风方式送入室内；高温冷水机组制备出的 17℃ 冷冻水进入地板冷辐射板用于控制室内温度。

2）余热驱动的溶液除湿新风机组的工程应用

该办公建筑面积约 3000m²，位于北京市，参见图 4-28。空调采用风机盘管加新风系统。溶液除湿空调机组处理新风，承担新风负荷和室内潜热负荷；溶液除湿机组以 75℃ 热水（来自城市热网的热水）作为溶液浓缩再生的热源。室内的风机盘管承担围护结构、灯光、设备、日照和人体显热等负荷。和常规冷水系统相比，由于无需除湿，冷水的温度可提高 10℃左右，该系统设计供回水温度为 18/21℃，相应的风机盘管送回风温度为 22/26℃。由于冷水供水温度高于室内设计露点温度，不会产生凝结水，取消了现有风机盘管系统中的凝结水管。

图 4-28　建筑以及设备情况

新风采用具有吸湿性能的溶液进行处理，这是与常规空调系统的最大区别。夏季新风机组运行在除湿冷却模式下，以溶液为工质，吸收空气中的水蒸气，需不断向新风机组提供浓溶液以满足工作需求，溶液循环系统的工作原理参见图 4-29。浓溶液泵从位于一层机房的浓溶液罐中抽取浓溶液，输送到各层机房的新风机组，溶液和空气直接接触进行热质交换，吸收空气中的水蒸气后，浓度降低了的溶液通过溢流的方式流回稀溶液罐。溶液采取集中再生方式，从稀溶液罐中抽取溶液送入位于五层机房的再生器，浓缩后的浓溶液也通过溢流的方式回到浓溶液罐。热网中的热水提供再生所需的能量，设计供回水温度为 75/60℃。进出再生器的溶液管之间有一个回热器，回收一部分再生后溶液的热量，提高系统效率。系统中设计储液量为 3m³（约 4.5t 溶液），可蓄能 1070MJ，在不开启再生器的情况下，系统可连续工作 3.3h。实际上，系统很少运行在设计负荷下，一般情况下蓄满浓溶液可满足一天的除湿要求。图 4-29 左半边是水系统原理图，由电动制冷机产生的 18℃冷水输送到室内风机盘管。冬季运行时，关闭图右边的溶液循环系统，新风机组通过内部溶液循环，实现对室内排风的全热回收从而有效地降低了新风处理能耗。此时关闭制冷机，热网的热水进入风机盘管向室内供热。

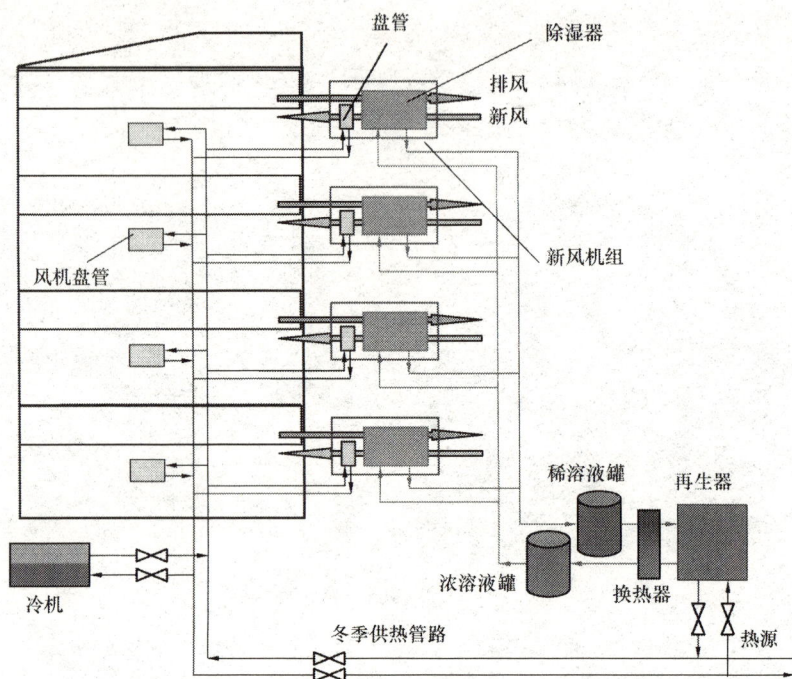

图 4-29　空调系统形式

4.5　间　接　蒸　发　冷　却

4.5.1　从干空气中获取冷量的原理——干空气能

我国幅员辽阔，由于太阳辐射、地理条件、大气环流等差异，形成了东、西部气候的巨大差异，占国土面积一半以上的西北地区，处在干旱、半干旱区。根据各气象台站统计数据，得到各地区室外最湿月平均含湿量，如图 4-30 所示。

可大致以室外最湿月平均含湿量 12g/kg 干空气画出一条分界线，如图 4-30 的粗实线所示。在该线的上方区域，如新疆、内蒙古、甘肃、宁夏、青海、西藏等地，在空调供冷的夏季，室外干燥空气不仅可直接用来带走房间的余湿，还可以通过蒸发冷却技术制冷带走房间的显热，这使其成为空调系统的驱动能源。

当有水源存在时，通过在干燥空气中补入水分而制冷，这个过程其实是干燥空气蕴含的能量转化为热能的一种方式。而干燥空气蕴含的能量以及能量的表征已经

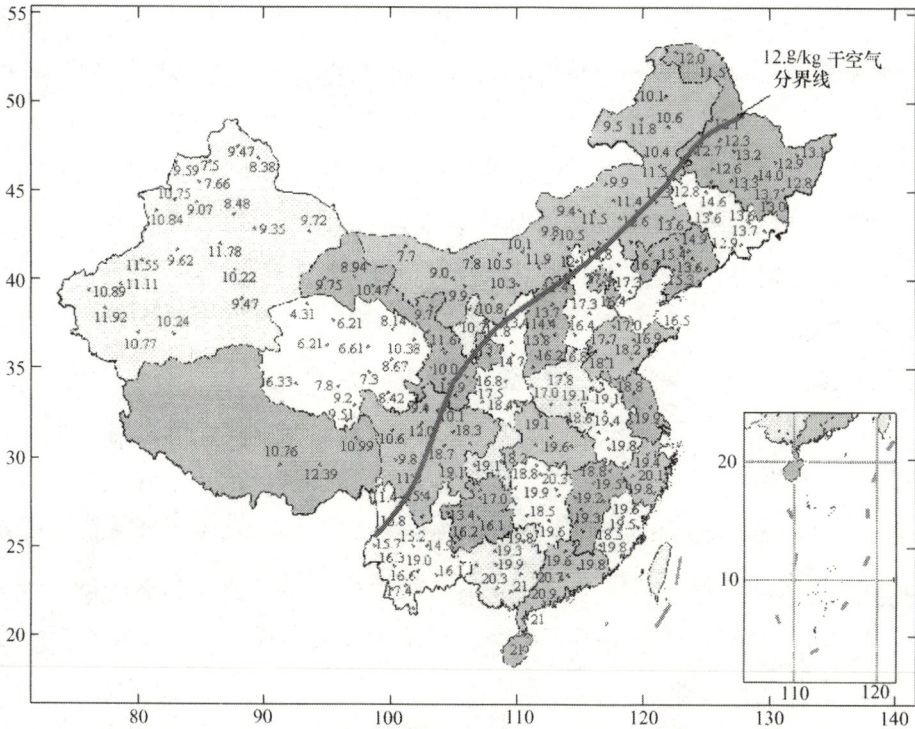

图 4-30　中国各城市的干、湿状况分布（最湿月室外平均工况）

通过热力学的相关理论进行了推导和证明，即当有水源存在时，干燥空气由于其水蒸气处在不饱和状态而具备了对外做功的能力，我们形象地称之为"干空气能"。理论上，干空气能可以转换为任意形式的能量，比如可利用干空气能发电、制热或者制冷，仅是转换为不同形式能量的效率不同，其中利用干空气能通过蒸发冷却尤其是间接蒸发冷却技术制冷可能是最简便且高效的一种方式。干空气能作为一种天然的清洁能源，就类似太阳能和风能一样，成为我国西北干燥地区一种新型的可再生能源。

4.5.2　间接蒸发冷却制备冷水技术及其系统

利用干空气能制冷主要有两种方法：直接蒸发冷却和间接蒸发冷却。而根据载冷介质不同，直接或间接蒸发冷却又均可分为制备冷风和制备冷水两种方式。

直接蒸发冷却，即干燥空气和水直接接触的制冷过程，由于过程中空气和水之间的传热、传质同时发生且互相影响，使得直接蒸发冷却制备出冷风或冷水的极限温度仅能达到干燥空气的湿球温度。而间接蒸发冷却，通过在直接蒸发冷却过程中嵌入显热换热过程，可以避免传热、传质的互相影响，使得间接蒸发冷却制备出冷风或冷水的极限温度能达到干燥空气的露点温度。以我国新疆、宁夏、甘肃、青海、西藏五省（自治区）为例，根据各气象台站统计数据，得到最湿月室外平均湿球温度为15.3℃，最湿月室外平均露点温度为11.4℃，考虑到实际过程的传热温差和介质输送温差，间接蒸发冷却技术成为我国西北干燥地区最适宜应用的干燥空气制冷技术。

而从载冷介质上看，目前常规的间接蒸发冷却技术均为制备冷风的方式，这就使得应用间接蒸发冷却技术的系统必须为全空气系统，风机电耗高，风道占用空间大，从而限制了间接蒸发冷却技术的应用场合，使得目前我国西北地区约1亿 m² 的大型公共建筑中，仍然有80%以上的空调采用的是传统机械压缩式制冷系统。从载冷介质出发，冷水系统输配电耗仅为冷风系统的1/4～1/10。改变载冷介质，利用间接蒸发冷却制备冷水成为真正推广蒸发冷却技术的迫切需要。

利用间接蒸发冷却制备冷水的方法和装置的成功研发，利用室外干燥空气制备出 15～19℃的高温冷冻水，使得在干燥地区间接蒸发冷却完全取代常规的电制冷方式成为可能。

以水为载冷剂的间接蒸发冷水机的原理图如图 4-31（a）所示，图（b）为间接蒸发冷水机制备冷水的过程在焓湿图上的表示。

如图 4-31（a）所示，进风 O 在进入空气-水直接接触的逆流换热塔 2 之前，先经过空气-水逆流换热器 1 被等湿预冷到 A 状态，而预冷进风的冷水来自于预冷后的空气 A 和水接触直接蒸发冷却所产生冷水（T 状态）的一部分；塔 2 中产生冷水的大部分被送往用户，带走用户的显热；用户的回水和预冷完进风后的冷水出水混合后（Tsp 状态）到塔 2 的顶部喷淋，在塔 2 中，喷淋水和预冷后的空气接触进行蒸发冷却制备出冷水（T 状态）。由于预冷进风的冷水是预冷后的空气自身制备冷水的一部分，这就使得进风接触到系统中最低温度的冷水，从而使得进风在充分预冷后再和空气接触进行直接蒸发冷却，降低制备出冷水的温度。不难证明，在理想工况下，即间接蒸发冷水机组中各换热部件的换热面积无限大，且内部各换热部件均取到合适的风、水流量比时，此间接蒸发冷水机组能达到其极限出水温度——

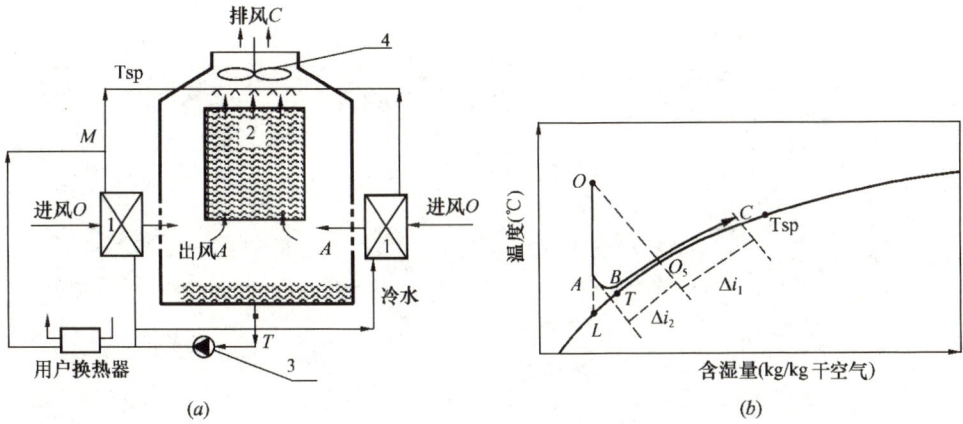

图 4-31 间接蒸发冷水机组流程图

(a) 间接蒸发冷水机组原理图（流程Ⅰ）；(b) 焓湿图表示产生冷水产生过程

1—空气-水逆流换热器，2—空气-水直接接触逆流换热塔；3—循环水泵；4—风机

进风露点温度。

　　2005 年第一台机组研发成功，如图 4-32 所示，并安装在新疆石河子市凯瑞大厦，目前已经成功可靠地运行了四年。图 4-33 给出了实测间接蒸发冷水机的出水温度。

　　实测间接蒸发冷水机组出水低于室外湿球温度，达到室外湿球和露点温度的平均值。实测冷水温度和进风露点温度近似呈线性关系变化，和进风干球温度基本不相关。如图 4-34、图 4-35 所示。

　　从能量平衡来看，由图 4-34 (b)

图 4-32 间接蒸发冷水机组立面图

所示，间接蒸发冷水机的排风、进风的焓差代表可从单位干燥空气中制备的冷量。当间接蒸发冷水机制备的冷水仅用来给房间降温时，由于房间温度（比如 26℃）比室外低，使得冷水回水温度低，进而喷淋水温低，排风就被限制在较低的状态，从单位干燥空气中获取的冷量少，干燥空气制冷的效率受到限制。由此，结合空调

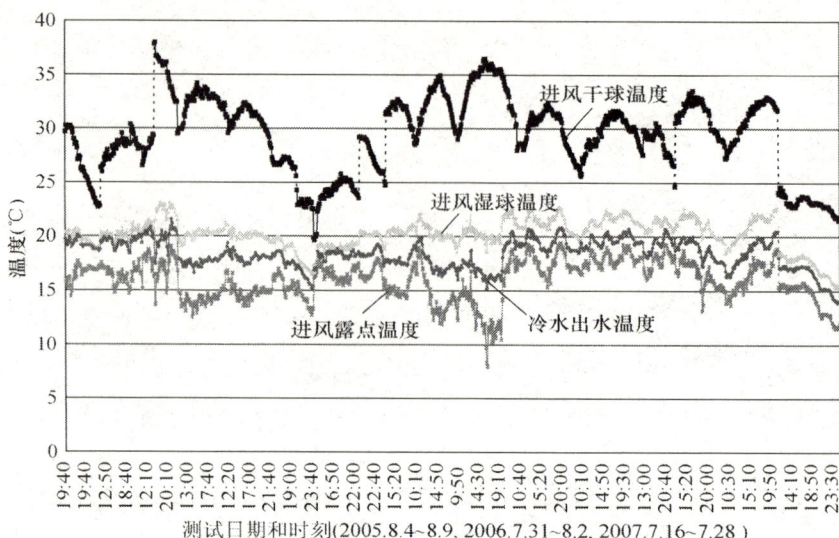

图 4-33 间接蒸发冷水机实测出水温度

系统即需对房间降温又需输送新风的任务，设计并应用基于间接蒸发冷水机的串联式空调系统流程，如图 4-36 所示。

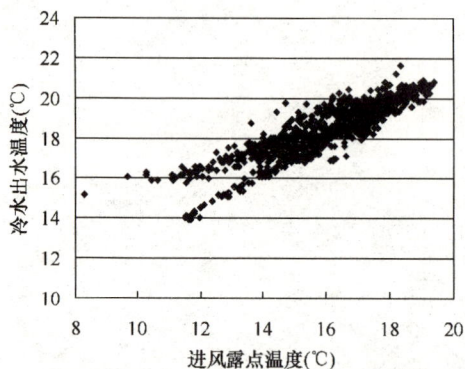

图 4-34 冷水出水温度随进风露点温度变化

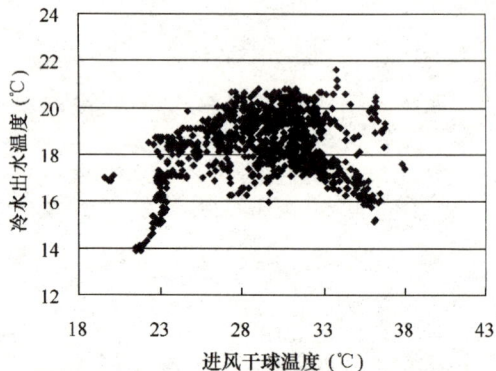

图 4-35 冷水出水温度随进风干球温度变化

由图 4-36，间接蒸发冷水机制备的冷水首先送入房间的风机盘管等末端，带走房间温度下的显热，之后冷水出水送入新风机组的预冷段预冷新风，水温升高后回到间接蒸发冷水机的内部喷淋而制备出冷水，从而完成冷水的循环。应用此串联式的空调系统实现了不同温度的冷水和相应温度的热源相匹配，提高了利用干燥空气制冷的效率。根据房间所需新风量的不同，应用图 4-36 所示串联式空调系统对

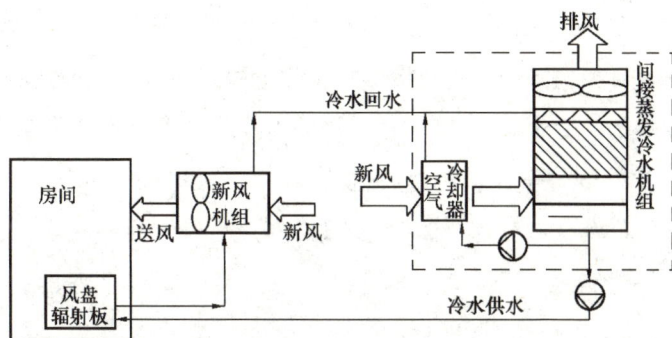

图 4-36　基于间接蒸发冷水机的串联式空调系统流程

干燥空气制冷效率的提升就不同。以投入应用的示范工程——新疆石河子凯瑞大厦为例，实测间接蒸发冷水机组制备的总冷量中，为房间降温的风机盘管侧冷量占到 $40\%\sim70\%$，而预冷新风侧冷量占 $30\%\sim60\%$。

4.5.3　同时制备冷水和冷风的间接蒸发制冷机组

除上述基于间接蒸发冷水机的串联式空调系统外，将带走房间显热和输送新风的空调任务相结合，且解决系统中显热换热和空气-水蒸发冷却过程各自要求的流量比不同，并进一步充分利用室外空气的干燥特性，同时将机组从立式改为卧式，基于间接蒸发冷却的、可同时制备冷水和冷风的间接蒸发制冷机组被提出，其流程图如图 4-37 所示。

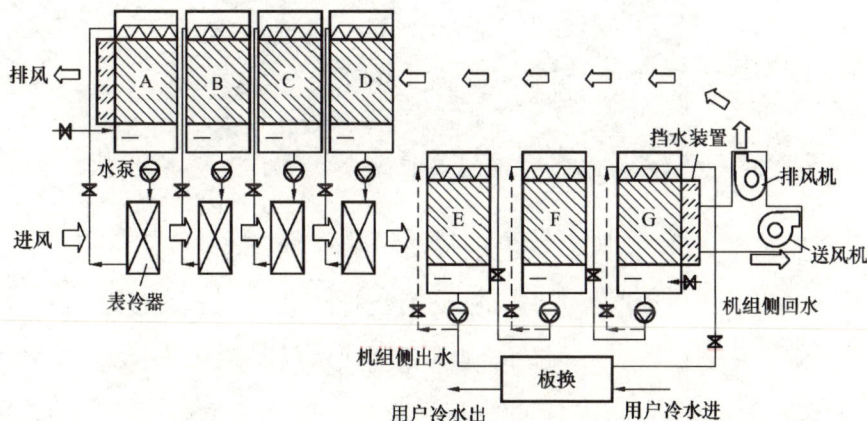

图 4-37　同时制备冷水和冷风的间接蒸发制冷机组

由图 4-37，室外进风依次通过四级的表冷器被等湿降温，而每级表冷器中冷却进风的冷水来自相应级的排风直接蒸发冷却过程，经过四级预冷后的新风进入三级直接蒸发冷却制备冷水模块（E~G）制备出冷水，沿进风方向最后一级冷水制备模块 G 的出风一部分作为新风送风送入室内，一部分成为机组自身的排风，依次经过四级排风蒸发冷却过程（D~A）预冷新风后最终排出机组外。在三级冷水制备模块中，机组侧冷水回水进入模块 G 喷淋，由模块 G 制备出的冷水进入前一级模块 F 喷淋，以此类推，最后从第一级冷水制备模块 E 输出冷水。可增加板式换热器，使用户侧冷水和机组侧冷水以逆流方式通过板式换热器换热，制备出用户所需冷水。

对于图 4-37 所示同时制备冷水和冷风的间接蒸发制冷机组，由多级叉流装置实现预冷模块新风和排风、制备冷水模块新风和冷水之间整体换热方式近似逆流，且通过设置排风比例可以实现排风和新风之间整体流量匹配，来提高排风参数；并对于预冷新风过程用多级来解决饱和线的非线性引起的风、水流量不匹配问题。

实际研发的间接蒸发冷水冷风机组如图 4-38 所示。

图 4-38 同时制备冷水和冷风的间接蒸发制冷机组照片

图 4-39 为机组实测冷水出水和新风送风温度，实测进风温度 26.7~37.5℃，进风含湿量 3.6~11.4g/kg 干空气，得到冷水出水温度在 12.5~20.3℃之间；出风温度在 15.9~22.3℃之间，出风含湿量在 9.8~14.8g/kg 干空气之间。且机组的冷水出水温度、出风温度和含湿量均主要受进风露点温度影响，如图 4-40 所示。

实际机组，可根据室外湿度状况对排风比例进行调节。对于进风典型的高温干

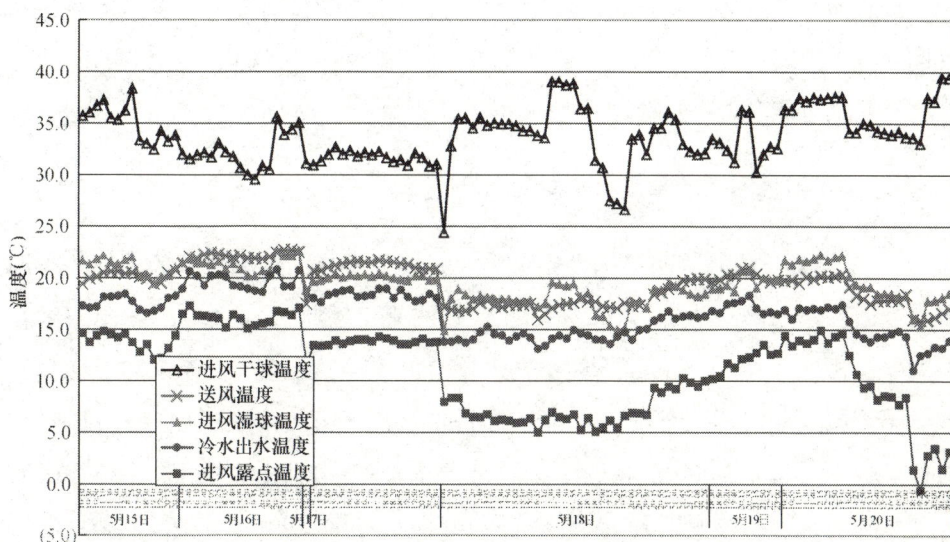

图 4-39　间接蒸发冷水冷风机组的实测冷水出水和送风温度状态

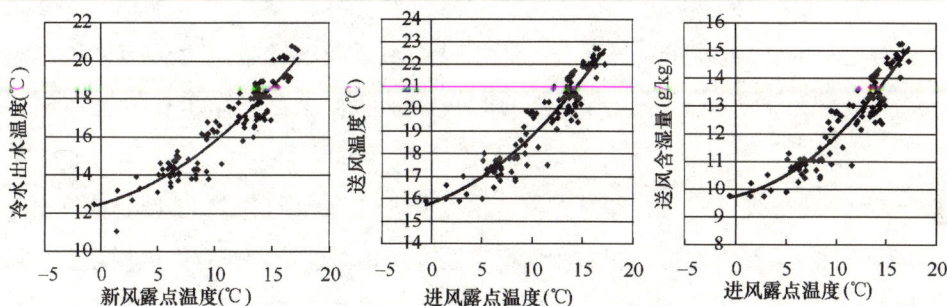

图 4-40　机组出水、出风参数随进风露点的变化

燥状况（37.1℃，4.8g/kg 干空气），排风比例较小（0.24）时，排风参数能达到（30.2℃，24.7g/kg 干空气）。对于一般我国干燥地区的室外干燥条件（6～8g/kg干空气），冷水出水温度能在 14.5～18℃之间变化，从而较好满足了带走室内显热的冷源品位的要求，同时向室内送入新风，送风温度在 17～20℃之间变化，送风含湿量在 11～13g/kg 干空气之间，满足新风需求，并承担房间湿负荷。

由此，间接蒸发冷水冷风机组成为集制冷、空调、输送新风于一体的空调设备。由于机组改成卧式结构，机组高度为 2.3～2.7m，使其适于应用的建筑类型更加广泛，尤其适用于小规模的办公建筑，可将其放置于每层空调机房中。且由于机组的冷水系统可改为闭式系统，机组内部设置定压装置，解决了水质和系统定压的问题，节省空间、安装方便。实测系统 EER（制冷量/系统总电耗）在 3～7 之间变化，系统节能潜力更加明显。

4.5.4 间接蒸发冷却式机组应用状况

2005 年至今，基于间接蒸发冷水机、间接蒸发冷却新风机组的串联式空调系统已在石河子市凯瑞大厦（1000m²）、阿克苏人民医院（14725m²）、新疆维吾尔自治区中医院（13000m²）、新疆维吾尔自治区卡子湾医院（8976m²）、新疆医科大学第五附属医院（32450m²）、新疆维吾尔自治区第一人民医院（37995m²）等总建筑面积超过 120000m² 的大型公共建筑中被推广应用，机组及系统均已安全可靠运行 1～4 年。实测房间温度 24～27℃，相对湿度 50％～70％，满足舒适性要求。实测风机盘管室内末端承担室内 40％～70％的显热，新风承担室内全部湿负荷。2008 年，同时制备冷水和冷风的间接蒸发制冷机组在新疆中医院的办公楼（1000m²）完成首次实践，和其配合的室内显热末端为地板辐射装置，实测室内温度 22～27℃、湿度 50％～70％，实测冷水通过辐射地板带走房间显热比例约为 60％～80％。实测上述投入实践的间接蒸发冷却式空调系统比传统空调节能40％～70％。

基于间接蒸发冷水机、间接蒸发冷水冷风机组的系统的成功实践，体现出干燥地区基于上述间接蒸发冷却技术的新型空调方式相对于传统空调的可行性、可靠性和节能潜力。且验证了我国西北地区的室外干空气能已经成为一种可再生能源，应引起重视并加以高效应用，这将成为缓解我国日益增加的建筑能耗，在干燥地区推进建筑节能的一种有效途径。

4.6 自然通风风口介绍及其应用

4.6.1 引言

通风就是使室内外的空气进行交换，排出室内余热、余湿，以及污染物，保持室内空气新鲜。依靠风机实现的机械通风噪声大，耗电多。如果能够通过建筑和围护结构的合理设计，实现自然通风，则无论是通风效果、舒适性，还是节能，都远优于机械通风。要实现有效的自然通风，通风风口是设计的关键问题之一，开口大小和流量控制是设计中需要解决的主要问题。采用普通固定窗作为自然通风进风口虽然能达到通风换气的目的，但由于其通风量的不可控性，不能调节，有时会导致不舒适的吹风感、还有可能由于过量通风而增加建筑能耗。而采用可调解的自然通风风口可以有效克服无组织通风带来的弊端。

可调解自然通风风口在欧洲已经出现很多年，并得到广泛应用，尤其是在法国，此类产品的设计和应用已经走在了世界的前列。各个国家在通风理念上的不同，对通风风口的设计和应用产生了很大影响，并发展出不同类型和不同设计原理的通风设备。例如北欧国家的通风特点是由较低室外温度决定的，因而开发出温度控制通风风口。而近年来法国和荷兰有大量新问世的产品，多是基于压力控制的通风换气风口。

4.6.2　自然通风风口的分类

自然通风风口根据其控制原理可分为如下几类：压力控制、温度控制、湿度控制、污染物控制。以下对这几类风口的原理进行简要介绍。

4.6.2.1　压力控制通风风口

对于一般建筑而言，室内外压差由于风压和热压的作用可在 $0\sim50Pa$ 范围内变化。这么大范围的压差变化会导致换气量的巨大变化，而经过精心设计的压力控制通风风口，可以达到自然通风量不随室外风压和室内外热压差变化的效果。对于目前的产品技术水平而言，还仅仅只能做到在 15Pa 的压差变化范围内流量保持恒定，因此通风风口的恒流性质是有局限性的。而且对于通风控制的反应时间也是有区别的，从几秒到几分钟不等。对于控制总通风量而言，反应时间并不重要，但是反应慢的通风风口有时会导致吹风感。压力控制通风风口分为被动式和主动式两

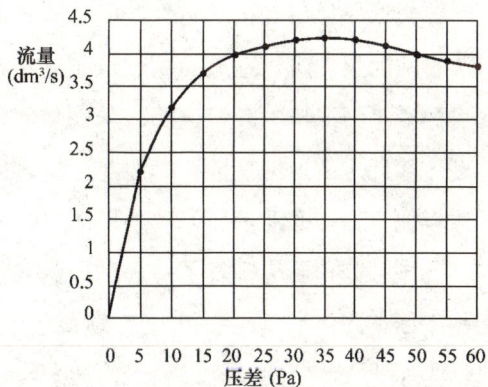

图 4-41　压力控制通风风口压差与风量关系曲线

大类。

一种法国产的典型的被动式压力控制通风风口通风量随压差变化规律如图 4-41 所示。

其工作原理如图 4-42 所示：随来流风速 v 的不同，压力越大，弹簧片转动角度越大，使进风面积 A 变小，从而保持流量基本恒定。

市场也有主动控制式通风风口产品（图 4-43），这种通风装置会主动测量压差变化，据此来调节开口格栅的开度。这类通风窗的优点是流量控制准确，并可与建筑的自控系统相连，从而对整个大楼的通风口进行整体调节。其缺点为价格昂贵，约为被动式的 4 倍，并且每个通风口都需要一个独立的电源。

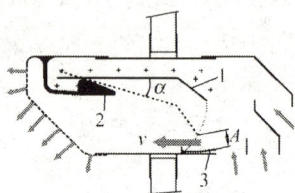

图 4-42　被动式压力控制通风风口结构原理图

1—转动弹簧阀片；2—支撑杆；3—辅助

调节阀片；α—转动角度；A—过流面积

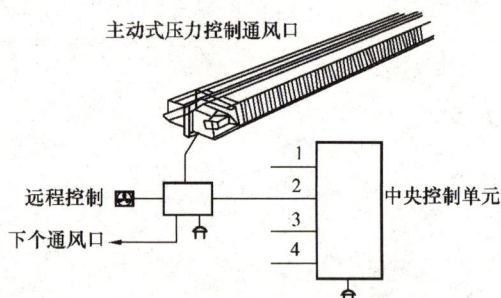

图 4-43　某种主动式压力控制通风风口原理图

4.6.2.2　温度控制通风风口

此类通风风口是根据室外温度来调节通风量，一般只适用于以热压为主要驱动力的自然通风建筑。室外温度越低时热压越大，通风风口中的双金属传感器会弯曲变形而减小通风口的开口面积，从而控制通风量保持不变（图 4-44）。这种通风风口有比较严重的迟滞现象，一般与机械排风系统混合应用。因温度控制传感器价格相对较便宜，在北欧等较寒冷的地区有很好的应用前景。

英国某公司研究开发了一种利用内置传感器控制通风开口面积的家用通风器，产品剖面如图 4-45 所示。由于当地属于温和湿润的海洋性气候，一月份的平均气温约为 4～7℃，七月份 13～17℃，全年大部分时间都适合自然通风。因此该设备仅在室外温度过低时关闭，在室外温度高于−5℃时逐渐开启，达到 10℃时开口面积达到 100%。

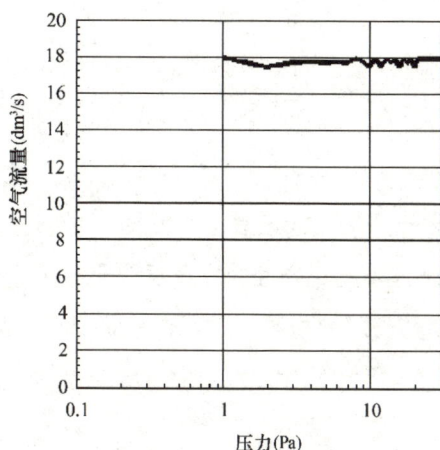

图 4-44 某种主动式压力控制通风
风口压差与风量关系实测曲线

图 4-45 温度控制通风风口剖面图

4.6.2.3 湿度控制通风风口

另一类自动控制通风风口是根据空气相对湿度变化进行控制的。湿度控制通风风口适合应用于比较潮湿的建筑中，它在潮气的去除和控制方面可达到很好的效果。图 4-46 为一法国产品的通风量控制效果曲线：

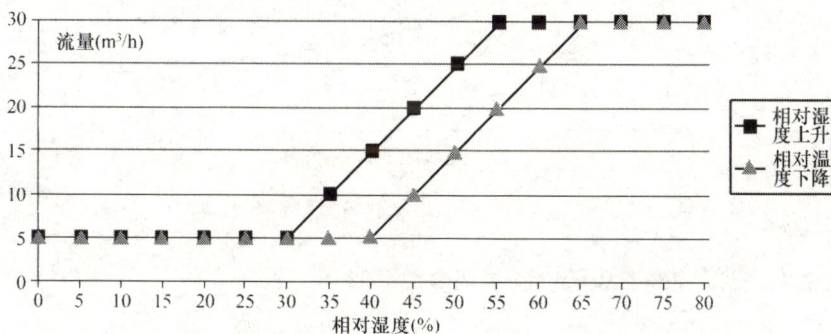

图 4-46 某典型湿度控制风口通风量与湿度关系曲线

当房间湿度低于 30% 时，风口处于基本关闭状态，仅保持很小的通风量。当房间内相对湿度上升时，通风窗打开，使得通风量稳定在一个较高的水平上，达到消除室内湿负荷的目的。它的控制元件是内部一个可随相对湿度变化而发生长度变化的条带，通过条带的牵引，改变通风开口面积。

4.6.2.4 污染物浓度控制风口

此类产品在市场上还比较少，例如在荷兰有一家厂商有此类产品，它是通过一个混合气体传感器来监测室内污染物浓度，当室内污染物浓度达到一定量时，控制排风扇启动工作。这种通风方式是基于人员在室内活动会产生污染的原理而进行通风控制，但鉴于污染物浓度指标无法确定，这种控制方式还有许多问题尚需解决。一般控制对象为 CO、CO_2、烟气，而这类传感器是有选择性的并且要求非常灵敏，因此其价格比较昂贵，应用较少。污染物浓度与通风量关系如图 4-47 所示。

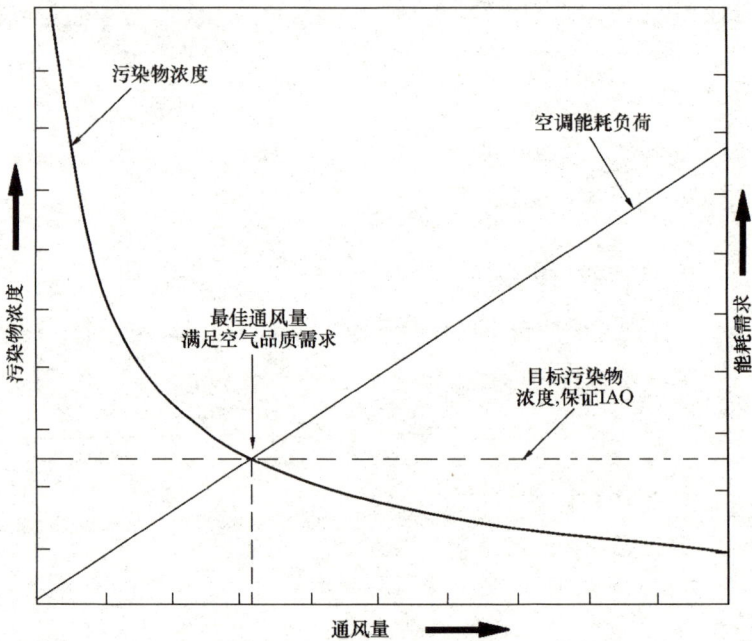

图 4-47　污染物浓度与通风量关系图

4.6.3 自动控制通风风口的应用前景

对于固定的通风窗，换气量与室内外空气状态以及室外风速、风向有关。例如处于迎风面时，房间会有较大的换气量，当处于背风面时，就可能导致换气量不足。而采用自控通风风口就可保证在任何室外气候情况下室内较为稳定的换气量。自动控制通风风口由于能保证换气量控制在所需的范围内，相对于普通换气风口而言具有几方面的明显优势：一是可以有效改善室内舒适性，能有效地避免吹风感、闷热感等不舒适感觉的产生；二是改善室内空气品质，控制室内污染物浓度在所设定的浓度范围以下；三是节能，避免普通固定式换气窗由于过量换气导致的不必要的能耗。

自动控制通风风口虽然具有以上优点，但目前一般用于民用住宅，而且应用比例仍然较小。这主要是由于价格因素，限制了其推广和应用。一般被动式自动控制通风风口是普通换气风口价格的三倍以上，而采用主动方式进行控制的风口，其价格更是普通风口的十倍以上。但学者研究表明，用压力控制的通风设备来代替传统的机械通风系统，投资可减少三分之二。因而随着绿色建筑设计的发展，此类产品会有广阔的发展前景，并且由于这种通风设备在舒适性和节能方面的优势，有望在商业建筑中进行推广应用。

4.7 大型公建能耗分项计量

4.7.1 分项计量系统的目的和必需的性质

（1）大型公共建筑能耗分项计量实时监测分析系统的提出和发展

2004 年 10 月，江亿院士等向北京市政府建议，在开展大型公共建筑节能的工作中，应着力推进能耗分项计量，揭示大型公建中用能不合理问题，明确节能潜力所在，并构建未来用能配额管理的基础。2005 年 11 月，在完成部分中央国家机关办公建筑节能诊断工作后，江亿院士等向国务院机关事务管理局汇报中，提出应把建立大型政府办公建筑能耗分项计量系统作为推进政府机构建筑节能的基础。上述建议受到北京市、国管局领导的高度重视。2006 年北京市发展改革委组织在北京市十家政府机构办公建筑中试点安装用电分项计量系统，并在此基础上建成了涵盖北京市 54 家政府机构办公建筑的能耗分项计量系统。2006 年 3 月，在北京市科委的支持下研究搭建大型公建用电分项计量与实时监测系统的软硬件平台，在民政部、中联部等政府办公大楼和北京发展大厦、翠微大厦、长富宫酒店等公共建筑中，进行分项计量电表安装改造、数据网络传输、数据库搭建、实时动态数据展示、能耗数据分析与节能诊断等一系列的试点工作，并于 2007 年 7 月 2 日通过技术评审。在中央和各级地方政府的大力支持下，目前，在北京、天津、上海、深圳、南宁、杭州、南京、青岛、长沙、宁波等多个城市陆续建成或正在兴建这类能耗实时监测平台。

（2）大型公共建筑能耗分项计量实时监测分析系统的目的和必需的性质

归纳起来，构建大型公共建筑能耗分项计量实时监测分析系统，要达到的目的包括几个方面：

对各级政府主管部门：提供一个公平、定量衡量各建筑用能状况的"尺子"，基于规范化的能耗分项计量和监测结果进行行政监管，并鼓励先进、督促落后。在此基础上，还可进一步实现大型公建的分项用能定额管理。

对建筑物运行管理者和物业公司：在了解自己用能状况的同时，还可以看到其他同类、匿名建筑的各项用能数据，通过与自己的用能状况比较，清楚的了解自己的优势和差距，明确节能方向。同时，还可推动物业考核制度改革，使得节能管理与物业的经济效益挂钩，激励物业公司节能运行管理。

对节能服务公司（ESCO，Energy Seroice Company）可对合同能源管理的实际节能效果提供公正的评估，特别是能定量地区分每一项节能技术或管理措施的效果，作为节能服务公司与业主之间核定节能量的依据，促进合同能源管理在大型公共建筑中的良性发展。

对建筑物使用者和公众：用实际能耗数据来督促和教育建筑物的使用者，保持"随手关灯"、下班时关灯、关电脑、关空调等"三关"的绿色节约型生活模式，并用实际能耗数据向公众进行正面宣传和引导。

可以看出，这一系统的目的与传统的建筑能源管理系统或单纯的远程抄表、能耗统计都不同。要实现以上的目的，大型公共建筑能耗分项计量实时监测分析系统必须具备以下几个基本性质：

1）可比性

横向可比性是这一系统最重要的特征。与绝对的能耗数量相比，各个建筑能耗的相对位置，某种意义上更能揭示能源使用中的问题，也更能激发建筑物改善管理、降低能耗的愿望。可比性的基础，是对某些约定的规范化，形成用于能耗信息交互的"协议 protocol"。

2）开放性

系统的软硬件平台都应当是开放性的，体现在三个方面：相对固定的系统硬件构架，对各种新的技术开放，对各种创新的硬件设备兼容；面向对象的系统软件设计，向新的算法模块、数据挖掘技术开放；高度安全性的数据存储和读取方式，通过 WEB 方式和用户权限管理将数据信息向不同的使用者开放。

3）准确性

准确性是一把"双刃剑"，更高的准确性可能要求更高的成本，但较低的准确性又使得数据信息失去意义。对准确性的要求与目的相关，并涉及能耗分项定义和刻画的准确性、能耗计量结果准确性、建筑相关信息调研准确性、分项能耗结果准确性和各种指标的准确性等多个方面。

具备了以上的基本性质，这一系统就可以实现分项能耗信息低成本的获取、加工、处理、分享，在大幅度降低大型公建节能管理成本的同时，提供更加丰富、翔实的能耗信息和新的知识。这一变革，类似于计算机技术从单机到网络的转变，是建筑能源管理发展的必然趋势。

4.7.2 统一能耗数据模型的必要性

随着大型公建分项计量系统的实践，通过对各个分项计量系统的调研发现，大型公建能耗分项计量实时监测分析系统在实际推进过程中遇到的问题，就是计量得到的能耗数据"是不是想要的那个分项能耗"、"数据究竟准不准"、"不同的建筑能相互对比么"，等等，即：

定义问题："每一个分项能耗都是指什么"；

手段问题："如何获得分项能耗"；

质量问题："分项能耗数据是否真实可靠"。

这一问题可以用下面的示意图 4-48 来形象地说明。

图 4-48（a）反映了大型公共建筑中的实际配电系统。例如，"苹果"表示空调系统的设备，如冷水机组、冷冻泵、冷却泵、空调箱风机等，"桔子"表示照明设备，"香蕉"表示办公设备，"鸭梨"表示电梯设备等。首先要清晰地定义哪些设备叫做"桔子"或"苹果"，即描述能耗构成的各个分项能耗其基本定义应当规范化、标准化。其次，一个配电支路上经常会连接有"苹果"、"鸭梨"等分属不同"分项能耗"的各种设备，而属于同一"分项能耗"的几个不同设备常常会分别连接在多个配电支路上，而电表等计量装置则只能安装在一定的配电支路上。分项计量方案就是要求必须从实际配电系统出发，获得如图 4-48（b）所示的"分项能

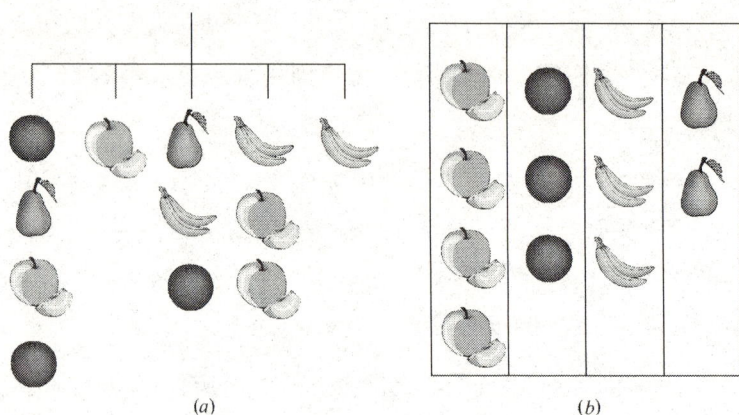

图 4-48 实际配电系统与分项能耗示意图

(*a*) 建筑物实际配电系统；(*b*) 建筑物分项能耗

耗"，这样得到的分项能耗才能真实地反映实际情况。否则，只拿其中一根"香蕉"的能耗计量结果，或者某个带有"香蕉"和"桔子"的支路能耗计量结果，就称其为"香蕉"分项能耗，显然会导致混乱甚至荒谬的结果，用能问题可能完全被掩盖，或者将节能重点引入歧途。不把这一问题澄清、统一，只能使采集上来的能耗数据由于不清楚是否真的就是如图 4-48（*b*）所示的"分项能耗"，从而白白浪费各级政府投入人力、物力、财力和时间，仅收获一堆"数据垃圾"。由于以往各界对分项能耗数据的规范统一认识不足，重视不够，导致目前某些"分项计量"系统的实际状况就是上述的混乱局面。

由此可见，依照统一规范的用能模型获取分项能耗是实现不同建筑物之间能耗可比的基础，是保证分项能耗数据的质量，是政府未来实施用能配额管理的前提，也是大型公建能耗分项计量实时监测分析系统健康持续发展的保障。

4.7.3 一种规范化的能耗数据模型

定义这一规范化能耗数据模型的思路是：

1）统一地定义某种大型公共建筑能耗数据模型，能够实现对大型公建各种复杂的用能系统同一的刻画。

2）这一能耗数据模型应当是分层次的，这样可以实现各个建筑的各种用能系统在不同层次上的可比。

3）位于这一能耗数据模型底层的分项能耗，应当具有非常清晰、具体的定义，在实际操作中就能将各种用能设备分别划分到底层分项能耗的范畴。这样就使得不同建筑、功能相同、形式相近的用能系统或设备，实现在底层分项能耗的可比，可明确地反映具体用能状况或问题。

4）位于这一能耗数据模型上层的分项能耗，往往是由底层的分项能耗合并构成，具有更好的包容性，使得在不同建筑中功能相同但形式差别较大的用能系统或设备，也能实现在上层分项能耗的可比，也可在一定程度上综合反映用能状况。

这样的基本思想，使得不论各个建筑物如何差异，总能在统一的能耗数据模型中找到某个层次上的可比性。据此，2008 年提出了一种标准化的大型公建能耗数据模型及各个分项能耗的定义，可以同一地刻画各种大型公建的用能状况和特点，并且能够面向从宏观能耗数据统计到微观具体用能问题诊断等应用。这一能耗数据模型包括 19 个底层的末端分项能耗节点，和由各个末端节点根据系统特性组合而成的 12 个复合能耗节点，详见附录七。

此外，一种规范化能耗分项计量系统设计方法与数据处理方法也被研究和提出，包括规范化的建筑配电系统调研方法、分项计量装置优化配置软件，分项能耗数据拆分方法、结果和不确定度估计方法，即应用严格的数学方法，解决了图 4-48 所示的能耗计量结果分拆与分项能耗重新合并的问题，并实现分项能耗数据实时自动处理。

需要说明的是，不论哪种能耗数据模型都无所谓"绝对的正确"，只是在大型公建能耗分项计量系统的推进过程中，需要一个能耗数据模型作为"统一的语言"。随着工程实践的深入，这一模型也会不断的改进和完善。

4.8　生态节能型农宅村落综合改善技术典型案例分析

目前，与农村建筑相关的节能技术可以说是多种多样，传统与现代技术在不断地进行着角逐，社会各界对各种技术的优劣性也各执一词，致使农户在选择时也很难分清主次。

总体来说，可以将农村的各种技术分成两大类，即被动式技术和主动式技术。

所谓被动式技术是指在不依靠其他能源的基础上，通过对农村建筑自身热特性的改善来提高建筑的隔热与保温性能，达到节能的目的；主动式技术是指利用一定的技术手段对各种能源消耗系统进行改进或替代，实现能源的高效综合利用。两类技术在投资和运行成本、节能效果及成熟程度等方面各有所长，实际应用过程中应根据实际情况结合各种技术的优缺点合理采用。本节将结合清华大学建筑节能研究中心2006年以来在北京市房山区所开展的实际示范工程，对相关的生态节能型农宅村落综合改造技术的理念、方法和效果等做一介绍。

4.8.1　改善理念和原则

生态住宅作为生态建筑的一个分支，是综合运用当代建筑学、生态学以及其他科学技术的成果，把住宅建成一个微生态系统，为居住者提供富有自然气息、方便节能、没有污染的居住环境。农村住宅由于量多面广且接近自然，在生态化上有着得天独厚的优势，农村住宅的生态化是一个涉及建筑、能源和环境等多个方面的系统工程，其中能源是关系到建筑和环境的重要一环，能源使用种类、数量的多少以及效率的高低将会直接影响到建筑的舒适水平和室内外环境的好坏。

农村由于多以聚居村落形式为主，各户对能源的使用情况会产生相互的影响，所以不能单从一户来谈"生态节能"的概念，应该以村为单位进行评价，所以提出"生态节能型农宅村落"的改善理念，体现在以下几个方面：

（1）村落规划设计方面

尊重农村的地域特征和文脉传承，运用建筑技术措施，规划合理的空间和布局，设计符合农村生产、生活方式的农宅建筑，合理配套基础设施，使新农村建设更加理性化、秩序化，从而达到村落生态化、建筑绿色化、设施完善化、建设秩序化的目标。

（2）节能和能源利用方面

农村生态住宅的单体节能设计，应充分考虑所选基址和材料的特点。在保留传统设计排水通畅、自然通风等优势的前提下，适当做些改进，极力消除目前农宅设计中普遍存在的两级化倾向（盲目模仿城市住宅和完全照搬老传统），以经济可行的绿色节能技术提高室内舒适环境水平。节能型农宅是对农村环境深入调查后产生的，应该满足生态设计的4R原则，即："reduce"，减少建筑材料、各种资源和不可再生能源的使用；"renewable"，尽可能多的利用可再生能源和材料；"recycle"，利用回程材料，设置废弃物回收系统；"reuse"，在结构充分的条件下重新使用旧材料，使建筑和自然共生，通过建筑节能技术减轻环境的负担，创造出健康舒适的居住环境。

（3）农宅室内外环境方面

生态节能型农宅室内热环境标准应该根据农村的实际生活特点进行制定，尽可能满足人体舒适性要求；同时要做到室内通风良好、空气清新，生活用能过程中污染物排放少。院落整洁，无生活垃圾和污水问题困扰。

基于上述理念，首先对整个房山区的农村建筑及能源使用现状做了详细的入户调研和实地测试工作，一方面可以确定改善原则和工作重心，同时可以更好地选择出具有代表性的示范点。共选取了房山区 21 个村作为规划重点，此 21 个村为房山区较典型农村，其中包括初级、中级、高级建设标准村，也包括了深山区、浅山区、平原区的村庄。此次调研，共发放调研问卷 9218 份，回收有效问卷 6490 份，问卷回收率达到了 71%。入户访谈 84 户，并选取 65 户对其室内温度进行了详细测试。

基于调研和测试结果总结出所存在的问题如下：该地区废弃农作物秸秆等资源化利用程度低，煤、液化气等商品能源在总能耗中占绝对比例；农村住宅建筑水平较低，能耗高，舒适性差，旧有农宅基本没有合格的节能保温措施；采暖、做饭等炉具简陋，能效很低，缺少实用的能源利用技术与设备，污染较为严重；随着煤炭、液化气价格上涨，农民负担越来越大。因此确立了以对农村既有建筑进行节能改造并结合可再生能源利用来解决农村冬季采暖，进而大大降低农村居民的冬季采暖负担，提高农村建筑室内舒适度的基本改善原则，兼顾农宅室内生活环境改善、农村区域环境改善、卫生设施和公共设施建设等其他方面。改善目标是建设一个立足于北方农村的、有一定规模的资源节约型和生态保护型综合示范村。

4.8.2 改善技术和方法

为了更好地实现建设生态节能型农宅村落的目标，充分发挥示范效果，本项目选择了一个较为典型的自然村作为示范点，并进行了更为详细的调研和测量准备工作，该示范村在坚持上述建设原则的同时，统一规划，积极采用生态、环保、节约的适宜技术方法和措施，并按照"被动式节能为主，主动式节能为辅"的节能策略，充分考虑二者的融合。

北方地区农村住宅冬季采暖能耗高、室内舒适性差是一个普遍问题，造成这种现象的根本原因是农村住宅普遍没有采取适当的保温措施、门窗漏风严重、建筑布局不合理等原因，因此改善农村住宅的围护结构保温性能是解决能耗高舒适度差最有效的措施，将农宅节能改造作为示范工程的主要工作内容。

该村的农宅节能改造采取的是"以点带面、分期进行"的方式，第一期采取政府补贴、自愿报名的原则进行，最终选定了10户农户做为初期改造示范对象，其中包括两户新建户。这些农户所采用的各种不同技术方案如下：

墙体：聚苯板外保温、聚苯板内保温、聚苯颗粒保温砂浆内保温、岩棉内保温、内外保温结合，相变蓄热保温材料；

窗户：单层玻璃改双层玻璃，增加保温窗帘或阳光间；

屋顶：聚苯板吊顶保温、袋装聚苯颗粒吊顶保温、陶粒混凝土屋顶、膨胀珍珠岩外保温屋顶；

地面：地板辐射采暖；

其他：节能吊炕。

图4-49～图4-54给出了一些节能技术的施工图片。

图4-49 墙体聚苯板外保温

图4-50 墙体岩棉内保温

在工程实施之前，就考虑到了该技术成果的推广应用问题，集成多种技术方案，一方面可以比较实际效果，另一方面可以为农户提供更多的选择，这些方案多是一些简单易行或者当地原材料丰富的方案，使农民将来能够自己实施。同时邀请农户积极参与到工程施工中来，使农户在学习的同时，还能起到检查监督的作用。

图 4-51　屋顶珍珠岩外保温

图 4-52　袋装聚苯颗粒吊顶保温

图 4-53　窗户内加保温窗帘

图 4-54　窗户外加阳光间

另外，该村还开展了垃圾收集和污水处理设施建设，用三格式水冲厕所替换旱厕，太阳能热水器、秸秆气化等可再生能源利用，提高基础设施服务水平等方面的工作，极大地改善了农民的居住环境和质量。同时，还深入进行了一些理论基础研究，此处由于篇幅限制不能一一列出。

4.8.3 改善效果

为了对农宅节能改造后的实际效果有一个全面深入的了解，2007年10月份首批改造工程完工后，利用智能型温度自记仪对各改造农户冬季室内温度进行了长期监测，得到了各主要房间温度的实时变化情况。同时，还专门给各户发放了详细的调研问卷，里面有农户全天的生活模式记录，包括开窗通风、炊事及采暖规律等，以此来探求影响农宅能耗的主要因素。

各户改造前及改造后的总烧煤量、室内温度情况如表4-4所示。

改造户与对比户整个采暖季用煤量与室内温度情况　　　　表 4-4

农 户		改造户编号								未改造户	
		1	2	3	4	5	6	7	8	A	B
烧煤量	改造前	4.5	4	3	7	3	5	3	2	3	4
(t)	改造后	2.5	2.5	2	4	2	2.8	2.2	0		
室内温度	改造前	10	10	10	12	12	12	10	12	11.4	10.7
(℃)	改造后	16.0	16.3	15.8	20.0	14.1	17.1	15.8	9.4		

所有改造户的综合节能率最低的可以达到55%，最高的可以达到70%，改造效果非常明显。由于其中一些农户只是增加了墙体保温，另外一些农户在增加墙体保温之外还增加了阳光间，所以综合节能率并不相同。

图4-55～图4-57分别给出了几户具有代表性农户整个冬季室内温度情况，从图中可以看出，未改造农户整个冬季室内温度明显低于改造后的农户，平均温度只有11.4℃，最高也只有15℃；改造后的农户有阳光间和无阳光间时的室内温度分布情况明显不同，没有阳光间时，由于受太阳直接辐射的影响，室内温度波动较大，改造户5的最冷月最高室温也能达到26℃，最低室温为15℃，室温波动幅度达到10℃以上，这样势必给人体带来不舒适感，而且室温过高时农户会通过开窗通风来缓解，造成了能源的白白浪费；增加阳光间时，太阳辐射的影响得到了缓冲，室温波动幅度明显减小，改造户1最冷月的最高室温18℃，最低室温为13℃，波动幅度只有5℃左右，人体感觉会更舒适。

通过实地走访发现，示范效果不仅仅体现在能耗数字的变化上，还体现在农民自身的思想认识上，改造的农户都反应自己的房子从来没有像这样暖和过，烧煤量

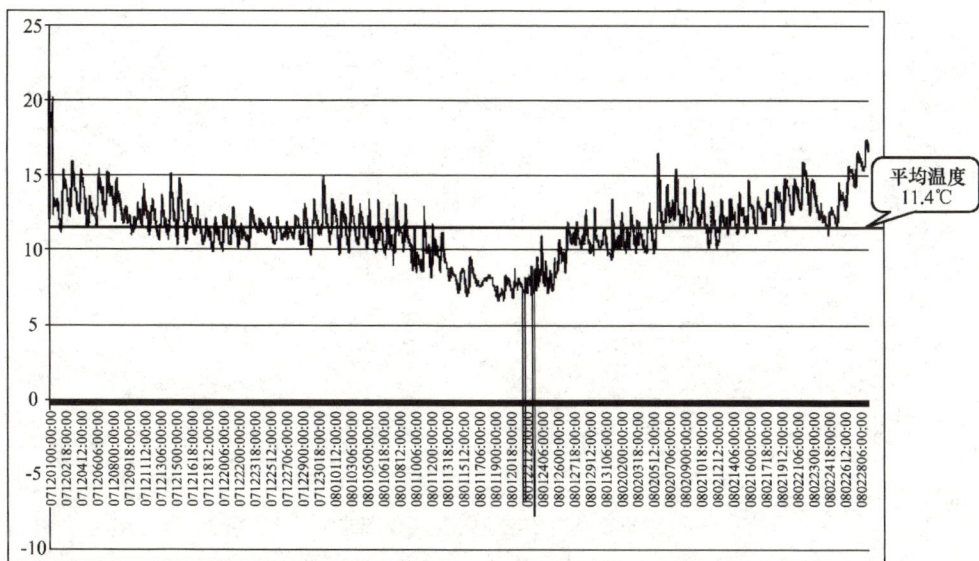

图 4-55 未改造户 A 整个冬季室内温度分布曲线

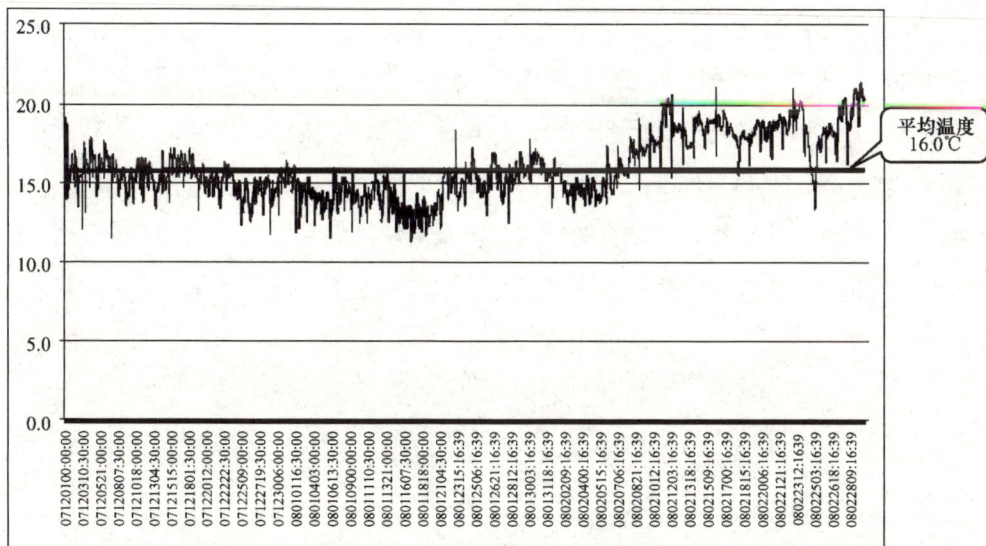

图 4-56 改造户 1 整个冬季室内温度分布曲线（有阳光间）

也少了很多，对改造效果非常满意，村里的其他一些农户也都充分认识到了节能改造的重要性，纷纷要求参加后续的改造工作。

综上所述，通讨对生态节能型农宅村落综合改善技术的研究和实施，取得了以下几方面成果，这些成果的获取可以为其他地区开展类似工作提供参考。

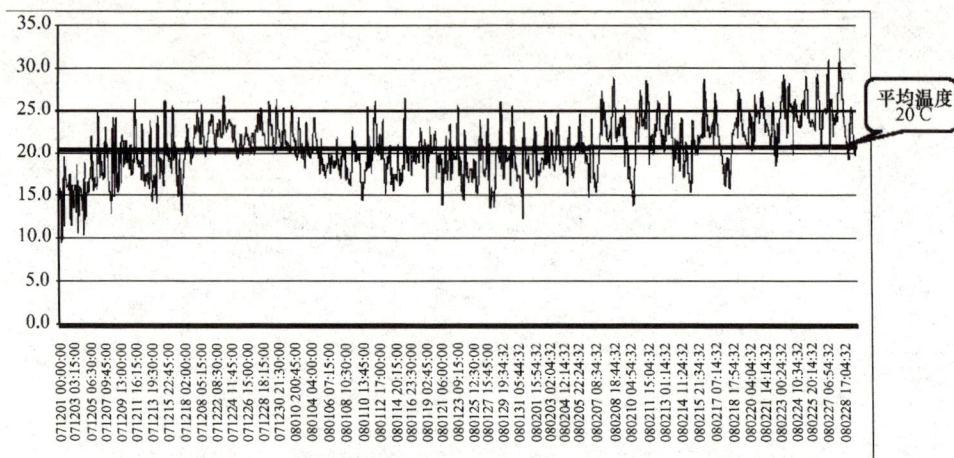

图 4-57　改造户 4 整个冬季室内温度分布曲线（无阳光间）

（1）在对整个房山地区农村建筑和能源现状进行充分调研分析的基础上，总结出了该地区农村住宅和能源发展过程中所面临的实际问题，并制定了相关改善原则、理念和工作内容；

（2）开展了农宅不同节能技术集成与工程实践研究，将生态节能的理念应用到村落整体上，以此做为测试研究平台，对其进行了长期跟踪对比测试，为后续优化设计、综合评价及相关标准的制定提供了充分的参考依据；

（3）通过实测与模拟相结合的方法，对农宅墙体保温、被动式太阳能利用及行为模式节能进行了优化分析，给未来该地区农村住宅的热指标体系提出了建议。

4.9　零能耗建筑在国内外发展

4.9.1　零能耗建筑概念简介

零能耗建筑的概念和定义来自美国能源部（U. S. Department of Energy，DOE）。DOE 认为按照传统发展模式，每一栋建筑都是作为一个能源消耗单元而存在的，20 世纪 70 年代能源危机以后，美国能源部对能源问题高度关注。考虑到建筑能耗巨大并仍持续增长，美国能源部认为只有当新增建筑能源需求能够自给自足时，建筑能耗的增加趋势才能被扭转。因此美国能源部希望在 2025 年实现新增建筑在能源消耗方面自给自足，即实现建筑零能耗，并制定了相应激励措施，对达标的零能耗建筑进行经济补贴和税收减免，以鼓励设计师和房地产开发商设计建造零能耗建筑。（Torcellini et al. Zero energy buildings：A critical look at the definition. National Energy Renewable Laboratory（NREL）. June 2006）

零能耗建筑概念的核心特点是用如太阳能、风能、浅层地热能、生物质能等可再生能源满足低能耗建筑的能源需求，为人、建筑与环境的可持续发展寻找最佳解决方案。

4.9.1.1 零能耗建筑最初定义

美国可再生能源实验室（NREL）对零能耗建筑的最初定义是：当建筑本身生产的可再生能源在一个时间段内（通常为 1 年）大于等于该建筑消耗的常规能源总量时，即为零能耗建筑。

由于可再生能源的不稳定性，在美国可再生能源实验室（NREL）的定义中，传统意义上的零能耗建筑是与国家电网相连的。当建筑自产能源不够时，可以使用常规能源，如电网供电、天然气等，而当建筑自产电力过剩时，则可以输入电网，电力公司也需为此支付相应的费用。这一规定的好处是：一方面可以满足人们的用能习惯，比如老百姓习惯于用天然气做饭等；另一方面也有利于降低成本，不用在每个建筑中都设置大的蓄能装置，便于更好的推广零能耗建筑。

没有并网的零能耗建筑称之为 Off-the-grid ZEB，这类建筑完全依靠自身的可再生能源满足自身全部需求，由于太阳能等可再生能源的不稳定性，需要在建筑中设置大容量的蓄能装置。

4.9.1.2 评估目标定义法

NREL 通过研究发现，为了更好地促进零能耗建筑的发展，根据建筑的设计目标和着眼点不同，应定义一系列不同的零能耗建筑概念。例如建筑居住者关心的是建筑运行费用，能源部关心的一次能源消耗总量，而环保机构关心的则是建筑运行期间的污染物排放总量。根据评估目标的不同，NREL 给出了一系列不同的零能耗定义。

（1）净零能耗建筑（Net Zero Site Energy，Site ZEB）

它的含义是建筑物消耗的常规能源小于等于该建筑输出的可再生能源。这一概念不考虑能源的品味和能源传输过程的损失，建筑物消耗一个单位的电能和一个单位的天然气在能源总量计算时是等价的，其优点是对零能耗建筑的评估十分方便。

（2）零资源消耗零能耗建筑（Net Zero Source Energy，Source ZEB）

与上一概念不同之处在于考虑了能源品位和常规能源在传输中的损失。这一概念的采用便于在国家层面对能源消耗总量进行控制；但是在对建筑进行零能耗评估时，需要提供各种能源的转换系数，而且这一系数会随着技术的发展逐渐变化。

（3）零运行费用零能耗建筑（Net Zero Energy Costs，Costs ZEB）

顾名思义，它的含义就是建筑物在运行过程中，能源消耗费用为零。能否达到这一评估标准，与建筑的负荷特性有很大关系（考虑峰谷电价），为了获得好的经济性，居住者往往会在建筑内设置一个大容量的蓄能设备。

（4）零排放零能耗建筑（Net Zero Energy Emissions，Emissions ZEB）

建筑消耗常规能源，会向环境中排放二氧化碳和其他污染物，而使用或输出可再生能源在某种意义上就是减少了这部分排放，降低了建筑对环境的影响，当二者达到平衡时就称为零排放零能耗建筑。

4.9.1.3 可再生能源产地定义法

建筑中可利用的可再生能源种类很多，如光伏发电，太阳能集热，生物质燃料，风力发电等。根据可再生能源的生产地点可将零能耗建筑分为如下两种：

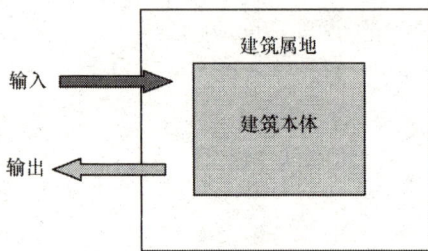

图 4-58 On-site 零能耗
建筑边界定义示意图

（1）On-site 零能耗建筑

为了准确评估零能耗建筑，NREL 对 On-site ZEB 的零能耗建筑边界进行了准确界定，如图 4-58 所示。可再生能源设备如光电板、太阳能集热器等应该设置在建筑物及其所属区域内。例如在建筑外的一处临时空地上设立的光电板，在进行评估时，就不能作为该栋建筑的可再生能源设备。

（2）Off-site 零能耗建筑

如果某栋零能耗建筑使用的可再生能源并不是来源于建筑及其属地上的可再生能源设备，NREL 称之为 Off-site ZEB。例如某栋建筑使用的能源都是来自水利发电站或风力发电站，则该建筑即 Off-site ZEB。显然，该建筑同时满足 Site ZEB、

Source ZEB、Emissions ZEB 评估标准。

4.9.1.4 可再生能源利用的优先级原则

NREL 对这些可用于零能耗建筑的可再生能源技术进行了优先级划分，鼓励使用优先级高的可再生能源技术和设备。可再生能源的选用原则为：

(1) 鼓励可再生能源的被动式利用；

(2) 运输和转换损失小；

(3) 与建筑寿命相匹配；

(4) 具有推广价值。

在目前技术条件下，太阳能集热器和光伏发电板是首选的可再生能源设备。同时应该优先将可再生能源设备设置在建筑本体上，如立面、屋顶等，当安装面积不够时，再考虑将其设置在建筑属地以内。表 4-5 列出了零能耗建筑中的可再生能源种类及其优先级。

美国土地资源丰富，独栋低层建筑较多，将光伏发电等可再生能源设备安装在建筑周边属地上是可满足建筑能源需求；而我国土地资源紧缺，城市建筑大多为多层或高层，附属用地很少，因此可再生能源设备只能安装在建筑本体上，且不能满足建筑能源需求，因此美国的零能耗建筑概念基本不符合我国国情。

零能耗建筑中可再生能源应用优先级 表 4-5

优先级	可再生能源选项	举 例	建筑类型
0	低能耗建筑设计	自然采光，自然通风，被动式太阳能采暖等	
现场能源供应（On-site Supply Options）			
1	和建筑一体化的可再生能源设备	光伏发电，太阳能热水，风力发电等	On-site ZEB
2	建筑附属用地上的可再生能源设备	光伏发电，太阳能热水，风力发电等	
非现场能源供应（Off-site Supply Options）			
3	可再生能源的本地应用	木材，酒精等	Off-site ZEB
4	可再生能源的直接应用	大规模光伏电站，风力发电场等	

4.9.2 各国零能耗建筑实例简介和问题分析

4.9.2.1 美国

（1）明尼苏达州科学博物馆讲解中心（Science House at the Science Museum of Minnesota）

美国明尼苏达州科学博物馆解说中心（图 4-59）是一栋占地面积为 142m² 的单层建筑，为了满足建筑的电力需求，在屋顶共安装了 8.8kWp 的光伏发电板提供建筑用电，总的设计和建造成本（不含土地价格）为 65 万美金。

图 4-59 解说中心外观图片

该中心 2003 年 6 月投入使用，在 2004.2～2005.2 期间，太阳能光电板共生产电能约 7900kWh，完全能满足建筑的用能需求，被评定为零能耗建筑（Site ZEB, Source ZEB, Emissions ZEB），建筑的能源消耗明细如表 4-6 所示。但问题是，一方面造价太昂贵，另一方面，光伏发电板使用很难全生命周期内从能源、环境和投资效益上满足预期要求（参见本书 3.3 节）。

建筑能源消耗明细分类   表 4-6

类　　别	总耗电量(kWh)	单位面积耗电量(kWh/m²)
采暖	3380	29.34
制冷	291	2.53
照明	250	1.75
风机/水泵	1160	8.17
室内电器	362	2.54
生活热水	266	1.87
未定义	2190	9.24

注：原文中未定义项的统计数据应该有误，总耗电量和单位面积耗电量不对应。

（2）奥尔多利奥波德遗产中心（Aldo Leopold Legacy Center）

奥尔多利奥波德遗产中心（图 4-60）位于美国的威斯康星州，占地 1100m²，于 2007 年 4 月落成，在建筑外表面上共安装了 39.6kW 的光伏发电系统，此外大楼还采用了地源热泵，太阳能制冷等多种先进技术。

通过模拟，该建筑全年需要的总能源为 54229kWh，而太阳能光伏系统全年能发电 61250kWh。

图 4-60 遗产中心外观图片

（3）奥杜邦中心（Audubon Center at Debs Park）

奥杜邦中心（图 4-61）位于美国洛杉矶，占地 467m²，于 2003 年 11 月落成，是一座单栋建筑。一个 25kW 的太阳能光伏发电系统负责整个建筑的能源消耗，如照明、制冷、供暖等。在冬天无太阳的情况下，蓄电池的容量能满足建筑 4～5 天的电能需求。

（4）奥伯林学院刘易斯中心（Oberlin College Lewis Center）

奥伯林学院刘易斯中心（图 4-62）位于美国俄亥俄州，占地 1260m²，于 2000 年 1 月落成，是一座两层建筑。为了满足该建筑的电力需求，在屋顶和南立面共安装了约 400m² 的光伏发电板，因为光电板的面积很大，电力比较充足，因此在建筑中选用了大量的电器设备。

图 4-61 奥杜邦中心外观图片

图 4-62 刘易斯中心外观图片

4.9.2.2 德国

德国地处欧洲中部，属于北温带气候，是一个以采暖为主的国家。德国零能耗建筑的概念起源于"被动屋"技术的发展，它的发展路线为：低能耗建筑—近零能耗建筑—零采暖能耗建筑—全零能耗建筑。

德国零能耗建筑（图4-63）的主要设计思想是：采取各种措施和手段加强外围护结构的保温；提高建筑的密封性能并通过先进的热回收技术减小换气损失；采用新型围护结构如玻璃幕墙和透明保温来充分利用太阳能。通过上述各种技术使建筑物达到零采暖能耗，以此为基础，在建筑外表面上安装集热器、光伏发电板或风力发电等设备满足建筑物的热水供应和电力需求，从而达到零能耗建筑的目标。

(a)　　　　　　　*(b)*

图4-63　零能耗建筑图片

(a) 弧形的南立面；*(b)* 建筑平面形状

1992年在弗赖堡建成了德国的第一个全零能耗建筑，建筑所需的全部能源都由建筑自身的系统从太阳能和地热等资源中取得，在德国也被称为全自给太阳能建筑，但是目前尚无公开的运行能耗数据。这也许反映了该零能耗建筑在运行、维护成本等方面存在较大的问题。（张神树，高辉．德国低/零能耗建筑实例解析．中国建筑工业出版社，2007）

4.9.2.3 英国

在英国，由建筑物产生的碳排放占全国碳排放的比例由1990年的26.4%增加到2004年的40%，约4000万t。英国环保专家预测，到2050年建筑碳排放将占到全国总量的55%。因此近年来，英国的零能耗建筑发展主要侧重于零碳排放建筑（Zero carbon house），英国政府宣布到2016年以后所有新建建筑都将是零能耗建筑，并出台了相应的印花税和土地税豁免政策计划。但是在2007年10月，英国绿色建筑委员会发表声明说，由于标准定的过高，想要满足政府的税收豁免条件十分困难，几乎没有建造新的零碳排放建筑。

贝丁顿零能源发展社区（BedZED）位于英国的萨顿市（Sutton），整个项目占地1.65hm²，包括82套公寓和2500m²的办公和商住面积，项目于2002年完成，如图4-64所示。其理念是给居民提供环保的生活，同时并不牺牲现代生活的舒适性。

该地区处于高纬度地区，夏季温度适中，冬季寒冷漫长，大约有半年的时间为采暖期。为了减少建筑能耗，设计者探索了一种零采暖的住宅模式。建筑师针对这样的气候特点，通过各种措施减少建筑的热损失，同时积极开发太阳能利用，以实现不用传统采暖系统的目标。

图 4-64　BedZED 外观照

该小区的生活用电和热水的供应由一台 130kW 的高效燃木锅炉提供。木材的来源则为其周边地区的木材废料和临近的速生林。整个小区需要一片 3 年生的 70hm² 速生林，每年砍伐 1/3，并补种上新的树苗，以此循环。速生林种植在与小区相临的生态公园内。树木在成长过程中吸收了二氧化碳，在燃烧过程中等量地释放出来，因此在这里被认为是一种零室温气体排放的清洁能源。

此外，为了给小区的汽车提供电力，共安装了 777m² 的太阳能光电板，设计可供 40 辆汽车使用。

由上可以看出，其主要能源来自周边 70hm² 的速生林，依靠燃木锅炉给小区供电供水，对于我国土地和木材资源匮乏，生态环境脆弱的状况，这种能源供应模式可能是行不通的。

4.9.2.4　其他国家

俄罗斯近年来提出了"生态屋"的概念，它是一种高效而和谐的利用生态资源的系统，由"零能耗房屋"和屋旁地构成。屋旁地用于采用高效生物方法和新式耕作法种植农作物和对所有液体、固体的有机废物进行生物加工利用，包括沼气发生器等。

"生态屋"主要靠太阳能集热器供暖，不足部分以燃用可再生载能体（秸秆、木材、沼气等）的发热机补充。但"生态屋"一般也都备有烧煤、柴油或天然气的供热设备，以防不测，只是其能耗要比普通房屋采暖要小得多。

"生态屋"另一个重要特点，是强调建房采用当地的建材（必须是生态建材）。

可称作生态建材的不仅是对人体无害的建材，还应该是生产中对环境无害、房屋使用期结束后可就地以自然方式无害化处理的建材。如加气泡沫混凝土、泥砖、压制秸秆构件、木材（在林区）等。用作墙体保温材料的主要是秸秆、芦苇、亚麻秆等。据称，建造优良的木结构"生态屋"式庄园房，实际造价为 100～150 美元/m²。

在加拿大，为了促进零能耗建筑和低能耗建筑的发展，成立了零能耗建筑工业协会。此外，加拿大住房抵押公司发起了自给式住房竞赛项目，截至 2008 年底要在全国范围内建设 12 个低能耗和零能耗建筑示范项目。

图 4-65　宁波诺丁汉大学可持续
能源技术研究中心外观照片

4.9.2.5　中国

伴随我国建筑节能工作的快速发展，各种节能技术、产品已经日趋成熟，零能耗建筑项目屡现报端。

据报导，宁波诺丁汉大学可持续能源技术研究中心大楼（图 4-65）就是一座零能耗建筑。大楼采用了很多高新节能技术。外部倾斜的玻璃窗可以借助空气缓冲层带走部分太阳辐射，以防止太阳过度辐射。通过使用 43.68kWp 光伏发电系统，大楼可以提高能源使用效率、使用再生能源，收集并贮存雨水以及循环利用水资源，从而尽可能地减小对环境的影响和负担并实现用电用水自给自足的零排放。据计算，在未来 25 年，该大楼可达到节约 448.9t 煤和减少 1081.8t 碳排放的目标。

该楼是一座总建筑面积约 1556m² 的 5 层楼建筑，地上建筑面积仅占总面积的一半。为了满足该楼的能源需求，在大楼四周的草坪上安装了大面积太阳能发电板和太阳能集热器等设备，已经超过了大楼本体的占地面积。此外，该大楼使用了地源热泵系统，为此大楼东侧安装了大面积地埋管系统。

附录一 建筑能耗相关数据汇总

1.1 全国数据

1.1.1 人口与 GDP 相关数据

1978～2007 年全国人口数及城乡比逐年变化表 附表 1-1

单位: 万人 年 份	年底人口数	按 城 乡 分			
		城 镇		乡 村	
		人口数	比重（%）	人口数	比重（%）
1978	96259	17245	17.92	79014	82.08
1980	98705	19140	19.39	79565	80.61
1985	105851	25094	23.71	80757	76.29
1989	112704	29540	26.21	83164	73.79
1990	114333	30195	26.41	84138	73.59
1991	115823	31203	26.94	84620	73.06
1992	117171	32175	27.46	84996	72.54
1993	118517	33173	27.99	85344	72.01
1994	119850	34169	28.51	85681	71.49
1995	121121	35174	29.04	85947	70.96
1996	122389	37304	30.48	85085	69.52
1997	123626	39449	31.91	84177	68.09
1998	124761	41608	33.35	83153	66.65
1999	125786	43748	34.78	82038	65.22
2000	126743	45906	36.22	80837	63.78
2001	127627	48064	37.66	79563	62.34

续表

单位：万人	年底人口数	按 城 乡 分			
		城　镇		乡　村	
年　份		人口数	比重（%）	人口数	比重（%）
2002	128453	50212	39.09	78241	60.91
2003	129227	52376	40.53	76851	59.47
2004	129988	54283	41.76	75705	58.24
2005	130756	56212	42.99	74544	57.01
2006	131448	57706	43.9	73742	56.1
2007	132129	59379	44.94	72750	55.06

注：1. 1982 年以前数据为户籍统计数；1982～1989 年数据根据 1990 年人口普查数据有所调整；1990～
2000 年数据根据 2000 年人口普查数据进行了调整；2001～2004 年数据为人口变动情况抽样调查
推算数；2005 年数据根据全国 1% 人口抽样调查数据推算。

2. 年底人口数和按性别分人口中包括中国人民解放军现役军人，按城乡分人口中现役军人计入城镇
人口。

3. 本表各年人口未包括香港、澳门特别行政区和台湾省的人口数据。

数据来源：中国统计年鉴 2008，表 4-1 人口数及构成。

1978～2007 年全国 GDP 逐年变化表　　　　　　　　附表 1-2

单位：亿元	国民总收入	国内生产总值	第一产业	第二产业			第三产业			人均国内生产总值（元/人）
年份				总值	工业	建筑业	总值	交通运输，仓储和邮政业	批发与零售业	
1978	3645.2	3645.2	1018.4	1745.2	1607.0	138.2	881.6	172.8	265.5	381
1979	4062.6	4062.6	1258.9	1913.5	1769.7	143.8	890.2	184.2	220.2	419
1980	4545.6	4545.6	1359.4	2192.0	1996.5	195.5	994.2	205.0	213.6	463
1981	4889.5	4891.6	1545.6	2255.5	2048.4	207.1	1090.5	211.1	255.7	492
1982	5330.5	5323.4	1761.6	2383.0	2162.3	220.7	1178.8	236.7	198.6	528
1983	5985.6	5962.7	1960.8	2646.2	2375.6	270.6	1355.7	264.9	231.4	583
1984	7243.8	7208.1	2295.5	3105.7	2789.0	316.7	1806.9	327.1	412.4	695
1985	9040.7	9016.0	2541.6	3866.6	3448.7	417.9	2607.8	406.9	878.4	858
1986	10274.4	10275.2	2763.9	4492.7	3967.0	525.7	3018.6	475.6	943.2	963
1987	12050.6	12058.6	3204.3	5251.6	4585.8	665.8	3602.7	544.9	1159.3	1112

续表

单位：亿元 年份	国民总收入	国内生产总值	第一产业	第二产业			第三产业			人均国内生产总值（元/人）
				总值	工业	建筑业	总值	交通运输，仓储和邮政业	批发与零售业	
1988	15036.8	15042.8	3831.0	6587.2	5777.2	810.0	4624.6	661.0	1618.0	1366
1989	17000.9	16992.3	4228.0	7278.0	6484.0	794.0	5486.3	786.0	1687.0	1519
1990	18718.3	18667.8	5017.0	7717.4	6858.0	859.4	5933.4	1147.5	1419.7	1644
1991	21826.2	21781.5	5288.6	9102.2	8087.1	1015.1	7390.7	1409.7	2087.0	1893
1992	26937.3	26923.5	5800.0	11699.5	10284.5	1415.0	9424.0	1681.8	2735.0	2311
1993	35260.0	35333.9	6887.3	16454.4	14188.0	2266.5	11992.2	2205.6	3198.7	2998
1994	48108.5	48197.9	9471.4	22445.4	19480.7	2964.7	16281.1	2898.3	4338.4	4044
1995	59810.5	60793.7	12020.0	28679.5	24950.6	3728.8	20094.3	3424.1	5467.7	5046
1996	70142.5	71176.6	13885.8	33835.0	29447.6	4387.4	23455.8	4068.5	6379.2	5846
1997	77653.1	78973.0	14264.6	37543.0	32921.4	4621.6	27165.4	4593.0	7314.1	6420
1998	83024.3	84402.3	14618.0	39004.2	34018.4	4985.8	30780.1	5178.4	8084.8	6796
1999	88189.0	89677.1	14548.1	41033.6	35861.5	5172.1	34095.3	5821.8	8788.6	7159
2000	98000.5	99214.6	14716.2	45555.9	40033.6	5522.3	38942.5	7333.4	9629.7	7858
2001	108068.2	109655.2	15516.2	49512.3	43580.6	5931.7	44626.7	8406.1	10787.4	8622
2002	119095.7	120332.7	16238.6	53896.8	47431.3	6465.5	50197.3	9393.4	11950.9	9398
2003	135174.0	135822.8	17068.3	62436.3	54945.5	7490.8	56318.1	10098.4	13480.0	10542
2004	159586.7	159878.3	20955.8	73904.3	65210.0	8694.3	65018.2	12147.6	15249.8	12336
2005	183956.1	183084.8	23070.4	87046.7	76912.9	10133.8	72967.7	10526.1	13534.5	14040
2006	211808.0	210871.0	24737.0	103162.0	91310.9	11851.1	82972.0	12032.4	15158.4	16084
2007	251483.2	249529.9	28095.0	121381.3	107367.2	14014.1	100053.5	14604.1	18169.5	18934

注：1. 本表按当年价格计算。

2. 1980 年以后国民总收入（原称国民生产总值）与国内生产总值的差额为国外净要素收入。

3. 2004 年及以前年份第一产业不包括农林牧渔服务业，交通运输仓储和邮政业包括电信业，但不包括城市公共交通业，批发与零售业包括餐饮业。

数据来源：2008 年中国统计年鉴，表 3-1 国内生产总值表。

1996～2007 年全国万元 GDP 耗能逐年变化表　　　附表 1-3

年份	1996	1997	1998	1999	2000	2001	2002	2003	2004	2005	2006	2007
耗能量（tce）	2	1.9	1.7	1.5	1.4	1.4	1.4	1.4	1.4	1.2	1.16	1.16

数据来源：1997～2008 年中国统计年鉴，表 2-5 国民经济和社会发展比例和效益指标表。

1.1.2　能源消费相关数据

1978～2007 年全国能源生产与消费量逐年变化表（单位：万 tce）　　附表 1-4

	能源生产总量	能源消费总量		能源生产总量	能源消费总量
1978	62770	57144	1997	132410	137798
1980	63735	60275	1998	124250	132214
1985	85546	76682	1999	109126	130119
1989	101639	96934	2000	106988	130297
1990	103922	98703	2001	120900	134914
1991	104844	103783	2002	138369	148222
1992	107256	109170	2003	160300	167800
1993	111059	115993	2004	184600	197000
1994	118729	122737	2005	206068	223319
1995	129034	131176	2006	221056	246270
1996	132616	138948	2007	235445	265583

注：能源总量指原煤、原油、天然气、水电、核电和风电按热量计算的总和。数据来源：2008 年《中国统计年鉴》，表 7-1 能源生产总量及构成表，表 7-2 能源消费总量及构成表。

1978～2007 年全国能源消费与组成逐年变化表　　　附表 1-5

年　份	能源消费总量（万 tce）	占能源消费总量的比重（%）			
		煤　炭	石　油	天然气	水　电
1978	57144	70.7	22.7	3.2	3.4
1980	60275	72.2	20.7	3.1	4.0
1985	76682	75.8	17.1	2.2	4.9
1989	96934	76.1	17.1	2.1	4.7
1990	98703	76.2	16.6	2.1	5.1
1991	103783	76.1	17.1	2.0	4.8

续表

年 份	能源消费总量	占能源消费总量的比重（%）			
	（万 tce）	煤 炭	石 油	天然气	水 电
1992	109170	75.7	17.5	1.9	4.9
1993	115993	74.7	18.2	1.9	5.2
1994	122737	75.0	17.4	1.9	5.7
1995	131176	74.6	17.5	1.8	6.1
1996	138948	74.7	18.0	1.8	5.5
1997	137798	71.7	20.4	1.7	6.2
1998	132214	69.6	21.5	2.2	6.7
1999	133831	69.1	22.6	2.1	6.2
2000	138553	67.8	23.2	2.4	6.7
2001	143199	66.7	22.9	2.6	7.9
2002	151797	66.3	23.4	2.6	7.7
2003	174990	68.4	22.2	2.6	6.8
2004	203227	68.0	22.3	2.6	7.1
2005	223319	68.9	21.0	2.9	7.2
2006	246270	69.4	20.4	3.03	7.2
2007	265583	69.5	19.7	3.5	7.3

注：1. 电力折算标准煤的系数根据当年平均发电煤耗计算。

2. 2004 年为估算数。

数据来源：2008 年中国统计年鉴，表 7-2 能源消费总量及构成表。

说明：所谓能源消费总量，是指一定时期内全国物质生产部门、非物质生产部门和生活消费的各种能源的总和。该指标是观察能源消费水平、构成和增长速度的总量指标。能源消费总量包括原煤和原油及其制品、天然气、电力，不包括低热值燃料、生物质能和太阳能等的利用。能源消费总量分为终端能源消费量、能源加工转换损失量和能源损失量三部分：(1) 终端能源消费量：指一定时期内全国生产和生活消费的各种能源在扣除了用于加工转换二次能源消费量和损失量以后的数量。(2) 能源加工转换损失量：指一定时期内全国投入加工转换的各种能源数量之和与产出各种能源产品之和的差额。该指标是观察能源在加工转换过程中损失量变化的指标。(3) 能源损失量：指一定时期内能源在输送、分配、储存过程中发生的损失和由客观原因造成的各种损失量，不包括各种气体能源放空、放散量。

1990～2007 年能源消费弹性系数逐年变化表

附表 1-6

年　份	能源消费比上年增长（%）	电力消费比上年增长（%）	国内生产总值比上年增长（%）	能源消费弹性系数	电力消费弹性系数
1990	1.8	6.2	3.8	0.47	1.63
1991	5.1	9.2	9.2	0.55	1.00
1992	5.2	11.5	14.2	0.37	0.81
1993	6.3	11.0	14.0	0.45	0.79
1994	5.8	9.9	13.1	0.44	0.76
1995	6.9	8.2	10.9	0.63	0.75
1996	5.9	7.4	10.0	0.59	0.74
1997	—0.8	4.8	9.3		0.52
1998	—4.1	2.8	7.8		0.36
1999	1.2	6.1	7.6	0.16	0.80
2000	3.5	9.5	8.4	0.42	1.13
2001	3.4	9.3	8.3	0.41	1.12
2002	6.0	11.8	9.1	0.66	1.30
2003	15.3	15.6	10.0	1.53	1.56
2004	16.1	15.4	10.1	1.59	1.52
2005	9.9	13.5	10.2	0.97	1.32
2006	9.61	14.63	11.1	0.8657658	1.318018
2007	7.8	14.4	11.9	0.66	1.21

数据来源：2008 年中国统计年鉴，表 7-8 能源消费弹性系数表。

说明：能源消费弹性系数以能源消费增长速度与国内生产总值增长速度相比求得，是反映能源消费增长速度与国民经济增长速度之间比例关系的指标，计算公式为：能源消费弹性系数＝能源消费量年平均增长速度/国民经济年平均增长速度。

2000～2007 年逐年综合能源平衡表

附表 1-7

项　　目	2000	2001	2002	2003	2004	2005	2006	2007
可供消费的能源总量	115150	125310	144319	168487	203344	223213	243918	261111
一次能源生产量	106988	120900	138369	159912	187341	205876	221056	235445
回收能	1760	1859	1908	2043	2508	2840	2903	3057

续表

项　目	2000	2001	2002	2003	2004	2005	2006	2007
进口量	14331	13471	15769	20048	26593	26952	31057	34904
出口量（一）	9026	11145	11017	12701	11646	11447	10925	10298
年初年末库存差额	1097	225	−710	−814	−1452	−1008	−173	−1997
能源消费总量	130297	134915	148222	170943	203227	224682	246270	265583
在总量中：								
1. 农、林、牧、渔、水利业	5787	6233	6514	6603	7680	7978	8395	8245
2. 工业	89634	92347	102181	119627	143244	159492	175137	190167
3. 建筑业	1433	1453	1610	1772	3259	3411	3715	4031
4. 交通运输、仓储和邮政业	9916	10257	11087	12740	15104	16629	18583	20643
5. 批发、零售业和住宿、餐饮业	2893	3165	3464	4116	4820	5031	5522	5962
6. 其他	5722	6034	6333	6816	7839	8691	9530	9744
7. 生活消费	14912	15427	17033	19268	21281	23450	25388	26790
在总量中：								
（一）终端消费	124032	128951	140847	162882	194104	214479	235114	253861
♯工业	83707	86711	95143	111873	134442	149639	164416	178845
（二）加工转换损失量	2372	2011	2612	3090	3684	3720	4056	4064
♯炼焦	487	387	322	495	527	658	734	815
炼油	781	636	1015	1092	1416	1305	1391	1325
（三）损失量	3893	3953	4763	4971	5439	6483	7100	7657
平衡差额	−15147	−9605	−3903	−2455	117	−1469	−2352	−4472

注：1. 电力、热力按等价值折算，因此加工转换损失量中不包括发电、供热损失量。村办工业包括在
　　　工业中。

　　2. 进口量包括我国飞机、轮船在国外加油量；出口量包括外国飞机、轮船在我国加油量。

　　3. 电力折算标准煤系数按平均发电煤耗计算。

数据来源：2001～2008 年统计年鉴，表 7-3 综合能源平衡表。

2000～2007 年生活能源消费逐年变化表　　　　　　　　附表1-8

能源品种	2000	2001	2002	2003	2004	2005	2006	2007
合计（万 tce）	14912	15427	17032	19268	21281	23393	25388	26790
煤炭（万 t）	7907	7830	7603	8175	8173	8739	8386	8101
煤油（万 t）	72	75	61	56	27	26	23	19
液化石油气（万 t）	988	1006	1169	1293	1350	1329	1456	1608
天然气（亿 m³）	32	44	51	57	67	79	103	133

续表

能源品种	2000	2001	2002	2003	2004	2005	2006	2007
煤气（亿 m³）	89	119	125	131	138	145	156	161
热力（万百万 kW）	23234	23369	26613	33666	41395	51744	56948	57689
电力（亿 kWh）	1672	1839	2001	2238	2465	2825	3252	3623

数据来源：2001～2008 年中国统计年鉴，表 7-12 生活能源消费量表。

2000～2007 年逐年煤炭平衡表（单位：万 t）　　　　附表 1-9

项　　目	2000	2001	2002	2003	2004	2005	2006	2007
可供量	98176.1	108480	129604.8	157902	192265.5	214462.1	235781.13	251376.7
生产量	99800	116078	138000	166700	199232.4	220472.9	237300	252597.4
进口量	217.9	266	1125.8	1109.8	1861.4	2617.1	3810.52	5101.6
出口量（一）	5506.5	9012.9	8389.6	9402.9	8666.4	7172.4	6327.26	5318.7
年初年末库存差额	3664.7	1148.9	−1131.4	−504.9	−162	−1455.4	997.87	−1003.6
消费量	124537.4	126211.3	136605.5	163732	193596	216557.5	239216.49	258641.4
在消费量中：								
1. 农、林、牧、渔、水利业	1647.7	1599.6	1622.9	1683.3	2251.2	2315.2	2309.64	2337.8
2. 工业	111730	113608	124195.4	150568.5	180135.2	202444.1	225539.36	245272.5
3. 建筑业	536.8	538	553.5	577.2	601.5	603.6	581.99	565.3
4. 交通运输、仓储和邮政业	1139.9	1050.9	1055	1067.3	832.1	815.3	724.8	685.5
5. 批发、零售业和住宿、餐饮业	814.6	809.9	809.1	860.4	871.8	874.4	891.46	868.3
6. 其他	761.2	774.7	767	800.6	731	765.9	782.9	811.4
7. 生活消费	7907.2	7830.3	7602.6	8174.7	8173.2	8739	8386.34	8100.6
在消费量中：								
（一）终端消费	46086.8	43891.3	42692.4	48944.8	59543.7	62154.1	61683.66	63572.2
♯工业	33279.7	31287.9	30282.2	35781.2	46083	48040.7	48006.53	50203.2
（二）中间消费（用于加工转换）	78450.6	82320.1	93913.1	114787.3	134052.3	154403.4	177532.84	195069.3
发电	54611.2	57687.9	65600	77976.5	91961.6	103098.5	118763.91	130548.8
供热	6692.1	6961.5	7473.7	9595.5	11546.6	13542	14561.43	15394.2
炼焦	15000.4	15436.4	18209.7	23639.9	25349.6	31667.1	37450.09	41559.0

续表

项　　目	2000	2001	2002	2003	2004	2005	2006	2007
制气	810	893.8	973.2	1054.8	1316.4	1277	1257.08	1391.8
（三）洗选损耗	1441.2	1450.5	1717.5	2599.3	3633.9	4582.1	5279.3	5954.6
平衡差额	−26361.3	−17731.3	−7000.8	−5830.1	−1330.5	−2095.4	−3435.37	−7264.7

注：生产量为原煤产量。

数据来源：2001～2008 年中国统计年鉴，表 7-5 煤炭平衡表。

2000～2007 年逐年电力平衡表　　　　附表 1-10

项　　目	2000	2001	2002	2003	2004	2005	2006	2007
可供量	13472.7	14632.6	16330.7	19032.2	21972.3	24940.8	28588.44	32712.4
生产量	13556	14716.6	16404.7	19105.8	22033.1	25002.6	28657.26	32815.5
水电	2224.1	2774.3	2879.7	2836.8	3535.4	3970.2	4357.86	4852.6
火电	11164.5	11767.5	13273.8	15803.6	17955.9	20473.4	23696.03	27229.3
核电	167.4	174.7	251.2	433.4	504.7	530.9	548.43	621.3
进口量	15.5	18	23	29.8	34	50.1	53.89	42.5
出口量（一）	98.8	101.9	97	103.4	94.8	111.9	122.71	145.7
消费量	13471.4	14633.5	16331.5	19031.6	21971.4	24940.4	28587.97	32711.8
在消费量中：								
1. 农、林、牧、渔、水利业	673	762.4	776.2	773.2	808.9	876.4	947.04	979.0
2. 工业	9653.6	10444.7	11793.2	13899.7	16254.3	18481.7	21247.74	24630.8
3. 建筑业	154.8	144.9	164.1	189.8	222.1	233.9	271.05	309.0
4. 交通运输、仓储和邮政业	281.2	309.3	338	396.9	449.6	430.3	467.37	531.9
5. 批发、零售业和住宿、餐饮业	393.6	444.9	500	623	735.4	752.3	847.25	929.8
6. 其他	643.2	688.1	758.6	911	1036.6	1340.9	1555.94	1708.6
7. 生活消费	1672	1839.2	2001.4	2238	2464.5	2824.8	3251.58	3622.7
在消费量中：								
（一）终端消费	12534.7	13600	15162.8	17770.9	20550.8	23233.9	26729.14	30650.1
＃工业	8716.9	9411.2	10624.5	12639	14833.7	16775.2	19388.91	22569.1
（二）输配电损失量	936.7	1033.5	1168.7	1260.7	1420.6	1706.5	1858.83	2061.7

数据来源：2001～2008 年中国统计年鉴，表 7-6 电力平衡表。

1996～2007 年中国逐年火电发电煤耗（单位：gce/kWh）　　　附表 1-11

年份	1995	1996	1997	1998	1999	2000	2001	2002	2003	2004	2005	2006	2007
发电煤耗	369	377	375	373	369	363	357	356	355	354	347	341	333

数据来源：1995～2004 年数据：中国工业经济统计年鉴 2004，表 3-8 电力工业主要技术经济指标。

2005～2007 年数据：各年度全国电力工业统计快报。

1997～2007 年我国建筑用电占全国用电总量的比例　　　附表 1-12

单位：亿 kWh 年份	全国用 电总量	建筑用电量					建筑用 电所占 比例
		交通运输/仓 储和邮政业	批发零售业 和住宿餐 饮业	其他	生活消费	总量	
1997	11284.4	255.9	265.1	357.4	1253.2	2131.6	18.9%
1998	11598.4	255.6	293.4	506.7	1324.5	2380.2	20.5%
1999	12305.2	254.8	342.8	591.4	1480.8	2669.8	21.7%
2000	13471.4	281.2	393.7	643.2	1672	2990.1	22.2%
2001	14633.5	309.3	444.9	688.1	1839.2	3281.5	22.4%
2002	16331.5	338	500	758.5	2001.4	3597.9	22.0%
2003	19031.6	396.9	623	911	2238	4168.9	21.9%
2004	21971.4	449.6	735.4	1036.6	2464.5	4686.1	21.3%
2005	24940.4	430.34	752.31	1340.9	2824.8	5348.4	21.4%
2006	28587.97	467.37	847.25	1555.94	3251.58	6122.14	21.4%
2007	32711.8	531.9	929.8	1708.6	3622.7	6793	20.8%

数据来源：1998～2008 年中国统计年鉴，表 7-6 电力平衡表。

2000～2007 年逐年石油平衡表　　　附表 1-13

项　　　目	2000	2001	2002	2003	2004	2005	2006	2007
可供量	22631.8	23204.7	24925.1	27540.5	32116.2	32539.1	34889.84	36648.9
生产量	16300	16395.9	16700	16960	17587.3	18135.3	18476.57	18631.8
进口量	9748.5	9118.2	10269.3	13189.6	17291.3	17163.2	19452.96	21139.4
出口量（一）	2172.1	2046.7	2139.2	2540.8	2240.6	2888.1	2626.19	2664.3
年初年末库存差额	−1244.6	−262.7	94.9	−68.2	−521.9	128.8	−413.5	−458.0
消费量	22439.3	22838.3	24779.8	27126.1	31699.9	32535.4	34875.93	36570.1
在消费量中：								
1. 农、林、牧、渔、水利业	1496.7	1568.5	1674.1	1681.4	2001.3	2072.9	2213.62	2130.3
2. 工业	11404.7	11388.6	12489.6	13686.5	14857.3	14462.6	14972.29	15040.1

续表

项　　目	2000	2001	2002	2003	2004	2005	2006	2007
3. 建筑业	344.3	372.3	410.4	430.6	1422.3	1502.2	1648.51	1823.1
4. 交通运输、仓储和邮政业	5509.4	5692.9	6156.6	7093.2	8620.6	9708.5	10969.16	12296.6
5. 批发、零售业和住宿、餐饮业	545	567.4	593	682.3	818.7	915.6	992.21	1116.9
6. 其他	1882.7	1953.7	1978.6	1916.4	2201.7	2079.2	2087.61	1895.9
7. 生活消费	1256.5	1294.8	1477.5	1635.8	1778	1794.4	1992.53	2267.1
在消费量中：								
（一）终端消费	19893.5	20357	21982.8	24062.8	28062	29189.3	31613.86	33769.0
＃工业	9016.2	9059.9	9854.5	10758.7	11344.1	11245	11875.48	12404.2
（二）中间消费（用于加工转换）	2352.8	2292	2606.8	2901.4	3488.2	3190.7	3062.11	2601.2
发电	1178.2	1213.6	1275.6	1491.6	1864.1	1602	1343.68	884.0
供热	427	438.7	420.7	418	418.5	407.6	427.76	430.1
制气	25.9	22.8	18.9	20.9	10.5	14.4	13.39	5.0
（三）炼油损失量	721.8	617	891.6	970.9	1195.1	1166.7	1277.28	1282.1
（四）损失量	192.9	189.3	190.2	161.9	149.7	155.4	199.95	200.0
平衡差额	192.5	366.4	145.3	414.4	416.3	3.7	54.1	78.7

注：1. 生产量为原油产量。

　　2. 进口量包括我国飞机、轮船在国外加油量；出口量包括外国飞机、轮船在我国加油量。

数据来源：2001～2008 年中国统计年鉴，表 7-6 电力平衡表。

1.1.3　建筑使用产品消费相关数据

1997～2007 年我国产业结构变化表　　　　　　　　　附表 1-14

单位：%	1997	1998	1999	2000	2001	2002	2003	2004	2005	2006	2007
第一产业	18.3	17.6	16.5	15.1	14.4	13.7	12.8	13.4	12.5	11.7	11.3
第二产业	47.5	46.2	45.8	45.9	45.1	44.8	46.0	46.2	47.5	48.9	48.6
第三产业	34.2	36.2	37.7	39.0	40.5	41.5	41.2	40.4	40.0	39.4	40.1

数据来源：1998～2008 年中国统计年鉴，表 2-4 国民经济和社会发展结构指标表。

1978～2007 年我国建材相关产品产量逐年变化表   附表 1-15

年份 地区	粗钢（万 t）	钢材（万 t）	水泥（万 t）	平板玻璃 （万重量箱）
1978	3178.00	2208.00	6524.00	1784.00
1980	3712.00	2716.00	7986.00	2466.00
1985	4679.00	3693.00	14595.00	4942.00
1989	6159.00	4859.00	21029.00	8442.00
1990	6635.00	5153.00	20971.00	8067.00
1991	7100.00	5638.00	25261.00	8712.00
1992	8094.00	6697.00	30822.00	9359.00
1993	8956.00	7716.00	36788.00	11086.00
1994	9261.00	8428.00	42118.00	11925.00
1995	9535.99	8979.80	47560.59	15731.71
1996	10124.06	9338.02	49118.90	16069.37
1997	10894.17	9978.93	51173.80	16630.70
1998	11559.00	10737.80	53600.00	17194.03
1999	12426.00	12109.78	57300.00	17419.79
2000	12850.00	13146.00	59700.00	18352.20
2001	15163.44	16067.61	66103.99	20964.12
2002	18236.61	19251.59	72500.00	23445.56
2003	22233.60	24108.01	86208.11	27702.60
2004	28291.09	31975.72	96681.99	37026.17
2005	35323.98	37771.14	106884.79	40210.24
2006	41914.85	46893.36	123676.48	46574.7
2007	48928.80	56560.87	136117.25	53918.07

数据来源：2008 年中国统计年鉴，14-23 主要工业产品产量表。

1978～2007 年全国主要家用电器生产量逐年变化表   附表 1-16

年份	家用电冰箱	房间空调器	家用洗衣机	彩色电视机
1978	2.80	0.02	0.04	0.38
1980	4.90	1.32	24.53	3.21
1985	144.81	12.35	887.20	435.28
1989	670.79	37.47	825.40	940.02
1990	463.06	24.07	662.68	1033.04
1991	469.94	63.03	687.17	1205.06

续表

年份	家用电冰箱	房间空调器	家用洗衣机	彩色电视机
1992	485.76	158.03	707.93	1333.08
1993	596.66	346.41	895.85	1435.76
1994	768.12	393.42	1094.24	1689.15
1995	918.54	682.56	948.41	2057.74
1996	979.65	786.21	1074.72	2537.60
1997	1044.43	974.01	1254.48	2711.33
1998	1060.00	1156.87	1207.31	3497.00
1999	1210.00	1337.64	1342.17	4262.00
2000	1279.00	1826.67	1442.98	3936.00
2001	1351.26	2333.64	1341.61	4093.70
2002	1598.87	3135.11	1595.76	5155.00
2003	2242.56	4820.86	1964.46	6541.40
2004	3007.59	6390.33	2533.41	7431.83
2005	2987.06	6764.57	3035.52	8283.22
2006	3530.89	6849.42	3560.5	8375.4
2007	4397.13	8014.28	4005.10	8478.01

单位：万台

数据来源：2008 年中国统计年鉴，附表 14-23 主要工业产品产量表。

表中数据是生产总量，包括出口量。

2000～2007 年全国城乡每百户耐用消费品数量逐年变化表　　　附表 1-17

	2000		2001		2002		2003		2004		2005		2006		2007	
	城镇	农村	城镇	农村	城镇	农村	城镇	农村	城镇	农村	城镇	农村	城镇	农村	城镇	农村
房间空调器	30.8	1.3	35.8	1.7	51.1	2.3	61.8	3.5	69.8	4.7	80.67	6.4	87.79	7.28	95.08	8.54
电冰箱	80.1	12.3	81.9	13.6	87.4	14.8	88.7	15.9	90.2	17.8	90.72	20.1	91.75	22.48	95.03	26.12
彩色电视机	116.6	48.7	120.5	54.4	126.4	60.5	130.5	67.8	133.4	75.1	134.8	84	137.43	89.43	137.79	94.38
黑白电视机	—	53	—	50.8	—	48.1	—	42.8	—	37.9	—	21.8	—	17.45	—	12.14
电风扇	167.91	122.6	170.74	129.4	182.6	134.3	181.6	138.1	179.6	141.9	172.18	146.3	—	152.08		
电炊具	101.9	—	107.87		96		101.2		106.4		107.2					
抽油烟机	54.1	2.8	55.5	3.2	60.7	3.6	63.6	4.1	65.6	4.8	67.93	5.98	69.78	7.03		8.14
淋浴热水器	49.1	—	52		62.4	—	66.6		69.4		72.65		75.13	—	79.52	
洗衣机	90.5	28.6	92.2	29.9	92.9	31.8	94.4	34.3	95.9	37.3	95.51	40.2	96.77	42.98		45.94

续表

	2000		2001		2002		2003		2004		2005		2006		2007	
	城镇	农村	城镇	农村	城镇	农村	城镇	农村	城镇	农村	城镇	农村	城镇	农村	城镇	农村
组合音响	22.2	7.8	23.8	8.7	25.2	9.7	26.9	10.5	28.3	11.5	28.79	13	15.08	14.29	30.20	
微波炉	17.6	—	22.3	—	30.9	—	37	—	41.7	—	47.61	—	50.61	—	53.39	
家用电脑	9.7	0.5	13.3	0.7	20.6	1.1	27.8	1.4	33.1	1.9	41.52	2.1	47.2	2.73		
普通电话	—	26.4	—	34.1	93.7	40.8	95.4	49.1	96.4	54.5	94.4	58.3	93.3	64.09	90.52	68.36
移动电话	—	4.3	34	8.1	62.9	13.7	90.1	23.7	111.4	34.7	137	50.2	152.88	62.05	165.18	

数据来源：2001～2008 年中国统计年鉴，附表 10-12 与 10-30。

1.1.4 建筑相关数据

2000～2007 年全国建筑面积逐年变化表　　　　　　附表 1-18

单位：亿平方米	已有建筑面积			施工建筑面积	竣工建筑面积
年份	总面积	城镇	农村		
2000	277.2	76.6	200.6	16	8.1
2001	314.8	110.1	204.7	18.8	9.8
2002	339.4	131.8	207.6	21.6	11
2003	350.3	140.9	209.3	25.9	12.3
2004	360.2	149.1	211.2	31.1	14.7
2005	385.6	164.5	221	35.3	15.9
2006	401	174.5	226	41.0	18.0
2007	420	186	234	48.2	20.4

数据来源：2001～2008 年中国统计年鉴，附表 11-6 各地区城市建设情况表；附表 10-37 各地区农村居民家庭住房情况表；附表 15-37 建筑业房屋建筑面积表。

1996～2007 年城市建筑面积逐年变化表　　　　　　附表 1-19

	1996	1997	1998	1999	2000	2001	2002	2003	2004	2005	2006	2007
城市建筑面积(亿 m²)	61.3	65.5	70.9	73.5	76.6	110.1	131.8	140.9	149.1	164.5	174.5	186
城市住宅面积(亿 m²)	33.5	36.2	39.7	41.7	44.1	66.5	81.9	89.1	96.2	107.7	112.9	120
城市人口数(亿人)	3.73	3.94	4.16	4.37	4.59	4.8	5.02	5.23	5.43	5.62	5.77	5.94

数据来源：1997～2008 年中国统计年鉴，附表 11-6 城市建设情况表。

2000～2007 年全国城市大型集中供热面积逐年变化表（单位：亿 m²）　　**附表 1-20**

年份	2000	2001	2002	2003	2004	2005	2006	2007
全国	11.1	14.6	15.6	18.9	21.6	25.2	26.6	30

数据来源：2001～2008 年中国统计年鉴，附表 11-9 各地区城市大型集中供热情况。

1978～2007 年城乡新建住宅面积和居民住房情况表　　**附表 1-21**

年　份	城镇新建住宅面积 （亿 m²）	农村新建住宅面积 （亿 m²）	城市人均住宅建筑面积 （m²）	农村人均住房面积 （m²）
1978	0.38	1.00	6.7	8.1
1980	0.92	5.00	7.2	9.4
1985	1.88	7.22	10.0	14.7
1986	2.22	9.84	12.4	15.3
1987	2.23	8.84	12.7	16.0
1988	2.40	8.45	13.0	16.6
1989	1.97	6.76	13.5	17.2
1990	1.73	6.91	13.7	17.8
1991	1.92	7.54	14.2	18.5
1992	2.40	6.19	14.8	18.9
1993	3.08	4.81	15.2	20.7
1994	3.57	6.18	15.7	20.2
1995	3.75	6.99	16.3	21.0
1996	3.95	8.28	17.0	21.7
1997	4.06	8.06	17.8	22.5
1998	4.76	8.00	18.7	23.3
1999	5.59	8.34	19.4	24.2
2000	5.49	7.97	20.3	24.8
2001	5.75	7.29	20.8	25.7
2002	5.98	7.42	22.8	26.5
2003	5.50	7.52	23.7	27.2
2004	5.69	6.80	25.0	27.9
2005	6.61	6.67	26.1	29.7
2006	6.30	6.84	—	30.7
2007	6.88	7.75	—	31.6

数据来源：2008 年中国统计年鉴，表 10-35 城乡新建住宅面积和居民住房情况。

1.2　地　方　数　据

1.2.1　人口与 GDP 相关数据

2000～2007 年全国各省人口数逐年变化表（单位：万人）　　附表 1-22

地区＼年份	2000	2001	2002	2003	2004	2005	2006	2007
全　国	129533	127627	128453	129227	129988	130756	131448	132129
北　京	1382	1383	1423	1456	1493	1538	1581	1633
天　津	1001	1004	1007	1011	1024	1043	1075	1115
河　北	6744	6699	6735	6769	6809	6851	6898	6943
山　西	3297	3272	3294	3314	3335	3355	3375	3393
内蒙古	2376	2377	2379	2380	2384	2386	2397	2405
辽　宁	4238	4194	4203	4210	4217	4221	4271	4298
吉　林	2728	2691	2699	2704	2709	2716	2723	2730
黑龙江	3689	3811	3813	3815	3817	3820	3823	3842
上　海	1674	1614	1625	1711	1742	1778	1815	1858
江　苏	7438	7355	7381	7406	7433	7475	7550	7625
浙　江	4677	4613	4647	4680	4720	4898	4980	5060
安　徽	5986	6328	6338	6410	6461	6120	6110	6118
福　建	3471	3440	3466	3488	3511	3535	3558	3581
江　西	4140	4186	4222	4254	4284	4311	4339	4368
山　东	9079	9041	9082	9125	9180	9248	9309	9367
河　南	9256	9555	9613	9667	9717	9380	9392	9360
湖　北	6028	5975	5988	6002	6016	5710	5693	5699
湖　南	6440	6596	6629	6663	6698	6326	6342	6355
广　东	8642	7783	7859	7954	8304	9194	9304	9449
广　西	4489	4788	4822	4857	4889	4660	4719	4768
海　南	787	796	803	811	818	828	836	845
重　庆	3090	3097	3107	3130	3122	2798	2808	2816
四　川	8329	8640	8673	8700	8725	8212	8169	8127
贵　州	3525	3799	3837	3870	3904	3730	3757	3762
云　南	4288	4287	4333	4376	4415	4450	4483	4514

年份 地区	2000	2001	2002	2003	2004	2005	2006	2007
西　藏	262	263	267	270	274	277	281	284
陕　西	3605	3659	3674	3690	3705	3720	3735	3748
甘　肃	2562	2575	2593	2603	2619	2594	2606	2617
青　海	518	523	529	534	539	543	548	552
宁　夏	562	563	572	580	588	596	604	610
新　疆	1925	1876	1905	1934	1963	2010	2050	2095

数据来源：2001～2008 年中国统计年鉴，表 4-3 各地区人口数和出生率死亡率自然生长率表。

2000～2007 年全国各省 GDP 逐年变化表（单位：亿元）　　附表 1-23

年份 地区	2000	2001	2002	2003	2004	2005	2006	2007
北　京	2478.76	2845.65	4330.40	5023.77	6060.28	6886.31	7870.28	9353.32
天　津	1639.36	1840.1	2150.76	2578.03	3110.97	3697.62	4359.15	5050.40
河　北	5088.96	5577.78	6018.28	6921.29	8477.63	10096.11	11660.43	13709.50
山　西	1643.81	1779.97	2324.80	2855.23	3571.37	4179.52	4752.54	5733.35
内蒙古	1401.01	1545.79	1940.94	2388.38	3041.07	3895.55	4791.48	6091.12
辽　宁	4669.06	5033.08	5458.22	6002.54	6672.00	7860.85	9251.15	11023.49
吉　林	1821.19	2032.48	2348.54	2662.08	3122.01	3620.27	4275.12	5284.69
黑龙江	3253	3561	3637.20	4057.40	4750.60	5511.50	6188.90	7065.00
上　海	4551.15	4950.84	5741.03	6694.23	8072.83	9164.10	10366.37	12188.85
江　苏	8582.73	9511.91	10606.85	12442.87	15003.60	18305.66	21645.08	25741.15
浙　江	6036.34	6748.15	8003.67	9705.02	11648.70	13437.85	15742.51	18780.44
安　徽	3038.24	3290.13	3519.72	3923.10	4759.32	5375.12	6148.73	7364.18
福　建	3920.07	4253.68	4467.55	4983.67	5763.35	6568.93	7614.55	9249.13
江　西	2003.07	2175.68	2450.48	2807.41	3456.70	4056.76	4670.53	5500.25
山　东	8542.44	9438.31	10275.50	12078.15	15021.84	18516.87	22077.36	25965.91
河　南	5137.66	5640.11	6035.48	6867.70	8553.79	10587.42	12495.97	15012.46
湖　北	4276.32	4662.28	4212.82	4757.45	5633.24	6520.14	7581.32	9230.68
湖　南	3691.88	3983	4151.54	4659.99	5641.94	6511.34	7568.89	9200.00
广　东	9662.23	10647.71	13502.42	15844.64	18864.62	22366.54	26204.47	31084.40
广　西	2050.14	2231.19	2523.73	2821.11	3433.50	4075.75	4828.51	5955.65
海　南	518.48	545.96	621.97	693.20	798.90	894.57	1052.85	1223.28

续表

年份 地区	2000	2001	2002	2003	2004	2005	2006	2007
重 庆	1589.34	1749.77	1990.01	2272.82	2692.81	3066.92	3491.57	4122.51
四 川	4010.25	4421.76	4725.01	5333.09	6379.63	7385.11	8637.81	10505.30
贵 州	993.53	1084.9	1243.43	1426.34	1677.80	1979.06	2282.00	2741.90
云 南	1955.09	2074.71	2312.82	2556.02	3081.91	3472.89	4006.72	4741.31
西 藏	117.46	138.73	166.56	189.09	220.34	250.21	291.01	342.19
陕 西	1660.92	1844.27	2253.39	2587.72	3175.58	3772.69	4523.74	5465.79
甘 肃	983.36	1072.51	1232.03	1399.83	1688.49	1933.98	2276.70	2702.40
青 海	263.59	300.95	340.65	390.20	466.10	543.32	641.58	783.61
宁 夏	265.57	298.38	377.16	445.36	537.16	606.26	710.76	889.20
新 疆	1364.36	1485.48	1612.65	1886.35	2209.09	2604.19	3045.26	3523.16

数据来源：2001~2008 年中国统计年鉴，表 3-9 各地区国内生产总值表。

1.2.2 建筑相关数据

2000~2004 年全国各省城市建筑面积逐年变化表（单位：亿 m^2） 附表 1-24

年份 地区	2000	2001	2002	2003	2004	2005	2006
全 国	76.59	66.52	131.78	140.91	149.06	164.51	174.52
北 京	2.91	2.01	4.05	4.31	4.65	5.05	5.43
天 津	1.58	1.12	1.87	1.93	2.09	2.26	2.45
河 北	3.13	2.8	5.61	6.64	6.87	7.39	7.61
山 西	2.08	2.41	4.5	3.88	4.04	4.08	4.47
内蒙古	1.5	1.4	2.46	2.8	3.17	3.48	3.71
辽 宁	5.25	3.4	6.39	6.73	7.09	7.42	7.77
吉 林	2.36	1.84	3.24	3.42	3.63	3.86	3.92
黑龙江	3.57	2.71	5.25	5.69	6.17	6.4	6.63
上 海	3.42	2.35	2.66	5.14	5.93	6.42	7.03
江 苏	5.16	3.78	14.12	13.06	10.1	12.44	14.56
浙 江	3.76	3.23	6.98	7.68	8.69	10.36	9.47
安 徽	2.08	1.89	3.1	3.39	4.22	4.62	5.09
福 建	1.9	2.01	3.31	3.64	4.25	4.49	4.85
江 西	1.56	1.88	3.24	3.39	3.72	4.04	4.18

续表

年份 地区	2000	2001	2002	2003	2004	2005	2006
山 东	5.73	4.13	8.49	9.91	9.99	11.92	13.68
河 南	3.52	3.12	5.69	6.01	7.44	8.42	8.90
湖 北	4.45	3.48	5.83	6.07	6.58	6.7	7.04
湖 南	2.59	2.55	7.1	8.19	6.84	7.09	7.23
广 东	5.87	6.43	11.48	12.38	13.95	15.18	16.48
广 西	1.84	1.81	3.18	3.31	3.81	5.32	4.15
海 南	0.51	0.39	0.72	0.77	0.83	0.88	0.92
重 庆	1.54	1.29	2.38	2.68	3.23	3.5	3.98
四 川	3.38	3.45	7.16	7.61	8	8.35	9.06
贵 州	0.85	1.05	1.48	1.48	1.49	1.64	1.77
云 南	1.45	1.39	1.92	2.39	3.04	3.36	3.36
西 藏	0.09	0.25	0.09	0.1	0.13	0.13	0.18
陕 西	1.56	1.5	2.68	2.88	3.16	3.28	3.76
甘 肃	1.08	1.14	2.17	2.28	2.43	2.58	2.78
青 海	0.23	0.29	0.35	0.37	0.42	0.45	0.50
宁 夏	0.36	0.31	0.58	0.67	0.8	0.86	0.88
新 疆	1.28	1.12	2.04	2.13	2.31	2.54	2.68

注：2007 年数据暂缺。

数据来源：2001～2007 年中国统计年鉴，表 11-6 各地区城市建设情况表。

2000～2007 年全国各省农村建筑面积逐年变化表（单位：亿 m²）　　　　附表 1-25

年份 地区	2000	2001	2002	2003	2004	2005	2006	2007
全 国	200.64	204.73	207.57	209.34	211.18	221.04	226.02	230.16
北 京	0.81	0.85	0.84	0.86	0.87	0.92	0.99	1.01
天 津	0.65	0.68	0.64	0.63	0.66	0.68	0.72	0.75
河 北	10.6	10.87	11.07	11.18	11.27	12.09	12.37	12.49
山 西	4.6	4.6	4.62	4.59	4.59	4.69	4.80	4.80
内蒙古	2.39	2.35	2.39	2.41	2.43	2.48	2.48	2.50
辽 宁	4.51	4.43	4.38	4.37	4.29	4.37	4.41	4.51
吉 林	2.64	2.44	2.44	2.67	2.61	2.59	2.65	2.71
黑龙江	3.64	3.77	3.74	3.7	3.74	3.65	3.72	3.79
上 海	1.25	1.17	1.17	1.21	1.19	1.1	1.23	1.29

续表

地区 \ 年份	2000	2001	2002	2003	2004	2005	2006	2007
江　苏	14.27	13.94	13.97	13.92	13.87	14.38	14.82	15.29
浙　江	11.08	10.92	11.04	11.04	10.95	12.19	12.50	12.74
安　徽	9.38	10.18	10.47	10.49	10.56	10.66	10.75	10.84
福　建	6.66	6.77	7.01	6.94	7.23	7.44	7.84	8.17
江　西	7.98	8.04	8.22	8.49	8.62	9.25	9.56	9.67
山　东	13.26	13.43	13.7	13.92	13.9	15.06	15.40	15.81
河　南	16.07	17.25	17.53	17.55	17.72	17.68	18.04	18.54
湖　北	11.54	11.58	11.47	11.54	11.76	11.69	11.76	12.05
湖　南	13.81	14.75	15.05	15.27	15.71	15.28	15.27	15.21
广　东	8.96	8.14	8.18	8.23	8.58	9.29	9.16	9.49
广　西	7.6	8.21	8.39	8.69	8.88	8.86	9.13	9.28
海　南	0.93	0.94	0.9	0.91	0.89	0.99	0.99	1.01
重　庆	5.64	5.78	5.66	5.64	5.68	5.05	5.13	5.03
四　川	17.03	17.3	17.47	17.45	17.55	19.03	18.61	18.43
贵　州	5.45	6	6.18	6.28	6.38	6.4	6.50	6.63
云　南	7.23	7.2	7.58	7.45	7.43	7.91	8.03	8.25
西　藏	0.31	0.42	0.42	0.44	0.43	0.39	0.42	0.47
陕　西	5.7	5.89	6.14	6.27	6.36	6.07	6.12	6.20
甘　肃	3.11	3.05	3.18	3.3	3.33	3.39	3.43	3.48
青　海	0.53	0.55	0.56	0.57	0.58	0.59	0.62	0.64
宁　夏	0.65	0.67	0.68	0.7	0.74	0.72	0.75	0.79
新　疆	2.3	2.3	2.35	2.35	2.4	2.67	2.79	2.86

注：建筑面积＝农村人均住宅面积×农村人口数，其中人均住房面积数据来源：2001～2008年中国统计年鉴，附表10-37各地区农村居民家庭住房情况表。

2000～2008年全国城市集中供热面积逐年变化表（单位：万 m²）　　　　　附表 1-26

地区 \ 年份	2000	2001	2002	2003	2004	2005	2006	2007
北　京	7843	14296	18172	25108	28150	31736	34977.1	37203.0
天　津	6185	8167	7051	10787	11441	14041	15140.6	16907.9
河　北	10200	12147	13595	15309	17229	18552	18941.2	21934.3
山　西	5062	5369	6200	7106	9141	12708	15264.4	17336.6

续表

地区＼年份	2000	2001	2002	2003	2004	2005	2006	2007
内蒙古	5216	5903	6930	7907	9215	11254	13155.7	16109.9
辽 宁	20030	22049	24963	29669	38150	47621	46773.1	54118.1
吉 林	9306	11987	12914	15873	17772	19585	20164.3	22617.2
黑龙江	14321	18624	18435	19944	22707	24397	26056.9	28966.5
上 海	—	—	—	—	—	—	—	—
江 苏	1338	1960	2256	2156	2147	9397	3735.2	1476.3
浙 江	357	10215	3377	4006	3332	3942	4338	4086.0
安 徽	208	210	246	124	264	313	503.5	919.7
福 建	800	—	—	234	272	272	272	272.0
江 西	—	—	—	—	—	—	—	—
山 东	12378	14283	17059	20430	22714	26198	30517.5	37053.8
河 南	3303	3604	4165	4365	4898	5361	6043.1	7041.5
湖 北	581	539	409	460	498	849	859	866.0
湖 南	562	—	250	250	250	250	—	—
广 东	—	—	—	—	—	—	—	—
广 西	—	—	—	—	—	—	—	—
海 南	—	—	—	—	—	—	—	—
重 庆	—	—	—	—	—	—	—	—
四 川	—	17	30	—	—	15	15	15
贵 州	—	—	—	—	—	—	—	—
云 南	—	—	—	—	—	—	—	—
西 藏	—	—	—	—	—	—	—	—
陕 西	1697	1609	1869	3087	3182	3318	4208.3	6304.6
甘 肃	4260	6076	6627	5656	6443	6844	7416.1	7957.0
青 海	54	54	90	102	108	111	114.4	127.5
宁 夏	1895	2284	2566	3443	4031	4328	4500.8	4807.0
新 疆	5170	6937	8362	8939	10322	10964	12857.3	14472.1

数据来源：2001～2008 年中国统计年鉴，表 11.9 各地区城市大型集中供热情况表。

1.3　国际数据

1.3.1　人口与 GDP 相关数据

2005 年全球主要国家人口与 GDP　　　　　　附表 1-27

国家	人口数量(千人)	GDP(美元)	国家	人口数量(千人)	GDP(美元)
美国	296 497	12 455 068	印度	1 094 583	785 468
日本	127 956	4 505 912	墨西哥	103 089	768 438
德国	82 485	2 781 900	俄罗斯	143 151	763 720
中国	1 304 500	2 228 862	澳大利亚	20 321	700 672
英国	60 203	2 192 553	荷兰	16 329	594 755
法国	60 743	2 110 185	瑞士	7 441	365 937
意大利	57 471	1 723 044	比利时	10 471	364 735
西班牙	43 389	1 123 691	土耳其	72 636	363 300
加拿大	32 271	1 115 192	瑞典	9 024	354 115
巴西	186 405	794 098	世界	6 437 784	44 384 871
韩国	48 294	787 624			

数据来源:世界发展指标,世界银行(World Development Indicators database, World Bank),1 July 2006.

1.3.2　能源消费相关数据

2006 年全球主要国家一次能源消费量及结构　　　　附表 1-28

	占全球消费比例(%)	一次能源消费量(Mtce)	消费结构%				
			石油	天然气	煤炭	核电	水电
美国	20.74%	3338	40.4	24.4	24.6	8	2.5
中国	15.61%	2220	21.1	2.7	69.6	0.8	5.8
俄罗斯	6.48%	970.9	19.1	53.6	16.4	5	5.8
日本	4.78%	749.4	46.5	13.9	23.1	12.6	3.8
印度	3.89%	553.3	29.9	8.5	55	1	5.6
德国	3.02%	462.9	37.5	23.9	25.3	11.4	1.9
加拿大	2.96%	453.6	31.5	25.9	10.2	6.6	29.7
法国	2.41%	374.4	5.5	15.4	5.1	39.1	4.9
英国	2.08%	324.7	36.5	37.4	17.2	8.1	0.7
韩国	2.08%	320.9	47	13.3	24.4	14.8	0.5
巴西	1.90%	277.9	43	9.4	6.9	1.1	39.6
意大利	1.67%	262.7	46.9	38.7	9.2	—	5.2
伊朗	1.64%	231.4	48.4	49.1	0.7	—	1.7

续表

	占全球消费比例(%)	一次能源消费量(Mtce)	消费结构%				
			石油	天然气	煤炭	核电	水电
沙特阿拉伯	1.46%	214	58.2	41.8	—	—	—
西班牙	1.42%	210.6	53.5	19.7	14.5	8.8	3.5
墨西哥	1.34%	210.3	59.6	30	4.1	1.6	4.3
欧盟	15.84%	2450.1	40.8	24.7	17.4	12.9	4.1
OECD 欧洲	51.05%	7917.7	41	23	21.1	9.6	5.3
世界	—	15053	36.4	23.5	27.8	6	6.3

数据来源：BP Statistical Review of World Energy，June 2007。

各国 1990～2006 年天然气消费量（单位：亿 m³）　　附表 1-29

	1990	1995	2000	2002	2003	2004	2005	2006
美国	5403	6380	6697	6616	6431	6450	6298	6197
俄罗斯	4201	3778	3772	3889	3929	4019	4051	4321
英国	524	705	968	951	953	970	1024	1.51
加拿大	618	802	830	856	922	927	914	966
伊朗	227	352	629	792	829	865	951	908
德国	599	744	795	826	855	859	862	872
日本	512	612	749	752	826	787	790	846
意大利	434	499	649	646	709	736	787	771
乌克兰	1278	762	730	698	680	729	712	737
沙特阿拉伯	305	429	498	567	601	657	729	664
墨西哥	278	281	385	427	458	486	457	556
中国	147	177	238	286	332	390	476	541
法国	293	329	397	417	433	445	458	562
乌兹别克斯坦	368	424	471	524	472	448	440	432
阿根廷	203	270	332	303	346	379	406	418
阿拉伯联合尊长国	169	248	314	364	379	402	413	417
荷兰	344	378	392	393	403	411	393	403
印度尼西亚	201	301	323	345	334	369	381	397
印度	125	196	259	287	299	327	375	396
马来西亚	34	137	243	268	318	339	395	383
韩国	76	102	210	257	269	315	337	342
世界	19686	21530	24354	25400	26019	26947	27803	28508

数据来源：BP Statistical Review of World Energy，June 2007。

各国煤炭消费量（单位：Mtce）　　　　附表 1-30

	1990	1995	2000	2001	2002	2003	2004	2005	2006
中国	811.1	1055.8	1014.4	1035.6	1085	1296.7	1486.9	1644.5	1701.9
美国	731.7	769.6	865	839.5	839	855	860.6	874.6	810.4
印度	162.2	217.1	257	261.6	276.2	286.4	309.6	323.6	339.6
日本	115.5	131	150.3	156.6	162	170.5	183.6	184.4	170.1
俄罗斯	274.5	181.5	161.3	165.7	157.9	166.3	162.3	169.6	160.7
南非	108.4	117.6	124.5	122.5	126.9	135.7	143.6	139.7	134.0
德国	197	137.7	129	129.2	128.6	132.5	129.8	124.8	117.7
澳大利亚	60	62.5	73.4	75.4	79.5	77.4	82.5	86.2	83.4
韩国	37.1	42.7	65.4	69.5	74.6	77.7	80.7	83.3	78.3
波兰	121.9	109	87.6	88.2	86.2	87.7	79.6	79.3	73.0
英国	98.6	72.2	56.1	60.8	55.8	59.6	57.9	59.4	62.6
乌克兰	113.7	64	59	59.9	58.2	59.3	57.9	56.8	56.6
世界	3468.5	3427.8	3588.6	3619.6	3698.9	3996.4	4254.3	4453.3	4414.4

数据来源：BP Statistical Review of World Energy，June 2007。

1.3.3　建筑相关数据

2005 年各主要国家一次能源消费结构比例（单位：Mtce）　　　附表 1-31

国家	住宅	公共建筑	工业	交通运输业	合计	建筑能耗占社会总能耗比例
世界	2770.8	1755.6	7902.9	3306.4	15735.6	28.8%
美国	726.0	600.7	1138.3	1006.0	3471.0	38.2%
加拿大	91.1	87.9	216.4	86.5	482.0	37.1%
经合欧洲	624.9	377.9	1173.1	694.6	2870.5	34.9%
日本	164.2	161.4	330.9	161.8	818.3	39.8%
韩国	38.8	55.9	174.0	64.9	333.6	28.4%
澳大利亚	31.6	24.4	88.4	54.1	198.4	28.2%
俄罗斯	142.5	55.9	637.4	110.9	946.7	21.0%
中国	212.4	88.4	1714.5	187.0	2202.3	13.7%
印度	84.3	24.4	350.8	54.1	513.5	21.2%
非洲	87.9	24.4	251.6	111.8	475.6	23.6%
巴西	41.9	34.7	145.2	90.1	312.0	24.6%
其他	361.2	142.3	2104.6	503.9	3111.9	—

注：经合欧洲包括如下国家：奥地利，比利时，捷克共和国，丹麦，芬兰，法国，德国，希腊，匈牙利，
冰岛，爱尔兰，意大利，卢森堡，荷兰，波兰，葡萄牙，斯洛伐克共和国，西班牙，瑞典，瑞士，
土耳其，英国等，下表同。

数据来源：International Energy Outlook 2008，Energy Information Administration，2008.7.

1.4　能源计量单位换算

能源计量单位换算表　　　　　　　　　**附表 1-32**

燃料名称	低位发热量		折标煤系数	
标煤	29271200	J/kg	1.0000	kgce/kg
原煤	20908000	J/kg	0.7143	kgce/kg
天然气	38930696	J/m^3	1.3300	$kgce/m^3$
原油	41816000	J/kg	1.4286	kgce/kg
液化石油气	50179200	J/kg	1.7143	kgce/kg
煤气	16726400	J/m^3	0.5714	$kgce/m^3$
热力	1000000	J/MJ	0.0342	kgce/MJ
木炭	26344080	J/kg	0.9000	kgce/kg
木柴	17562720	J/kg	0.6000	kgce/kg
秸秆	14635600	J/kg	0.5000	kgce/kg
电力（当量）	3600000	J/kWh	0.1230	kgce/kWh
电力（等价）	按当年火电发电标准煤耗计算，中国各年发电煤耗参见附附表 1-11			

附录二　中国建筑能耗模型

2.1　我国建筑能耗研究概况

能耗数据是建筑节能的基础性工作。由于我国的统计数据没有专门的建筑能耗分项，一些组织和研究机构对中国建筑能耗现状从不同角度进行了分析和研究。国外的研究机构如国际能源署（International Energy Agency，IEA），美国能源信息局（Energy Information Administration，EIA），世界工商可持续发展理事会（World Business Council of Sustainable Development，WBCSD）等，侧重于从宏观角度分析中国建筑能耗，研究其在社会对总的能源供应和二氧化碳减排的影响。他们一般把建筑分为民用（住宅）和商用（公建）两部分，观察各自的能耗量和占社会总能耗的比例，并对中国建筑能耗在未来的发展趋势进行情景预测。也有一些研究者采用计算的方法对建筑能耗进行详细的分析，如国家发改委能源研究所运用能耗情景分析软件 LEAP（Long-range Energy Alternative Planning system），考虑能耗的各个影响因素，通过能耗强度（单位面积的建筑能耗）和数量（建筑面积）自下而上地计算建筑能耗，分析未来的建筑能耗发展情况和节能潜力。另外一种角度是建筑能耗调研，通过调研结果对某一地区范围或某一类建筑进行研究，近年来国内很多研究机构和学者在这方面作了大量工作，对了解我国建筑能源消耗特点起到了重要作用。总体来看，还存在以下不足：

1) 对我国整体建筑能耗的研究中，沿用住宅和公共建筑的分类方法不完全符合我国的实际情况。我国地域广阔，气候情况复杂，经济水平不均衡，人民生活方式多种多样，建筑能耗也不可避免地随之存在巨大差异，应遵循建筑能耗特点，进行更详细和具体的分类，避免盲目合并不同类别的建筑。

2) 能耗研究中缺少对生活方式、行为习惯的考虑。建筑为使用者提供适宜的室内温湿度、光线和其他服务，建筑内用能设备大多由使用者运行管理，其运行时间随人的活动和要求而有很大差别。因此，除了建筑物本身性能和设备的技术水平外，建筑内使用者的生活方式和行为习惯也是决定能源消耗的重要因素。大多数研究在分析建筑能耗特点时侧重于气候、技术，而忽略了人的不同习惯带来的建筑能耗强度的差异。

3）缺乏不同角度的验证，证明数据的可靠性。

2.2 中国建筑能耗模型

中国建筑能耗模型（China Building Energy consumption Model，CBEM）通过能耗强度和数量进行自下而上的计算，由统计数据进行宏观验证的中国建筑能耗模型。它考虑气候、经济水平、技术水平和生活方式等各因素对建筑能耗的影响，对我国建筑能耗进行树形结构的多层分类方式。其计算结果分为电力消耗和燃料消耗（按低位发热量折合为标准煤）。

2.2.1 模型结构

CBEM 目前为四层结构的计算模型，如附图 2-1 所示，包括：

1）第一层：建筑能耗的宏观分类；

2）第二层：每类建筑能耗按气候的划分；

3）第三层：对住宅进行建筑用能途径的分类；对公共建筑根据建筑功能进行分类；对冬季采暖能耗根据采暖方式和系统形式的不同进行分类；

4）第四层：考虑不同生活方式和用能行为，对住宅和公共建筑进行不同人群的分类，分别按能耗强度分为高、中、低三类，造成能耗强度差别的用能行为如附表 2-1 所示。

造成建筑能耗差异的生活方式或用能行为　　　　　　　　　附表 2-1

	高	中	低
城镇住宅	尽可能通过机械手段提供较为完善的室内环境。如：空调长时间开启，建筑全部空间全年室温在 20～26℃ 之间；保证全时生活热水供应；大量使用高耗能电器为居住者提供服务（洗碗机、烘干机等）	自然优先，基本舒适的生活方式。包括：优先开窗通风降温；部分空间、部分时间空调，允许室温在较大的范围内波动；允许生活热水有一定的"不保证率"，基本没有高耗能电器	简单的生活方式。基本没有空调，全年室温随气候有较大波动；基本没有生活热水；家用电器仅满足基本的生活及娱乐需求

续表

	高	中	低
农村住宅	和城市中高能耗居民相似的生活方式	基本没有空调和生活热水的使用，一部分炊事由生物质能解决	不使用空调和生活热水，仅满足基本的照明和家电需求，炊事大部分由生物质能解决
公共建筑	大型公共建筑。有较大内区，常年需人工照明；中央空调系统；常年依靠机械通风换气	大多为个体空调设备，运行时间较短，优先自然通风降温；优先自然采光	基本没有空调，全年室温随气候有较大波动

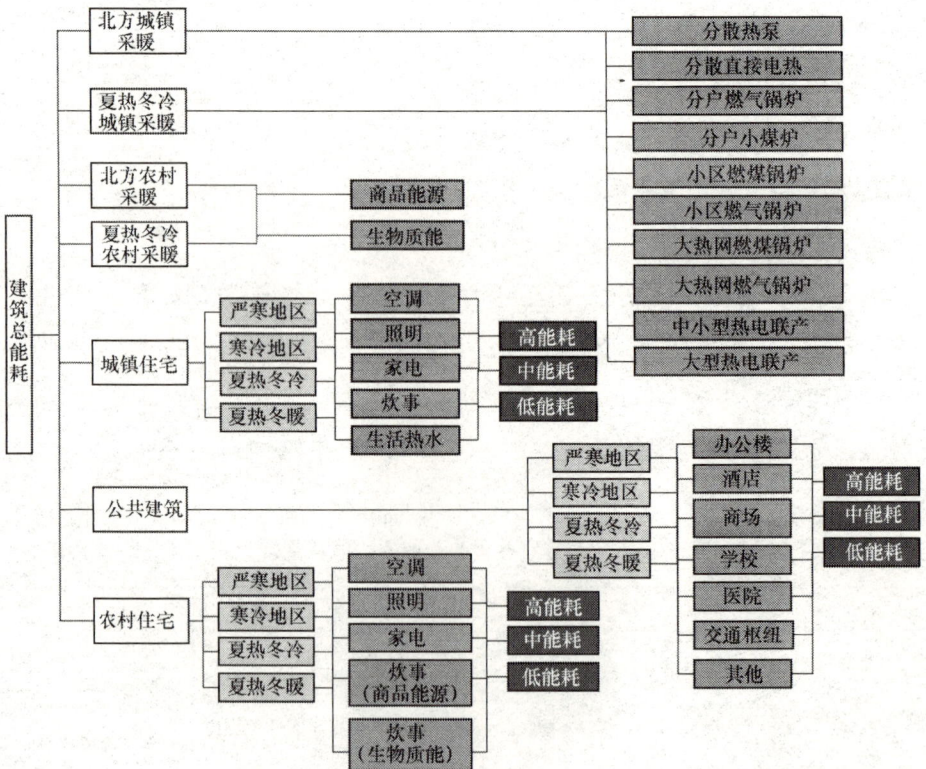

附图 2-1　CBEM 的四层结构

2.2.2　计算公式

1）采暖能耗，包括北方城镇采暖、夏热冬冷地区城镇采暖和农村采暖

$$Eh = \sum_{Tech.} Eh_i$$

$$Eh_i = \begin{cases} \dfrac{h}{\eta_i} \cdot n_i \cdot (A \cdot P_i)，热泵、分户锅炉、电热采暖等分散采暖方式 \\[2ex] \left(\dfrac{h}{\eta_i} \cdot m_i + e_{\text{sup}}\right) \cdot (A \cdot P_i) + E_{\text{sup}} - E_{\text{elec}}，热电联产集中供热 \\[2ex] \dfrac{h}{\eta_i} \cdot m_i \cdot (A \cdot P_i)，各种规模的锅炉房供热 \end{cases} \quad (1)$$

其中，

i 表示各种不同的采暖方式；

h 为建筑平均需热量，单位为 kWh/m^2；η_i 为热源效率；

n_i 为分散采暖方式的局部供热率，其范围为 $0.2 \sim 1$，表示冬季采暖的建筑实际上保证其室内温度的面积比例，因此，$\dfrac{h}{\eta_i} \cdot n_i$ 即为分散采暖方式单位面积的实际供热量，单位为 kWh/m^2；

m_i 为集中供热方式的集中供热率，考虑了供热系统损失、管网输配能耗损失，取值与供热系统的容量大小和热力输配环节有关，范围为 $1.1 \sim 1.4$，因此，$\dfrac{h}{\eta_i} \cdot m_i$ 即为分散采暖方式单位面积的实际供热量，单位为 kWh/m^2；

A 表示对应地区建筑中备有冬季采暖设备的总建筑面积；P_i 为不同采暖方式占该类建筑面积的比例，因此（$A \cdot P_i$）表示各类采暖方式对应的建筑面积；

对热电联产集中供热，e_{sup} 表示在整个非采暖季系统以纯发电模式运行时，相比于普通发电厂的平均煤耗水平，多消耗的燃煤，平摊到其提供热量的面积上，以 $kgce/m^2$ 表示。另外，建筑能耗只需考虑热电联产系统提供热量所对应的燃煤，需要把同期的发电量减去，E_{elec} 表示系统在采暖季发出的电量，按照发电煤耗法折合成标煤，单位为万 tce。

2）住宅能耗和公共建筑能耗计算：

$$Eb = \sum_n \sum_m \sum_l e_{n,m,l} \cdot Ab_{n,m,l} \quad (2)$$

其中，e 表示住宅各终端用途的单位面积能耗/不同类型公共建筑的单位面积总能耗，单位为 $kWh_{电}/m^2$，或 $kgce_{燃料}/m^2$；A_b 为相应的建筑面积，l 表示各种生活方式的比例，m 代表不同的住宅终端用途/公共建筑类型，n 表示各气候区。

2.2.3　参数确定

CBEM 的输入参数均来自公开的统计资料或研究报告和文献，其中一部分参数为估计值。

（1）建筑面积和人群比例

全国统计年鉴可直接得到各地区城镇住宅建筑面积、城镇建筑总面积、农村人均居住面积和农村人口。因此，可直接或间接获得城镇住宅、农村住宅和公共建筑的总面积。更进一步的数据大多基于已有的调查或研究结果估算得到，详见附表 2-2。

CBEM 建筑面积和人群比例数据确定方法　　　　　　　　附表 2-2

北方城镇采暖	总面积	我国严寒地区和寒冷地区的各省份：黑龙江、吉林、辽宁、内蒙、新疆、青海、甘肃、宁夏、山西、北京、天津、河北、陕西、山东、河南的城镇建筑面积之和
	各种采暖方式的面积比例	估算。其中，热电联产集中供热、区域锅炉采暖和分散采暖各占约 1/3
夏热冬冷地区城镇采暖	总面积	位于我国夏热冬冷地区的上海、安徽、江苏、浙江、江西、湖南、湖北、四川、重庆、福建的总面积中，约 50% 的面积使用了冬季采暖
	各种采暖方式的面积比例	估算：其中绝大部分为各种形式的分散采暖，很少有集中供热方式
农村采暖	北方	估算：北方各省份 80% 的农村建筑有冬季采暖
	夏热冬冷	估算：夏热冬冷地区各省份 40% 的农村建筑有冬季采暖
	生物质能比例	根据 2006～2007 年度，清华大学组织的对我国 24 个省份农村的大规模调查结果估算
城镇住宅		各省份城镇住宅面积可直接从统计年鉴获得
农村住宅		各省份农村住宅面积＝各省份的农村人均居住面积×农村总人口
公共建筑	不同气候区建筑面积	各省份公共建筑面积＝各省份城镇建筑面积－城镇住宅面积
	不同功能建筑的面积	包括主要的几种公共建筑功能：办公楼、酒店、商场、学校、医院和其他，其各自的比例结合地方统计年鉴和调研结果，通过估算获得
不同生活方式或用能行为的人群分布		通过已有的调研结果估算。对 2006 年住宅，高、中、低三种能耗的人群比例分别设定为 5%、75% 和 20%；公共建筑则设定为 5%、45% 和 50%

（2）冬季采暖输入参数的确定方法

对冬季采暖，需要确定的参数包括：采暖建筑平均需热量、各种采暖方式的产热效率、集中供热系统的供热损失率、分散采暖的局部采暖率、热电联产集中供热的 e_{sup}。这些参数在已有的采暖调研结果基础上，由假设或估计得到，其具体取值如附表 2-3、附表 2-4 所示。

中国主要地区采暖能耗指标   附表 2-3

	北方城镇	夏热冬冷城镇	北方农村	夏热冬冷农村
采暖建筑平均需热量（kWh/（m².a））	90	50	100	50
采暖面积占该类建筑总面积比例	100%	50%	80%	40%

中国各种采暖方式的使用情况   附表 2-4

	产热效率	集中供热率/局部供热率		占北方城镇采暖比例	占夏热冬冷地区城镇采暖比例
		北方	夏热冬冷		
热电联产	40%	1.3	1.3	35%	1%
大型锅炉房燃气	90%	1.3	1.3	2%	0%
大型锅炉房燃煤	80%	1.3	1.3	13%	2%
区域锅炉房燃气	90%	1.1	1.1	5%	1%
区域锅炉房燃煤	70%	1.1	1.1	15%	3%
分散采暖燃气	95%	80%	80%	1%	1%
分散采暖燃煤	70%	50%	70%	25%	7%
分散电采暖	98%	20%	60%	2%	60%
分散热泵	300%	30%	60%	2%	25%

（3）住宅和公共建筑参数的确定方法

住宅能耗需要确定的输入数据包括各个气候区各种生活方式人群的空调、照明、家电、生活热水、炊事的单位面积能耗，以及农村住宅的生物质能耗比例。公共建筑能耗需要确定的输入数据为每个气候区高中低三种不同能耗水平的办公楼、酒店、商场、学校、医院和其他建筑占公共建筑面积总量的比例，以及各自的单位面积能耗。主要由公开的各种建筑能耗调研统计资料和文献估计得到。

1) 住宅输入参数确定方法

大量的能耗调查结果表明，我国住宅的单位面积能耗的分布类似于偏移的正态分布，高能耗的人群目前还占很小的部分，如附图 2-2、附图 2-3 所示。因此将高中低三种能耗的人群比例设定为 5%、75% 和 20%。根据调查，除采暖外，我国城镇住宅平均的单位面积电耗约为 10～20kWh/(m² · a)，炊事和生活热水的热量消耗折合为标准煤约为 2～5kgce/(m² · a)。住宅各种终端能耗强度的估计方法如下：

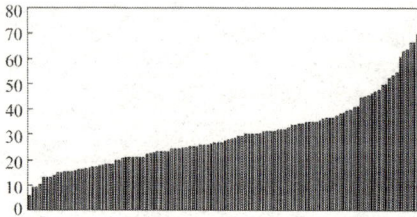

附图 2-2　苏州市 500 户住宅全年总电
耗调查结果，单位：kWh/(m² · a)

（清华大学，2008 年）

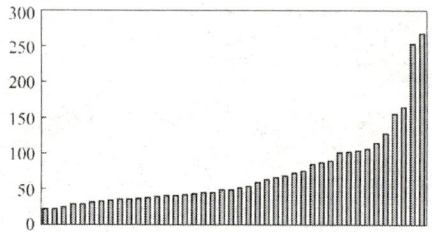

附图 2-3　北方地区住宅空调能耗调
查结果，单位：kWh/户(李兆坚，
江亿，魏庆芃. 北京市某住宅楼夏季
空调能耗调查分析. 暖通空调，
2007 年第 37 卷第 4 期)

空调：空调能耗根据简化的公式计算(李兆坚，我国城镇住宅空调生命周期能耗与资源消耗研究，清华大学博士论文，2007)，2004 年全国城镇住宅夏季空调的单位面积平均能耗随气候变化，严寒地区小于 1kWh/(m² · a)，寒冷地区约为 1～3kWh/(m² · a)，夏热冬冷地区为 2～5kWh/(m² · a)，夏热冬暖地区为 5～7kWh/(m² · a)。

家电：从全社会城乡家庭电器拥有数量和使用情况横向地分析，如附表 2-5 所示，城镇、农村住宅家电总电耗分别约为 700 亿 kWh、230 亿 kWh。因此，城乡平均的单位电耗分别约为平均 6～10kWh/(m² · a)、1～3kWh/(m² · a)。

照明：根据中国绿色照明工程促进项目，统计我国各种电光源使用数量、平均功率和平均使用时间，2003 年中国照明用电量为居民家庭 636 亿 kWh，全社会(包括居民家庭)1967 亿 kWh(王庆一，可持续能源发展财政和经济政策研究参考资料. [Z]2005 年数据，2005.10)。

炊事和生活热水能耗由燃气使用量和电炊具、电热水器的能耗总量估计，折合单位面积能耗平均为 $2\sim4kgce/(m^2 \cdot a)$。

除空调电耗随气候有明显变化外，其他住宅终端能耗随气候变化不大。因此，各气候区的平均能耗强度，不同气候区高、中、低三种生活方式人群的比例和单位面积总能耗强度估计值设定如附表 2-6～附表 2-8 所示。

2004 年我国城镇和农村居民拥有家用电器数量和用电量　　附表 2-5

	拥有量（亿台）		用电量（亿 kWh）	
	城镇居民	农村居民	城镇居民	农村居民
电冰箱	1.54	0.24	450.67	70.97
彩色电视机	2.27	1.04	190.74	87.06
黑白电视机	0.00	0.65	0.00	20.61
电风扇	3.16	2.11	56.88	38.00
洗衣机	1.64	0.52	49.28	15.73
家用电脑	0.10	0.00	4.00	0.00
电饭锅	1.76	0.00	171.69	0.00
抽油烟机	1.11	0.06	95.61	5.41
微波炉	0.64	0.00	72.43	0.00
电淋浴热水器[1]	0.38	0.00	108.30	0.00
合计			1199	267

[1] 《中国统计年鉴》中的淋浴热水器包括太阳能、燃气热水器等其他形式，其中燃气热水器和电热水器分别占 57%[6]和 31%[5]。

城镇住宅不同气候区高、中、低三种生活方式人群的比例和单位面积总能耗

附表 2-6

		总电耗	总非电能耗	空调	照明	家电	炊事	生活热水
		(kWh/m²)	(kgce/m²)	(kWh/m²)	(kWh/m²)	(kWh/m²)	(kgce/m²)	(kgce/m²)
全国	总计	12.4	4.6	2.7	5.6	4.1	2.9	1.7
严寒	平均	10.6	4.6	0.9	5.6	4.1	2.9	1.7
	高	16.7	2.45	3.4	6.7	6.6	1.5	0.95
	中	11.4	4.8	1.0	6.0	4.4	2.8	2.0
	低	6.2	3.3	0	4.0	2.2	3.3	0

续表

		总电耗 (kWh/m²)	总非电能耗 (kgce/m²)	空调 (kWh/m²)	照明 (kWh/m²)	家电 (kWh/m²)	炊事 (kgce/m²)	生活热水 (kgce/m²)
寒冷	平均	11.3	4.6	1.6	5.6	4.1	2.9	1.7
	高	17.9	2.45	4.6	6.7	6.6	1.5	0.95
	中	12.4	4.8	2.0	6.0	4.4	2.8	2.0
	低	6.2	3.3	0	4.0	2.2	3.3	0
夏热冬冷	平均	12.9	4.6	3.2	5.6	4.1	2.9	1.7
	高	21.1	2.45	7.8	6.7	6.6	1.5	0.95
	中	14.4	4.8	4.0	6.0	4.4	2.8	2.0
	低	6.2	3.3	0	4.0	2.2	3.3	0
夏热冬暖	平均	14.5	4.6	4.8	5.6	4.1	2.9	1.7
	高	24.3	2.45	11.0	6.7	6.6	1.5	0.95
	中	16.4	4.8	6.0	6.0	4.4	2.8	2.0
	低							

农村住宅不同气候区高、中、低三种生活方式人群的比例和单位面积总能耗 附表 2-7

		总电耗 (kWh/m²)	总商品非 电能耗 (kgce/m²)	空调 (kWh/m²)	照明 (kWh/m²)	家电 (kWh/m²)	炊事 (kgce/m²)	炊事生物 质比例
全国	总计	5.3	1.7	0.4	2.4	2.4	4.2	41%
严寒	平均	4.6	1.1	0.0	2.1	2.4	4.2	27%
	高	12.8	0.0	0.0	5.0	7.8	3.6	0%
	中	5.2	0.6	0.0	2.5	2.7	4.1	15%
	低	1.1	2.6	0.0	0.5	0.6	4.4	60%
寒冷	平均	5.0	1.2	0.1	2.4	2.4	4.2	30%
	高	13.8	0.0	1.0	5.0	7.8	3.6	0%
	中	5.7	0.8	0.0	3.0	2.7	4.1	20%
	低	1.1	2.6	0.0	0.5	0.6	4.4	60%
夏热冬冷	平均	5.4	2.0	0.5	2.4	2.4	4.2	48%
	高	14.8	0.0	2.0	5.0	7.8	3.6	0%
	中	6.2	1.6	0.5	3.0	2.7	4.1	40%
	低	1.1	3.5	0.0	0.5	0.6	4.4	80%
夏热冬暖	平均	5.9	2.0	1.0	2.4	2.4	4.2	48%
	高	17.8	0.0	5.0	5.0	7.8	3.6	0%
	中	6.7	1.6	1.0	3.0	2.7	4.1	40%
	低	1.1	3.5	0.0	0.5	0.6	4.4	80%

2）公共建筑输入参数确定方法

大型公共建筑大多建于 20 世纪 90 年代后，其比例为公共建筑总量的 5％左右，而单位面积能耗为 $40\sim80$kWh/(m² · a)和能耗低于 40kWh/(m² · a)的公共建筑数量相近。按照 5％、45％和 50％的比例将公共建筑区分为高、中、低能耗三类，可根据其所处气候区和功能对平均单位面积能耗进行假设如附表 2-8。

各类公共建筑单位面积电耗(kWh/(m² · a))　　　　　　附表 2-8

		办 公	酒 店	商 场	学 校	医 院	其 他
全 国	总 计	45.9	48.0	51.6	35.9	52.3	44.1
严 寒	总	40	41.5	46	37	49.5	37
	高	150	180	180	90	150	90
	中	50	50	60	50	60	50
	低	20	20	20	20	30	20
寒 冷	总	40	41.5	46	32.5	49.5	42
	高	150	180	180	90	150	90
	中	50	50	60	40	60	50
	低	20	20	20	20	30	30
夏热冬冷	总	49.5	51	56	37.5	54.5	47
	高	150	180	180	90	150	90
	中	60	60	60	40	60	50
	低	30	30	40	30	40	40
夏热冬暖	总	54.5	61	56	37.5	54.5	47
	高	150	180	180	90	150	90
	中	60	60	60	40	60	50
	低	40	50	40	30	40	40

2.2.4　建筑能耗逐年发展趋势

从 1996～2006 年，我国的 GDP 从，城乡家庭收支分别从。随着城市化水平的提高，城镇建筑面积持续增长（如附图 2-4 所示），建筑内用电设备数量增多（如附图 2-5 所示），建筑服务水平随着人民生活水平同步提高，以上变化带来建筑能耗不可避免的持续增长。

CBEM 以 2004 年的建筑能耗数据为基础，对模型中各输入参数进行回溯和预测，可用于研究过去一段时间建筑能耗的变化情况和各类建筑能耗的发展趋势。模型根据实际情况，对每个参数近年来的发展情况进行考察，估计其在各年份的取

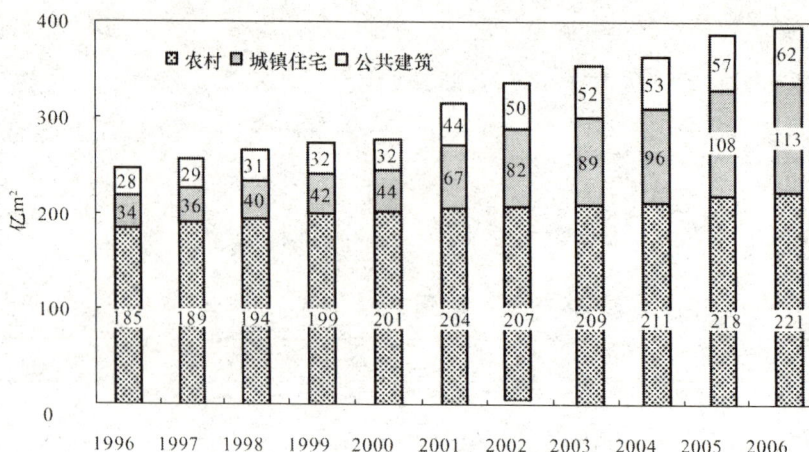

附图 2-4 1996～2006 年我国建筑面积逐年变化

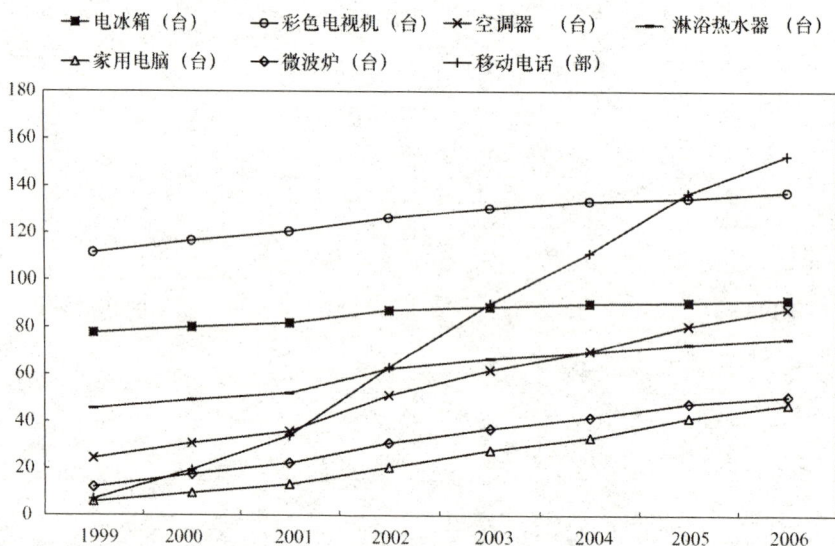

附图 2-5 1996～2006 年建筑内用电设备变化

值，可分年份计算建筑能耗。其中，参数的发展趋势有以下几种：

1）基本不变。如采暖地区各种供热方式的比例，采暖集中供热率和分散采暖局部供热率。

2）可由其他途径获得确切的数据。如各类建筑面积和人数由中国统计年鉴获得。

3）近似线性增长，即逐年增量近似相等的增长方式（增量可为负值）。如长江流域采暖建筑面积占该地区建筑总面积的比例逐年增加，采暖建筑单位面积平均需热量逐年减少，公共建筑单位面积能耗强度。

4）近似指数增长，即逐年增加比例近似相等的增长方式。如农村商品能源消耗比例增加，住宅各类终端能耗强度。

5）近似对数增长，即增速逐渐放缓的增长方式。如采暖供热方式的热源效率。

计算出逐年的各类建筑能耗情况如附图 2-6 所示。附图 2-7～附图 2-9 为模型计算 1996～2006 年各类建筑单位面积总能耗、住宅和公共建筑单位面积电耗和城乡住宅人均商品热耗的变化情况。

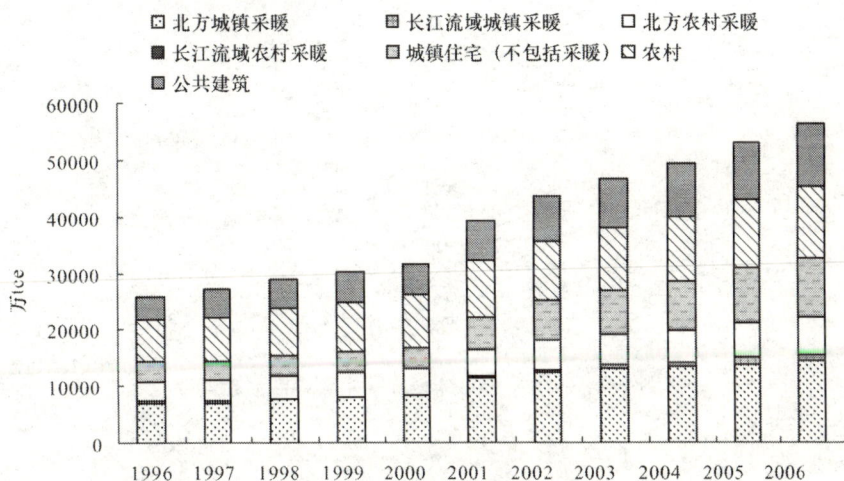

附图 2-6 1996～2006 年各类建筑能耗的计算

各类建筑单位面积总能耗变化

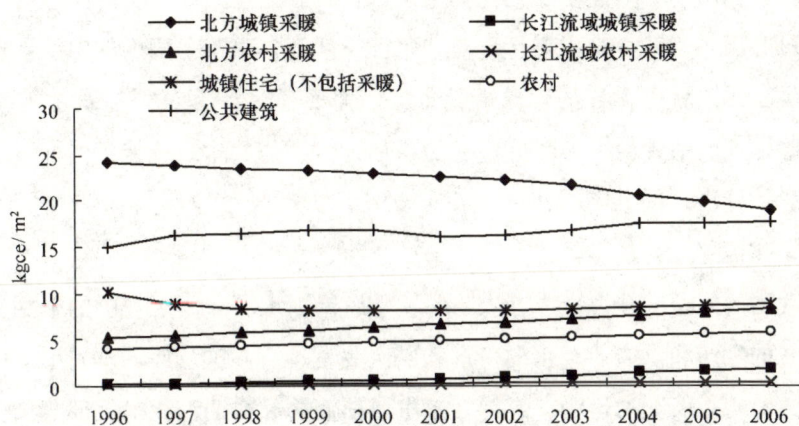

附图 2-7 1996～2006 年各类建筑单位面积总能耗

单位面积电耗变化

◆ 城镇住宅（不包括采暖）　■ 农村　▲ 公共建筑

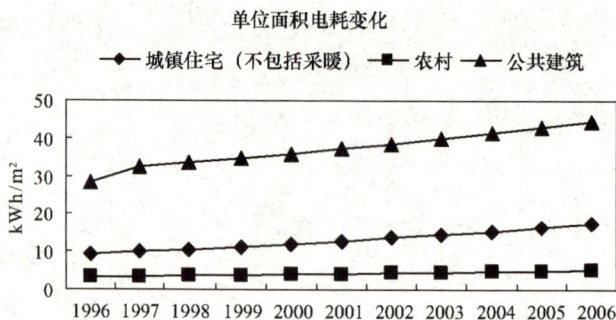

附图 2-8　1996～2006 年城乡住宅和公共建筑单位面积电耗

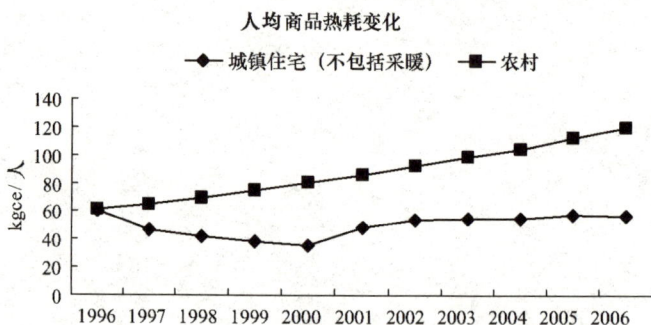

人均商品热耗变化

◆ 城镇住宅（不包括采暖）　■ 农村

附图 2-9　1996～2006 年城乡住宅人均商品热耗变化

2.2.5　结果验证

为了验证自下而上的微观模型计算结果的合理性和可靠性，必须从其他途径的能源消耗数据出发，对建筑能耗计算结果进行校验，这里应用统计年鉴的宏观统计数据，可对逐年的计算结果进行比对和验证。然而，由于我国的能源统计遵循工业部门分类，无法获得直接的建筑能耗数据，需要通过计算获得建筑总能耗的上限值、采暖能耗的估计值、城乡住宅总能耗估计值、公共建筑总能耗估计值、公共建筑总电耗估计值。

（1）建筑总能耗的上限值

在我国的能源消费总量中，农、林、牧、渔、水利业，工业中的采掘业和制造业，燃气的生产和供应业，水的生产和供应业，建筑业这几项均不属于民用建筑运行能耗的范畴；而交通运输、仓储及邮电通信业的燃料油消耗绝大部分没有发生在建筑中，都不应计入建筑能耗。以 2004 年为例，从我国 2004 年能源消费总量中将以上能耗减去，得到我国建筑能耗的上限值为 51163 万 tce，占 2004 年我国社会总能耗的 24.7%，如附表 2-9 和附表 2-10 所示。建筑总能耗上限值的验证结果如附图 2-10 所示。

2004 年中国社会能耗消费量　　　　　　　　　　　　附表 2-9

行　业	能源消费总量（万 tce）
消费总量	203227
农、林、牧、渔、水利业	7680
采掘业	12215
制造业	115261
电力、热力的生产和供应业	14578
燃气生产和供应业	536
水的生产和供应业	653
建筑业	3259
交通运输、仓储和邮政业	15104
批发、零售业和住宿、餐饮业	4820
其他行业	7839
生活消费	21281

2004 年中国交通运输、仓储和邮政业能耗消费情况　　　　附表 2-10

能源消费总量	（万 tce）	15104
煤炭消费量	（万 t）	832
焦炭消费量	（万 t）	2
原油消费量	（万 t）	124
汽油消费量	（万 t）	2308
煤油消费量	（万 t）	820
柴油消费量	（万 t）	4182
燃料油消费量	（万 t）	1150
天然气消费量	（亿 m³）	11
电力消费量	（亿 kWh）	450

数据来源：中国统计年鉴 2006 表 7-9。

（2）住宅建筑能源消耗的校核

中国统计年鉴 2006 的表 7-13 给出了住宅生活能源消耗情况，即城镇住宅和农

万tce

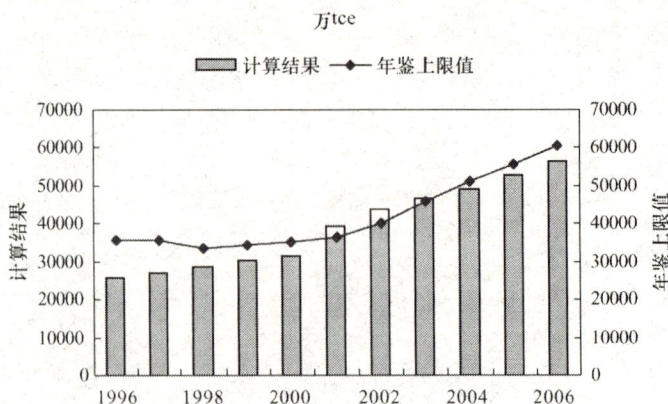

附图 2-10 1996～2006 年建筑能耗计算结果及宏观数据验证

村住宅能耗之和。以 2004 年为例，如附表 2-11 所示。1996～2006 年验证结果如附图 2-11 和附图 2-12 所示。

住宅能源消耗的校核 附表 **2-11**

电 耗	煤 炭	液化石油气	天然气	煤 气	总商品能耗
亿 kWh	万 tce	万 tce	万 tce	万 tce	万 tce
2465	5838	2315	816	789	18484

城乡住宅能耗验证（亿kWh）

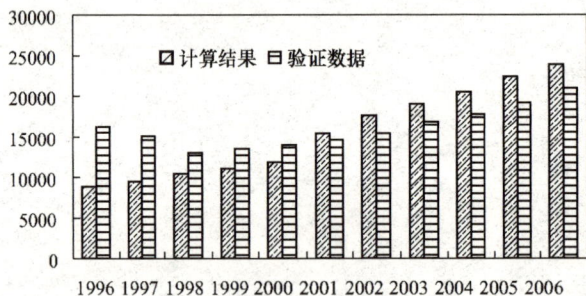

附图 2-11 1996～2006 年城乡住宅能耗验证（万 tce）

（3）公共建筑能源消耗的校核

年鉴中电力平衡表中 4. 交通运输仓储和邮电；5. 批发、零售业和住宿、餐饮业；6. 其他三类电耗可认为均发生在公共建筑中。公共建筑的计算电耗与年鉴数据相校核如附表 2-12 与附图 2-13 所示。

城乡住宅能耗验证（亿kWh）

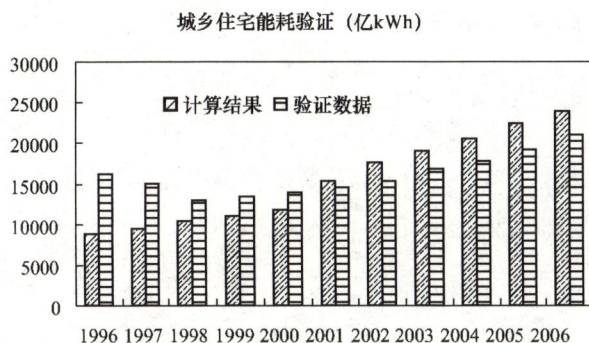

附图 2-12　1996～2006 年城乡住宅电耗验证（亿 kWh）

公共建筑电力消耗　　　　　　　　　　　　　　　　　　**附表 2-12**

年鉴数据（亿 kWh）

4. 交通运输仓储和邮电	5. 批发、零售业和住宿、餐饮业	6. 其他	总计
450	735	1037	2222

公共建筑电耗验证（亿kWh）

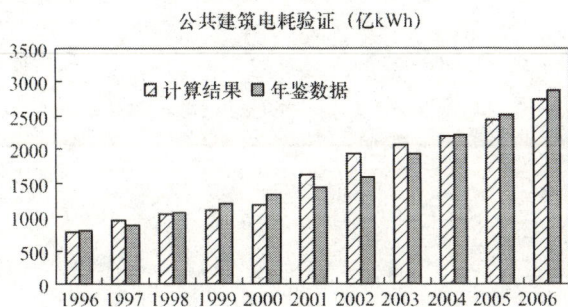

附图 2-13　1996～2006 年公共建筑电耗宏观验证（亿 kWh）

2.3 总　　结

中国建筑能耗模型具有以下特点：

1）CBEM 根据用能特点，可将我国建筑分类为北方城镇采暖、长江流域城镇采暖、农村采暖、城市住宅、农村住宅和公共建筑。通过自下而上的微观模型，可以计算出 1996～2006 年各类建筑的能耗情况。另一方面，CBEM 的计算结果由宏观统计数据验证，保证了模型计算结果的合理性和可靠性。

2）CBEM 自下而上的树形结构具有扩展性，在目前四层结构的基础上，用更深入的研究来代替一些给出的输入数据。比如，目前的住宅单位面积照明电耗，可改为详细的由照明需求、各种灯具效率及数量来计算。

3) CBEM 可用来研究建筑能耗的发展变化情况，从而选择合适的节能措施。合理预测建筑能耗各影响因素的发展趋势，改变模型中各参数的取值，通过模型计算可能出现的建筑能耗发展情景。

附录三 民用建筑节能条例

中华人民共和国国务院令

第 530 号

《民用建筑节能条例》已经 2008 年 7 月 23 日国务院第 18 次常务会议通过，现予公布，自 2008 年 10 月 1 日起施行。

中华人民共和国国务院总理 温家宝

2008 年 8 月 1 日

第一章 总则

第一条 为了加强民用建筑节能管理，降低民用建筑使用过程中的能源消耗，提高能源利用效率，制定本条例。

第二条 本条例所称民用建筑节能，是指在保证民用建筑使用功能和室内热环境质量的前提下，降低其使用过程中能源消耗的活动。本条例所称民用建筑，是指居住建筑、国家机关办公建筑和商业、服务业、教育、卫生等其他公共建筑。

第三条 各级人民政府应当加强对民用建筑节能工作的领导，积极培育民用建筑节能服务市场，健全民用建筑节能服务体系，推动民用建筑节能技术的开发应用，做好民用建筑节能知识的宣传教育工作。

第四条 国家鼓励和扶持在新建建筑和既有建筑节能改造中采用太阳能、地热能等可再生能源。在具备太阳能利用条件的地区，有关地方人民政府及其部门应当采取有效措施，鼓励和扶持单位、个人安装使用太阳能热水系统、照明系统、供热系统、采暖制冷系统等太阳能利用系统。

第五条 国务院建设主管部门负责全国民用建筑节能的监督管理工作。县级以上地方人民政府建设主管部门负责本行政区域民用建筑节能的监督管理工作。县级以上人民政府有关部门应当依照本条例的规定以及本级人民政府规定的职责分工，负责民用建筑节能的有关工作。

第六条 国务院建设主管部门应当在国家节能中长期专项规划指导下，编制全国民用建筑节能规划，并与相关规划相衔接。县级以上地方人民政府建设主管部门应当组织编制本行政区域的民用建筑节能规划，报本级人民政府批准后实施。

第七条 国家建立健全民用建筑节能标准体系。国家民用建筑节能标准由国务院建设主管部门负责组织制定，并依照法定程序发布。国家鼓励制定、采用优于国家民用建筑节能标准的地方民用建筑节能标准。

第八条 县级以上人民政府应当安排民用建筑节能资金，用于支持民用建筑节能的科学技术研究和标准制定、既有建筑围护结构和供热系统的节能改造、可再生能源的应用，以及民用建筑节能示范工程、节能项目的推广。政府引导金融机构对既有建筑节能改造、可再生能源的应用，以及民用建筑节能示范工程等项目提供支持。民用建筑节能项目依法享受税收优惠。

第九条 国家积极推进供热体制改革，完善供热价格形成机制，鼓励发展集中供热，逐步实行按照用热量收费制度。

第十条 对在民用建筑节能工作中做出显著成绩的单位和个人，按照国家有关规定给予表彰和奖励。

第二章 新建建筑节能

第十一条 国家推广使用民用建筑节能的新技术、新工艺、新材料和新设备，限制使用或者禁止使用能源消耗高的技术、工艺、材料和设备。国务院节能工作主管部门、建设主管部门应当制定、公布并及时更新推广使用、限制使用、禁止使用目录。国家限制进口或者禁止进口能源消耗高的技术、材料和设备。建设单位、设计单位、施工单位不得在建筑活动中使用列入禁止使用目录的技术、工艺、材料和设备。

第十二条 编制城市详细规划、镇详细规划，应当按照民用建筑节能的要求，确定建筑的布局、形状和朝向。城乡规划主管部门依法对民用建筑进行规划审查，应当就设计方案是否符合民用建筑节能强制性标准征求同级建设主管部门的意见；建设主管部门应当自收到征求意见材料之日起10日内提出意见。征求意见时间不计算在规划许可的期限内。对不符合民用建筑节能强制性标准的，不得颁发建设工程规划许可证。

第十三条 施工图设计文件审查机构应当按照民用建筑节能强制性标准对施工图设计文件进行审查；经审查不符合民用建筑节能强制性标准的，县级以上地方人民政府建设主管部门不得颁发施工许可证。

第十四条 建设单位不得明示或者暗示设计单位、施工单位违反民用建筑节能强制性标准进行设计、施工，不得明示或者暗示施工单位使用不符合施工图设计文件要求的墙体材料、保温材料、门窗、采暖制冷系统和照明设备。按照合同约定由建设单位采购墙体材料、保温材料、门窗、采暖制冷系统和照明设备的，建设单位应当保证其符合施工图设计文件要求。

第十五条 设计单位、施工单位、工程监理单位及其注册执业人员，应当按照民用建筑节能强制性标准进行设计、施工、监理。

第十六条 施工单位应当对进入施工现场的墙体材料、保温材料、门窗、采暖制冷系统和照明设备进行查验；不符合施工图设计文件要求的，不得使用。工程监理单位发现施工单位不按照民用建筑节能强制性标准施工的，应当要求施工单位改正；施工单位拒不改正的，工程监理单位应当及时报告建设单位，并向有关主管部门报告。墙体、屋面的保温工程施工时，监理工程师应当按照工程监理规范的要求，采取旁站、巡视和平行检验等形式实施监理。未经监理工程师签字，墙体材料、保温材料、门窗、采暖制冷系统和照明设备不得在建筑上使用或者安装，施工单位不得进行下一道工序的施工。

第十七条 建设单位组织竣工验收，应当对民用建筑是否符合民用建筑节能强制性标准进行查验；对不符合民用建筑节能强制性标准的，不得出具竣工验收合格报告。

第十八条 实行集中供热的建筑应当安装供热系统调控装置、用热计量装置和室内温度调控装置；公共建筑还应当安装用电分项计量装置。居住建筑安装的用热计量装置应当满足分户计量的要求。计量装置应当依法检定合格。

第十九条 建筑的公共走廊、楼梯等部位，应当安装、使用节能灯具和电气控制装置。

第二十条 对具备可再生能源利用条件的建筑，建设单位应当选择合适的可再生能源，用于采暖、制冷、照明和热水供应等；设计单位应当按照有关可再生能源利用的标准进行设计。建设可再生能源利用设施，应当与建筑主体工程同步设计、同步施工、同步验收。

第二十一条 国家机关办公建筑和大型公共建筑的所有权人应当对建筑的能源利用效率进行测评和标识，并按照国家有关规定将测评结果予以公示，接受社会监督。国家机关办公建筑应当安装、使用节能设备。本条例所称大型公共建筑，是指单体建筑面积 2 万平方米以上的公共建筑。

第二十二条 房地产开发企业销售商品房，应当向购买人明示所售商品房的能源消耗指标、节能措施和保护要求、保温工程保修期等信息，并在商品房买卖合同和住宅质量保证书、住宅使用说明书中载明。

第二十三条 在正常使用条件下，保温工程的最低保修期限为 5 年。保温工程的保修期，自竣工验收合格之日起计算。保温工程在保修范围和保修期内发生质量问题的，施工单位应当履行保修义务，并对造成的损失依法承担赔偿责任。

第三章 既有建筑节能

第二十四条 既有建筑节能改造应当根据当地经济、社会发展水平和地理气候条件等实际情况，有计划、分步骤地实施分类改造。本条例所称既有建筑节能改造，是指对不符合民用建筑节能强制性标准的既有建筑的围护结构、供热系统、采暖制冷系统、照明设备和热水供应设施等实施节能改造的活动。

第二十五条 县级以上地方人民政府建设主管部门应当对本行政区域内既有建筑的建设年代、结构形式、用能系统、能源消耗指标、寿命周期等组织调查统计和分析，制定既有建筑节能改造计划，明确节能改造的目标、范围和要求，报本级人民政府批准后组织实施。中央国家机关既有建筑的节能改造，由有关管理机关事务工作的机构制定节能改造计划，并组织实施。

第二十六条 国家机关办公建筑、政府投资和以政府投资为主的公共建筑的节能改造，应当制定节能改造方案，经充分论证，并按照国家有关规定办理相关审批手续方可进行。各级人民政府及其有关部门、单位不得违反国家有关规定和标准，以节能改造的名义对前款规定的既有建筑进行扩建、改建。

第二十七条 居住建筑和本条例第二十六条规定以外的其他公共建筑不符合民

用建筑节能强制性标准的，在尊重建筑所有权人意愿的基础上，可以结合扩建、改建，逐步实施节能改造。

　　第二十八条　实施既有建筑节能改造，应当符合民用建筑节能强制性标准，优先采用遮阳、改善通风等低成本改造措施。既有建筑围护结构的改造和供热系统的改造，应当同步进行。

　　第二十九条　对实行集中供热的建筑进行节能改造，应当安装供热系统调控装置和用热计量装置；对公共建筑进行节能改造，还应当安装室内温度调控装置和用电分项计量装置。

　　第三十条　国家机关办公建筑的节能改造费用，由县级以上人民政府纳入本级财政预算。居住建筑和教育、科学、文化、卫生、体育等公益事业使用的公共建筑节能改造费用，由政府、建筑所有权人共同负担。国家鼓励社会资金投资既有建筑节能改造。

第四章　建筑用能系统运行节能

　　第三十一条　建筑所有权人或者使用权人应当保证建筑用能系统的正常运行，不得人为损坏建筑围护结构和用能系统。国家机关办公建筑和大型公共建筑的所有权人或者使用权人应当建立健全民用建筑节能管理制度和操作规程，对建筑用能系统进行监测、维护，并定期将分项用电量报县级以上地方人民政府建设主管部门。

　　第三十二条　县级以上地方人民政府节能工作主管部门应当会同同级建设主管部门确定本行政区域内公共建筑重点用电单位及其年度用电限额。县级以上地方人民政府建设主管部门应当对本行政区域内国家机关办公建筑和公共建筑用电情况进行调查统计和评价分析。国家机关办公建筑和大型公共建筑采暖、制冷、照明的能源消耗情况应当依照法律、行政法规和国家其他有关规定向社会公布。国家机关办公建筑和公共建筑的所有权人或者使用权人应当对县级以上地方人民政府建设主管部门的调查统计工作予以配合。

　　第三十三条　供热单位应当建立健全相关制度，加强对专业技术人员的教育和培训。供热单位应当改进技术装备，实施计量管理，并对供热系统进行监测、维护，提高供热系统的效率，保证供热系统的运行符合民用建筑节能强制性标准。

　　第三十四条　县级以上地方人民政府建设主管部门应当对本行政区域内供热单

位的能源消耗情况进行调查统计和分析，并制定供热单位能源消耗指标；对超过能源消耗指标的，应当要求供热单位制定相应的改进措施，并监督实施。

第五章　法律责任

第三十五条　违反本条例规定，县级以上人民政府有关部门有下列行为之一的，对负有责任的主管人员和其他直接责任人员依法给予处分；构成犯罪的，依法追究刑事责任：

（一）对设计方案不符合民用建筑节能强制性标准的民用建筑项目颁发建设工程规划许可证的；

（二）对不符合民用建筑节能强制性标准的设计方案出具合格意见的；

（三）对施工图设计文件不符合民用建筑节能强制性标准的民用建筑项目颁发施工许可证的；

（四）不依法履行监督管理职责的其他行为。

第三十六条　违反本条例规定，各级人民政府及其有关部门、单位违反国家有关规定和标准，以节能改造的名义对既有建筑进行扩建、改建的，对负有责任的主管人员和其他直接责任人员，依法给予处分。

第三十七条　违反本条例规定，建设单位有下列行为之一的，由县级以上地方人民政府建设主管部门责令改正，处20万元以上50万元以下的罚款：

（一）明示或者暗示设计单位、施工单位违反民用建筑节能强制性标准进行设计、施工的；

（二）明示或者暗示施工单位使用不符合施工图设计文件要求的墙体材料、保温材料、门窗、采暖制冷系统和照明设备的；

（三）采购不符合施工图设计文件要求的墙体材料、保温材料、门窗、采暖制冷系统和照明设备的；

（四）使用列入禁止使用目录的技术、工艺、材料和设备的。

第三十八条　违反本条例规定，建设单位对不符合民用建筑节能强制性标准的民用建筑项目出具竣工验收合格报告的，由县级以上地方人民政府建设主管部门责令改正，处民用建筑项目合同价款2%以上4%以下的罚款；造成损失的，依法承担赔偿责任。

第三十九条 违反本条例规定，设计单位未按照民用建筑节能强制性标准进行设计，或者使用列入禁止使用目录的技术、工艺、材料和设备的，由县级以上地方人民政府建设主管部门责令改正，处10万元以上30万元以下的罚款；情节严重的，由颁发资质证书的部门责令停业整顿，降低资质等级或者吊销资质证书；造成损失的，依法承担赔偿责任。

第四十条 违反本条例规定，施工单位未按照民用建筑节能强制性标准进行施工的，由县级以上地方人民政府建设主管部门责令改正，处民用建筑项目合同价款2%以上4%以下的罚款；情节严重的，由颁发资质证书的部门责令停业整顿，降低资质等级或者吊销资质证书；造成损失的，依法承担赔偿责任。

第四十一条 违反本条例规定，施工单位有下列行为之一的，由县级以上地方人民政府建设主管部门责令改正，处10万元以上20万元以下的罚款；情节严重的，由颁发资质证书的部门责令停业整顿，降低资质等级或者吊销资质证书；造成损失的，依法承担赔偿责任：

（一）未对进入施工现场的墙体材料、保温材料、门窗、采暖制冷系统和照明设备进行查验的；

（二）使用不符合施工图设计文件要求的墙体材料、保温材料、门窗、采暖制冷系统和照明设备的；

（三）使用列入禁止使用目录的技术、工艺、材料和设备的。

第四十二条 违反本条例规定，工程监理单位有下列行为之一的，由县级以上地方人民政府建设主管部门责令限期改正；逾期未改正的，处10万元以上30万元以下的罚款；情节严重的，由颁发资质证书的部门责令停业整顿，降低资质等级或者吊销资质证书；造成损失的，依法承担赔偿责任：

（一）未按照民用建筑节能强制性标准实施监理的；

（二）墙体、屋面的保温工程施工时，未采取旁站、巡视和平行检验等形式实施监理的。

对不符合施工图设计文件要求的墙体材料、保温材料、门窗、采暖制冷系统和照明设备，按照符合施工图设计文件要求签字的，依照《建设工程质量管理条例》第六十七条的规定处罚。

第四十三条 违反本条例规定，房地产开发企业销售商品房，未向购买人明示所售商品房的能源消耗指标、节能措施和保护要求、保温工程保修期等信息，或者向购买人明示的所售商品房能源消耗指标与实际能源消耗不符的，依法承担民事责任；由县级以上地方人民政府建设主管部门责令限期改正；逾期未改正的，处交付使用的房屋销售总额 2% 以下的罚款；情节严重的，由颁发资质证书的部门降低资质等级或者吊销资质证书。

第四十四条　违反本条例规定，注册执业人员未执行民用建筑节能强制性标准的，由县级以上人民政府建设主管部门责令停止执业 3 个月以上 1 年以下；情节严重的，由颁发资格证书的部门吊销执业资格证书，5 年内不予注册。

第六章　附则

第四十五条　本条例自 2008 年 10 月 1 日起施行。

附录四　大型公共建筑基于用能定额的全过程节能管理体系

4.1　大型公共建筑用能定额

建筑节能的目标是在满足建筑使用功能的前提下，将建筑能耗控制在一定的合理水平上。根据公平性原则，对于新建大型公共建筑在实现相同建筑功能时，建筑用能水平应该相当。因此对于新建大型公共建筑，应当制定合理的建筑用能定额，作为判断建筑节能与否的基本准则。

4.1.1　大型公共建筑用能定额的定义

由于不同功能的大型公共建筑在用能特点、用能总量上存在较大差异，所以应针对不同功能建筑给出相应的定额。大型公共建筑根据功能不同可以分为：政府办公建筑、商业办公建筑、商场、星级酒店、体育馆等。

同时由于大型公共建筑用能系统复杂，建筑内不同用能系统要求不同、特点不同，所以针对不同的用能分系统给出相应的定额。大型公共建筑根据用能系统的不同可以分为：暖通空调系统、照明系统、室内设备系统及其他系统（电梯系统、给排水系统、通风系统、生活热水系统等）[1]。各分系统的用能定额分为两大类：耗电量指标和耗热量指标，其中耗电量指标均为某系统全年累计耗电量与建筑面积的比值，耗热量指标为某系统全年累计耗热量与建筑面积（或使用人数）的比值。其中建筑面积和使用人数的定义参照北京市地方标准《公共建筑节能评估检测标准》的具体规定。

大型公共建筑用能定额指标如附图 4-1 所示。

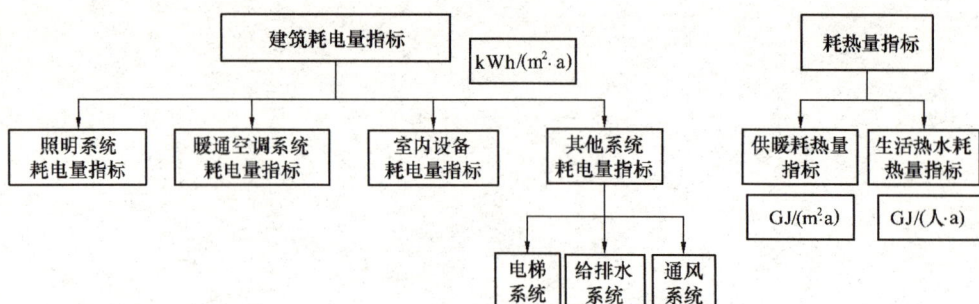

附图 4-1　大型公共建筑用能定额指标

4.1.2　大型公共建筑用能定额的确定

（1）基于实测分析方法

建筑用能定额的确定方法如下：

对于相同功能建筑，对同一用能指标 X 进行统计分析，求出样本的统计平均值和标准差，即：

$$\overline{X} = \frac{1}{n}\sum_{i=1}^{n} X_i$$

$$\sigma = \sqrt{\frac{1}{n-1}\sum_{i=1}^{n}(X_i - \overline{X})^2}$$

通常，可认为大型公共建筑中各项用能指标 X 服从正态分布，当对大量样本进行统计分析之后，某项用能指标的定额 R 可确定为：

$$R = \overline{X} + \sigma$$

通过对北京市百余座大型公共建筑能耗状况的调研，及详细的能源审计和诊断，建立了北京市大型公共建筑能耗数据库。根据这些基础条件，应用建筑定额的确定方法，给出了北京地区包括商业写字楼、政府办公楼、大型商场、星级宾馆等几类典型的公共建筑各分项能耗定额，如附表 4-1 所示。

北京地区大型公共建筑各分项能耗定额　　　　　　　　　　附表 4-1

	单　位	政府办公楼	商务办公楼	宾　馆	商　场
暖通空调系统耗电量指标	kWh/(m²·a)	26	41	59	120

续表

	单　位	政府办公楼	商务办公楼	宾　馆	商　场
照明系统耗电量指标	kWh/(m² · a)	15	24	18	70
室内设备耗电量指标	kWh/(m² · a)	22	35	15	10
电梯系统耗电量指标	kWh/(m² · a)	3	3	3	15
给排水系统耗电量指标	kWh/(m² · a)	1	1	6	0.2
总耗电量指标	kWh/(m² · a)	78	124	134	240
供暖耗热量指标	GJ/(m² · a)	0.25	0.25	0.4	0.2

（2）基于模拟分析方法

由于各个大型公共建筑的用能现状中包括了许多不合理的设计和运行等因素，因此在制定新建大型公共建筑的用能定额时，应摒弃这些不合理的设计和运行因素，再确定合理的建筑用能定额。研究思路如下：

第一步：根据建筑实际情况，利用建筑能耗模拟软件 DeST[2] 计算建筑的能源消耗量；

第二步：根据建筑实际分项计量数据[3]，验证能耗模型和其输入参数的准确性；

第三步：修改设计和运行不合理之处，即修改 DeST 模型的输入条件，重新计算建筑能耗。

依据上述方法，合理设定输入条件后，对北京地区 26 个政府办公楼及 9 个商务办公楼进行了能耗模拟计算。附图 4-2～附图 4-4 所示的是北京地区政府办公建筑和商务办公建筑全年最大冷热负荷、全年累计冷热负荷和暖通空调系统全年累计电耗。

（3）大型公共建筑用能定额的确定

通过上述的分析方法，可以得到北京地区不同功能建筑（政府办公建筑、商务办公建筑），各分项系统的用能定额指标。附表 4-2 给出了北京地区政府办公建筑及商务办公建筑暖通空调系统用能定额，附表 4-3 为北京地区政府办公建筑及商务办公建筑分项用能定额。

政府办公楼全年最大负荷

商务办公楼全年最大负荷

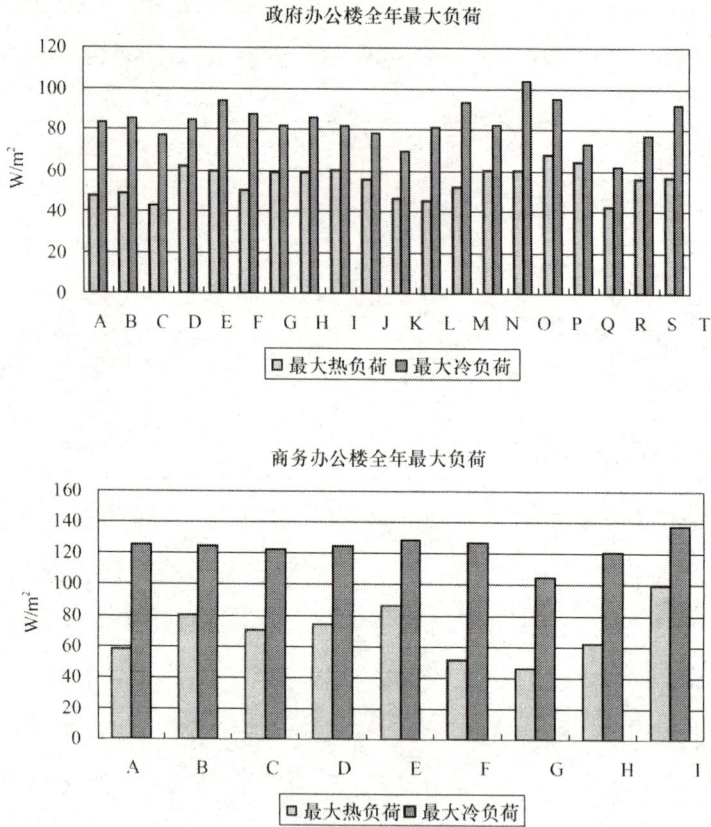

附图 4-2 北京地区政府办公楼及商务办公楼全年最大负荷

北京地区政府办公建筑及商务办公建筑暖通空调系统用能定额　　附表 4-2

	单 位	北京地区	
		政府办公楼	商务办公楼
冷 机	kWh/(m²·a)	9～14	16～19
冷冻泵	kWh/(m²·a)	2～5	4～6
冷却塔	kWh/(m²·a)	1～3	1.5～3.5
冷却泵	kWh/(m²·a)	2～5	3～5
补水泵	kWh/(m²·a)	0.1～0.3	0.2～0.4
热源泵	kWh/(m²·a)	0.5～1	0.8～1.5
新风机＋风机盘管	kWh/(m²·a)	3～4	4～10
总电耗	kWh/(m²·a)	18～32	30～45

政府办公楼全年累计负荷

商务办公楼全年累计负荷

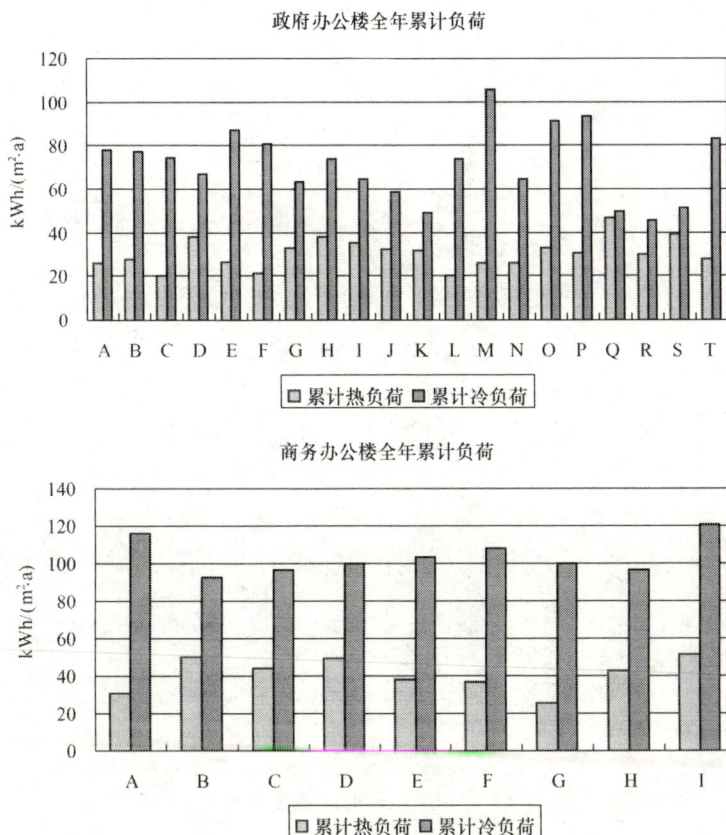

附图 4-3 北京地区政府办公楼及商务办公楼全年累计负荷

北京地区政府办公建筑及商务办公建筑分项用能定额 附表 4-3

	单 位	北京地区	
		政府办公楼	商务办公楼
全年累计冷负荷指标	kWh/(m²·a)	42～90	78～120
暖通空调系统耗电量指标	kWh/(m²·a)	18～32	30～45
照明系统耗电量指标	kWh/(m²·a)	12～20	20～30
室内设备耗电量指标	kWh/(m²·a)	20～25	30～40
电梯系统耗电量指标	kWh/(m²·a)	1.5～2.5	3～4
给排水系统耗电量指标	kWh/(m²·a)	0.8～1.2	0.8～1.2
总耗电量指标	kWh/(m²·a)	50～80	80～120
供暖耗热量指标	GJ/(m²·a)	0.15～0.25	0.12～0.22

政府办公楼系统总电耗

商务办公楼系统总电耗

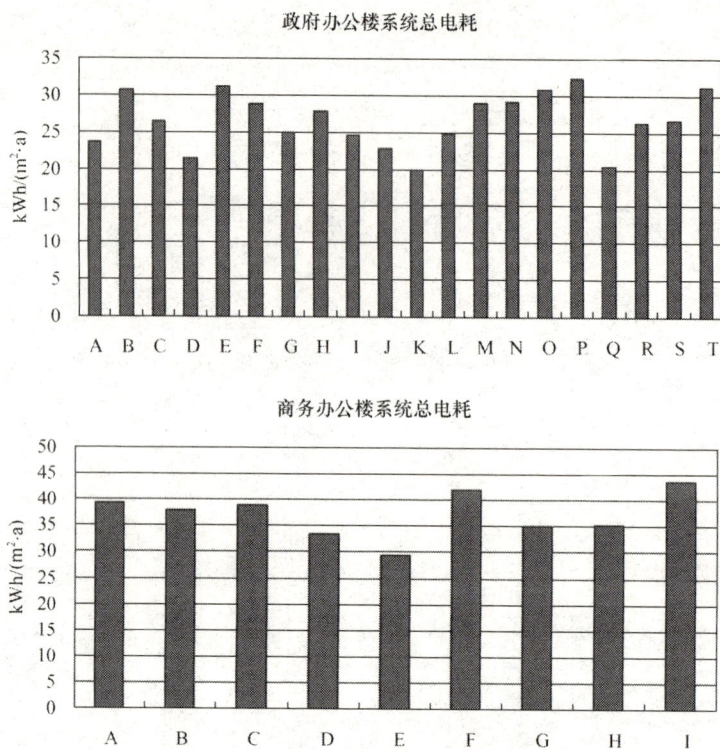

附图 4-4　北京地区政府办公楼及商务办公楼
暖通空调系统全年累计电耗

（4）大型公共建筑用能定额的修正方法

在影响大型公共建筑能耗的众多因素中，使用时间是影响最大的因素之一。同时建筑的使用时间通常由建筑的使用情况决定，属于客观存在因素。因此需要对不同使用时间下的建筑用能定额进行修正。

通过对多个大型公共建筑在不同使用时间下进行模拟计算，得到建筑全年累计冷、热负荷及各系统能耗与建筑使用时间的关系。不同使用时间下的全年累计负荷或系统能耗可以表示为：

$$E = kE_0$$

其中 E 为建筑全年累计负荷或建筑各用电系统全年用能定额，E_0 为建筑使用时间为 10h（工作时间为 8h）时的负荷或定额指标，k 为修正系数。附表 4-4 为不同的建筑使用时间下各项指标对应的 k 值。

大型公共建筑不同建筑使用时间下的 *k* 值　　　　　附表 4-4

建筑使用时间（h）	暖通空调系统			照明系统	室内设备
	全年累计冷负荷	全年累计热负荷	系统全年电耗		
6①	0.87	0.71	0.75	—	—
8	0.94	0.85	0.88	0.86	0.82
10	1.00	1.00	1.00	1.00	1.00
12	1.06	1.15	1.11	1.14	1.18
14	1.12	1.31	1.20	1.28	1.37
16	1.17	1.47	1.29	1.42	1.55
18	1.22	1.64	1.36	1.55	1.73
20	1.26	1.81	1.42	1.69	1.92
22	1.30	1.98	1.47	1.83	2.10
24	1.34	2.16	1.51	1.95	2.28

注：①为大型公共建筑内各系统的开启时间。

4.2　大型公共建筑基于用能定额的全过程节能管理体系

　　大型公共建筑全过程节能管理是一项系统化的工程，涉及项目立项、设计、施工、运行等多个阶段。目前在建筑的不同阶段采用了不同的节能管理手段，这些管理手段存在节能总目标不明确、节能管理相互脱节等问题。实际上在不同的建筑阶段，建筑节能的目标和本质都是一致的，都是要将建筑能耗控制在一定的合理水平上，即各个阶段均应满足"建筑用能定额"的总控制目标。

　　由于建筑全过程是一个逐步明确、逐步实践的过程，可以获得的节能指标也越来越具体。因此建筑用能定额指标随着建筑全过程的进行，可以层层往下分解，分解的指标也越来越具体，大体可以分为三个层次：能源消耗指标、系统性能指标、设备性能指标[4]，如附图 4-5 所示。各个不同层次的节能指标本质上是相互吻合的，可以通过简单的加减乘除计算，相互推导。

　　建筑用能定额指标既是不同阶段节能的总目标，也通过指标内在逻辑关系的阶梯结构兼顾了不同阶段各自的节能工作特点。即不同阶段对应着不同的指标层次，不同阶段获得指标的手段也不相同，如附图 4-5 所示。因此发展基于建筑用能定额的全过程节能指标体系，一方面保证了各阶段节能管理的一致性，另一方面也使得各阶段可以在不同层次上制定相应的指标和评测管理方法。

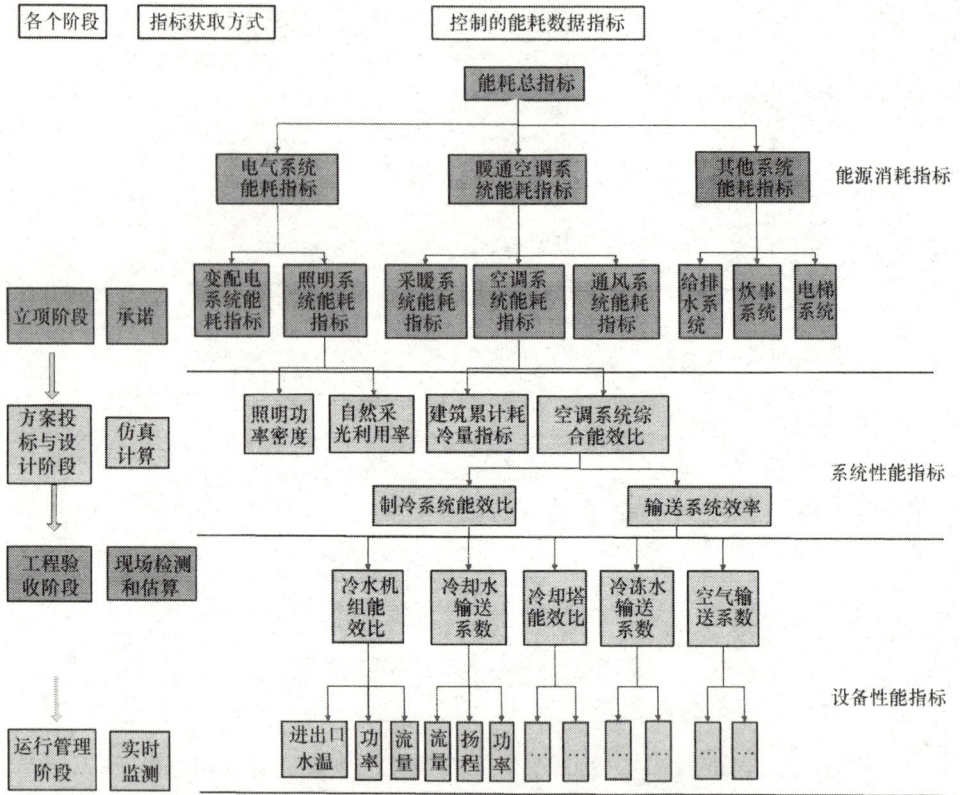

附图 4-5　大型公共建筑基于用能定额的全过程节能指标体系

基于大型公共建筑用能定额的全过程节能指标体系，提出了如下的全过程节能管理的解决方案。

项目立项阶段：此时建筑具体设计未明确，因此不审查项目用了哪些节能技术，而是由建设方对建筑投入使用后的各分项能耗做出承诺，审查其承诺数值是否低于同功能建筑的用能定额指标。

方案设计与方案投标阶段：要求投标设计方案必须详细论证是否兑现了项目立项时承诺的节能指标以及如何实现这些节能指标的。论证的合理与否作为评比投标方案的主要审查内容之一。

施工图设计阶段：建立新建建筑节能审查制度，通过模拟仿真计算等方法，得到设计方案的具体能源消耗量，审查其是否达到承诺的节能数值。

工程竣工验收阶段：建立工程竣工验收节能审查制度，通过现场测试各设备与子系统的性能，进而估算全年能耗，考察是否达到立项时的承诺要求，确保施工过程符合要求及系统调试合格。

运行管理阶段：实行大型公共建筑"用电分项计量和数据集中采集系统"对各分项系统的用能指标进行集中的动态监测与管理，不断地与承诺（或签订的）用能标准进行比较，杜绝各种由于管理运行的疏忽造成的能耗增加。

4.3 大型公共建筑基于用能定额的全过程节能管理的试点研究

由于本项工作的复杂性和系统性，需要在实践中不断的尝试和总结经验。目前正在进行通州商务园的项目试点工作，尝试实行建筑全过程节能管理，以便在实践中不断的检验和完善管理体系。

通州商务园一期总建筑面积约 220 万 m^2，综合容积率 0.8，其中商务办公、居住、配套设施的建筑比例分别为 55%、30%、15%。

4.3.1 已完成工作

目前通州商务园正处于项目的能源规划阶段，正在编制《园区全过程节能管理手册》和针对园区功能特点的《园区建筑用能定额标准》，并配套出台了园区的入园准入制度，即由二级开发商对建筑投入使用后的各分项能耗做出承诺，政府相关部门和一级开发商负责审查其承诺数值是否低于《园区建筑用能定额标准》中规定的同功能建筑的用能定额标准，通过节能审查后才可以批准入园。

另外在传统能源规划过程中，所给出的负荷指标往往偏高，不符合实际使用情况。这样会造成市政能源设施容量过大，能源利用效率偏低，高能耗，高碳排放量等问题。因此在通州商务园规划阶段，基于实际计算获得的负荷指标，对通州商务园进行了总体能源规划。因为在建筑用能定额的计算过程中，同时可以得到不同功能建筑的最大负荷指标，包括最大用电负荷指标和最大用热负荷指标。这样保证了通州商务园的能源规划既符合将来的实际使用情况，又降低了能源设施的初投资和运行费用。

4.3.2　预期工作

（1）方案投标与设计阶段

在方案投标阶段，制定设计招标文件中的能源设计要求，确定设计应达到的节能指标，并且审核投标的设计方案是否兑现了招标文件中规定的节能指标。

在施工图设计阶段，建立新建建筑节能审查制度，对施工图设计进行详细的能耗模拟计算，审查其是否达到承诺的节能数值，约束设计方对设计方案进行合理的节能设计。

（2）竣工验收阶段

在竣工验收阶段，建立工程竣工验收节能审查制度，通过现场测试各相关设备与子系统的性能，评估是否达到设计时确立的节能要求，确保施工过程符合要求及系统调试合格。

（3）运行管理阶段

实行大型公共建筑"用电分项计量和数据集中采集系统"对各分项系统的用能指标进行集中的动态监测与管理，不断地与承诺（或签订的）用能标准进行比较，并实时跟踪节能效果，提出改进建议。

参考文献

[1]　建筑内各分项系统的定义参照附录七《分项计量的十九项标准参数》.

[2]　建筑环境系统模拟分析方法-DeST. 清华大学 DeST 开发组著. 中国建筑工业出版社，2006.

[3]　数据来源于分项计量网站 http：//ems. bestchina. org.

[4]　清华大学建筑节能研究中心. 中国建筑节能年度发展研究报告 2008. 北京：中国建筑工业出版社，2008.

附录五　空调环境对人体长期
健康状况的影响

　　空调环境对人体健康的影响因素包括居室空调环境中的生物学因素、化学因素和热环境因素，三种因素既可单独存在，也可同时存在并作用于人体。空调环境的热环境因素对健康的影响是近来人们关注的话题。空调的使用，改变了自然条件下的局部生产、生活环境（如温度、湿度等），创建了一个新的室内热环境。长期在此环境条件下生存，会影响人体对自然环境的适应性和对热的耐受能力，增加机体生理调节系统的负担，从而使人体出现各种不适的生理性反应和感觉。关于室内热环境因素对人群健康的影响，现阶段仅有少量研究生物学和化学因素的文献提及有关的现象，未见有相关的专题研究报道。中国疾病预防控制中心尚琪、戴自祝、纪秀玲等在 2001 年前后，通过科学的人群调查研究，探索空调环境不适综合症的人群分布及其影响因素，描述与夏季空调热环境因素联系密切的人群健康问题。

　　本文将描述他们的一些主要研究成果。与该项研究相关的数据主要取材于两部分调查，分别在江苏、上海地区和北京地区进行，下文中将分别进行介绍。

5.1　江苏、上海地区的调查

5.1.1　人群与调查方法

（1）调查人群及分组

2000 年和 2001 年 8 月中、下旬，在江苏省江阴市和上海市普陀区，采用随机整群抽样方法抽样调查，调查对象分为使用空调人群和不使用空调人群。

　　使用空调人群：近 3～5 年内，每年夏季空调使用季节在其工作场所或住宅内使用空调，一年内居住在未经装修和更换新家具房屋内的健康人群，年龄不限。按使用空调情况不同分成 3 个组，在家中和工作地均使用空调（A 组）；仅在工作地使用空调（B 组）；仅在家中使用空调（C 组）。

不使用空调人群：近 3～5 年内，在其工作场所和住宅内均不使用空调的健康人群，其他条件同使用空调的人群。此组人群为本次调查的对照人群组（D 组）。

(2) 调查方法和内容

1) 人群调查

采用问卷调查方法，由经过培训的专业人员逐项询问被调查对象，填写调查表，同步记录环境温、湿度和风速，同时还测定部分调查对象的居室或工作场所的部分相关环境参数，允许被调查者回避调查表中不愿回答的问题。本次调查内容包括人群的基本情况，工作、生活、住房和空调使用情况，相关的人群空调环境不适感觉，包括神经和精神类不适感、消化系统类不适感、呼吸系统类不适感和皮肤黏膜类不适感等。为便于调查登记，对人体各种不适感进行了简单归类，分成 12 项指标进行询问调查。

2) 环境参数指标测定

温湿度采用 VAISALA 数字温、湿度计或通风干湿球温度计测定；风速采用热球式风速计测定；CO_2 体积分数采用红外 CO_2 测定仪测定。

3) 资料处理

所有调查表输入 DBF 格式数据库，用 EPI INFO v 6. 02 与 SAS 6. 12 统计软件进行分析处理。

5.1.2 结果

(1) 调查人群基本情况

调查访问人数 2620 人，回收有效问卷 2595 份，问卷回收率 99%。其中男性 1147 份，占调查总数的 44.0%。江苏省江阴市回收问卷 552 份（男性 259 份，占 47.3%），上海市普陀区回收问卷 2043 份（男性 883 份，占 43.12%）。被调查人员中住楼房者占 82.7%（单元楼房 64.2%，简易楼房 18.5%），住平房者占 15.6%，其余为其他住房类型，如阁楼等。正南朝向房屋占 70.1%。楼房结构有多层（60.7%）、高层（17.8%）和简易楼房（21.5%）三类。人均居住面积小于

8m² 的占 30.2%，8~15m² 的占 22.3%，15m² 以上的占 47.5%。

(2) 空调使用情况

工作日：29.6% 左右的家庭每日使用空调时间为 4~6h，25.9% 左右的家庭为 7~9h，21.8% 的家庭为 10~12h，每日使用空调时间小于 3h 和大于 12h 的家庭各占 11% 左右。休息日：42.9% 的家庭每日使用空调时间为 7~12h，24.3% 的家庭为 13~18h，1~6h 的家庭为 24.6%，19~24h 的家庭为 8.2%。

(3) 现场环境参数监测

本次现场调查测定了部分人群的工作地点和居室的环境数据（见附表 5-1），由表可见，在空调与非空调环境之间，除室内风速外，温度、相对湿度和 CO_2 体积分数三项指标均有差别（$P<0.05$），但空调环境中 CO_2 的平均体积分数低于室内空气卫生标准值（0.1%）。居室内 CO_2 体积分数通常被用作室内空气污染程度的指示性指标。当居室内 CO_2 体积分数不高时，基本可认为所检测的工作场所与居室内通风状况良好。

部分调查人群工作地点环境参数　　　　　　　　　　　附表 5-1

环　　境		测试地点数	测试平均值	标准差	显著性水平 P
温度	空调	16	25.1℃	1.8	<0.001
	非空调	11	29.9℃	1.32	
相对湿度	空调	16	56.8%	11	<0.01
	非空调	11	68.3%	4.8	
室内风速	空调	16	0.022m/s	0.032	>0.05
	非空调	11	0.036m/s	0.034	
CO_2 体积分数	空调	16	0.065%	0.046	小于标准值
	非空调				

(4) 各类不适感觉的人群分布

人群机体不适感觉调查以被调查者自我感觉为准，12 项指标均以"有"或"无"的方式问答、记录，结果列于附表 5-2。从附表 5-2 可见，12 项不适感觉指标，除 B 组有 2 项指标（指标 4 和指标 6）略低于 D 组外（13.64%：14.35% 和 8.77%：8.93%），使用空调人群的各类不适感觉的发生率均高于对照组人群。除

2，5，6 三项不适感指标外，其他 9 类不适感觉的发生率在 4 组间出现显著性差异（$P<0.05$），3 个使用空调人群组各有 6 类不适感觉的人群发生率相应为对照人群组的 2 倍左右。

人群夏季室内环境下各种不适感觉发生情况调查结果　　附表 5-2

不适感觉指标	A组			B组			C组			D组			合计			chi-square	
	无	有	x/%	无	有	x/%	无	有	x/%	无	有	x/%	无	有	x/%	X²	P
1. 眼睛干燥发痒（刺痛）流泪	926	258	27.86	311	75	24.12	439	92	20.96	227	39	17.18	1903	464	24.38	17.70	0.007
2. 鼻干燥发痒充血流鼻涕出鼻血	925	106	11.46	309	29	9.39	434	41	9.45	222	16	7.21	1890	192	10.16	4.28	0.233
3. 咽喉疼痛发干口舌干燥	926	338	36.50	307	100	32.57	436	129	29.59	223	55	24.66	1892	622	32.88	14.48	0.002
4. 胸闷胸疼憋气	927	187	20.17	308	42	13.64	438	80	18.26	223	32	14.35	1896	341	17.99	8.98	0.030
5. 气喘干咳气管炎	926	64	6.91	308	21	6.82	438	27	6.16	222	10	4.50	1894	122	6.44	1.85	0.604
6. 皮肤潮红干燥全身或局部发痒	929	111	11.95	308	27	8.77	436	52	11.93	224	20	8.93	1897	210	11.07	3.76	0.289
7. 乏力发软嗜睡无精打采	925	285	30.81	309	92	29.77	436	130	29.82	224	34	15.18	1894	541	28.56	22.51	0.001
8. 烦躁易激动焦虑不安	926	173	18.68	309	45	14.56	436	80	18.35	224	17	7.59	1895	315	16.62	17.91	0.001
9. 头晕头疼无精神	926	313	33.80	309	82	26.54	436	127	29.13	225	40	17.78	1896	562	29.64	24.35	0.001
10. 恶心无食欲消化不良	927	135	14.56	308	33	10.71	436	49	11.24	225	16	7.11	1896	233	12.29	11.10	0.011
11. 注意力分散易出错厌倦工作	927	164	11.69	306	50	16.34	436	68	15.60	222	18	8.11	1891	300	15.86	12.40	0.006
12. 其他不适感觉	899	83	9.23	305	34	11.15	425	11	2.59	222	3	1.35	1851	131	7.08	38.12	0.001

人群不适感觉发生率的 2×2 chi-square 检验结果列于附表 5-3。由附表 5-3 可见，A 组和 C 组出现 12 类不适感觉的可能性均高于对照组，相对危险性 OR 值为 1.199~6.832。B 组除 2 项指标（指标 4 和指标 6）的 OR 值小于 1（分别为 0.95 和 0.982）外，其他 10 类不适感觉发生的可能性均显著高于对照组，OR 值为 1.302~8.249。与对照组相比，在 3 个使用空调人群中，不适感觉发生率呈显著性升高的指标（$P<0.05$），A 组有 9 项（OR 值为 1.406~6.832）；B 组有 6 项（OR 值为 1.321~8.249）；C 组有 4 项（OR 值为 1.638~2.418）。

调查人群各种不适感觉 2×2 chi-square 分析结果（对照组：D组）　附表 5-3

不适感觉指标	A组：D组				B组：D组				C组：D组			
	OR	P	95%置信限		OR	P	95%置信限		OR	P	95%置信限	
			下限	上限			下限	上限			下限	上限
1. 眼睛干燥发痒（刺痛）流泪	1.601	0.001	1.182	2.169	1.399	0.054	0.989	1.978	1.199	0.290	0.854	1.168
2. 鼻干燥发痒充血流鼻涕出鼻血	1.590	0.065	0.960	2.634	1.302	0.375	0.725	2.339	1.311	0.336	0.753	2.282
3. 咽喉疼痛发干口舌干燥	1.480	0.001	1.159	1.890	1.321	0.048	0.998	1.748	1.200	0.183	0.915	1.573
4. 胸闷胸疼憋气	1.406	0.047	0.995	1.985	0.950	0.815	0.620	1.456	1.273	0.205	0.873	1.856
5. 气喘干咳气管炎	1.534	0.190	0.801	2.940	1.514	0.263	0.727	3.150	1.368	0.381	0.675	2.776
6. 皮肤潮红干燥全身或局部发痒	1.338	0.201	0.851	2.105	0.982	0.948	0.565	1.705	1.336	0.242	0.818	2.180
7. 乏力发软嗜睡无精打采	2.030	0.001	1.468	2.807	1.962	0.001	1.377	2.794	1.964	0.001	1.396	2.764
8. 烦躁易激动焦虑不安	2.462	0.001	1.529	3.964	1.919	0.013	1.129	3.263	2.418	0.001	1.469	3.978
9. 头晕头疼无精神	1.901	0.001	1.415	2.554	1.493	0.017	1.066	2.090	1.638	0.001	1.194	2.249
10. 恶心无食欲消化不良	2.039	0.003	1.240	3.352	1.500	0.160	0.847	2.657	1.573	0.095	0.916	2.702
11. 注意力分散易出错厌倦工作	2.182	0.001	1.372	3.471	2.015	0.005	1.210	3.357	1.924	0.007	1.174	3.152
12. 其他不适感觉	6.832	0.001	2.180	21.415	8.249	0.001	2.566	26.518	1.915	0.305	0.540	6.794

统计学认为，OR 值小于 1 时，所分析的因素对观察因素可看作为保护性因

素；大于 1 时则为危险性因素。因此可认为 3 个使用空调人群中出现 12 类不适感觉的危险性大于不使用空调人群，其中以神经、精神类的不适感觉指标较明显。

（5）人群空调环境不适感觉的多因素 logistic 回归分析

以 12 项人群不适感觉指标作为因变量，人群使用空调情况、性别、年龄等 14 项指标为自变量，采用后退法 logistic 模型筛选因素，进行多因素 logistic 回归分析。各项自变量中当个体发生不适感记为"1"，不发生记为"0"。多因素 logistic 回归结果表明，人群夏季各种不适感觉的发生与"工作地和家中均使用空调"的因素关系最密切，其次是"感到办公室温度低"和"空气不清新"两因素，第三是"大学及以上文化程度"、"工作紧张"及"不喜欢所从事的工作"等 3 项因素。

5.1.3 讨论

空调环境对人体健康的影响是多因素综合性的影响，环境热物理因素也是影响因素之一。由于其影响的间接性，这一因素长期没有得到应有的重视，也未见有关的文献报道。因此，调查仅限于对人群在夏季空调环境中各种不适感觉的发生情况，在不同使用空调方式人群中的分布及与之发生关系密切的因素进行描述性报道，而这些因素与人群夏季空调环境中各种不适感觉发生的内在机理还需更为深入地调查研究。在实际调查的环境中，很难严格地控制调查环境中不存在化学和生物因素的干扰，因此在本次调查过程中，采用 CO_2 体积分数作为指示性指标来选择调查地点，做到所有调查场所中，室内空气的 CO_2 体积分数水平符合国家标准的要求，以尽可能地减少室内化学性污染对调查结果的影响。本调查研究中，还对夏季患感冒和发烧去医院就诊人群进行了血清免疫学检测，结果发现使用和不使用空调人群的各项免疫学指标均在正常值范围内，不同人群间也没有显著差异（数据另文发表），因此基本可以排除调查人群各种不适感觉的发生为生物性感染所致的原因。在多因素 Logistic 回归分析结果显示的与人群各种不适感觉的发生所密切关联的因素中，只有使用空调这一因素与人群各种不适感的发生有共性的因素，同时，夏季使用空调的各组人群中各种不适感觉的发生率也明显高于不使用空调的人群，这些清楚地说明环境热物理因素也是引起在夏季空调环境中生活和工作的人群出现各种不适感觉的因素之一。

在调查所发现的与疾病关系密切的各种因素中，有许多是主观感觉的因素，如冷和热、室内空气清新程度的感觉、对所从事工作的喜欢情况等，尽管人群中个体对这些因素的感觉会存在很大的差异，但是调查数据清楚地反映了在空调环境中的人群个体心理因素对各种不适感觉产生的影响。调查数据所显示的各种不适感觉以神经和精神类不适感觉较为突出的现象也说明了这一点。还有一些因素的划分是人为的，如年龄组、工龄、职业和空调安装时间等，不同的划分方法会产生不同的结果。同时所有这些因素也都不是直接性因素，如人群的文化程度等，仅反映人群自身情况及所处的生活和工作环境的特征，提示具有此类因素的人群在日常生活和工作中需要注意调整自身的生活、工作习惯，强化心理卫生和心理健康，保持合理的工作紧张度和工作强度，以尽可能地减少各种不适感觉的发生。各种不适感觉的发生与使用空调和感觉室温低等因素密切相关的现象还提示，应考虑空调环境温度的问题。从本调查的数据结果看，适当调高空调环境的温度，可能会有助于减少空调环境中人群的各种不适感觉的发生。

5.1.4 结论

使用空调人群的 12 类不适感觉的发生率均高于对照人群，其中以神经、精神类不适感觉的反应较明显。"工作地和家中使用空调"、"感到办公室温度低"、"空气不清新"、"大学及以上文化程度"、"工作紧张"和"不喜欢所从事的工作"等因素是人群出现各种不适感觉的主要危险因素。经 logistic 相关关系统计分析，在这些因素中，现有调查数据表明"空气不清新"、"工作紧张"和"不喜欢所从事的工作"等 3 项因素与使用空调的因素之间没有显著的关联，提示此 3 个因素可能是各自独立的空调环境下对人群健康的影响因素。

5.2 北京地区的调查

夏季，长期在空调环境中生活和工作的人，适应了空调造成的环境温度条件，对此产生了热适应。热适应是机体对环境热刺激的保护性生理反应，是在热刺激的反复作用下逐步建立的。一般在连续受到热刺激 2 周后，人体即建立起这种保护性热适应，也称之为热保护。为了研究热适应和未热适应人体对高温热暴露的生理功能、神经行为功能反应，进而研究空调环境对人体影响，进行了实验研究。

5.2.1　实验内容和方法

（1）实验分组

实验分两组实施，将受试者分为未热适应组和热适应组，观察了未热适应组和热适应组由舒适环境突然暴露于高温环境下的应激反应，测试其生理参数，并实施神经行为功能测试。将未热适应组为观察组，热适应组为对照组，用以探讨空调环境和高温热暴露对人体健康的影响。

因对同一受试者要求实施未热适应和热适应组实验，故未热适应组（观察组）热暴露实验时间选在 2002 年 5 月初，室内温度 24.6℃，相对湿度 45％，此时受试者尚未热适应，由舒适环境进入高温环境（室内温度 34.8℃，相对湿度 29％）实施热暴露；热适应组（对照组）时间选在 2002 年 8 月初，此时受试者已热适应，由空调环境（室内温度 26.4℃，相对湿度 59％）进入高温环境（室内温度 32℃，相对湿度 44％）实施热暴露。

（2）受试者

受试者均为清华大学建筑环境与设备专业一年级学生，均能熟练操作计算机。受试者为无职业有害因素接触史的健康人群。因客观条件所限，未热适应组的受试者与热适应组的受试者不完全相同，但是学历、身高、男女比例、平均年龄完全一致。

（3）实验方法

生理参数选择心率、血压、胸部皮肤温度和脚踝外侧皮肤温度进行测试，胸部皮肤温度与核心温度接近，脚踝外侧皮肤温度作为肢端皮肤温度。因为空调环境对人体健康的影响是长期的和迟发的，故本实验采用评价软件 NES-C3（上海医科大学建立的中文微机化神经行为评价系统）在计算机上进行神经行为功能测试，观察空调环境对其影响。本实验要求同一受试者用同一计算机进行测试，测试结果采用 SPSS10.0 软件进行 t 检验统计分析。神经行为功能测试评价软件 NES-C3 包括情感、智力、学习和记忆力、感知和心理运动 5 个模块。本实验选取了半结构投射实验、心算、系列加减、视觉保留、成对词联想、记忆扫描、数字检索、符号译码、立体视觉 9 项进行测试，测试时间约 30min。

1）测试前谈话：解释调查目的、测试项目和意义，以及需要受试者配合等事项，尊重受试者参与和退出研究的权利。

2) 测试前学习：由专业人员讲解，受试者学习 NES—C3 软件使用方法，有效克服"学习效应"产生的影响。

3) 受试者在舒适环境（观察组为自然舒适环境，对照组为空调环境）下静坐30min，依次测试生理参数（心率、血压、胸部皮肤温度和脚踝外侧皮肤温度），然后依次进入高温实验室（观察组为人工热环境，对照组为自然热环境），由专业人员依次对每个进入实验室的受试者测试热暴露下的生理参数。

4) 高温环境下进行 NES-C3 测试。

5) 测试后谈话：弄清实验中是否存在问题，是否会导致错误结果。为避免由于主试人员的差异，步骤 1)、2)、3)、5) 由同一受过专门训练的人员实施。步骤4) 也由同样受过专门训练的人员实施。同时，为了避免室内空气质量因素对实验结果的干扰，对受试者作了问卷调查，受试者并没有感到空气不清新。

5.2.2 结果与讨论

观察组和对照组都是由舒适环境进入高温环境热暴露，实施 NES-C3 测试。不同的是，观察组受试者未热适应，对照组受试者已热适应，实验得到样本数 $n=$ 20，男女比例 11：9。

(1) 人体在中枢神经系统和内分泌的调控下，通过心血管系统、皮肤、汗腺和内脏等组织器官的协同作用，维持着产热和散热的动态平衡。有文献报道，人体热暴露时，散热中枢兴奋，引起心输出量增加，内脏血管收缩，心脏活动增强，末梢血管紧张度降低，血压稍降，皮肤血管扩张和汗腺分泌增强等反应，同时产热中枢受到抑制而减少产热，使体温保持在正常范围。从本实验生理参数测试结果来看，实施热暴露，人体反应不舒适，感到闷热。未热适应组实施热暴露，心率加快，收缩压升高，舒张压降低，舒张压与收缩压的血压差增大；热适应组实施热暴露，心率减慢，收缩压降低，舒张压升高，舒张压与收缩压的血压差减小。但是未热适应组和热适应组除了在舒适环境下舒张压与收缩压的血压差、高温环境热暴露时脚踝温度有显著性差异（$P<0.05$），在心率、血压、体温等其他方面差异没有显著性（$P>0.05$）。由于本实验受试者为年轻健康人群，人体体表温度受环境影响比较大，实验热暴露量没有严格控制，热暴露强度又不很强烈，因此不能推断其他人群是否有差异。

（2）本实验受试者文化程度相同，男女比例一致，排除了文化程度和性别对实验结果的影响。也避免了室内空气质量因素对实验结果的干扰。试验结果显示，热暴露对于未热适应与热适应人群的神经行为功能有一定的影响，主要表现在心算、系列加减、记忆扫描和立体视觉等方面，差异有显著性（$P < 0.05$）。这表明对于长期在空调环境下工作学习的人群，在注意力、反应速度、视觉记忆和抽象思维方面会受到一定的影响。其他方面差异无显著性，可能与本实验热暴露强度不大，实施时间不长有关。这种热暴露的强度虽然比文献报道的要低一些，但是进入高温环境后人体中枢神经先兴奋、后抑制，可出现注意力不集中、测验错误次数增多、肌肉活动能力降低、动作的准确性和协调性差、反映迟钝和疲乏、失眠等现象是一致的。

（3）从本实验结果可以看出，长期生活在空调环境的人受到热暴露后，其神经行为功能受到一定的影响，与本课题相关的其他调查也证实了空调环境对人体生理功能和某些慢性病发病率的影响。虽然空气调节是现代化建筑的一项不可缺少的技术，可以带来"舒适"的工作、生活环境，但是，空调是一把"双刃剑"，同时也带来一些负面影响。因此，我们应该正确使用空调，合理设置环境参数。

附录六　国内外热舒适的研究进展

6.1　传统的热舒适理论和稳态空调控制策略

传统的基于稳态的热舒适研究已有近一个世纪的历史，其主要特征是考查人体在稳态热环境条件下的热反应。经过大量实验，研究人员力图将构成热环境的四个要素（空气温度、湿度、流速及环境表面平均辐射温度）与人体的热感觉联系起来，因此出现了如当量温度、有效温度及标准有效温度等一些衡量热环境的指标。20 世纪 60 年代，丹麦技术大学的 P. O. Fanger 教授通过大量的人体热舒适实验，提出人体的热平衡方程及热舒适方程，并导出人体对稳态热舒适偏离的程度与人体热感觉的近似函数关系，即 PMV 指标，该指标可以预测在不同的人体代谢率、服装热阻、空气温度、湿度、风速、辐射的组合条件下人体的热感觉。

上述研究成果已成为国际标准化组织（ISO）和美国采暖、制冷与空调工程师协会（ASHRAE）制定室内热环境控制标准的依据。因而，在欧美的空气调节控制标准中，大多追求参数无波动、稳定均一的保持在人体热感觉"中性"状态（PMV＝0）的控制目标，认为温度、湿度恒定不变的环境是最高等级的环境。国际上通用的 ISO 7730 标准[1]将环境分为如附表 6-1 所示的三个级别，等级 A 是最高级别的环境，要求人在环境中的热感觉控制在±0.2 之间，温度波动不得超过 1℃；而环境温度波动幅度如果增加，则被视为环境质量的下降。美国采暖、制冷与空调工程师协会（ASHRAE）发布的标准规定了夏季室内最优的空调设定温度为 24.5℃，其范围可在 23～26℃之间变化。在实际的办公楼中，运行管理人员往往将空调设定温度贴近标准规定的下限，有时甚至更低。比如，在美国、欧洲、新加坡、香港等经济发达地区的办公楼，室内温度通常被设定在 21～23℃。香港理工大学研究者[2]调查了 165 座办公楼，发现夏季办公室内的平均温度为 22.0℃，最低只有 20℃。

ISO 7730 中规定的环境等级[1]

附表 6-1

等　级	热感觉波动幅度	温度波动幅度
A	$-0.2<PMV<+0.2$	24.5±1.0℃
B	$-0.5<PMV<+0.5$	24.5±1.5℃
C	$-0.7<PMV<+0.7$	24.5±2.5℃

　　我国在热环境控制指标上大多沿用了欧美的标准，因此与之对应的现行空调设计标准中规定的采暖空调设定温度也与 ASHRAE 标准类似。例如，我国现行的《夏热冬暖地区居住建筑节能设计标准》[3]中的空调采暖全年能耗标准是在这样的假定条件下计算得出的：通过机械手段把住宅的室温全年控制在 18～26℃之间，不考虑遮阳，无论室外气象条件如何适宜都不开窗通风换气。这是参照美国及部分发达国家住宅的热舒适评判标准确定的条件，由此计算得出的上海地区节能建筑全年空调采暖能耗为上海现行高档住宅空调采暖能耗实际调查值的 8 倍[4]。与设计标准相对应，国内很多宾馆、商场、写字楼所使用的中央空调系统往往效仿国外的空调运行模式，将夏季空调温度设定得相当低，增大了室内外温差，从而大大增加了建筑空调运行电耗。

6.2　动态非空调环境与稳态空调环境下热舒适的差异

6.2.1　非空调环境下人体热感觉和 PMV 指标的偏离

　　在世界各地开展的大量现场调研结果表明，在非空调环境下，人的热舒适反应与传统的适用于稳态空调环境的 PMV 指标预测值存在较大偏差，具体体现在：1) 在偏热环境中，非空调环境下受试者的热感觉要比 PMV 预测值凉快，温度越高预测结果偏离越大；在偏冷环境中，同样体现出预测结果偏离的趋势，温度越低偏离越大；2) PMV 模型无法准确预测非空调环境下的中性温度，在非空调环境下舒适温度随着季节变化，呈现出夏季舒适温度较高，冬季舒适温度较低的趋势。

　　（1）非空调环境下偏离中性后的人体热感觉

　　越来越多的现场调查分析表明，非空调环境下的实际热舒适调查结果与 PMV 预测值有着较大的偏差。2001 年，Fanger 教授[5]汇总了国外研究者在曼谷、新加坡、雅典和布里斯班非空调建筑中的现场调查结果，发现环境越热，人们的实际热感觉与PMV模型预测值的偏离就越大，出现"剪刀差"现象。在室内温度接近32℃时，人们实际热感觉投票为"微暖"（+1）附近，属于勉强可接受的热环境；而按照PMV预测模型计算得到的热感觉是"暖"（+2），是属于明显不舒适的热环境了；两者相差约0.8。江燕涛等[6]在湖南省长沙市某高校进行了现场调查，实验结果显示，在非空调偏热环境中（即夏季不使用空调的房间），人体的热感觉TSV较PMV偏低，这与之前的研究者得到的实验结果一致；同时指出，在非空调的偏冷环境下（即冬季不供暖的房间），TSV较PMV要高。或者说，无论是偏冷还是偏热环境，在非空调条件下的TSV均比PMV接近热中性。

（2）非空调环境下舒适温度随季节的变化

在热舒适研究中，常以受试者热感觉TSV=0时的中性温度作为舒适温度。de Dear[7]在来自四大洲宽广的气候区域的211万份现场研究报告的基础上，提出了适应性模型（adaptive model）。经过大量的数据统计，适应性模型提出将室内最优的舒适温度（中性温度）和室外空气月平均温度（月平均最高温度和最低温度的代数平均值）联系起来，并得到一个线性回归公式。de Dear[8]给出的公式如式（1）所示。式中T_{comf}为室内最优的舒适温度，$T_{out,m}$为室外空气月平均温度。适应性模型根据90%和80%可接受舒适度定义了一个室内舒适温度的范围，与之相对应的热感觉投票值为±0.5和±0.85，如附图6-1所示。在实际应用中，可计算出指定月份的最高和最低气温的平均值，然后根据图确定自然通风建筑中室内有效温度的可接受范围。

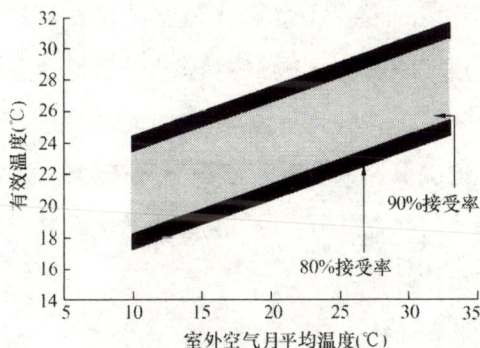

附图6-1 室内最优舒适温度和室
外月平均气温之间的关系[8]

$$T_{comf} = 0.31T_{out,m} + 17.8 \tag{1}$$

其他的研究者通过现场调查也得到舒适温度随季节变化的规律，数据回归得到的公式略有区别，如附表 6-2 所示。

不同研究者得到的室内最优舒适温度和室外月平均气温的回归公式　附表 6-2

研　究　者	回　归　公　式
Humphreys（1978）[9]	$T_{comf} = 0.53T_{out,m} + 11.9$
Auliciems（1983）[10]	$T_{comf} = 0.52T_{out,m} + 12.3$
Auliciems and de Dear（1986）[11]	$T_{comf} = 0.31T_{out,m} + 17.6$
Humphreys（2000）[12]	$T_{comf} = 0.54T_{out,m} + 13.5$
Nicol（2004）[13]	$T_{comf} = 0.38T_{out,m} + 17.0$
叶晓江，连之伟（2007）[14]	$T_{comf} = 0.42T_{out,m} + 15.1$

适应性模型体现了非空调环境下，室内舒适温度随室外月平均温度变化的规律，观点提出后得到了不少学者的支持，并已经逐渐发展成为一个较为独立的学派。与此同时，也有不少学者表示质疑，例如 Fanger 认为适应性模型中惟一的变量是对人体热平衡并没有直接影响的室外平均温度，而对人体热平衡有明显影响的几个人为因素和环境因素却没有考虑其中，如人员着装热阻随室外月平均温度的变化就没有被分离出来。而且适应性模型仅仅提出了舒适温度的计算关系式，并未解决非空调环境下热感觉如何预测的问题。

6.2.2　动态非空调环境下影响热舒适的因素分析

适用于稳态空调环境的热感觉预测指标 PMV 在非空调偏热环境下出现了较大的偏差，人们对偏热环境表现出了更强的容忍度，其舒适温度会随着季节变化，可接受温度范围要比原来按 PMV 指标计算出来的更宽，由此将带来环境控制策略的革新和建筑节能潜力的提高。究竟是何原因导致该偏差的出现？为了回答这个问题，可以从非空调环境与稳态空调环境下物理参数的差异、心理期望的差异和生理适应的差异三个方面进行解释。

（1）环境物理参数的差异

在非空调环境下，由于缺乏对温度、湿度的控制能力，室内温度、湿度将随着室外气象参数变化而变化。在室外出现高温天气时，室内温度往往能达到 30℃以上，而寒冷的季节，室内温度会低于 10℃，而由于空调系统的降温除湿作用，这样的环境参数在空调环境下是不太可能出现的。在 de Dear 教授领导的研究团队发布的 RP-884 数据库中[15]，对曼谷、新加坡、雅典和布里斯班非空调建筑进行的现场调查结果表明，夏季室内空气温度在 23～36℃ 范围内变化，平均值为 29.7℃，室内空气相对湿度在 6%～90% 之间，平均值为 49.2%；但是在空调环境中，室内的空气温度在 18.9～26.9℃ 之间，平均值为 23.5℃；相对湿度在 33.6%～79.3% 之间，平均值 56.5%。

在空调环境下，因为环境温度已经控制在较低的水平，此时环境风速的增加会造成冷吹风不适感，在空调设计标准中规定设计空气流速需要低于 0.25m/s。而在非空调环境下，由于温度较高，自然通风、风扇、摇扇作为改善热环境的手段被广泛应用，室内人员普遍使用提高风速来补偿温度升高造成的热感觉上升。RP-884 数据库中的调查结果表明，非空调环境下，空气流速在 0～1.4m/s 之间，平均值为 0.3m/s，高于空调设计标准中人员活动区的风速控制上限 0.25m/s。平均风速的差异也可能是导致非空调环境下热感觉和 PMV 出现偏差的原因之一，如重庆大学的研究者[16]在偏热环境下（34℃）使用吊扇送风产生不同的环境风速，人体热反应实验结果表明风速较大时，PMV 预测值比实际热感觉明显偏高。

与此同时，非空调环境下的着装规律与空调环境下也有较大的差异，非空调环境下人员在夏季时穿着轻薄，而冬季时穿着厚重，服装热阻的差异在很大程度上导致了中性温度随季节的变化。如附图 6-2[15]所示，由于夏季非空调环境下温度普遍高于 26℃，且环境设计等级比较低，像空调写字楼中不被允许的短裤、短袖、凉鞋等组合（服装热阻分布在 0.3～0.5clo 之间）在非空调环境下调查中能够经常看到，而稳态空调环境中常穿着的长袖衬衫、长裤和皮鞋的组合的热阻在 0.6～0.7clo 之间。而在冬季室外温度 5℃ 时，空调环境下人员穿着约 0.9clo 的服装，而非空调环境下人员穿着 1.3clo 的服装。

（2）心理因素的影响

作为 PMV 的创始人，Fanger[17]认为非空调偏热环境中 PMV 的预测值一般比实测值 TSV 要偏高，主要是由于在非空调环境下人们对环境的期望值低造成的，在自然通风环境下的受试者觉得自己注定要生活在较热的环境中，所以对环境更容易满足，给出的 TSV 值就偏低。为了使得 PMV 模型在非空调环境下也能适用，

中央空调和混合模式建筑

自然通风建筑

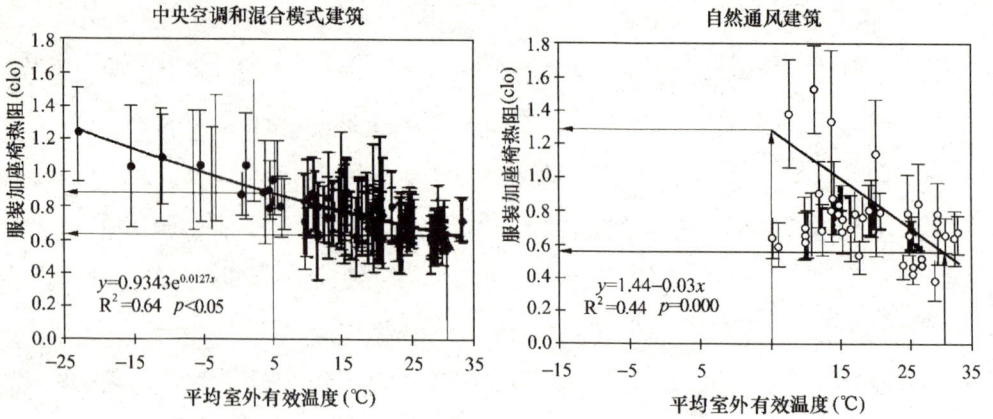

附图 6-2　非空调环境下服装热阻与环境温度的关系[15]

对于非空调环境下的热感觉评价，Fanger 提出了在温暖气候条件下非空调房间 PMVe 修正模型，引入了一个值为 0.5～1 的心理期望因子 e 来修正当量稳态空调条件下计算出来的 PMV，如式（2）所示；并给出了不同气候条件下不同区域的期望因子 e，如附表 6-3 所示。PMV 修正模型的预测结果与实测结果吻合程度有所提高，但依然有一定的偏差。而且对于未知的城市、地区，在缺乏大量调查数据的前提下，如何确定期望因子 e，是一件很困难的事情，因此该模型的实际应用受到很大限制。

$$PMV_e = e \times PMV \tag{2}$$

温暖气候下无空调房间期望因子[17]　　　　　　　　　　附表 6-3

期望值	建筑分级	期望因子 e
高	空调建筑普及地区的无空调房间夏季炎热时间较短地区	0.9～1.0
中	空调建筑有一定应用地区的无空调房间夏季炎热地区	0.7～0.9
低	空调建筑未普及地区的无空调房间全年炎热地区	0.5～0.7

在非空调环境中室内人员具有更多的自我调节方式，如使用开窗、开风扇、手摇扇等环境控制手段来改善自身热感觉；与之对应，人员在空调办公环境下，特别是在商务写字楼里，往往不能独立调节工作区的温度、风速，也不能开窗通风，缺乏环境控制手段。Nikolopoulou[18]认为具备控制能力的人能容受较大的温度变化范围，即使不使用控制手段对环境进行控制，其热感觉也能得到改善。周翔[19]通过设计心理学实验，发现在环境温度升高过程中，具有对"温度"的控制能力，能显著改善受试者的热感觉和热舒适，热感觉能整体降低 0.4～0.5，热舒适能提高

0.3～0.4；而当人对环境温度不具备控制能力，同时又缺乏其他的手段来改善自身热感觉时，当环境温度升高，人对将要所处的高温环境将产生无助和焦虑的感觉，从而导致热感觉和舒适度恶化。

心理学上的"场景效应（context effect）"和"范围效应（range effects）"也有可能是导致非空调环境与空调环境下热感觉的差异原因。场景效应指受试者所处场景的不同会产生不同的感受，家里用的陈设如地毯、壁纸和家具让人觉得更放松，而办公室的家具则较为功能化，人工气候室这样的实验室环境则非常刻板，人处于这三种不同的场景中，精神愉悦状态可能会有差异。Rohles[20]在气候室中增加了木地板、地毯、吊顶，使之外观上不再像一个冷库，实验指出，排除保暖性能的作用，室内陈设会使人觉得更暖和。Nigel[21]严格控制了受试者的服装热阻和活动量，在家中、办公室和气候室中进行了热舒适调查，结果表明住宅中性温度是20.6℃，办公室是22.1℃，人工气候室中性温度是22.8℃，场景不同导致了热感觉的差异。范围效应指如果受试者没有感受更广的温度变化，他们就对整个热感觉量表的"宽度"没有概念。Poulton[22]发现，平均热感觉投票TSV和刺激量的范围相关，并且当刺激量的范围变化时，热感觉也随之变化。非空调环境下，人感受的温度变化范围要比空调环境下大得多，冬季室内温度往往很低，此时室内人员的热感觉在偏冷状态下，此时调查得到的中性温度可能要偏冷一些；在夏季则正好相反。

（3）生理因素的影响

由于非空调环境下温度随室外季节变化较显著，在冬季和夏季人体会经历反复的冷热暴露，使机体对热环境产生热适应（thermal acclimatization），热适应后机体的体温调节、汗腺分泌、水盐代谢、心血管系统、生理内分泌等许多生理机能得到改善，热适应后的机体在脱离热环境1～2周后逐渐消退，称为脱适应（retro-versiono acclimatization）[23]。研究者指出人体受热应激后均可发生热应激反应（heat stress response），此反应的特点是选择性合成一组多肽—热应激蛋白（heat stress proteins，HSP），它是一种保护机体的蛋白，被称之为"看家蛋白"[24]，HSP的表达水平是衡量热适应的标志。非空调环境下生活的人群，由于其具备较强的热适应性，所以在偏离中性环境后，其热感觉要较稳态环境下生活的人群接近热中性状态。而长时间在稳态空调房间工作生活，由于人在偏冷和偏热环境中停留的时间大大减少，人体的热适应能力被逐渐削弱，当出现不可避免的高低温热暴露时，缺乏热适应的人势必在生理、心理上产生更大的负荷，严重时甚至会影响健康。

周翔[19]通过过渡季和夏季人体热反应实验指出，季节性热适应会影响人体在高温时的生理热耐受性。在过渡季节由于室外温度较低，人对高温环境缺乏适应性，在高温时感觉较热；而夏季由于已经经历了较长时间的热暴露，在高温时就感觉没那么热；同时指出，季节性热适应性不影响人的中性温度，在不同季节相同服装热阻条件下得到的中性温度是相同的，如附图 6-3 所示。该结论一定程度上解释了之前提到的自然通风偏热环境下热感觉和 PMV 出现剪刀差的现象，同时将中性温度随季节的变化归结为服装热阻等物理因素的差异所导致的。曹彬[25]通过在过渡季和采暖季某大学教学楼的现场调查数据，将服装热阻折算成相同水平后，发现偏热环境下夏季热感觉较冬季低，热耐受性强，而在偏冷环境下，冬季冷耐受性强，证实了在夏季和冬季时由于热适应性不同导致热感觉不同的现象。

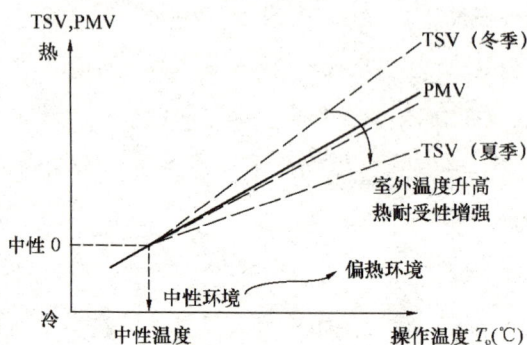

附图 6-3 室外温度对热耐受性和中性温度的影响示意[19]

6.3 动态人工环境下热舒适的研究进展

上述调查研究表明，动态化热环境如自然通风的非空调环境对人体热舒适、健康都存在积极的作用，因而如果能在人工环境下人为创造动态化环境，提供有一定刺激、具有波动性、但也能让人能接受的热环境，则有可能能够改善人在空调环境下的热舒适状态。研究者的研究焦点从稳态热舒适领域转向动态热舒适领域，即研究空气温度、平均辐射温度、空气流动速度和相对湿度这四个参数中的一个或几个随时间变化的环境下，人的热舒适状态。尽管 Gagge 早在 1967 年就开展了阶跃温度变化对人体热感觉的影响研究[26]，但国际上对动态热环境的更多关注是从 20 世纪 90 年代开始，以 Tanabe 和 Arens 对动态气流下人体热舒适的实验研究为标志。

目前动态热舒适的研究主要集中在：

1）阶跃温度变化对人体热感觉的影响，可以突出反映人体对变化热环境的反应；

2）周期变化风速对人体热感觉的影响，因为风速的变化比温度的变化更容易实现，研究开展更容易；

3）研究自然风的变化与机械风的区别，发现二者在湍流度、脉动频率、功率谱密度函数等物理特征参数上有着较大差别，尝试研制动态化的送风装置在室内创造仿自然的环境。

现有动态热舒适的实验结果均反映了一个事实，就是相同平均温度和平均风速的动态热环境与稳态热环境相比，人们总是觉得前者要凉快或者偏冷一些。这样的成果可能带来的效益是：有可能以变化的手段来取代空调降温达到改善偏热环境中人体热舒适的目的，同时又能够实现建筑节能。上述现象是以人体生理特征为基本依据的。Hensel[27] 指出人体能够感受外界的温度变化是因为在人体皮肤层中存在温度感受器，冷感受器的分布密度要明显高于热感受器，且冷感受器的埋深较热感受器浅，导致人体对冷刺激尤为敏感，并进一步导致在适当的温度或流速变化条件下，人体的实际热感觉要低于按 PMV 计算得到的平均热感觉。此外，人类的长期进化过程也决定了人体对于具有自然特征的物理刺激有着更强的适应能力。

Gagge[26] 和王良海[28] 在进行阶跃温度实验时发现人的感觉总是对升温比较迟钝，对降温却非常敏感。研究发现，无论温度突升还是突降，皮温都会经过 30min 或更长的时间（取决于温度变化的阶跃量）才达到基本稳定。但人体的热感觉变化却与皮温的变化不同：在温度由中性突然升高到热的条件下，热感觉一般经过 15min 左右趋于新的稳定值；而当温度突然由热降低到中性时，热感觉却呈现出了迅速反应的特点，在短时间内出现低于中性的热感觉，即出现了"冷感超越"的现象。

Fanger[29] 在中性偏冷的环境下考察受试者在不同湍流度气流下的热舒适状态，

发现气流的湍流度增大更容易产生冷吹风感。在中性偏热的环境下进行实验发现，湍流度越大，受试者选择的风速就越低，也同时降低了不适的吹风感的产生；研究者将上述现象归结于高湍流度气流增强了对流换热系数所导致的。同时，Fanger[31]和夏一哉发现频率在 0.3～0.5Hz 范围内变化的气流最容易使人体产生冷感；贾庆贤[32]与周翔[33]等均发现在偏热环境中，稳态机械风、仿自然风、正弦波送风以及随机送风等气流中，人们最喜欢仿自然风，最不喜欢稳态机械风，因此可以通过提高仿自然风的风速来改善人体热感觉而不会使人们感到厌烦和不适。

研究者发现气流动态特性对人体舒适性具有显著的影响，这些发现促进了人们对气流动态特征的研究，而湍流统计理论以及近代混沌、分形理论的发展则为人们认识气流动态特征提供了方法。欧阳沁[34]等研究者对自然风与机械风的特性区别开展研究，提出了区分和描述二者的关键指标性参数；贾庆贤[32]和周翔[35]等研究了不同类型气流的动态特征及其产生与迁移规律，制作出仿自然风的设备，证明自然风有助于改善人体对高风速的接受度并有助于提高夏季的舒适温度。

动态热舒适的研究成果可以指导更为舒适、健康的空调策略的制定，赵荣义[36]、周翔[19]在此基础上提出了动态化空调策略：当人体热感觉可以通过调整着装量、自然通风调节至热中性时（热感觉投票 TSV＜＋0.5，室温＜27℃），不采用人工调节手段，提倡自然通风模式；当环境温度进一步升高，但人体热反应可以通过提高环境风速调节至热舒适状态时（TSV＜＋0.5，室温＜30℃），提倡不使用空调，通过风扇、个性化送风装置进行降温，此时可以采用动态气流特别是仿自然风气流改善人体的吹风感，创造更为舒适的环境；当等温送风仍不能够满足要求时（TSV＞0.5，室温＞30℃），采用人工降温措施（空调）将室内温度降至 30℃以下，27℃以上，并同时使用送风来改善人体的热感觉，而不是将空调温度降回至26℃的传统空调设定温度区间。上述控制策略能够有效延长自然通风的使用时间，缩短空调系统运行时间，减少围护结构传热量和新风负荷，从而在保证人员的舒适度的同时可以有效降低空调系统能耗。

6.4　表征热舒适和工作效率的生理参数研究

当前对热舒适的研究多沿用之前的主观问卷评价方法，通过问卷调查得到受试者热感觉、热可接受度和热舒适等心理反应，同时使用热环境参数测试仪获得温度、湿度、风速等物理参数，建立物理参数和人体主观反应之间的联系。这种方法的优点是可以直接获得人员对环境的主观感受，但是也存在较大的局限性，由于受试者的主观感受存在个体差异，同一受试者在不同测试次数时的感受投票也存在一定的离散，因此在受试者样本量较小时，会产生较大的误差导致不能获得正确的结果。因而有研究者开始将生理参数测试引入热舒适实验中，试图寻找能够表征人员热感觉和舒适度的生理参数；同时，也尝试寻找可以表征工作效率的生理参数来代替传统的打字、心算等模拟办公任务或某项特定任务的方法。

极端环境下的热应激往往结合生理测试来进行，此时人体由于产生了较大的热调节负荷，因此从皮肤温度、出汗率等基本生理参数上可以判断应激是否影响到了人体健康。虞学军等研究者测试了航天员穿着航天服时的皮肤温度、核心温度（直肠温度）、出汗率等参数，测量飞行员在模拟座舱内环境下的呼吸功能、循环功能、脑电来判定人体的功能水平是否达到耐受上限，使用去甲肾上腺素、肾上腺素含量和 HSP70mRNA 基因表达水平分析模拟微重力对人体热应激的影响[37,38]。葛常英等着重探讨了沙漠热环境对人体生理（人体水盐代谢，人体热应激和热损伤，心血管机能，人体的营养代谢，肾机能，神经系统，内分泌系统）机能的影响，并就有关防护措施进行了概述[39]。

在应激条件热生理学的研究基础上，国内外的研究者将一些生理指标引入热舒适研究中。徐小林[40]等研究了热舒适范围内出汗率、皮肤温度、神经传导速度（MCV，SCV）、血压、脑电图、心电图等生理指标和人体主观感受的关系。叶晓江等[41]研究了从21～29℃不同的温度暴露下心率变异性 HRV(表征交感神经和迷走神经的兴奋状况和张力的平衡状态)和人体热舒适的关系，指出偏冷和偏热环境下均会造成 HRV 指标的增加，当受试者感觉中性热舒适时，HRV 指标(LF/HF) 大约等于1(=0.956)，随着受试者的热不舒适度的增加，HRV(LF/HF)指标呈现上升的趋势。不过当前研究者在热舒适范围内对生理指标的研究仍停留在探索阶段，实验结果大多只说明了外界条件如温度、风速等对生理指标可能有一定的影响，均未能清晰说明生理指标与热舒适之间的量化关系，此外在众多的生理指标之中，哪一个是最有代表性的，目前也未形成共识。

还有研究者指出，一些生理学指标有可能也反映了受试者此时的工作效率和疲劳程度。Tanabe 等研究者[42]指出，使用近红外光谱仪测量脑血流量可以反映人大脑的活跃程度和脑力劳动程度，使用眨眼频率可以反映人体眼舒适度，从而反映人体的疲劳程度。兰丽、连之伟[43]等研究者指出，脑电波、心率变异可以作为工作负荷的评价指标。Anita[44]指出，在工作记忆力测试和连续的能力测试中，心率变异性 HRV（LF/HF）指标较高的人群比 HRV 指标较低的人群有更高的正确率和更快的反应速度。

以上研究将热舒适、工效与医学研究很好的结合起来，建立人体心理学和生理学的联系，对热舒适的机理探索将起到有效的推动作用。

参考文献

[1] ISO Standard 7730. Moderate thermal environments - determination of the PMV and PPD indices and specification of the conditions for thermal comfort. Switzerland: International Standards Organization，1984.

[2] Mui K W. Energy policy for integrating the building environmental performance model of an air conditioned building in a subtropical climate. Energy Conversion and Management，2006，47：2059-2069.

[3] 中华人民共和国建设部. JGJ 75—2003 夏热冬暖地区居住建筑节能设计标准. 北京：中国建筑工业出版社，2003.

[4] 清华大学建筑节能研究中心. 中国建筑节能年度发展研究报告 2007. 北京：中国建筑工业出版社，2007.

[5] Fanger P O, Toftum, J. Thermal Comfort in the future - Excellence and Expectation. //The International conference Moving Thermal Standards into the 21st Century, Windsor, 2001：11-18.

[6] 江燕涛，杨昌智，李文菁等. 非空调环境下性别与热舒适的关系. 暖通空调，2006，36(5)：17-21.

[7] de Dear R, Brager C S. Developing an adaptivemodel of thermal comfort and preference. ASHRAE Transactions, 1998, 104(1)：145-167.

[8] de Dear R, Richard J, Brager G S. Thermal comfort in naturally ventilated buildings：Revisions to ASHRAE Standard 55. Energy and Buildings, 2002,

34(6)：549-561.

[9] Humphreys, M. A. (1978) Outdoor temperature and comfort indoor, Build. Res. Pract. , 6, 92-105.

[10] Auliciems, A. (1983) Psychophysical criteria for global thermal zones of building design, Int. J. Biometeorol. , 27, 69-86.

[11] Auliciems, A. and de Dear, R. J. (1986) Air conditioning in Australia：I, Human thermal factors, Arch. Sci. Rev. , 29, 67-75.

[12] Humphreys M A, Nicol J F. Outdoor temperature and indoor thermal comfort：raising the precision of the relationship for the 1998 ASHRAE database of field studies. ASHRAE Transactions, 2000, 206(2)：485-492.

[13] Nicol, J. F. (2004) Adaptive thermal comfort standards in thehot-humid tropics, Energy Build. , 36, 628-637.

[14] 叶晓江，连之伟，文远高等. 上海地区适应性热舒适研究. 建筑热能通风空调，2007，26(5)：86-88.

[15] de Dear R, Brager G, Cooper D. Developing an adaptive model of thermal comfort and preference - final report ASHRAE RP-884. Sydney：Macquarie Research Ltd. , 1997.

[16] 罗明智. 室内空气流速对人体生理指标及热舒适性影响的研究[硕士学位论文]. 重庆：重庆大学，2005.

[17] Fanger P O, Toftum J. Extension of the PMV model to non-air-conditioned buildings in warm climates. Energy and Buildings，2002，34(6)：533-536.

[18] Nikolopoulou M, Steemers K. Thermal comfort and psychological adaptation as a guide for designing urban spaces. Energy and Building，2003，35：95-101.

[19] 周翔. 偏热环境下人体热感觉影响因素及评价指标研究[博士学位论文]. 北京：清华大学，2008.

[20] F. H. Rohles and W. Wells, The role of environmental antecedents on subsequent thermal comfort, ASHRAE Trans. , 83 (2) 21-29.

[21] Nigel A O. Predicted and reported thermal sensation in climate chambers,

offices and homes. Energy and Buildings 23 (1995) 105-115

[22] E. C. Poulton, Unwanted range effects from using within-subject experimental designs, Psychol. Bull., 80 (1973) 113-121.

[23] 蔡宏道. 现代环境卫生学. 北京：人民卫生出版社，1995.

[24] Getting M J, Sambrook J. Protein folding in the cell. Nature, 1992, 355：33-45.

[25] 曹彬，朱颖心，黄莉，周翔. 过渡季和采暖季室内人体热适应性调查. 2008全国暖通空调年会.

[26] Gagge A P, Stolwijk J A and Hardy J D. Comfort and thermal sensation and associated physiological responses at various ambient temperatures. Environmental Research, 1967, Vol. I, 1-20.

[27] Hensel H.：Thermoreception and Temperature Regulation, London：Academic Press, 1981.

[28] 王良海. 突变热环境下人体热反应的研究，[硕士学位论文]. 北京：清华大学，1992.

[29] Fanger P O, Melikov A, Hanzawa H, et al. Air turbulence and sensation of draught. Energy and Building, 1988, 12：21-39.

[30] 夏一哉. 气流脉动强度与频率对人体热感觉的影响研究，清华大学博士学位论文. 2000.

[31] Fanger P O, Pedersen C J K. Discomfort due to air velocities in spaces. // Proceedings of Meeting of Commission B1, B2, E1 of International Institute of Refrigeration, Belgrade, 1977, 4：289-296.

[32] 贾庆贤. 送风末端装置的动态化研究，清华大学博士学位论文. 2000.

[33] Zhou X., Ouyang Q., Lin G., Zhu Y.：Impact of dynamic airflow on human thermal response, Indoor Air, 2006, 16(5)：348-355.

[34] 欧阳沁. 建筑环境中气流动态特征与影响因素研究[博士学位论文]. 北京：清华大学，2005.

[35] 周翔，朱颖心. 具备 1/f 紊动特性的仿自然风产生方法研究. 暖通空调增刊：全国暖通空调制冷 2006 年学术年会学术文集，2006，36(10)：246-249.

［36］ Zhao R，Xia Y，Li J. New Conditioning Strategies for Improving the Thermal Environment. Int. Symposium on Building and Urban Environmental Engineering. Tianjin，China，1997

［37］ 虞学军，陈景山，贾司光. 多元统计分析在飞机座舱复合因素环境人体工程学研究中的应用. 数学的实践与认识，1992，3：13-18.

［38］ 陈晓萍，范明，虞学军，常绍勇，费锦学. 模拟微重力对热诱导的人外周血淋巴细胞热休克蛋白 70mRNA 表达的影响，2002，12(4)：418-419.

［39］ 葛常英，戴胜归，李等松. 沙漠干热环境对人体生理机能的影响[J]. 西北国防医学杂志. 2003，24(1)：54-54.

［40］ 徐小林. 重庆夏季室内热环境对人体生理指标及热舒适的影响研究，[硕士学位论文]. 重庆：重庆大学，2005.

［41］ 叶晓江. 人体热舒适机理及应用研究[博士学位论文]. 上海：上海交通大学，2005.

［42］ Tanabe S，Haned M，Nishipana N. Indoor environmental quality and productivity. Rehva journal，2008，44(2)：26-31.

［43］ Li Lan，Zhiwei Lian. A neurobehavioral approach for evaluation of the effects of thermal environment on office worker's productivity. 11th international conference on indoor air quality and climate，Copenhagen，Denmark，2008.

［44］ Anita Lill Hansen，Bjorn Helge Johnsen，Julian F. Thayer. Vagal influence on working memory and attention[J]. International Journal of Psychophysiology，2003，48(3)：263-274.

附录七 分项能耗模型

7.1 各分项能耗节点之间的关系示意图

目前，该能耗数据模型共有 32 个节点，其中 19 个是底层能耗节点，并组合成为 13 个上层能耗节点。分项能耗就是指这些能耗数据模型中的节点。此外还有"非本建筑用电"部分，如附图 7-1 所示。各节点的定义，如附表 7-1 与附表 7-2 所示。

能耗模型中所有复合节点定义　　　　　　　　　　　　　　附表 7-1

编号	节点名称	定义及描述
1	建筑总用电	建筑物自身在低压侧实际消耗的总电量
2	暖通空调	为建筑物自身服务的所有的供暖、通风、空调设备（该节点及其下级节点均不包括信息中心和厨房的专用空调、风机等）
3	一般照明插座设备	包括照明、插座设备和电开水器
4	一般动力设备	包括电梯、给排水系统
5	特殊功能设备	不属于暖通空调、一般照明插座设备、一般动力设备的特殊用能设备，常见的有信息中心、厨房设备等
6	照明	建筑物内部的照明灯具及夜景照明灯具
7	信息中心	信息机房中的信息设备及其附属设备（如专用空调）
8	厨房设备	厨房中的炊事用电设备及其附属设备（如专用空调、专用新风机、排风机等）
9	集中空调	采用集中冷热源和分散空调末端的空调系统，包括各种冷热源设备、室内输配设备
10	集中空调冷热站	加热或冷却室内循环水并将循环水送到空调末端的设备总称，包括集中空调冷热源和室内侧水泵
11	集中空调冷热源	加热或冷却室内循环水的设备总称，包括水冷冷热源和风冷冷热水机组
12	水冷冷热源	采用液体作为蒸发侧和冷凝侧输配介质的冷热源设备，包括冷热源主机、室外侧水泵和室外侧风机

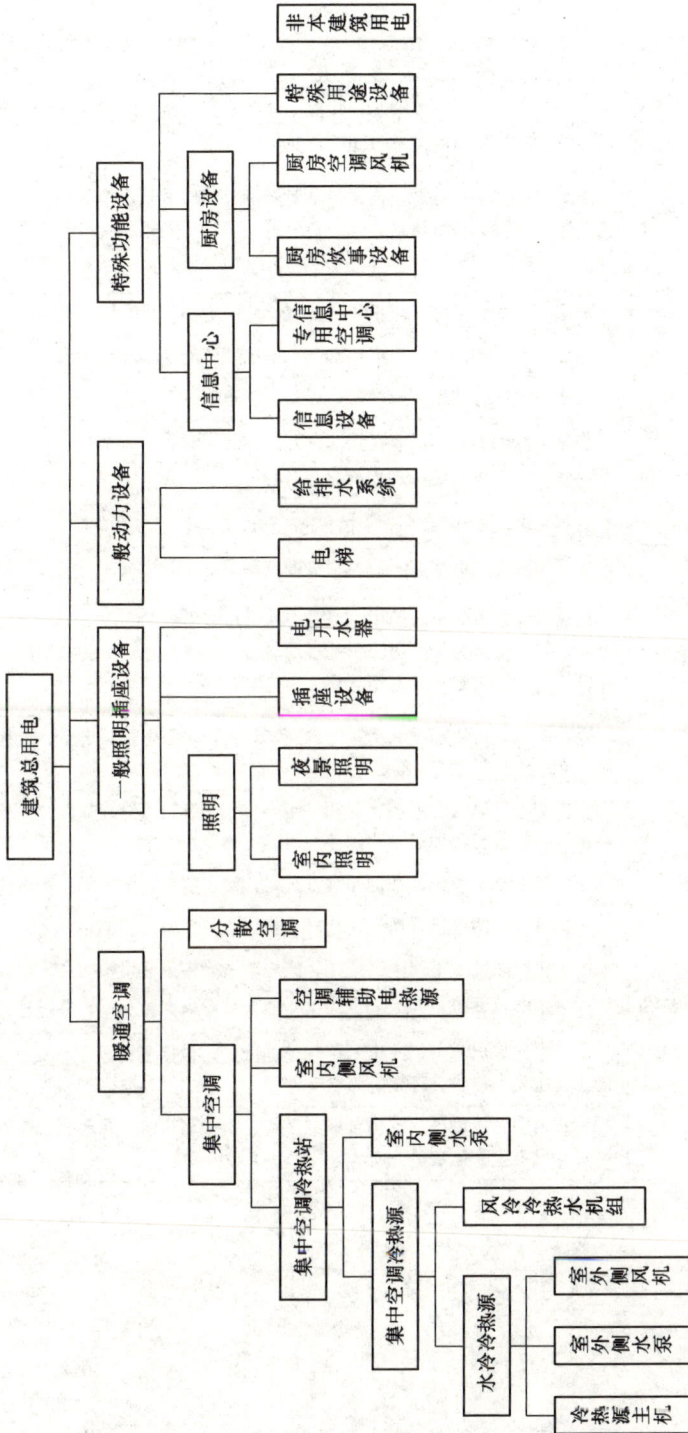

附图 7-1　各分项能耗节点之间的关系示意图

图注：在上图所示的能耗模型中：
能耗节点：建筑中功能相同的设备的总称为能耗节点，简称节点；
同类末端设备：属于同一个节点的设备称为同类末端设备；
所有能耗节点的定义及树状结构关系称为能耗模型；
按包含关系：若 A 包含 B，则称 A 为 B 的上级节点，B 为 A 的下级节点；
位于能耗节点树末端或底层，没有下级节点的节点，称为底层能耗节点；其他节点称为上层能耗节点。

能耗模型中所有末端节点定义

附表 7-2

编号	节点名称	定义及描述
1	室内照明	建筑物内部（包括房间、走廊、大厅、地下室等区域）的照明灯具
2	夜景照明	建筑物夜间外立面装饰用照明灯具
3	插座设备	建筑中从插座取电的电器，包括计算机、打印机、复印机、传真机、饮水机、电视机、电冰箱、健身器材等，不包括电开水器、信息中心设备、厨房设备
4	电梯	建筑物中所有电梯，包括货梯、客梯、消防梯、扶梯等
5	给排水系统	生活水泵、排污泵、生活热水泵、中水泵等给排水水泵及水处理设备
6	电开水器	用于集中制备饮用开水的电热设备，不包括使用桶装水的饮水机
7	信息设备	信息中心的主要功能设备，如计算机、交换机等
8	信息中心专用空调	专门为信息设备提供冷却服务的空调设备
9	厨房炊事设备	直接为炊事服务的设备，包括各种电热设备、冰箱、洗碗机、消毒柜等
10	厨房空调风机	专门为厨房提供空调、通风服务的空调机组、新风机、排风机等
11	特殊用途设备	用途特殊（不同于其他 18 个节点），且用能集中的专用设备及其附属设备，包括生活热水电热源、洗衣房设备、游泳池电热设备、溜冰场制冷设备、医院的 CT 机及大型电热蒸汽消毒柜等
12	分散空调	冷热源和室内侧输配系统一体的空调设备，包括电采暖设备、分体空调、VRV 空调、溶液除湿机组等
13	风冷冷热水机组	主机和室外侧输配系统一体，采用空气作为废热、废冷输配介质的冷热源设备，包括各种风冷式的冷水机组、热泵机组等
14	空调辅助电热源	用于集中空调系统辅助加热（如末端再热、空调箱防冻等）的电热源
15	冷热源主机	制备冷、热的主机设备，包括冷水机组、热泵机组、锅炉等
16	室外侧水泵	用于将冷热源主机产生的废冷、废热输送到室外环境中去的水泵设备
17	室外侧风机	用于将冷热源主机产生的废冷、废热散发到室外环境中去的风机设备
18	室内侧水泵	用于输送冷热源主机产生的冷、热的水泵，包括主机循环水泵、二次泵及加压泵、换热循环泵等
19	室内侧风机	为室内房间提供冷、热和新风的风机，包括新风机、排风机、空调箱风机、风机盘管风机等

7.2　能耗模型的设计原则和特点

（1）功能性

该模型服务于从终端用能出发的节能管理模式，因此，模型的体系结构、节点划分必须按照终端用能设备的不同功能用途进行划分。建筑用能设备的基本功能用途包括室内温湿度控制、照明、办公、给排水、炊事、电梯等几种基本类型，显然，能耗模型中应设置这些节点。

需要说明的是，租户支路中往往包含多种不同功能的设备，在传统用于收费的"分户计量"的体系下，只需要按用能主体分别计量；但分项计量的目的在于按终端用能设备将能耗分开，因此，并不需要区分用能主体，设计能耗节点的时候也不考虑。

（2）通用性

能耗模型必须覆盖建筑中所有的常见用能设备，每个设备都能在能耗模型中的某个末端节点中找到。在这个能耗模型体系下，不存在说不清楚的"其他"设备。即使是某些少见的特殊设备，如生活热水电热源、洗衣房设备、游泳池电热设备、溜冰场制冷设备、医院的 CT 机及大型电热蒸汽消毒柜等，也列入"特殊用途设备"节点。

此外，某些能耗节点对应多种系统形式，典型如暖通空调系统，仅冷源设备就有水冷式电制冷机机组、风冷式电制冷机机组、直燃机、地源热泵机组、自然冷源系统等；空调末端的形式也是多种多样，有风机盘管＋新风系统、定风量全空气系统、变风量全空气系统、VAV 系统、辐射末端系统等。在设计能耗模型时，不能遗漏任何一种类型系统的设备。

（3）可比性

不同建筑的分项能耗数据不能用来直接比较以说明"用能水平高低"、"节能潜力大小"的问题；分析上述问题，需要科学的设计能耗指标。如果在使用能耗指标时不需要额外的注释，通过简单的比较指标大小就能得出清晰的结论，那么这个指标就具有很好的可比性。在设计能耗节点的时候，也应该考虑未来的能耗指标设计，使得能耗节点本身尽可能有可比性。

例如，信息中心、厨房设备两个节点没有作为一般的照明插座设备，而是放在"特殊功能设备"下面。这是因为，调研信息表明，一方面，它们往往占据较高的能耗比重，即使是同类建筑，信息中心、厨房设备的规模也很可能有很大差别，如果简单的列为"一般照明插座设备"，将降低该节点的可比性。

另外，服务于同一功能的不同形式的设备系统，其系统总能耗节点是具有可比性的；对于比较复杂的设备系统，其子系统往往也具备很好的可比性，也应该为这些子系统设备设置能耗节点，使得它们能够在这个能耗模型中进行横向比较。

最典型的例子仍是暖通空调系统。附表7-3给出了常见的空调系统的形式和对应的子系统设备。

各类空调系统子系统构成 附表 7-3

冷源类型	空调热源	空调冷源	室外侧输配系统	室内侧输配系统	空调末端
冷热两用分体空调	室内外机组				
单冷分体空调	—	室内外机组			
单冷 VRV 系统	—	室内外机组			
冷热两用 VRV 系统	室外机组				室内机组
水冷式电制冷冷水机组	—	冷水机组	冷却泵等	冷冻泵	各类空调末端
水冷式热泵机组	热泵机组		冷却泵等	冷冻泵	各类空调末端
空冷式电制冷冷水机组	—	室外机组		冷冻泵	各类空调末端
空冷式热泵机组	室外机组			冷冻泵	各类空调末端
直燃机/吸收机	冷热水机组		冷却泵等	冷冻泵	各类空调末端
冷却塔供冷	—	冷却塔+冷却泵		冷冻泵	各类空调末端

从附表 7-3 可以看出，"空调热源"、"空调冷源"、"室外侧输配系统"、"室内侧输配系统"、"空调末端"应作为子系统进行考虑，设置相应的能耗节点；同时，它们的一些组合也应设置节点。例如：

1) 应有"空调冷源"＋"室外侧输配系统"节点（"集中空调冷热源"），这样"空冷式热泵机组"的室外机组才能和其他系统进行比较；

2) 应有"空调冷源"＋"室外侧输配系统"＋"室内侧输配系统"的节点（"集中空调冷热站"），VRV 系统的"室外机组"才能和集中空调系统的冷热站比较；

3) 应有"空调冷源"＋"室外侧输配系统"＋"室内侧输配系统"＋"空调末端"的节点（"暖通空调"），附表 7-3 中前三种非集中空调系统才能和集中空调系统进行比较。